U0223131

流域水质水量联合调控理论技术与应用

王　浩　周祖昊　贾仰文等　著

科学出版社

北　京

内 容 简 介

本书以松花江流域为对象，研究通过水质水量联合调控的方式，改善松花江流域的水环境状况，并提高应对突发污染事件的能力。核心研究内容包括松花江流域面向水质安全的水循环监测体系研究、松花江水质水量耦合模拟模型开发、松花江流域基于水功能区的水质水量总量控制方案、松花江农田面源污染水质水量联合调控示范、松花江干流水库群面向突发性水污染事件的联合调度系统开发。提出了流域水质水量联合调控的水污染防控新思路，从流域着眼，从水循环过程和污染迁移转化过程着手，采用水质水量联合调控的方式，对水循环过程和污染迁移转化过程进行双重调控，形成一整套从流域整体到局部区域、从源头到末端、从水量到水质全程调控的污染防控技术方法体系。

本书既可作为科研单位和大专院校的专家学者及研究生的参考书，也可为从事水环境保护、水资源管理和水资源调度等领域的管理、技术人员提供借鉴参考。

图书在版编目(CIP)数据

流域水质水量联合调控理论技术与应用／王浩等著. —北京：科学出版社，2018.6

ISBN 978-7-03-055409-3

Ⅰ.①流… Ⅱ.①王… Ⅲ.①流域-水资源管理-研究 Ⅳ.①TV213.4

中国版本图书馆CIP数据核字（2017）第282151号

责任编辑：王 倩／责任校对：彭 涛

责任印制：张 伟／封面设计：无极书装

科学出版社 出版

北京东黄城根北街16号

邮政编码：100717

http://www.sciencep.com

北京虎彩文化传播有限公司 印刷

科学出版社发行 各地新华书店经销

*

2018年6月第 一 版 开本：787×1092 1/16

2018年6月第一次印刷 印张：22 1/4

字数：521 000

定价：268.00元

（如有印装质量问题，我社负责调换）

前　言

改善水环境是全球共同面临的重大课题。《联合国世界水发展报告 2015》（*The United Nations World Water Development Report* 2015）指出，由于缺少足够的污水处理设施，世界上发展中国家 90% 以上的污水未经处理直接排放到河流、湖泊或海洋中，带来严重的环境与健康问题。美国等发达国家有 40% 的河流流域被加工废料、金属、肥料和杀虫剂污染。我国的水环境质量不容乐观，2014 年全国各大流域河流水质劣于Ⅲ类的国控断面数接近总数的 29%，海河、辽河、淮河三大流域尤为突出，河流水质劣于Ⅲ类的国控断面数占到总数的 40% ~60%。

为了实现我国经济社会又好又快的发展，缓解资源和环境的瓶颈制约，根据《国家中长期科学和技术发展规划纲要（2006—2020 年）》，国家设立了“水体污染控制与治理”科技重大专项，旨在为我国水体污染控制与治理提供强有力的科技支撑。该专项按照“自主创新、重点跨越、支撑发展、引领未来”的环境科技指导方针，从理论创新、体制创新、机制创新和集成创新出发，立足我国水污染控制和治理关键科技问题的解决与突破，遵循集中力量解决主要矛盾的原则，选择典型流域开展水污染控制与水环境保护的综合示范。

松花江流域位于我国东北地区北部，行政区划包含黑龙江省全部和吉林省大部、内蒙古自治区和辽宁省一部分，是我国重工业城市的集中地、重要农牧业生产基地，很多国际级和国家级的重要湿地位于该流域。受区域经济快速发展的影响，松花江流域污染比较严重，已经威胁到流域内的人饮水安全、供水安全、河流湿地的生态安全及国际界河的安全。随着东北工业能源基地和农牧业生产基地建设的逐步实施和城市化进程的加快，松花江所面临的城市点源污染和农村面源污染的压力将会更大，如果不采取有效的措施，将对国家振兴东北宏伟战略的实施、“四基地一区”的建设及国际关系产生不利影响。因此，松花江作为高风险污染源较多、跨国界、跨省界污染的河流，被“水体污染控制与治理”科技重大专项选为水污染防治技术示范区。

流域作为河流水系的集水区，是具有水文过程和环境生态功能的连续体，流域水环境演变的本质是流域水循环及其伴生环境过程的综合体现，流域水循环及其伴生环境过程失衡会导致流域水环境问题。一方面，由于污染排放量越来越大，超过水体本身的自净能力；另一方面，经济社会用水量越来越大，引起河道水环境容量越来越小。两个方面共同作用，引起水体中污染物的浓度过高，导致河流环境生态功能失衡。因此，水污染治理应从流域而非区域着眼，从水循环和污染迁移转化的全过程着手，水质水量双管齐下，研究提出科学合理的解决办法。

本书研究基于流域水质水量联合调控的水污染防控新思路，以松花江流域为研究区，针对常态和突发污染控制，按照“监测体系—耦合模拟—总量控制—典型调控—目标响应”的科学逻辑，研究构建流域水质水量联合调控技术体系，并开展示范建设。核心研究包括五个方面的内容：①松花江流域面向水质安全的水循环监测体系研究；②松花江水质水量耦合模拟模型开发；③松花江流域基于水功能区的水质水量总量控制方案；④松花江农田面源污染水质水量联合调控示范；⑤松花江干流水库群面向突发性水污染事件的联合调度系统开发。

经过多个单位联合攻关，研究取得了丰硕的成果。针对松花江流域水质安全保障面临的关键问题，基于二元水循环理论，制定了松花江流域基于“自然-社会”二元水循环的水质监测方案和干流水污染事故应急监测方案；以水循环及其伴生水环境过程为基础，构建了适合寒区大尺度流域的分布式水质水量耦合模拟模型与干流河道水质水量动力学模型；在模型体系支撑下，将陆域减排和水功能区达标相结合，将控制取用水和控制入河污染相结合，将污废水排放总量与排放标准相结合，开发了基于水功能区的流域水质水量总量控制技术；通过在吉林省前郭灌区开展的研究和大型示范工程建设，提出了从源头到末端一体化的农田面源污染综合调控技术；针对松花江干流突发性水污染事件，基于干流水动力学水质模型，构建了松花江干流面向突发性水污染事件的水库群联合调度模型，开发了决策支持系统和三维展示平台，综合形成了支撑流域水环境常规和应急管理的水质水量联合调控技术体系。

本书研究具有三个方面的特点：一是水量与水质相结合，各项研究均从水循环和污染迁移、转化两大过程着手，形成了包括“联合监测—耦合模拟—双总量控制—节水减污—应急调度”的流域水质水量联合调控成套技术体系；二是技术研究与工程示范相结合，既针对松花江流域水质水量联合调控开展面上研究，又针对流域内突出的农田面源污染问题开展示范工程建设并对成果进行推广；三是常规与应急相结合，既提出了支撑水环境常规管理的总量控制和污染削减的指标和手段，又开发了面向突发性水污染事件的水库群应急调度决策支持系统，并在相关管理部门安装运行。

参加本次研究的单位有中国水利水电科学研究院、松辽流域水资源保护局、水利部松辽水利委员会水文局、吉林省水利科学研究院、武汉大学、西安理工大学、中国科学院东北地理与农业生态研究所、黑龙江省水文局、吉林省迅达水文水资源勘测设计有限责任公司、中国农业科学院农田灌溉研究所、武汉市长江创业环境工程有限责任公司、北京中水科信息技术有限公司、北京大学、吉林大学、东华大学、华北电力大学。

全书主要由王浩、周祖昊、贾仰文统稿，各章主要撰写人员如下。第一章，王浩、周祖昊、贾仰文、游进军、牛存稳、肖伟华、胡鹏、王康、柴福鑫、褚俊英；第二章，周祖昊、游进军、褚俊英、胡鹏、严子奇、张萍、杨波、陈晓群、刘俊；第三章，李青山、汤洁、白淼、佟守正、李环、续衍雪、赵慧媛、武保志、张萍、仇宝瑞；第四章，周祖昊、胡鹏、肖伟华、牛存稳、贾仰文、王康、付有彤、王孟、洪梅、贺华翔、刘佳嘉、李金明、李佳、曹小磊；第五章，游进军、褚俊英、贾仰文、牛存稳、魏娜、李天宏、薛小妮、刘扬、杨波、陈晓群、朱厚华、刘俊；第六章，董建伟、王康、张寄阳、张晓辉、柳建设、张天翼、梁煦枫、陈永明、王姝、沈楠、谷小溪、隋媛媛、周璐、仇宝瑞；第七章，谢新民、柴福鑫、肖伟华、韩俊山、王志璋、李建勋、贺华翔、李维乾、杨朝晖；第八章，范晓娜、杨广云、游进军、牛存稳、褚俊英、柴福鑫、王康、杨波、张萍；第九章，王浩、周祖昊、贾仰文、胡鹏、游进军、褚俊英、肖伟华、董建伟、王康、杨帆、李志毅、刘俊秋。由于篇幅有限，参加研究的其他人员和研究生不能一一列出，在此表示歉意！

在项目研究和本书编写过程中，得到环境保护部“水体污染控制与治理”科技重大专项办公室、水专项松花江项目办公室、水利部松辽水利委员会、吉林省环境保护厅、吉林省水利厅、黑龙江省环境保护厅、黑龙江省水利厅等单位和部门的大力支持，得到茆智、杨志峰、倪晋仁、王金南、邵益生、王子健、王业耀、王金南、周怀东、尹改、夏青、许振成、彭文启、富国、李和跃和梁冬梅等专家的悉心指导，得到研究单位领导、同事和研究生的大力支持，在此一并表示感谢！本书的出版得到国家“水体污染控制与治理”科技重大专项课题（2008ZX07207-006，2012ZX07201-006）的资助，得到中国水利水电科学研究院流域水循环模拟与调控国家重点实验室的支持，特此表示感谢！

受时间和水平限制，本书难免存在疏漏之处，恳请读者批评指正！

流域水质水量联合调控是水污染防控的新思路，该理念和方法已经在松花江流域和其他流域水环境综合治理中得到实践应用。但是，由于该理论提出的时间不长，理论和技术体系有待在实践过程中不断完善，恳请专家学者多提宝贵意见！

目　录

第一章　概　　述

第一节　研究背景和意义

当前，随着世界人口的增加，工业和农业的发展，全世界每年有约4000亿 m^3 的污水排入江河湖海水体，世界范围内水环境形势十分严峻。《联合国世界水发展报告2015》（*The United Nations World Water Development Report* 2015）指出，由于缺少足够的污水处理设施，世界上发展中国家90%以上的污水未经处理直接排放到河流、湖泊或海洋中，带来严重的环境与健康问题；流经亚洲城市的河流很多已被污染；美国等发达国家有40%的河流流域被加工废料、金属、肥料和杀虫剂污染。

尽管世界各国在获得清洁水源方面取得了进步，但在改善给排水卫生条件方面的进展不足，影响了水体环境质量的改善。世界卫生组织（World Health Organization，WHO）2013年调查数据显示，全世界有约11%的人口不能获得安全的饮用水，有约40%的人口无法拥有良好的卫生设施。污水处理的不足导致污废水排入水体从而影响了人类的生存环境，并导致水相关疾病的发生。例如，腹泻病每年已严重伤害到76万儿童的健康。

此外，欧洲环境署（European Environment Agency，EEA）2015年出版了《欧洲水环境现状与展望2015年报告》（*The European Environment State and Outlook* 2015），认为尽管欧洲的水体质量有所改善，但水体的营养物污染问题依然严重，特别是高强度的农业生产区，以非点源形式进入水体的氮污染物强度很大，从而导致持续的水体富营养化问题。

从国际水污染治理的历程看，发达国家在水污染治理方面走了“先污染、后治理”的道路，付出了沉重的代价。为了应对水环境污染问题，各国分别采取了不同的行动。例如，美国1972年颁布《清洁水法》，实施了最大日负荷总量（total maximum daily loads，TMDL）计划，即为满足特定的水质标准，计算水体能够接纳的某种污染物的最大负荷量，综合考虑水体的自然背景、点源和非点源的污染负荷强度及安全边际（margin of safety，MOS）将总污染负荷在各种污染源之间进行分配①，在此基础上通过最佳污染控制技术削减污染负荷，达到清洁水体的根本目标。美国TMDL计划的实施推动了水体水环境目标的实现，但缺少对流量改变和天然栖息地改变等因素的考虑，无法进行水生态完整意义上的

① 美国国家环境保护局（United States Environmental Protection Agency，USEPA）已提供了19种分配方法（如等比例分配和等单位处理费用分配等）。

修复，这也是其未来发展的主要方向。

欧盟自1973年制定了环境行动计划，此后经历了从单一化到一体化的发展过程。2000年颁布了《欧盟水框架指令》（*The EU Water Framework Directive*）（2000/60/EC），共有26个条文和11个附件，要求其成员国采用统一的水管理框架，按照指令的要求或为实现指令所规定的水质目标，采用最新的环境保护技术对污染源进行治理。该框架指令第16条要求采用综合的水污染防控措施，并区分一般污染物和重点污染物，采取不同程度的控制顺序，涉及的水体不仅包括内河和地下水域，还包括沿海和潮水；第17条还要求采取特别措施来对待地下水污染[①]。该框架指令还注重水生态保护目标，综合考虑水文条件和水生植物等特点，开展水生态功能的保护、修复或恢复，实现水生态完整性目标及水资源的可持续利用。

水质水量变化带来的生态系统影响日益得到国际关注。例如，联合国2005年发布的《千年生态系统评估报告》（*Millennium Ecosystem Assessment*），由95个国家、1360名专家经过4年，耗资2400万美元完成。其开始关注生态系统服务功能（包括供给服务、调节服务、文化服务和支持服务等方面）和生态系统变化对人类福祉的影响（如安全、高质量生活的物质需求，健康、良好的社会关系和选择与行动的自由等）。在对过去生态系统定量评估基础上（包括人类社会从江河、湖泊中取用水的增加），识别了主要驱动力，并提出了扭转生态系统退化趋势的主要措施。

中国当前面临着严峻的水资源与水环境问题，突出表现在如下方面：①流域水环境质量不容乐观。在河流水质方面，2014年劣于Ⅲ类的国控断面数接近总数的29%。海河、辽河、淮河三大流域尤为突出，劣于Ⅲ类的断面占40%～60%。在湖泊水库水质方面，劣于Ⅲ类的断面数占总数的比例为38.7%，尤其以太湖、滇池和巢湖最为严重，湖泊水库富营养化状态占24.6%。在地下水质量方面，61.5%的监测点处在较差和极差水平。地下水污染正从点状、条带状向面上扩散，由局部向区域扩散，由浅层向深层渗透，由城市向周边蔓延。流域水污染形式与组分更加复杂多样，呈现结构型、压缩型与复合型特征。重金属、持久性有机污染物污染不容忽视，带来严重的环境影响和人体健康危害。②流域水生态系统结构失衡且功能受损。流域上下游区域之间的无序竞争用水，往往导致水资源过度利用和生态用水的长期挤占，造成生态功能下降和生态系统结构失衡。③流域资源型、竞争性缺水与浪费现象并存。根据《全国水资源综合规划》，当前我国现状多年平均河道外缺水量为404亿m^3，缺水率为6.3%，挤占河道内生态环境用水量为132亿m^3，其中，黄河、淮河、海河、辽河水资源一级区缺水量占66%。全国平均单方水GDP产出仅为世界平均水平的1/3，灌溉水有效利用系数仅为0.4～0.5，低于发达国家水平（0.7～0.8）；一般工业用水重复利用率在60%左右，低于发达国家水平（85%）。④流域突发性水污染事件频发，影响甚大。由自然灾害、机械故障、人为因素及其他不确定性因素引发固定或移动的潜在污染源偏离正常运行状况而突然排放的污染物，经过各种途径进入水体，导致

① 欧盟2006年专门还出台了《新地下水指令》（2006/118/EC），对地下水污染的监测、防治或限制污染物进入水体的措施及地下水状况和趋势评价等进行了规定，使得地下水污染防治的立法更为规范。

突发性水污染事件。统计表明，2006～2011 年我国发生 179 起重大突发性水污染事件。2012 年以来发生了包括广西龙江镉污染、山西长治苯胺泄漏和黄浦江上游死猪漂浮等事件，造成了巨大经济损失，也给社会安定和生态环境带来影响。

长期以来我国的流域水资源管理注重工程的、单一部门的、单一要素的、以行政手段为主的管理，近些年来尽管我国在流域水资源管理方面取得了一定进展，但从根本上还缺少系统化和高效的流域水环境和水资源管理体系设计，表现在如下方面：①过程分割，忽视流域内水污染的全过程控制；②以末端治理为主的排放标准控制不能满足水体环境质量的要求；③强调点源，忽视非点源污染的治理；④流域水资源管理体制失效；⑤流域水计量、监测与信息化系统不完善、资金投入不够及缺乏公众参与。2015 年 4 月，我国《水污染防治行动计划》的颁布具有开创性意义，成为当前一段时期我国政府在水环境保护方面的行动计划纲领，其将水量和水质紧密结合，实行水环境的系统治理的突出特色，为我国水环境治理指明了新的方向。

流域作为水系的集水区，是具有水文过程和环境生态功能的连续体，流域水环境演变的本质是流域水循环及其伴随过程的综合体现。流域水资源与水环境要素密切关联、相互作用、不可分割，主要体现在如下方面：①污染物的降解与输移受流域降水、产流、用水和排水等水循环过程的影响，流域污染物产生、输移与各类用户的耗水过程密切相关，工业化、城市化和农业生产过程中的污废水以点源和非点源形式大量排入水域，造成湖泊萎缩、河流断流与水环境恶化。②水资源量与水质动态关联。流域水资源的短缺降低流域水环境容量，会加重流域水环境恶化。河湖等地表水的长期过度使用，导致地表水体中有害物质浓度提高；长期过度抽取地下水将破坏水质。如果流域发生水质劣变，被污染的水将无法用来饮用和生产，导致可用于某一特定用途的水量明显减少，从而加剧水资源短缺的矛盾。③节水与污染措施效果兼收。各种途径的节水在缓解用水紧张状况的同时，也会减少对环境的污染；而水环境污染的治理也会增加可用水量，从而缓解水资源的供需矛盾。只有从流域水质与水量耦合机理出发，实现对水质与水量双要素的系统调控，才能从根本上确保流域水资源与社会经济可持续发展，以及水环境与水生态系统的良性发展。

水量和水质对社会经济发展具有决定性作用，缺水和干旱、水环境质量的下降都将给人类健康和水生态系统带来危害，从而威胁社会经济的发展。当前，中国已进入水环境治理的敏感时期，为从根本上改变我国水资源紧缺与水环境恶化的严峻状况，传统的以污水处理厂建设为核心的水污染防治模式亟待转型，实行流域尺度的水质水量联合调控尤为重要，系统地实现工程和非工程措施的统筹、陆域和水域的统筹、常态和应急态的统筹及源头减排、过程控制与末端治理的统筹，已成为中国水环境治理的重点方向和难点所在。因此，研究流域水质水量联合调控的基本理论、关键技术并开展应用，具有十分重要的理论与现实意义。该研究对推动水环境、水文水资源及水生态等多学科的交叉融合，推动行业的技术进步，实现水环境治理的根本性变革具有重要的学术价值。

第二节　研究进展

一、流域水质水量耦合模拟

开展流域水质水量联合调控的前提条件，是在流域水循环及其伴生环境过程机理研究的基础上，弄清流域各个环节水和污染物的物质通量。这一项工作需要在水质水量耦合模拟工具的支持下完成。水质水量耦合模拟分为流域和河道两个层面。流域水质水量耦合模拟包括流域水循环过程模拟和流域水循环伴生的流域水质模拟，河道水质水量耦合模拟包括河道水动力学模拟和河道水动力学水质模拟。考虑研究区域的特殊性，本节还介绍了冰封期河道水质水量耦合模拟情况。

（一）流域水质水量耦合模拟

流域水质水量耦合模拟分流域水循环过程模拟和流域水循环伴生的流域水质模拟两个部分。

1. 流域水循环过程模拟

流域水循环过程模拟主要通过水文模型实现。水文模型是水文科学研究的重要工具，也是研究的热点和难点之一。随着人类活动影响的加剧，变化环境下的流域二元水循环模拟与调控已成为现代水文水资源与地球科学研究的核心命题和前沿领域。社会水循环模拟面临着比自然水循环更多的难点（如与水有关的社会经济数据的空间化及其描述方法和社会水循环基本单元之间的相互作用机制等）。同时，如何在不同类型社会水循环单元机理研究的基础上，通过精细的过程模拟，实现各单元之间的“无缝”耦合，需要加强模型数理描述和现代信息技术应用的引进和研发。

有关流域水文模型，已有大量文献进行全面综述，本书仅对社会水循环及“自然-社会”二元水循环模拟的发展情况进行梳理。1999 年，王浩等在国家重点基础研究发展规划（973）项目“黄河流域水资源演变规律与二元演化模型”文本中，首次提出了“自然-社会”二元水循环模式，开始了系统研究，并在后续的国家科技攻关计划、国家科技支撑计划和 973 项目等的研究中，研发了由分布式水循环模拟模型和集总式水资源调配模型耦合而成的二元水循环系统模拟模型，形成了系统的“自然-社会”二元水循环理论。贾仰文等（2003）在充分阐述二元水循环理论的前提下，提出了二元水循环模型，该模型由分布式流域水循环（water and energy transfer process，WEP）模型、水资源合理配置（rules-based objected-oriented water allocation simulation，ROWAS）模型和多目标决策分析（decision analysis for multi-objective system，DAMOS）模型耦合而成，并在海河流域得到了较好的验证。

2. 流域水质模拟

流域水质模拟在水量模拟的基础上完成。随着流域水环境的恶化及环境保护意识的加强，在流域水循环模型的基础上，逐步发展了对流域水循环伴生的污染物迁移、转化过程的模拟，流域水质模型逐渐发展起来，并被广泛用于污染物输移扩散的模拟及预测方面，为流域水环境规划和管理提供科学依据。国内外相关研究主要从环境学角度着手（如进行面源污染物预测和水体水质演化模拟），未能就水循环演变对区域水环境的影响贡献进行定量分析。需要指出的是，社会水循环是污染物产生的重要原动力和路径，研究社会水循环演变的产污效应将是区域污染综合治理的重要基础。

流域水质模型从“陆域-河道”两大范围入手，描述污染物的“产生—入河—转化”等过程，是污染物陆域模型与河道水质模型的结合，针对不同社会经济发展状况、污水处理水平和农业发展特点等条件下的流域水质进行描述。比较典型的流域水质模型包括HSPF模型、CatchMODS模型和SWAT模型等，这些模型都能对流域水循环过程进行模拟。

需要特别指出的是SWAT模型。该模型结构合理、运算效率高、研究具有针对性，从而成为最具优势的非点源污染模型之一。郝芳华等（2006）总结了非点源污染模型的理论方法，形成了基于SWAT模型的入河系数法求解入河污染物量的体系。李丹等（2008）将SWAT模型与QUAL2E模型耦合，探讨了河道水质模型对流域面源模型模拟结果的影响，并分析了该影响与流域水文情势的关系。SWAT模型在我国图们江、海河流域、潘家口水库流域和新丰江流域等地均有应用。

（二）河道水质水量耦合模拟

河道水质水量耦合模拟模型可分为零维、一维、二维、三维，分别来描写水质变化的时空特性。尽管实际水质问题都是三维结构，但水质模型维数的选择主要取决于模型应用的目的和条件。一般在规划、设计和研究中，常采用稳态河流水质水量模型预测一定设计条件下的水质变化情况；而动态水动力水质模型常用于模拟暴雨径流和污染事故等瞬时变化情况的水质过程。

1. 河道水动力模拟

目前，关于河道水量模型及其求解方法已有较多研究，根据现有相关文献研究成果（吴寿红，1985，韩龙喜等，1994；李义天，1997；侯玉等，1999；白玉川等，2000；徐小明等，2001；卢士强和徐祖信，2003）主要可归纳为以下三种类型，即组合单元解法、混合模型求解法和圣维南方程组解法。其中，对圣维南方程组解法的研究较多。

组合单元解法由法国水力学专家Jean于1975年提出，我国也有研究者采用此方法进行河网地区的水力模拟。此方法的基本思想是：首先，将河网地区水力特性相似、水位变幅不大的水体概化成单元；其次，取单元中心的水位为代表水位，采用谢才公式模拟单元之间的流量交换，根据水量守恒建立每一单元微分形式的水量守恒方程，离散并得到以单元水位为自变量的代数方程，辅以边界条件即可求得各单元水位和单元之间的流量。组合单元解法对河道进行简单概化，以单元为计算单位，计算相对简单，但模拟精度较低，仅适用于大尺度水域的水力模拟。

混合模型求解法是将河网水域区分为骨干河道和成片水域两类，对骨干河道采用圣维南方程组解法，对成片水域采用组合单元解法将其划分为单元，再引入当量河宽的概念，把成片水域的调蓄作用概化为骨干河道的滩地，结合圣维南方程组解法一并计算。

圣维南方程组解法是以法国学者圣维南在1871年建立的圣维南方程组（连续方程和动量方程）来描述水体在河渠中的运动过程。该方法基于水体运动的物理规律推导，能够比较真实客观地反映运动特点。国内很多学者都对其有深刻的研究。

2. 河道水质模拟

近年来，水质模型的研究已经从点源污染模型转向面源污染模型，从一般的水质模型转向综合生态水质模型，并考虑有毒化合物及河流泥沙问题。

国外应用较多的有QUAL-Ⅱ模型、CE-QUAL-RIV1模型、WASP模型和MIKE11模型等。QUAL-Ⅱ模型是由USEPA开发的一维稳态模型，用来模拟分支河网的富营养化过程，研究的水质状态变量包括水温、细菌、氮化合物、磷化合物、溶解氧（DO）、生化需氧量（BOD）、藻类及可以由用户自定义的一种可溶解物质和三种不溶解物质。CE-QUAL-RIV1模型由美国陆军工程兵团开发，用来模拟分支河网的水流量与水质变化，具有处理变化大的流量和不同水质元素的能力，其研究的水质状态变量包括水温、细菌、氮化合物、磷化合物、DO、BOD、藻类和金属等。WASP模型是由USEPA开发的水质模拟分析计算程序，能模拟两个底泥层和两个水体层，因此，实际上是计算一维、二维、三维的模型。其通过EUTRO和TOXI两个模块，研究的水质状态变量包括水温、盐度、细菌、氮化合物、磷化合物、DO、BOD、藻类、硅土、底泥、示踪剂、杀虫剂、有机物及用户自定义的物质。丹麦水力研究所的MIKE11模型利用Abbott六点隐式差分格式求解一维圣维南方程组，求解时将河道离散成水位、流量相间的计算点。

国内在河网水质模型方面做了很多研究工作。徐贵泉等（1996）开发了感潮河网水量、水质统一的Hwqnow模型，并用于为改善上海浦东新区河网水环境而进行的调水方案研究中，取得了良好的效果。廖振良等（2002）对上海苏州河建立了水系水动力水质模型。清华大学结合确定性模型与不确定性分析的优点，以不确定性分析为框架，结合圣维南方程组及连续混合反应池（continuously stirred tank reactor，CSTR）模型，开发了一维动态环状河网水质模型，有效解决了环状河网水文条件复杂和监测数据稀缺的问题，并应用于温州市温瑞塘河流域综合整治规划中。对珠江三角洲河网地区，关于一维、二维、三维水质模型在稳定性、收敛性及模拟精度方面的研究已取得重大进展。例如，曾凡棠和黄水祥（2000）在潮汐河网随机水质模型方面开展了探索性的研究工作，并取得了具有一定应用价值的成果。丁训静等（1998，2003）将荷兰Delft水力研究所研制的Delwaq水质模型应用于太湖流域，通过对太湖流域的水质模拟研究，进行了模型参数的率定、验证和灵敏度分析，得到了适合太湖流域平原河网的水质模型及参数，模型计算值与实测值拟合较好。

李锦秀等（2002）建立了三峡水库整体一维水质模型，该模型包含了十余个水质要素变量，采用双扫描方法来求解水动力和水质方程，为模拟预测三峡水库建成以后库区不同江段平均水质变化趋势提供技术支持，但对环状的复杂河网而言，双扫描法则失去了优势并受到限制。彭虹等（2002）采用有限体积法建立了一维河流综合该模型，该模型包含8种水质变量，并考虑变量之间的反应，仅用于单一河道，对汉江部分河段进行了模拟。褚君达和徐惠慈（1992）、韩龙喜和陆冬（2004）采用类似河网水动力三级联解的方法建立了河网水质模型。金忠青和韩龙喜（1998）运用组合单元解法建立了一种适用于大尺度河网的、新的平原河网水质方法。吴挺峰等（2006）应用河网三级联解法建立了总磷的水流和水质模型，并考虑河网概化密度对河网水量水质模型的影响。

（三）冰封期河道水质水量耦合模拟

冰封期是河流表层或者全部水体处于冰封状态下的一段特殊时期，冬季冰封的现象常见于寒区河流。近年来，我国冰封期河道水量水质模型的研究逐渐丰富，国内多数研究以冰凌预报和冰封期输水为主要研究目的，且水量方面的研究多于水质方面的研究。

1. 冰封期河道水动力学模拟

国际上对冰封期河流水动力学要素的研究主要集中在河流冰盖、冰塞的形成和演变机理方面。Jasek（2003）和 She 等（2007）对加拿大阿萨巴斯卡河冰塞的形成和演变过程进行监测，开发了 River I-D 模型，在冰河形成与消融模拟功能上具有通用性。Massie 等（2002）根据多年实测资料，利用神经网络法预测了 Oil City 冰塞的形成和演变过程，研究了如何确定神经网络的输入向量，探讨了下游发生冰塞的解决方法。Shen 和 Liu（2003）通过 Shokotsu River 水文监测数据及河流水力和几何特征，研究了 1995 年春季 Shokotsu River 冰塞溃决的原因。Shen 等（2000）开发了河流表面冰体运移及冰塞形成的动态二维模型，水动力学模型采用欧拉有限元方法计算，该模型假设河流表面冰层的移动是一个连续的过程，利用模型模拟了美国密西西比河密苏里州河段冰塞的发展。Beltaos 和 Burrell（2006）根据加拿大数条河流的实测水文资料，分析了冰塞溃决过程中冰面下水流温度变化，研究表明，一般情况下，水的温度变化与下游距离呈负指数关系。Prowse（2001）研究了气候变化对加拿大西部 Peace River 冰塞的影响，预测了未来几十年的冰塞变化趋势，模拟结果表明，未来结冰时间将减少 2 ~ 4 周，冰盖厚度会变得更薄，发生严重冰堵塞导致洪水的频率将减少。Voevodin 和 Grankina（2008）开发了一种研究在不同盐度条件下冰的发展过程的动态数学模型，模型考虑了积雪和冰冻温度因素的影响。Zdorovennova（2009）对俄罗斯西北部 Vendyurskoe 水域水冰和水沙边界热量传递过程进行了研究，研究结果表明，冬季底部冰层热量释放导致冰层表面处（0.1 ~ 0.5 m）温度不断升高。Hammerschmidt（2002）利用瞬态热线法及瞬态热带法研究了冰和水的导热系数和热扩散率。

我国在冰封期河道水动力学模拟方面的研究主要集中于以下三个方面。

（1）冰期河流水文特征及封冻河道水力要素分析。早在 1958 年，就有学者（水文工作通讯，1958）研究了冰期水位观测及流量测量的方法，并运用该方法对冰期水位及流量等水文要素进行测量；此后，魏良琰（2002）详细分析了河道断面在不完全封冻和完全封冻条件下的水力要素特征，提出了冰盖流综合糙率的一般计算公式，通过试验验证表明，计算的综合糙率与实测值非常吻合。茅泽育等（2002）应用半经验紊流理论，分析了冰封期河道水力要素之间的关系，并推导了关系表达式，研究了根据河道断面流速场分布情况推算河床及冰盖糙率的计算方法。王军等（2007）对有冰层覆盖的河道水力计算进行了研究，提出了冰塞段水位计算的定性表达式。

（2）利用数学模型对河冰动态发展过程进行数值模拟。杨开林等（2002）在借鉴国外模型的基础上，模拟了冬季松花江流域白山河段十年间冰塞的形成及发展过程，结果表明，其提出的新发展模型模拟效果很好。茅泽育等（2003）应用河流动力学和热力学等原理，建立了冰塞形成及演变发展的冰水耦合的综合动态数学模型，并利用黄河河曲段原型实测资料进行了验证，模型能较好地模拟河道封冻过程中冰塞体的发展演变过程。朱芮芮等（2008）根据冰塞形成发展机理，利用水力学和热力学基本原理建立河冰形成演变的数学模型，研究了无定河流域下游段丁家沟至白家川的每年春季河流水位、封河日期和开河日期，模拟结果较为理想。郭新蕾等（2011）以南水北调中线工程冬季输水为例，根据实测和设计资料，采用自主开发的大型长距离调水工程冬季输水冰情数值模拟平台，分析了冰情数学模型中单一参数（冰期冰盖糙率、大气与冰盖的热交换系数）的不确定性对冰期冰盖形成、发展、消融和水位及流量等要素的影响，并计算给出了一般规律。

（3）冰期输水及冰凌预报。穆祥鹏等（2013）根据传热学理论对加设保温盖板后的渠道水体失温过程进行理论分析，并在此基础上建立了设置保温盖板的一维渠道冰期输水数学模型，对加设保温盖板的冰期输水过程进行了模拟，提出了切实可行的冬季输水方案。刘孟凯等（2013）通过分析渠系融冰期的水力响应特性，从渠系运行安全（水位波动幅度和波动速率较小）角度提出了渠系融冰期安全输水模式，基于冰情预报建立了渠系融冰期自动化控制管理模型。郭新蕾等（2011）将冰情发展模型与树状明渠系统复杂内边界条件下的渠道非恒定流模型进行集成耦合，开发了大型长距离调水工程冬季输水冰情数值模拟平台，并针对长距离明渠-闸门-泵站系统冬季反向输水可能出现的冰问题，以南水北调来水调入密云水库调蓄工程为研究对象，将该平台升级，研究结果对决策管理部门在冰期制定北京市多水源联合调度方案具有参考意义。

2. 冰封期河道水质模拟

国内外对冰封期水质模型的研究相对较少，Prowse（2001）综述了河流中的冰在成冰、冻结和破冰等过程中所产生的水文、地形、水质效应。我国对冰封期水质模型的研究始于20世纪80年代初。我国开展的对寒区河流冰封期的水质监测与试验研究，为构建冰封期河道水质模型，并对其进行机理研究奠定了试验与数据基础。刘广民等（2008）在冬季室外自然气候条件下进行硝基苯水样冰冻试验，并且对松花江达连河断面主河道冰层中硝基苯含量进行分层检测。站培荣和卢晏生（1989）调研了1987年12月和1988年1月松花江哈尔滨段冰封期制糖废水污染区微生物及水质情况，结果表明，监测江段真菌大量滋生，溶解氧迅速减少，水节霉和囊轴霉为优势种群。芦晏生（1985）调查了1981年2～3月松花江哈尔滨—通河江段冰封期污染程度与浮游生物的生长状况。苏惠波（1990）研究了嫩江冰封期水质自净能力规律，并初步建立了嫩江冰封期水质响应模型，模拟了COD、BOD_5 和 NH_3-N 等有机物在河流中的降解过程，模型基本能够反映嫩江冰封期水质的变化规律。王宪恩等（2003）分析了冰层冻结对COD的削减作用，构建了耦合沉淀作用、生物降解及冰层冻结的河流COD削减模型。郑秋红等（2006）构建了冰封期河流中污染物损耗估算模型，探讨了冰封期内河流COD的损耗方式，结果表明，该时期的损耗方式以沉淀和冰冻作用为主，而生物降解作用则相对较弱。殷启军（2013）构建了冰封期水质模型，耦合了热动力学模型、水动力学模型和水质模型，以硝基苯为例，模拟了成冰过程对河流水质的影响。孙少晨等（2011）建立了松花江干流非汛期及冰封期水动力水质耦合模型，研究了冰期西流松花江干流水质问题，模拟了2005年硝基苯水污染事件，并提出了面向突发性污染事件的水库群应急调度机制。

（四）现有研究不足与发展趋势

从已有的研究来看，流域水质模型和河道水质模型经过了上百年的发展，已经取得了长足的进步，在流域水环境规划、水资源保护和突发污染事故处理等方面发挥了重要的作用，从现有研究不足和发展趋势方面看，主要认识如下：

（1）数据是制约水质模拟的关键因素，未来研究中加强水质监测仍将是最重要的努力方向，特别是对非点源污染的全过程监测尤为重要。水污染迁移、转化过程极其复杂，影响因素众多，虽然发达国家的水质监测已经做了大量工作，但距离准确刻画水污染过程尚有差距，发展中国家则差距更大。

（2）水质模型是根据排入水体的污染物分析预测未来水质状况的一种手段，好的模型应尽可能全面准确地反映污染物的迁移、转化规律。对污染物在流域和水体中的迁移、转化过程认识越深刻，建立的模型将越准确，预测精度和可靠程度将越高，进一步深入刻画污染物随水流运动的迁移、转化过程是未来的发展方向。

（3）一个好的水质模型需要水文学、水力学、化学、生物化学、水质、数学及计算机等方面的专家通力合作，采用遥感解译、地理信息系统（geographic information system，GIS）、大数据和云计算等现代化手段有助于增强水质模拟功能和提高模拟精度。

（4）当前国内外相关研究主要从环境学角度着手（如进行面源污染物预测和水体水质演化模拟），未能就水循环演变对区域水环境影响贡献进行定量分析。社会水循环是污染物产生的重要原动力和路径，研究社会水循环演变的产污效应将是区域污染综合治理的重要基础。

（5）我国对水环境问题的研究在改革开放之后才逐渐兴起，区域上主要集中于南方河网地区，对北方地区，尤其是对寒区流域的研究不多。随着东北地区水环境污染形势日益严峻，其区域性、大尺度和复杂化的特点越来越明显。这些实际问题的出现，需要运用数学与水环境基础知识来解决，加强冰封期水量与水质耦合模拟研究越来越重要。

二、流域水质水量联合调控

（一）问题的提出

水资源短缺是制约经济社会可持续发展的重要因素之一，缺水在很大程度上是由水资源得不到科学分配和合理利用导致，因此，加强水资源的管理调控是提高水资源利用效率的重要方向。水量调控管理是一个逐渐发展的过程，从最初的水量调控为主，再到水量模拟基础上逐步加入污染控制的各种要素，最新的发展趋势是在两者机理层面耦合的基础上实现整体模拟与调控。随着社会生活水平和工业化程度的提高，水质恶化逐渐成为缺水的重要原因，频繁发生的水污染事件使得环境质量降低，生态系统退化。因此，从水务一体化管理的发展趋势来看，水质和水量联合调控是未来水量调配和水污染控制的主要决策技术。

从配置角度分析，水量和水质是水资源的二重属性，两者相互影响，不可分割，不同用水对水质的要求不同，需要结合水质要求对水量进行分配。随着社会生活水平和工业化程度的提高，水质问题逐渐成为水资源不足的重要原因，近年来接二连三发生的水污染事件严重影响了水资源数量上的供给。传统的水资源优化配置方式通常只看重水量的配置，忽视了水质因素，严重降低了水资源利用效率。根据我国可持续发展战略，污染控制应和水资源开发利用统一考虑，才能实现流域水环境质量的根本改善，通过水质水量联合模拟的模型和方法，实现对区域水量和水质的联合调控，达到水资源利用与区域环境保护的双重目标。

2002 年水利部水利水电规划设计总院发布的《全国水资源综合规划技术大纲》指出，水质水量联合配置指在流域或特定的区域范围内，遵循公平、高效和可持续利用的原则，以水资源可持续利用和经济社会可持续发展为目标，通过各种工程和非工程措施，考虑市场经济规律和资源配置准则，通过合理抑制需求和有效增加供水等手段和措施，对多种可利用水源和水环境容量在区域之间和各用水部门之间进行合理调配，实现有限水资源的经济、社会和生态环境综合效益最大化。钱玲等（2013）认为，水质水量联合调度是按照流域水资源综合管理的理念，以防洪安全保证为前提，以流域水生态功能目标需求为导向，依托各种水利工程或非水利工程调度措施，优化调整径流的时空分配特征，从而实现水资源经济、社会和生态环境综合效益最大化的一种水资源开发利用模式。

流域水质水量联合模拟与调控是实现社会经济与生态环境协调发展的有利措施，是当今国内外水科学研究的前沿和热点之一。通过改变现有或拟建水利工程的调度运行方式，发挥水利工程兴利避害的优势，充分利用各种水源，增加生产、生活的可利用水量，兼顾改善河道水质，实现水生态、水环境和水景观的修复、改善和保护，确保水资源的可持续利用，保障社会经济的可持续发展。水质水量联合模拟与调控研究是一个逐渐发展的过程，从最初的水量调控为主，再到在水量模拟基础上逐步加入污染控制的各种要素，最新的发展趋势是在两者机理层面耦合的基础上实现整体模拟与调控。

（二）国外研究进展

国外以水库调度为中心的水量调控技术始于 20 世纪 40 年代，但考虑环境与生态因子的水量调控技术相对起步较晚。1991 ~ 1996 年，美国田纳西河流域管理局（Tennessee Valley Authority，TVA）以下游河道最小流量和溶解氧标准为指标，对水库调度运行方式进行了优化调整，增加了 20 个水库的泄流量，提高了水质标准。TVA 对水库调度管理的相关议案进行了重新阐释，提出在原有主要目标的基础上，要求水库针对水质、娱乐的目标进行调度。1996 年，美国联邦能源委员会（Federal Energy Regulatory Commission，

FERC）要求在水电站运行中，针对生态与环境影响制定新的水库运行方案，包括提高最小泄流量、增加或改善鱼道和周期性大流量泄流等。在水库优化调度方面，Liang 和 Nnaji（1983）针对地下水井群的分质供水联合调度问题进行了研究。Mehrez 等（1992）开发了包括水库和地下井、输水管网在内的多水源分质供水系统的非线性规划模型。Hayes 等（1998）集成了水量水质和发电的优化调度模型，将水质模型集成到一个最佳的控制算法，通过操作，可以评估水质，探讨了在 Cumberland 流域中水库的日调度规则。Campbell 等（2002）构建了三角洲地区地下水和地表水的分配模拟模型和优化模型，研究了稀释法在地下水和地表水中对水源水质的净化作用规律。Cai 等（2003）构建了集流域经济、农业、水文和水质为一体的模型，模拟研究了灌溉水量分配所引起的土壤盐碱化问题，并分析了研究区域的环境和经济的响应关系。Kerachian 等（2004）在综合考虑了水质、地下水的回流和供水系统规划的前提下，建立了研究区域灌溉系统地表水和地下水资源的动态规划模型。

20 世纪 70 年代以来，世界各国开始重视研究水体中有毒物质的污染问题。英国在泰晤士河流域建立了以水体为中心的区域性水污染防治体制，制定了控制污染的相应法律法规和水质标准，并严格地贯彻执行；将发展经济与环境保护有机结合起来，引入市场机制，实现水污染防治的产业化；制定流域规划和可持续发展战略，保障泰晤士河流域可持续开发。美国设置了 TVA 和特拉华河流域委员会（Delaware River Basin Commission，DRBC），对流域水污染的控制和管理，由联邦和州的环保局制定相应的水质排污标准和水环境管理政策等，并提供资金，交由流域管理委员会实施。欧洲在莱茵河流域设立了国际保护委员会，在国际合作共同治理莱茵河流域环境污染问题方面，签署了一系列的莱茵河流域水环境管理协议，对莱茵河的环境改善和流域管理起到了巨大的作用。

在环境污染的控制技术方面，国外也有比较多的研究成果，包括建立高灵敏度的分析方法，并对环境各介质的污染物进行调查和监测。在对水体中污染物进行广泛调查和长期监测的基础上，各国逐渐把研究重心转向对重要水体中有毒有害污染物迁移、转化过程的描述及机制研究，并与水质管理目标相联系，将研究成果用于实际水质管理活动。1982 年，美国地质调查局（United States Geological Survey，USGS）启动了“有毒化合物水文学项目”，目的是获取全国范围内的地表水及地下水水体中有毒化合物的科学信息，同时开发污染水体修复技术，防止继续污染。该项目包括三个重点，即特定有毒化学品污染地点的广泛调查，与土地使用有关的有毒化学品区域性研究和采样、分析，数据处理方法的改进。近年来，USGS 和美国国家环境保护局（United States Environmental Protection Agency，USEPA）合作，将该项目的深度和广度不断加强，对美国重要水体进行流域范围的区域性研究，以便从较大尺度上定量描述影响污染物迁移、转化的物理、化学、生物学过程和有毒污染物在水文系统中的运移及对人类和环境的长期效应，为受污染环境的修复和管理提供科学依据。1992 年，欧盟与联合国环境规划署（United Nations Environment Programme，UNEP）合作签署了“保护和可持续利用多瑙河的合作协议”，启动了由 11 个国家参加的多瑙河流域环境保护和改善相关的研究计划，目的是提高水质，保护生态系统，实现水资源的可持续利用。

国外对水质水量联合调控的研究也较早。Loftis 等（2015）就使用水资源模拟模型和优化模型方法研究了综合考虑水量水质目标下的湖泊水资源调度方法。Pingry 等（1991）通过建立水量水质联合调度决策支持系统，研究科罗拉多流域上游主干河流水资源配置规划和水污染处理规划方面平衡的问题。Luiten 和 Groot（1992）在模拟地表水水质水量模型的基础上，进行了荷兰地表水管理政策的研究。Fleming 和 Adams（1995）在综合考虑了水质运移的滞后作用和水力梯度的约束来控制污染扩散的基础上，建立了以经济效益最大化为目标的地下水水质水量管理模型。Avogadro 等（1997）建立了考虑水质约束的水资源规划决策程序过程，通过在水量模拟结果基础上进行水质模拟，分析水量分配结果是否满足流域时空水质目标，进而分析污染物削减情况。

随着计算机技术的发展，提供水量水质联合模拟功能的软件得到了较快发展（如以水量模拟为主的 MODSIM 和流域水量分配的 MIKE Basin，河道水量水质模型 QUAL 和 WASP），并逐渐得到广泛应用。Willey 等（1996）描述了水质模型（HEC-5Q）的发展历史和数学模型，考虑在洪水控制、水电、河道内流量和水质控制目标下，水库下泄水对下游水质的影响。Azevedo（2000）利用网络流优化模拟模型 MODSIM 与水质模型 QUAL2E，考虑了模型参数的时空变量不确定性和资料的缺乏，建立水量水质集成评价指标，采用多准则评价法来获得流域水资源配置的满意方案。Dai 和 Labadie（2001）将 QUAL2E 和 MODSIM 进行集成，构建了一种新的高度非线性优化模型——网络流优化模拟模型 MODSIMQ，将水质变量作为约束条件。Campbell 等（2001）利用水量模型 MODSIM 和水质模型 HEC-5Q，设定各种情景方案，根据 MODSIM 的水量优化结果，代入水质模型，研究满足鱼类生长繁殖的水量水质需求。Vink 等（2009）对 Bowen 盆地进行研究，发现了水质与水量的管理存在脱节现象，而水质问题作为环境问题日益明显，因此，水质水量问题必须作为一个综合系统进行管理。Salla 等（2014）采用 AQUATOOL 决策系统，将水量模型（SIMGES）和水质模型（GESCAL）集成建模，将其应用于巴西 Araguari 河流域的综合管理。

可以看出，国外对水资源配置的研究是从水库的优化调度开始，并逐步扩展至地表水和地下水模型的联合研究。随着研究的深入，将大系统分析理论、数学规划和模拟优化技术等应用于水资源优化配置中，并取得了良好的模拟效果。20 世纪 90 年代后，水污染加剧，传统的单一水资源配置方式已不能满足研究和现实治污的需求，因此，开始在水资源配置中考虑水质的影响，将水动力模型与水质模型耦合，并在耦合模型中考虑多种因素的影响以研究水质水量的联合配置；在河流湖泊水资源配置研究中，发现水质和水量关系密切，表明了水质水量联合调控在水资源配置中的重要性和必要性。

（三）国内研究进展

在国内，水质水量联合调控的概念出现较晚。水量调控研究始于水库调度，20 世纪 90 年代，以流域总体水量调控为中心的水资源配置得到广泛研究，并通过国家攻关研究逐步形成了基于宏观经济分析、面向流域生态健康的水资源配置理论方法体系。在以水环境为目标的水量调控方面，80 年代已经开展了水库改善环境的调度研究，并在重点湖库区域得到实践应用。2002 年，太湖流域管理局启动了“引江济太”调水试验工程，引长江水入太湖，利用太湖的调蓄作用，有效改善了太湖流域的水环境，缓解了太湖周边地区用水紧张的状况。“淮河沙颍河水污染联防”工程对 4 座水闸进行水量水质统一调度，采取了污水小流量泄放、人工“错峰”和促使干支流雨洪与污水混掺等措施。海河流域通过小清河和白洋淀把永定河与大清河联系起来，实施小洪水情况下两条河流的联合调度，用永定河洪水改善了大清河及沿河地区的生态状况。上述实践活动均取得了显著成效。我国对水域污染问题的重视和研究几乎与世界同步，先后开展了松花江、湘江流域水污染综合防治研究和太湖、滇池湖泊富营养化及其防治研究等区域水环境项目，对水体环境中有毒有机物污染问题开展的研究也取得了许多成绩。国家自然科学基金委员会和黄河水利委员会联合资助重点基金项目，对“黄河兰州段典型有机污染物的迁移、转化及承纳水平”及“黄河上游花园口的 COD 和重金属迁移规律”进行研究。2003 年，针对污染水体修复和污水资源化问题，颁布了城市污水再生利用 3 项国家标准。

20 世纪 90 年代，随着社会经济发展对水资源优化配置的需求变化，我国的水质水量联合调度研究逐步开展。徐贵泉等（1996）研制出适应性较强的河网水量水质统一模型——Hwqnow 模型，提出了调水改善水环境的措施，并应用于为改善上海浦东新区河网水环境而进行的调水方案研究。樊尔兰等（1996）在分析水库水温、水质与取水水位的基础上，建立了分层型水库水量水质综合优化调度的动态确定性多目标非线性数学模型，运用逐次逼近的逐步优化法对数学模型进行求解计算。邵东国和郭宗楼（2000）针对洋河水库建立了水量水质统一调度模型，将水库水量水质管理问题分解为兴利、防洪、水质 3 个子系统的优化问题进行求解。王好芳和董增川（2004）建立了基于量与质的面向经济发展和生态环境保护的多目标协调配置模型，用以解决水资源短缺和用水竞争性的问题。尹明万等（2004）构建了考虑河道水质和生态需水水质要求的水资源配置模型，开展多水源多用户的考虑水质约束条件下的水量优化分配和工程调度。郭新蕾等（2005）结合岐江河及相关水系的实际情况，建立了相应的水动力模型，并与反映耗氧有机物的 BOD_5-DO 水质模型相耦合，形成了水动力水质模型。吴浩云（2006）提出了水量水质一维、二维模型耦合模拟的逐时段嵌套模式，建立了考虑供水保证、水质改善和防洪安全等多目标选择的优化调度模型，并以交互方式实现了水量水质模型与调度模型之间的耦合。牛存稳等（2007）在分布式水文模型（WEP-L）的基础上建立了流域水量水质联合模拟模型。该模型描述了不同点源和面源污染物的产生过程、入河过程及其在河道中的迁移、转化过程，为水量水质综合调控提供了很好的工具。董增川等（2009）针对上述试验，在引江济太原型试验基础上，建立了区域水量水质模拟与调度的耦合模型，重点分析不同工况下调水对太湖水生态环境的影响。游进军等（2010）总结了水量水质联合调控的思路，提出根据不同目标给出相应的控制方案，最后进行水量水质联合配置，形成总量控制方案并进行评估。

随着 3S 技术的发展，水质水量模型与 GIS 结合成为研究和应用的热点。刘瑞民等（2002）较早在水质分析模型中应用了 GIS 技术，但主要用于数据处理。张俐（2005）采用 GIS 软件对西江广东段河道地形图进行了数字化并生成了河道贴体网格，然后建立了一维恒定流模型、一维非恒定流模型及二维非恒定流模型，针对有机物和重金属分别建立了一维水质模型和二维水质模型，并将水量模型和水质模型耦合进行水质的预警预报。张艳军等（2008）提出一种以数字高程模型（digital elevation model，DEM）为计算网格，纳入对 DEM 进行前处理的 GIS 算法，采用同位网格布置变量，使用有限体积法离散方程，SIMPLEC 法求解运动方程，使水量水质模型标准化、模块化，更方便、快捷地与地理信息系统耦合。郭正鑫（2009）以北京市温榆河为例，使用 ArcGIS 工具处理获得的数据，建立起能够描述河网闸坝水系统的 SWAT 模型来实现对流域水量水质的联合调控。

随着相关机构和学术界对水质水量联合调度与调控方面的研究和实践日益重视，很多流域开始制定或实施相关的调度管理方案并开展有针对性的技术示范等。“十一五”期间，“水体污染控制与治理”科技重大专项根据流域水环境问题和特点设计“松花江河流水质安全保障的水质水量联合调控技术及工程示范”，重点关注典型河流水资源可持续利用和针对环境风险控制的水质水量优化配置及调度方案；“辽河流域水质水量优化调配技术及示范研究”重点研究以辽河流域河流水质功能达标为导向的流域水量配置、库群调度及河流闸坝调控关键技术；“北运河水系水量水质联合调度关键技术与示范研究”重点针对城市化和半城市化复合流域河流再生水利用水量水质调控技术；“东江水库群调度与生态系统健康监测、维持技术研究与应用示范”重点研究流域供水水质安全保障及生态保护的梯级水库群生态调度模式；“西北缺水河流水污染防治关键技术研究与集成示范”重点研究基于库群和地下水调度的保障生态基流的技术。

上述研究基本形成了水资源调度中的水质调度技术体系，很大程度上扩充了水资源调度的内涵，开创了我国水质水量联合调度与调控的新局面。

（四）现有研究不足与发展趋势

从水量水质联合调控的实践需求看，流域调控越来越强调综合性管理需求。水污染控制也逐渐形成了从局部区域治理转向流域综合治理、由末端治理转向源头治理、由单一环节治理转向全过程治理、由单一对污染迁移、转化过程的调控转向对污染迁移、转化和水循环联合调控的趋势。针对这一发展趋势，现有研究在下述方面有待加强。

（1）水量调控和水质模拟的过程结合不足。目前，在文献检索中尚未发现系统的流域级水质水量联合调控技术的应用实例和文献。现有的水量水质联合调控实践主要以减污和环境流量控制的应用为主，或者以将水质作为约束目标进行水量分配调控的研究为主，即水量和水质模拟存在机理层面的分离。目前对水资源的调控分析主要基于静态的水资源评价结果，没有考虑人工水循环系统和天然水循环系统之间的动态作用关系。因此，需要对水量和污染负荷双重平衡关系进行交互式分析。

（2）流域整体调控研究尚显不足。现有的水量水质联合调控的研究主要集中在平原河网地区，侧重利用水动力学数值模拟，在河网概化上提出对局部区域治理目标的应对措施。但尚不能考虑以流域整体为研究对象的调控方案，当上下游边界条件关系变化时，不能较好地揭示流域整体条件下水量水质之间的动态响应关系。

（3）宏观目标和微观控制措施缺乏有机耦合关联。水资源管理及污染控制目标通常以流域和区域为对象制定，但实际模拟过程中必须考虑不同类别措施的组合性影响。未来管理中需要将用水总量控制目标与微观管理定额结合、污染负荷排放总量指标与纳污能力条件结合，这就要求更好地分析流域层面目标控制与模拟层面具体措施影响效应之间的作用方式和关联效应。

（4）缺乏对调控方案有效性评估方面的深入研究。水量水质联合调控的最终目的是寻求经济社会发展、生态环境保护、水资源可持续开发利用之间的动态平衡，实现水资源综合效用最大化。水量和水质相关调控措施具有多样性，不同侧重的措施之间具有同向和异向的影响作用，同时对生态系统也具有影响作用。因此，如何分析措施的综合效应，建立综合的调控方案费用效益评价体系和相应评估方法具有较大的研究空间。

三、农田尺度水质水量联合调控

灌溉、施肥对调节农田水分养分，促进作物高产至关重要。我国以占全国耕地46%的灌溉面积生产了全国75%以上的粮食、90%以上的经济作物，但也面临农业生产效率低下、水肥流失严重、土地利用变化和旱涝灾害频繁等问题的挑战。

受不均匀降水和不合理灌溉及施肥等影响，我国每年生产世界26%的农产品，却消耗了约占全国70%的灌溉用水总量和全球30%的化肥，灌溉水分生产率约为1 kg/m^3，灌溉水利用系数不到0.5，化肥利用率平均仅为30%。大量未被利用的氮和磷等营养物质通过地表径流、地下淋溶进入水体，造成严重的水体富营养化、土壤生产能力衰退与水资源短缺等。如何用更少的水肥投入获取更多的作物产量，已成为国际社会广泛关注的焦点问题，也是我国农业水利实践中问题最突出、多学科交叉潜力最大、富有挑战性的前沿课题。

深入认识灌区水肥迁移、转化机理及时空变异特性，对合理利用降水、灌溉排水与施肥、减少水肥流失、提高水肥利用效率有重要作用。而农作灌区水肥流失过程的实质是耕作层土壤与降水径流、灌溉排水的相互作用过程。降水、地形地貌、土壤和植被等自然因素是水肥流失发生的先决条件，灌溉排水、施肥和耕作等人类活动改变自然因素，加剧了水肥流失，其中，降水和灌溉排水是水肥流失的主要驱动力。随着节水改造、土地平整和沟塘整治等工程建设的开展，地块、田埂、沟渠和塘堰洼地等自然条件与土地耕作、作物种植、灌溉排水及施肥制度等人工条件发生很大改变，导致降水入渗、蒸散发、产汇流及化肥迁移、转化、消耗和流失等过程发生深刻变化。例如，渠道衬砌与土地平整等在提高灌溉水利用率的同时，会对土壤理化性状、养分释放、微生物活动、污染物种类与排放量等产生影响，加速氮和磷等营养物质的挥发淋失，导致塘堰和排水沟渠等地表与地下水体的氮和磷等营养物质增加、藻类水草繁殖，以及下游河湖水体富营养化等。如何适应灌区条件变化，在保证防洪减灾安全条件下，充分发挥农田–沟塘生态系统的湿地作用，优化调控水肥迁移流失过程，高效利用降水与灌溉水及肥料，维持生态平衡，正受到国际农业水利与资源环境等领域的广泛关注。

降水、灌溉与排水所引起的水分运动驱动着化肥迁移，并在灌区自然环境与土地利用和农业生产等人类活动的共同作用下，使化肥流失呈现出不同的时空特性及生态环境效应；反过来又影响流失水肥的再生利用模式。因此，需要全面认识灌区水分运动特性、化肥迁移流失机理、沟塘系统调控机制及水文生态环境效应等，通过水肥耦合、节灌控排、农田沟塘湿地生态调控和再生利用等措施，减少水肥流失量，提高水肥利用效率。

（一）灌区尺度水分运动特征、转化效率及产汇流规律

水分运动是化肥迁移流失的主要驱动力。在自然气候与作物种植、灌排沟渠及库塘蓄水控制等因素影响下，灌区降水和蒸发等自然水分运动过程与灌溉及排水等人为控制水分运动过程相互作用，导致土壤-植物-大气连续体之间、各水平衡要素之间及其与灌区内外地表水、地下水之间，都存在强烈的相互转换关系，使灌区水文过程变化十分复杂。

为了揭示灌区复杂的水分运动与消耗过程，国内外先后建立了许多灌溉、排水试验站，对灌区蒸发蒸腾、渗漏、产汇流及地下水补给和排泄等开展了大量试验观测和研究，获取了一些重要的田间水分循环或局部水文过程观测数据。以此为基础，在灌区下垫面（梯田和沟渠等）对灌区水文格局的影响，入渗补给，蒸发蒸腾，田间渗漏，灌区径流成分及路径、比例，局部蓄水设施条件下的水文过程，降水、土壤水、地下水、地表水转换关系，节水对水平衡的影响，土地利用、耕作与种植等农业措施对水分运动及利用效率的影响，农田排水和土壤水分空间变异性及水平衡要素的尺度特征等方面的研究取得了很大进展。但目前灌区监测较多的是灌溉水量，针对排水、产汇流、土壤水和地下水等的动态监测很少，且灌溉面积和作物种植等信息与水文监测数据存在非连续性、非一致性问题。现有基于试验站观测点或田间试验取得的成果，较多注重于局部水文过程单因子效应，或多项水均衡要素的试验和测定，或短时间模拟等特殊环境下的水文过程分析。受沟塘、土壤和作物等灌区下垫面条件空间变异性影响，尤其是南方灌区作物种植与耕作方式改变，农田、道路、河网、沟塘及蓄引提和灌排工程密集交错等影响，蒸散发、入渗补给和产汇流等水分循环结构及过程已发生深刻变化，灌区水平衡要素结构、机制及转化效率等问题并不十分清楚；此外，还经常发生洪涝、干旱灾害，“前旱后涝”与“前涝后旱”等逆转现象日益增多。在频繁交替的暴雨排涝与干旱灌溉作用下，农田、沟渠、塘堰、河湖之间地表水与地下水交换更加频繁，使得传统田间水均衡试验观测及数值分析方法在用于灌区尺度水文过程模拟分析时，面临点上观测数据转换到面上的困难，难以揭示灌区多介质空间变异性对水文过程及水分利用效率的影响。因此，需要深入探讨灌区复杂条件变化下的水转化试验与分析方法，以及相应的水分运动特征、转化效率和产汇流规律。

近来，人们一直试图借用流域水文模型方法研究灌区水分循环过程及平衡机制，并已建立了一些描述灌区水文过程的概念模型、机理模型和随机模型。其中，概念模型通过所研究水文对象的属性联系，对灌区水文机制进行特征描述；机理模型则基于灌排沟渠、塘堰湿地水量调控、作物种植和田间管理措施等过程，从物理角度描述灌区水文过程；而随机模型更多考虑灌区水文过程的不确定性。但是，灌区并不像流域具有相对闭合的区域，其边界受灌排沟渠系统控制，存在复杂的灌区内外水量交换现象，受土壤水、地表水与地下水相互转换，农田、沟渠、塘堰之间的水量平衡，以及灌溉回归水再生利用等影响，灌区水分循环及伴生过程研究方法和成果均存在较高的尺度与环境依赖性。因此，需要深入

探讨灌区复杂条件下的水平衡机制及其与伴生过程的耦合作用机理，以及灌区不同尺度的水分循环描述及转换方法。

为解决田间、灌区与流域不同尺度之间的水分循环转化问题，人们开始探索利用高分辨率激光雷达和航测地形等数据、遥感和 GIS 空间信息管理功能及遥感反演等技术，将遥感、GIS 和水文模型与分形等复杂性理论整合，采用新的分布式空间离散、地物表现和汇流模拟等方法，对灌区特殊地形地貌构建生态水文模型，从土地耕作、作物种植和灌溉排水等方面，分析灌区土壤墒情与蒸发蒸腾量等水文要素变化特征及灌溉用水效率尺度效应等。但是，由于灌区内塘堰、灌排沟渠、河湖网络、地表水与地下水等之间转化关系复杂，沟渠塘堰系统对水文过程的影响机理和调节机制并不完全清楚，现有基于 DEM 而划分的确定的地表水流路径与河流网络、子流域区域方法及结果，难以真实反映实际灌区情况。因此，需要深入探讨恰当离散和表征灌区下垫面条件时空变异性的数学描述方法、灌排分布式网络结构及其地表径流路径的识别方法，以及灌区条件变化下的水转化特征及其与伴生过程耦合模拟模型等。

总之，灌区复杂条件变化下的水文响应及其对化肥迁移流失的驱动机理并不完全清楚，缺少灌区多尺度、多介质和多过程耦合作用机制及其水分运动特征等的系统研究。因此，需要深入探讨灌溉排水方式、种植模式和旱涝急转等条件变化后的灌区水文过程响应机理及其对化肥迁移流失的驱动机制等问题。

（二）灌区化肥迁移、转化和流失过程

化肥迁移、转化流失过程涉及氮和磷等营养物质在空气、水体、作物及土壤等多介质中的迁移、转化机理。受降水与灌溉排水等水分运动过程驱动和土地利用方式及农业生产条件等影响，土壤–植物–大气–地下水连续体中的水热和水肥迁移等将发生改变，化肥在灌区土壤及植物等不同介质水体流动过程中，表现出复杂的物理、化学和生物过程，不同的迁移、转化特性，以及复杂的相互影响和耦合作用。

在田间和局部小尺度上，介质性质对水分迁移和化肥流失起重要作用；不同的灌溉排水技术对水分控制标准不同，其化肥迁移流失规律亦不相同。国内外通过大量化肥迁移、转化、流失机理试验研究和理论探索，揭示出化肥物质迁移、转化中所表现出的各种物理、化学和生物过程及其影响因素，如化肥的植物吸收机理、影响因素及利用效率，化肥在土壤中的迁移、转化规律，灌溉、排水和施肥等对化肥流失的影响，暴雨径流中化肥流失途径和过程，等等。在此基础上建立了各种不同土壤环境条件的对流–弥散传输、传输–化学平衡及考虑土壤参数时空变异性的随机对流–弥散传输与随机函数模型等土壤溶质运移模拟模型。然而，现有成果大多集中在农田或坡面尺度上降水或灌排条件下的土壤水分养分运移机理与特征描述、耕作层化肥迁移、转化规律和氮肥利用效率，以及地表径流过程和土壤渗流过程对化肥流失的影响等方面。灌区尺度作物–土壤–地下–地表水系统中化肥迁移、转化规律尚不完全清楚。因此，需要深入研究灌区非均质土壤、非均一作物、不同气候与节灌、控排、施肥模式综合作用下的水肥流失机理、特征及规律。

随着尺度的增加，介质空间变异性对水流运动和物质迁移的影响更加明显，导致灌区

尺度上的化肥迁移、转化及流失机理与田间尺度存在显著差异。在灌区尺度上，自然及人工干预条件下的水文过程与农业生产之间的强烈耦合作用，对化肥流失过程产生了显著影响。例如，排水沟渠的布局在很大程度上影响了土壤水的滞留时间，进而影响田间水肥向排水系统渗流汇聚化肥物质的浓度；不同轮灌方式下的排水量和排水组成不同，将导致化肥流失过程及物质浓度的差异。随着干旱灌溉水的引入与沟渠塘堰地表水的调蓄等，灌区水平衡要素相互转化关系改变的同时，也改变了灌排系统中水流流态，进而影响化肥物质的挥发、淋溶、对流、弥散和掺混过程。暴雨可能造成悬移质随地表径流进入灌排系统，但若排水不畅而产生涝渍灾害，则可能增加化肥物质在农田、沟塘的滞留时间，造成新的化肥物质淋溶、沉淀及植物吸收等。这些都增加了灌区化肥迁移、转化、流失规律的不确定性。为此，人们对非均匀介质条件下的化肥物质淋失过程、迁移、转化的潜势及参数、土壤物质含量（碳和有机质等）对化肥迁移、转化过程的影响，以及这些变异性在化肥迁移中所起的作用和影响程度与化肥物质迁移通量所表现出的空间变异性等，开展了许多试验与理论研究，探讨了不同下垫面条件对硝态氮的储藏和运移及其减轻面源污染的效果，以及不同灌溉排水方式、不同土地耕作方式和不同施肥方式对水肥流失的影响等。但现有成果多是基于小尺度布设观测点试验分析方法进行的水利或农业单一措施对肥料流失的影响研究。虽然能够有效揭示化肥流失某一或多个过程对介质空间变异性的响应特征，但由于目前针对灌区排水及化肥迁移、转化、掺混、流失过程的监测很少，根据局部尺度的统计规律进行灌区尺度的化肥迁移、转化、流失预测，仍然面临边界条件、不同介质条件下的耦合驱动机理和化肥迁移、转化、流失过程响应机制等问题的挑战。因此，需要深入研究灌区化肥迁移、转化、流失的多介质、多过程耦合作用机理，非均匀介质中的化肥迁移、转化特征，以及降水与灌排交替作用对化肥迁移、转化、流失过程的影响规律。

灌区尺度的化肥迁移、转化和流失过程模拟一直是国内外相关领域的研究热点。数值方程能够有效地描述区域尺度化肥在土壤水和地下水中的各种物理、化学和生物过程。随机理论、有效水力学参数和相似介质理论等常被用于研究自然条件空间变异性及流动非线性耦合作用情况下的水分运动与化肥流失。但是，现有模型大多从复杂机理出发，描述矿化、硝化、反硝化、固持和挥发等过程，进而模拟土壤-植物系统中化肥物质的周转和质量平衡；或者对复杂物理过程进行简化，将机质氮、粪肥氮和植物残渣等多个部分的矿化过程组合用一级动力学方程表述，等等。其在一定程度上反映了田间化肥迁移、转化的物理、化学和生物过程，与小尺度观测数据拟合较好。然而，随着研究尺度的增大，土壤水力性质和化肥弥散特性的空间变异性增强，多介质、多过程的耦合作用更加明显，导致水流场和污染物分布场随时间和空间不断变化。小尺度范围内确定性偏微分方程及参数，由于忽视了化肥从土壤水向地下水的淋失和田间向排水系统的渗流等“源过程”等，无法从宏观上描述灌区化肥在土壤、作物及水体等多介质中所发生的多过程协同作用机制。采用基于物理过程的局部水流运动与单一介质（过程）方程的化肥迁移流失观测分析方法（如 NLEAP、GLEAMS）进行灌区化肥流失过程描述时，会因对参数和过程进行平均而导致信息量丢失，难以正确揭示灌区大区域范围的水肥流失特征和规律。因此，需要深入研究灌区多介质、多过程耦合作用下的化肥迁移、转化、流失响应过程的数学描述方法、模拟模型，以及节水改造和作物种植等局部通量变化所导致的灌区尺度化肥迁移流失响应机制。

受水文地质背景、灌溉排水管理和气候等因素的影响，灌区内不同地区肥料流失贡献不同，有时肥料流失量的90%来源于10%的区域。对此，人们进行了水肥流失的关键“源”区识别研究，探讨不同产流模式（超渗产流和蓄满产流）水肥流失的特点及其面源污染贡献，提出了基于地形、土壤和气象的关键源区识别指标和方法，以及“水文敏感区”“变源产流”等概念，构建了许多农业非点源污染模型。但是，SWAT 模型、ANSWERS 模型和 AGNPS 模型等进行区域化肥迁移、转化、流失及非点源污染过程模拟时，虽然考虑了土地利用变化和农业生产管理等对化肥流失的影响，但主要是通过计算模块的修正来反映灌区水肥迁移过程。例如，改进 SWAT 模型中的土壤水和地下水蒸发模块，来反映作物对水分循环的影响；在空间网格单元中，修正地形高程来描述灌溉排水系统，等等。灌区水分运动过程受人工控制影响强烈，灌区内外存在频繁的水体交换现象，导致化肥流失的水文驱动机制与上述模型机理存在差异。特别是南方灌区，复杂的作物系统、田块、沟渠、河网和塘堰等都具有一定的蓄水能力及对肥料的截留、转化能力，灌排调控制下的水体流动及水量交换过程异常复杂，使得上述模型在机理上无法描述南方灌区复杂的水肥迁移、转化特性。因此，需要深入研究灌排沟渠人工景观地貌的水文效应及其对化肥流失的驱动机制，沟渠、塘堰、河湖和水库等不同水体及其与内在底泥、生物的耦合截留、转化作用机理，灌区化肥流失“源”“汇”功能转变的关键源区识别方法，沟塘系统调控对化肥迁移、转化、流失的影响机制，以及水肥耦合、节灌、控排、沟塘调控及再生利用对水肥流失的综合控制效应。

总之，准确揭示灌区水肥流失的源头、迁移途径、梯度变化及规律，对水肥流失风险评估与再生利用至关重要。需要从数据采集、机理研究和模型构建等方面深入研究灌区不同水文与水肥耦合、节灌及控排等综合作用下的水肥流失特性及其调控机制。

（三）灌区水肥调控与再生利用

灌区流失水肥的再生利用，涉及从田间到灌排沟渠、塘堰湿地、灌区内外的水利、农业生产和湿地生态处理等方面的综合作用机制。其中，一定数量和适当质量的农田排水是流失水肥再生利用的前提条件，而控制排水及沟渠塘堰系统的湿地拦截、生态处理与调控是流失水肥再生利用的关键。

受暴雨或过量灌溉施肥等影响，灌溉回归水和积蓄雨水是灌区流失水肥的主要源头。其中，雨水蓄积量主要取决于沟塘系统的调蓄能力；而灌溉回归水肥量则受灌区地形、土壤、灌溉排水、作物种植与施肥等影响，其产生和被截取的过程十分复杂。正确评估灌区流失水肥的可再生利用资源量，成为水肥再生利用的首要问题。目前，国内外试验分析了不同灌排方式下的排水水量水质环境效应，提出了基于沟塘系统水平衡机制的水文模型，模拟沟塘系统的蓄水能力，可提高水肥再生利用效率；并考虑土壤水分特征、灌溉系统管理和作物需水量等要素，用 FEMWATER 模型等模拟不同条件下的下渗侧渗过程，或用改进 SWAP 模型、SWAT 模型、系统动力学和神经网络等模型，模拟灌溉回归水量及其时空变异特征，估算了地表径流、田间侧渗流和地下水出流等可再生利用水量。但由于目前灌区排水监测缺失，受检验数据量少等影响，各种可再生利用的地表、地下水资源量之间的转换关系并不完全清楚，现有的基于水力模型、饱和-非饱和流理论和水平衡模型对灌区排水量进行预测的方法，均存在较大的不确定性。因此，需要深入研究水肥可再生利用量评估模型、灌区不同降水与灌排条件下的水肥流失量响应规律，以及农田排水可再生利用潜力。

实际上，农田排水在改善涝渍、盐渍化中低产田水土环境的同时，也导致农田养分盐分随排水径流流失或通过渗流进入周边沟塘、地下水体，增加进入河湖水体的 DOC、TDN 或矿化度，造成新的水体污染源。因此，并非所有地区的农田排水量都适合再生利用。例如，当农田排水中盐分含量较高时，微咸排水不合理的再生利用可能降低作物品质和产量，增加作物矿物含量（硒、硫、钼和硼等），导致灌区内盐分累积和土壤次生盐碱化、植被衰退，增加向灌区外排放的污染负荷，存在较大的水质风险。为此，Willardson 等（1997）提出了适宜的排水再利用水质的 SAR 和 EC 组合标准，我国也提出了《农田灌溉水质标准（GB 5084—2005）》。但该标准是否符合我国不同地域灌区排水再生利用的实际情况？因此，需要深入探讨不同地域灌区复杂条件下的农田排水化学物质特征及其水质变化响应规律，农田排水再生利用的潜在风险，排水再生利用的适用条件与标准，以及超标准排水再生利用的灌排、生态处置措施。

实践证明，通过农田控制排水和排水再利用，可有效减少水肥流失量，促进排水中 N 和 P 等营养物质的高效再利用。为此，人们通过推广农田最佳水分和养分管理，实行排水循环再灌溉与水文机制、施肥制度的协同配合方法，对灌溉回归水和雨水及其肥料流失量进行控制，提供稻田硝化和反硝化的适宜条件与沉淀作用时间，使部分排水中的 N 和 P 等营养物质回流到田间供作物吸收利用，提高田面排水的净化程度与水肥资源利用效率。另外，还通过控制排水，在排水干沟处设置控制闸门，实行蓄水再灌溉，去除 N 和 P 等营养物质；通过定义 N 和 P 等营养物质的净输出量参数，揭示排水再生利用下的 N 和 P 等营养物质传输特征，判断研究区域对不同营养物质的贡献状况；通过建立农田排水再利用专家系统，根据再生水的不同水质进行农田排水高效回归利用方案的选择；提出了用于排水过程模拟的水肥迁移模型（如 DRAINMOD 模型）及控制排水条件下的水肥管理措施；分析农田排水再利用对水量平衡影响的改进 Tank 模型和以除污成本费用最小为目标的稻田区域塘堰调节排水再生利用优化模型；以及灌溉循环利用率和排水利用率等评价排水循环利用情况指标，等等。但现有模型与指标多数是基于灌区流失水肥的多介质、多过程作用中某一介质或过程的描述。因此，需要深入研究灌区复杂条件下流失水肥再生利用的生态环境效应，灌区水肥耦合、节灌、控排与作物生长、涝渍灾害防治和水土环境保护等多目标协同作用机制，以及灌区不同尺度水肥再生利用效应与转换方法。

田间过量施用的化肥物质，随排水进入沟渠和塘堰，使沟渠和塘堰中的植物多样性比农田高，同时土壤养分和农药含量较高；大量的植株残体腐败，还会进一步恶化沟渠塘堰内水体水质，破坏沟渠和塘堰内生物栖息地，影响沟渠塘堰湿地的输水、蓄水与生态服务功能。因此，清淤、收割植物和控制水位等适当的沟塘管理措施，提高沟渠排水能力和塘堰蓄水能力，维持沟渠塘堰的水利功能和合理的植物群落组成结构，对改善沟渠塘堰内地表水质，提高沟塘系统的生态服务功能和环境效益，具有重要意义。但是，在清淤后，沟渠底部呈还原状态时，硝态氮可以发生反硝化作用转化成 N_2 或 N_2O 进入大气，脱离沟渠生态系统；漂浮植物和沉水植物种类和数量会有所增加；N 和 P 等营养物质通过植物生物吸收后，被收割移出迁移廊道，或通过微生物活动暂时固定在农田沟渠塘堰系统内；清淤机器类型、清淤时期水深和清淤频率会影响幼虫的存在，并在短期内可能恶化水质。而现有成果大多是定性分析或局部区域少量试验观测分析。因此，需要深入探讨沟渠塘堰系统中水肥再生利用模式、时间及其生态环境效应风险，以防止污染物经沟渠排出及其他可能产生的不良后果。

四、突发性水污染水质水量联合调控

国外开展水污染突发事件方面的研究较早，主要集中在应急政策、法规和体系等方面，如对 1986 年三都斯（Sandos）化学品泄漏事件的研究。这一事件与“2005 年松花江水污染事件”有许多相似之处，从这次事件中吸取的教训对后来欧盟修订《塞维索Ⅱ法令》，签订《巴塞尔公约》及《莱茵河保护公约》做出了贡献。纵观国外对突发水污染应急事件的处置有以下几点值得我们学习：①加强风险评估和管理，制定应急计划；②提高第一响应的能力；③加强监测，及时上报和公布信息；④快速决策，制定有效的应急方案。

我国在这方面的研究比国外晚，早期研究主要集中于河流、湖泊的水污染补水应急调度及应急预案方面，如淮河的水质水量联合调度、太湖蓝藻的补水调度和黄河支流突发性水污染的应急调度等。这方面的研究在“2005 年松花江水污染事件”以后开始逐渐增多，但都限于制定应急管理办法和应急体系方面，水利工程综合调度方面的研究还不够深入，概况地讲可分为三个层面，即水污染突发事件应急预案或应急机制层面、基于各种调控措施的水质水量模拟层面和集应急监测、模拟、多水利工程综合调度的应急调度与调控层面。

（一）水污染突发事件应急预案或应急机制

在“2005 年松花江水污染事件”发生后，我国公共安全、卫生、环境与水利等主要部门和主要江河湖泊管理部门都制定了应急预案，其中，国家方面包括 2006 年 1 月颁布实施的《国家突发公共事件总体应急预案》《国家突发环境事件应急预案》和 2006 年 2 月颁布实施的《国家突发公共卫生事件应急预案》等；水利行业的大江大河也都制定了相应的应急预案或应急机制。在研究方面，潘泊和汪洁（2007）从水行政管理角度分析长江流域重大水污染事件的特点及建立长江流域重大水污染事件应急机制的必要性，初步界定长江流域重大水污染事件应急机制的内涵应包括法规体系、工作体系、信息报告体系、应急处置体系四部分，并对其中的应急机制流域立法、不同行政主体在应急机制中的关系、三峡及丹江口水库重点水域应急机制建设及应急工作体系建设等进行探讨；胡甲均等

(2010) 总结了长江流域涉水突发公共事件应急预案方面的成就，指出了存在的问题；赵山峰等（2009）对黄河突发水污染事件应急预案体系进行了分析，介绍了2002年以来黄河水利委员会针对黄河突发水污染事件应急预案体系建设的情况，指出了目前预案体系存在的主要问题，提出了应急预案修订原则和注意事项。

（二）基于各种调控措施的水质水量模拟

目前，我国对突发性水污染事件的应急调度或管理方面的研究，大部分都侧重于对水质水量的模拟及突发性水污染事件后的应急对策的评估与模拟。例如，张波等（2007）建立了基于系统动力学的松花江水污染事故水质模拟模型，结合松花江特大水污染事故的现场监测数据进行模型参数率定及模型验证；于达等（2009）将2005年松花江吉林段水污染事件作为研究对象，建立了基于反应扩散方程的点源模型，对松花江突发性水污染事件的水质进行模拟；辛小康等（2011）借助MIKE21水质模型，计算了三峡水库不同调度方式对宜昌江段三种排放类型的污染物的舒缓作用，并探讨了水库应急调度措施的有效性和可行性，该研究表明，大流量短时调度优于小流量长时调度，水库调度对瞬排型事故的作用明显，影响时间短、污染团浓度减小、推移距离延长；杜彦良等（2012）采用一维水动力水量水质耦合模型，模拟了太子河典型年的水动力和水质时空分布，分析了水文与污染负荷耦合的环境过程，并在此基础上，根据太子河现状提出不同库群调度方案，评估了各方案下太子河的水质响应过程及其对沿程各站点水质环境的影响；饶清华等（2009）在介绍突发性水污染事件的概念、类型、特点和危害及突发性水污染事件预警应急系统的结构和功能的基础上，结舍闽江特点，对闽江流域突发性水污染事件预警应急系统的基本构架进行初步探索，重点搭建了二维水动力学模型进行水量水质模拟。

（三）集应急监测、模拟、多水利工程综合调度的应急调度与调控

随着水质水量模型的不断成熟和计算机技术的发展，对突发性水污染事件的监测预警、快速模拟预测及多种措施或工程的实时调度将成为可能。张永勇等（2010）开展了淮河流域闸坝联合调度对河流水质的影响分析，以淮河流域SWAT水文模型和相邻闸坝之间的水量水质模型为基础，以淮河支流沙颍河为例，研究分析了沙颍河闸坝开启污水下泄对淮河干流下游水质的影响；张军献等（2009）对突发水污染事件处置中的水利工程运用进行了分析，指出水利工程运用方式主要有“拦”水、“排”水、“截”污或“引”污及“引”水等，可以采取单个或多个既有工程的运用，也可以建设临时工程，应急运用时，要考虑防汛、用水、抗旱和水利工程的基本条件等因素的影响；对水利工程的运用，应确定合理的启用条件和限制条件，并提供必要的技术支持；戴甦等（2008）在原有太湖流域水量模型的基础上，开发了一维、二维连接的水量水质耦合数学模型，并在GIS统一平台下对模型进行集成，开发了引江济太水量水质联合调度系统；以太湖流域2003年为典型年，根据调水目标和调水约束条件，研究引江济太水量水质联合调度方案，并提出了较优的引水方案；根据流域雨情、水情变化及改善太湖、河网水环境的目标，分析了引江济太最佳引水时机及引水入太湖的较适宜的引水流量；陈蓓青等（2006）借助3S、数据库和

网络通信等技术，按照水污染事故应急管理体系的业务要求，将基础地理、水文、生态环境和社会经济等各类本底信息和监测信息有机整合，同时在数据库的支持下，建立二维、三维无缝结合的交互式虚拟可视化平台，并结合模型库模拟水污染扩散状况，为三峡库区基础信息查询、突发性水污染事件预警及应急决策等提供了数字化辅助决策支持系统；左其亭等（2011）探讨了当前闸坝对河流水质水量影响评估及调控能力识别技术研究面临的关键问题，包括闸坝对河流水质水量影响评估技术方法，闸坝调控、入河污染负荷和河流水质变化之间量化关系模拟技术方法及闸坝对河流水质水量调控能力识别技术，并以淮河流域为例，结合淮河重大水专项国家需求和科技需求，初步提出闸坝对河流水质水量影响评估及调控能力识别技术研究框架，旨在为闸坝水质水量联合调度提供理论支持；王昭亮等（2010）针对多闸坝河流水污染事件多发的环境问题，选取一个闸坝的典型调控单元，建立了水量水质耦合调度模型，采用离散微分动态规划法求解，分析闸坝对河流水质的物理调节作用，最后以淮河支流沙颍河为例，定量评估闸坝调控入河污染负荷对河流水质浓度时空分布的影响作用，初步分析表明，所建模型能够客观地描述闸坝调度改善水质的效果，对河流闸坝群的防污调度有一定的借鉴作用；何进朝和李嘉（2005）在深入分析突发性水污染事件时空分布特征、污染范围和污染对象的不确定性、流域性和应急主体不明确等特点的基础上，构建突发性水污染事件预警应急系统体系（包括预警机制、应急机制和计算机辅助决策系统三部分），并阐述危险源辨识、风险评价、应急原则、应急组织机构、应急分级、应急监测和应急处理方法等内容，同时分析了事件模拟的流程和数据库设计要求。

综合国内外研究现状，在应对突发性水污染事件的应急预案、管理体系及数值模拟模型方面的研究较多，存在以下几点不足：①现有研究调控尺度小、调控措施单一，大部分针对单一水利工程或简单流域，针对我国大江大河、多水利工程联合应急调控方面的研究不多；②模拟的污染类型单一，多数研究都是针对特定污染物的事后模拟，针对多种污染物（溶于水、重金属和悬浮物等）并能适应于全天候（冰封期、汛期、枯季）的水质模拟技术是未来该领域的研究重点和难点；③调度模型与水质水量模拟模型耦合性差，基于水质水量模拟的面向突发性水污染事件的流域多水利工程耦合模拟与调度方面的研究也是未来的发展方向之一；④水质水量模拟和调度仿真不直观，基于二维、三维 GIS 的集综合信息服务、水质水量模拟、应急调度和辅助决策等功能的仿真系统平台的研发也将是该领域的发展趋势。

第三节　流域水质水量联合调控理论基础

一、流域水质水量耦合机理

根据流域水循环及污染物迁移、转化的规律，流域水环境和水循环之间的耦合关系主要体现在：①水体运动是污染物迁移的直接驱动力，污染物的迁移、转化以流域水循环过程为基础。通常来讲，自然水循环过程（“降水—蒸发—径流—补给—排泄—下渗”）为流域水环境的自然净化提供源动力，社会水循环（“取水—用水—耗水—排水”）是污染物不断产生蓄积的过程，而污水处理厂的运行和再生水利用为污染物的去除提供人工动力。②流域水循环的不同过程对应流域水环境演变的各个过程：流域水循环产流过程对应污染物的产生过程；流域水循环的坡面汇流过程对应污染物的入河过程；流域水循环的河道汇流过程对应污染物在河道中的迁移、转化过程。③水循环的各个环节表现出不同的环境问题。流域水系格局对水环境过程的影响，以及河流中污染物迁移过程及其环境效应为流域水环境的主要问题；此外，土壤非饱和带污染物迁移的多过程耦合对地下水水质又具有特别的意义。

（一）流域污染物产生

流域自然水循环特征和社会经济活动影响流域污染物的产生。流域水环境可利用二元结构模式描述：

$$E = \sum_{i=1}^{n} C_i P_i S_i \tag{1-1}$$

式中，E 为流域水环境负荷；i 为影响流域水环境的污染物类型，包括流域内城镇径流、农业面源（农村种植业、养殖业）及工业矿业等，共有 n 种类型；P_i 为各种流域水环境污染类型的源强度；C_i 和 S_i 分别为自然过程及人类活动过程对污染源在污染形成过程中起到的作用。

点源污染物的产生主要源于人类直接的生产活动（如工业生产和城镇生活），其流域水环境污染负荷模型基础可表示为

$$E_{\mathrm{p}} = W_{\mathrm{quota}} \times \mathrm{Value}_i \tag{1-2}$$

式中，E_{p}为流域点源污染负荷；W_{quota}为点源污染的产生定额；Value_i为社会经济规模（如人口或者 GDP 等），i 为不同的行业。

农村面源污染物主要源于分散的农业活动，因此，其流域水环境污染负荷模型基础可表示为

$$E_{\mathrm{r}} = -\mathrm{e}^{kRt} P - W \tag{1-3}$$

式中，E_{r}为农村面源污染负荷；P 为区域降水；W 为农村面源污染物被农作物自身作为营养物的吸收比例；Rt 为农业活动区域降水强度和降水历时的乘积；k 为描述城镇下垫面情况的综合系数。

城市面源污染主要源于降水产生的城镇径流携带冲刷的污染物，因此，对城镇径流，流域水环境污染负荷模型基础可表示为

$$E_{\mathrm{u}} = -\mathrm{e}^{kRt} P - W - U \tag{1-4}$$

式中，E_{u}为城镇面源污染负荷；P 为区域降水；W 和 U 为城市污水处理率及污染物进入城市网管系统的比例；Rt 为城镇降水强度和降水历时的乘积；k 为描述城镇下垫面情况的综合系数。

（二）在地表中迁移

流域水循环的坡面汇流过程对应污染物的入河过程，流域水循环的河道汇流过程对应污染物在河道中的迁移、转化过程。

污染物入河过程，模型基础可表示为

$$W_{入} = W_{产生} \times f\ (P,\ R,\ \mathrm{LUCC}) \tag{1-5}$$

式中，$W_{入}$为污染物入河量；$W_{产生}$为污染物产生量；f为与区域降水P、径流R、下垫面LUCC及其他人类活动管理措施相关的函数。

对污染物在地表水体中的迁移、转化，以一维均匀河流水质模型的基本方程为例，其通式为

$$\frac{\partial C}{\partial t} + u\frac{\partial C}{\partial x} = D\frac{\partial^2 C}{\partial x^2} + \sum S \tag{1-6}$$

式中，D为弥散系数，$\mathrm{km^2/d}$；C为河段中某种污染物的浓度，mg/L；t为时间；x为河水的流动距离；u为河段水流的平均流速；S为源汇项。

（三）在土壤中迁移

对流域土壤水和污染物迁移，水流运动采用的模型可表示为

$$C(h)\frac{\partial h}{\partial t} = \frac{\partial}{\partial x_i}\left(K\frac{\partial h}{\partial x_i} + K\right) + S_r \tag{1-7}$$

式中，h为土壤基质势；t为时间；C（h）为土壤容水度；x_i为距离（$x_i = x$，y，z）；K为非饱和水力传导度；S_r为根系吸水通量。

对土壤水环境，污染物迁移、转化的模型可以表示为

$$(1 + \rho R)\frac{\partial(\theta C)}{\partial t} = \frac{\partial}{\partial x_i}\theta D\frac{\partial C}{\partial x_i} - \frac{\partial}{\partial x_i}(qC) + K_1(z)\theta C - K_2(z)\theta C - K_3(z)\theta C - K_4(z)S_r C \tag{1-8}$$

式中，θ为土壤含水率；C为溶质浓度；x_i为距离（$x_i = x$，y，z）；D为溶质的水动力弥散系数；t为时间；q为非饱和土壤水流对流通量；S_r为根系吸水通量；R为土壤吸附作用对污染物浓度的影响；$K_i(z)$和ρ分别为各种土壤中化学反应的速率系数，以及植物吸收对污染物浓度的影响。

土壤水是联系地下水系统的中间环节，大气水和地表水透过非饱和土壤对浅层地下水形成补给的同时，也驱动污染物运动进入地下水体，进而对地下水环境产生影响。对流域地下水循环，其模型基础为

$$S_s\frac{\partial h}{\partial t} = \frac{\partial}{\partial x}\left(K\frac{\partial h}{\partial x_i}\right) - W \tag{1-9}$$

式中，h为水势；t为时间；x_i为距离（$x_i = x$，y，z）；K为渗透系数；W为“源”“汇”项；S_s为地下水给水度。

（四）在地下迁移

对应地下水循环，地下水水体中水环境模型基础为

$$\frac{\partial C}{\partial t}=\frac{\partial}{\partial x_i}\left(D_i\frac{\partial C}{\partial x_i}\right)-\frac{\partial}{\partial x_i}(Cv_i) \tag{1-10}$$

式中，C 为溶质浓度；t 为时间；x_i为距离（$x_i=x$，y，z）；D_i为溶质在 i 方向的水动力弥散系数；v_i为地下水在 i 方向的孔隙流速。

地下水循环中“源”“汇”项由土壤水运动模型确定，地下水和土壤水循环与水环境模式形成有机耦合。

二、流域水质水量联合调控原理

根据自然和人类双重干扰下的流域水循环特点和流域多源复合污染迁移、转化特点，现有的流域水环境恶化一般是天然水文条件和社会经济双重驱动下的结果。天然水资源的衰减、用水增长共同加剧了供用水的紧张形势，用耗水增加一方面导致河道水量衰减，另一方面，导致污废水排放量增加。在上述双重作用影响下，水循环出现天然河道、湿地水量严重衰减，流域纳污能力降低，而污染物排放入河量增加，使得污染负荷长期超过河流纳污能力，呈现恶性循环趋势，说明社会经济高速发展推动下的用水紧张和污染排放量增加使得水污染防治面临更大的压力。因此，在当前最严格的水资源管理要求下，开展有效可行的水质水量联合调控具有重要的科学价值和实践意义。

从水污染产生和控制的原理与机制分析，水污染防治的要点，一方面是要减少入河排污量，包括从源头上减少用水；另一方面是需要河道的水量和流速保证纳污能力，尤其是增大枯季的径流能力，降低污径比，两者缺一不可。单纯从用水控制或者污染治理角度来应对水环境问题，已经难以奏效，必须从水量调控和污染控制两方面综合发力。从改善河流水环境状况的技术角度分析，必须对比评判各种可行的控制用水、增加径流和减少排放等不同途径方式在影响水环境方面的综合效果，而且对措施的组合、实施难度和技术经济成本等进行对比分析，为综合决策提供依据。考虑流域水循环和水环境伴生过程的复杂性和多目标性，必须采用数学模型手段对此进行分析，进行水质水量联合调控，提出综合的调控手段。

从技术层面分析，水质水量联合调控包括水量调控和水质调控两个层面。其关键技术是通过水质水量联合模拟方法构建相应的水质水量调控模型，可以在宏观的流域层面和微观的河道干流两个层面实现对水量平衡和污染物平衡的模拟。其中，水量调控的核心主要针对用水、河道水量调度过程进行合理控制，分析用水和工程调度影响下的河道水量过程，作为纳污能力分析基础，关键技术是水量调控模型；水质调控的核心是模拟不同的污染物排放和入河、迁移、转化过程，关键技术是污染物产生入河预测、河道水动力条件下的污染物迁移、转化过程模拟，对达到水质目标水量过程提出要求。最终通过联合调控将上述两方面的模拟成果进行结合，综合评判得出调控方案。

水量调控模型需要对现状和未来的水资源供需分析进行模拟计算，通过协调河道外生活、生产和生态用水与河道内生态、发电及航运等用水，提出流域水资源在不同区域、区域水资源在不同地区和行业的合理配置方案，并给出不同用水和工程调度情景下各区域的污废水排放状况和重要节点断面的水量过流状况。水资源配置需要在遵循水资源天然循环过程的基础上运用模型进行计算，处理水资源供需平衡及水量平衡分析的工作，以及提供不同方案下的水资源供需和区域水平衡情况。

水质调控模型主要通过点源污染调控措施优化模型计算污染优化控制，基于成本效益分析（benefit-cost analysis，BCA）原理定量分析计算水污染防治方式措施的成本与收益，在投资约束下给出污染削减的最优措施组合。算法中既考虑污染源的源头产生量的削减，也包括污染物末端治理措施的削减，还考虑到其他管理与工程措施实现的削减，并汇总到整个流域层面。在污染物产生排放基础上进行入河污染物的分析计算，并借助水量模拟结果分析计算不同河段的纳污能力，按照河道水动力学条件模拟重要水功能区的水环境状况。按照水质目标对点源和面源污染负荷进行预测分析与优化控制分析，可以进行负荷水功能区达标要求的污染控制优化分析，在污染控制的同时反馈水量调控需求。将以上两者的模拟结合起来，则可形成综合决策判断。

通过水量调控和污染负荷产生、迁移、转化的分析，以总量调控为目标，可以对涉及的水量分析过程、水质模拟过程进行联合分析，通过方案设置和多层次反馈实现对水质水量联合调控的模拟分析，实现令水功能区达标的最优控制方向和措施对策选择。

三、农田面源污染水质水量联合调控原理

农田面源污染控制，涉及从田间到灌排沟渠、塘堰湿地、灌区内外的水利、农业生产和湿地生态处理等方面的综合作用机制。其中，源头控制是面源污染控制的基础，而沿程处理及沟渠塘堰系统的湿地拦截、生态处理与调控是面源污染控制的关键。

源头控制是在传统灌溉施肥方式优化的基础上减少施肥量及采用节水灌溉的方式，减少排水量，从而减少水资源的浪费、减少农田水肥流失、减少农田面源污染物质的排放量。试验证明，源头控制对防止过量排水、减少 N 和 P 等营养物质流失和提高作物产量具有重要的作用。过量施用化肥（尤其是氮肥）和采用不合理的农田灌溉排水技术与方法是引起当前化肥利用率偏低的主要原因。研究结果表明，土壤养分被作物吸收的数量占施肥量的 30% ~40% ，被土壤吸附的数量约占 10% ，而剩余的约 50% 主要通过灌溉淋滤、径流损失和大气挥发的形式无效耗损。因此，采用合理的灌溉制度与方法和科学的田间排水手段，通过改善灌溉效率和灌水均匀度、减少灌溉引起的深层渗漏量及调控地下水位等措施可有效地减少化肥流失量，明显降低其对地表水和地下水可能造成的潜在污染。

实施农田最佳水分和养分管理，实行水文机制、施肥制度的协同配合方法，提供稻田硝化和反硝化的适宜条件与沉淀作用时间，提高田面排水的净化程度与水肥资源利用效率是源头控制的核心技术。

湿地作为农田与受纳水体河流、湖泊之间的一个过渡带，能够通过土壤吸附、植物吸收和生物降解等一系列作用，降低进入地表水中的 N 和 P 等营养物质。将传统的灌溉、排水系统与沟渠湿地、水塘湿地有机结合协同运行，对农业水肥资源高效利用、提高水环境质量、改善农田生态状况具有重要意义。

灌区内湿地系统的生态景观格局不同，面源污染物迁移、转化的响应规律也会存在差异。现有的湿地优化布局、大小形状设计，湿地生态特征、生态功能，排水对湿地水质的影响及其环境效应等方面研究表明，灌排沟塘湿地生态系统的多样性能够为灌区水肥流失控制及再生利用创造有利条件。

总之，需要采用田间水质水量调控技术，控制面源污染“源”；通过采用“工程–生物–生态”相结合的方式，调控各级排水沟渠和末端湿地的水质水量过程，将排水沟道的土壤物理作用和生物降解功能有机结合起来，以控制面源污染“汇”。从源头控制、沿程削减到末端处理，实现农田面源污染全过程的综合控制，如图 1-1 所示。

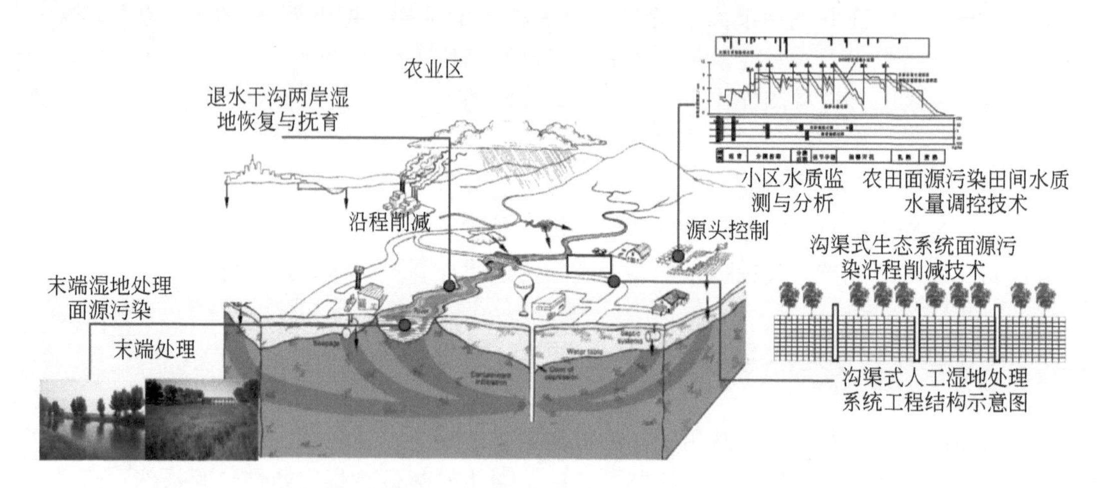

图 1-1 农田面源污染的源头控制–沿程削减–末端处理一体化技术示意图

四、突发性水污染事件水质水量联合调控原理

突发性水污染事件水质水量联合调控，应依据污染物的物理化学特性、河流水动力学理论及水利调度的原理，进行科学调度和调控。

（一）污染物的物理化学特性

通常认为水体因人类活动使某种物质介入而导致其化学、物理、生物或者放射性等方面特性的改变，从而影响水的有效利用，危害人体健康，或者破坏生态环境，造成水质恶化的现象就是水污染。按照属性，可以把造成突发性水污染事件的污染源分为物理性污染源、化学性污染源和生物性污染源。

突发性水污染事件发生后，一旦污染物进入水体，就会在水中发生一系列的物理和化学变化，变化的快慢取决于污染物的物理化学特性，进而决定了将采取何种措施应对。污染物的物理特征包括污染物在水中的迁移扩散、时空分布、物态变化及溶解、渗透、吸着、解吸、挥发与凝聚等过程，影响调控措施选择的主要物理特征包括污染物的溶解性、比重、挥发性及迁移扩散规律等。污染物的化学特征，主要包括酸碱性、毒性、分子结构及化学反应等。了解和掌握物理性污染物、化学性污染物（无机污染物、有机污染物、油类污染物）和生物性污染物等不同类型污染物的物理化学特性，是制定科学合理的应急调度方案首先要确定的问题。在此基础上，根据污染物的物理化学特性，研究提出不同污染物的特性、危害及在水中的扩散转移规律和处置办法，制定合理的应对措施和方案。其中，突发性水污染事件应急处置，考虑到事件的突发性和快速控制处置的要求，尤其需要注意污染物的水动力学特性。

（二）水动力学理论

水动力学是研究水在运动状态下的力学运动规律及其应用的学科。水在各种边界所限制的流动空间，称为流场，反映流场运动的物理量，统称为运动要素。水动力学分析的目的在于确定流场运动要素（速度和压强）随时间和空间位置而变化的函数关系式。

当污染物进入水体后，决策者最关心的是污染物在水中的变化规律，即污染物浓度在河流、湖泊和水库等水体中的变化过程，以便为制定应急方案提供依据。突发性水污染事件发生后，污染物在水体中的运动过程主要受水动力场的控制。所以，面向突发性水污染事件的应急调度研究首先要以水动力学为基础，模拟和预测河流或湖泊、水库沿程的水力学条件（流量和水位等），进一步模拟分析主要保护目标所在河段污染团到达时间、浓度变化过程和影响时间，分析保护目标可能受到污染威胁的程度，然后再根据污染物的特性及可调控的水利工程对污染物提出综合调控措施，以便达到损失最小或最大程度地保护既定目标。

（三）水利工程调控理论

在掌握了污染物特性及其在水体中的发展变化规律后，就可以通过水利工程的调控，改变污染物的运移规律，从而减小污染物的影响范围或降低污染物的浓度，加上物理和化学等方法，全面消除污染事件。水利工程调控指运用水利工程的蓄水、泄水、引水和挡水等功能，对河流、湖库的流量、流速、水位在时间、空间上调节的过程。

水利工程调控主要包括水库调度、引提水工程调度及蓄滞洪区的运用等多种方式。通过综合运用这些水利工程可以对污染物进行拦截、冲刷、稀释、引提和存蓄等，以达到减小污染物总量、限制扩散范围、稀释污染物浓度或通过存蓄集中处理等目的。如何运用和调度水利工程，使得污染事件的影响达到最小并且使得经济损失最小是调度的核心，也是应急处置的关键。

第四节　研究思路

本研究以地处东北的松花江流域为研究区，面向流域水污染治理的重要理论和实践需求，针对常规污染控制和突发污染事件控制，研究流域水质水量联合调控技术体系。本研究总体上遵循从整体到局部的思路，按照“监测体系—耦合模拟—总量控制—典型调控—目标响应”的科学逻辑组织实施。内容可归纳为“设计一个监测体系，构建一个耦合模型平台，提出一套总量方案，提出两项典型调控技术，响应国家水污染治理的目标”。技术路线如图 1-2 所示。

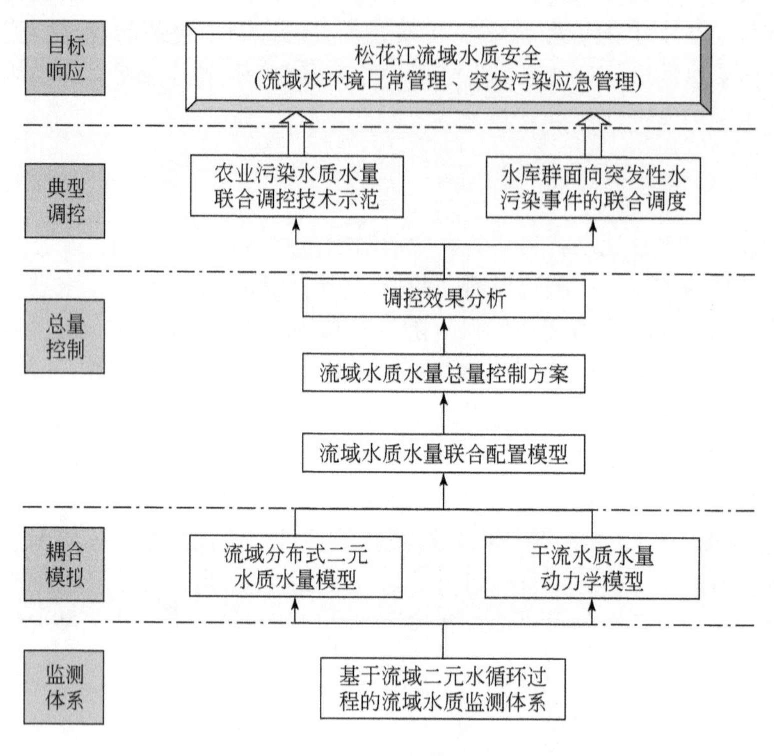

图 1-2　技术路线图

（1）监测体系。面向水质安全的需求，考虑水循环的二元属性，设计基于二元水循环过程的流域水质监测体系，形成流域水质水量联合监测系统，支撑流域水质水量联合模拟与调控。

（2）耦合模拟。根据松花江流域水循环和水环境演化特点，开发面向流域/区域水污染管理的松花江流域分布式二元水循环模拟模型和基于二元水循环模型的流域水质模型，以及开发面向干流应急调度的松花江干流水质水量动力学模型，对坡面水循环和污染迁移、转化过程及河道水量、水质动力学过程进行模拟，整合形成松花江流域水质水量耦合模型系统，为流域水质水量总量控制方案的提出和面向突发性水污染事件的松花江干流水库群联合调度奠定基础。

（3）总量控制。开发松花江流域水质水量联合调控模型，考虑水资源配置和水污染负荷配置之间相互制约的关系，提出不同水平年松花江流域水质水量总量控制方案（水资源配置和污染负荷合理分配方案）；同时开展调控效果分析，研究松花江流域水质水量总量控制方案对主要河道断面水环境质量、水量及水文参数变化的影响，为松花江流域污染总体控制提供支撑。

（4）典型调控。针对典型灌区单元常规管理，在流域水质水量总量控制框架下，结合试验研究提出农业污染水质水量联合调控技术和示范区调控模式；针对干流污染应急管理，建立松花江干流水库群面向突发性水污染事件的联合调度模型并开发调度决策支持系统，按照“预报—调度—滚动修正”的思路进行应急调度，为突发性水污染事件管理提供支撑。

第二章　松花江流域水污染防治重大实践需求

第一节　重大实践需求

松花江流域位于中国东北地区北部，行政区划包含黑龙江省全部、吉林省大部、辽宁省和内蒙古自治区一部分，是中国重工业城市的集中地、重要农牧业生产基地，很多国际级和国家级的重要湿地位于该流域。受区域经济快速发展的影响，松花江流域污染比较严重。主要原因包含两方面：一方面，生产生活污染的排放量大，污染治理速度落后于污染增长速度；另一方面，水资源的不合理利用也加剧了水环境恶化的程度。同时，松花江流域是我国重要的化工基地，大型厂矿数量众多，极易造成重大污染事件。松花江流域的污染现状已经威胁到流域内的人饮安全、供水安全、河流湿地的生态安全及国际界河的安全。随着东北工业能源基地和农牧业生产基地建设的逐步实施和城市化进程的加快，松花江所面临的城市点源污染和农业面源污染压力将会更大，如果不采取有效的措施，将对国家振兴东北宏伟战略的实施、“四基地一区”的建设及国际关系产生不利影响。因此，对松花江流域水污染进行综合防治，刻不容缓。在国家“水体污染控制与治理”科技重大专项课题“松花江流域水质水量联合调控技术及工程示范”（2008ZX07207-006）和“基于水环境风险防控的松花江水文过程调控技术及示范”（2012ZX07201-006）的支持下，中国水利水电科学研究院作为牵头单位，选择松花江流域作为研究区开展研究。

一、国家需求

（一）国家节能减排工作的需求

2005 年颁布实施的《国务院关于落实科学发展观加强环境保护的决定》，对全国水环境保护做了全面的部署，明确要求各地削减污染物排放总量的10%，实现区域水环境质量改善，保障饮用水安全。作为全国七大流域之一的松花江，重化工业多，污染负荷重，治理难度大，不仅是全国污染减排工作的重点，也是污染减排的难点。为努力实现“十一五”污染减排约束性指标，2006 年国务院批准了《松花江流域水污染防治规划（2006-2010 年）》，松花江各级政府部门制定了相应的“十一五”环境保护规划。这些规划的落实将带动数千亿元的投资，为水体污染控制与治理技术提供广阔的市场。

（二）政府履行国际河流水质保护职责的战略需要

作为中俄界河，黑龙江的水环境保护与水质安全是中俄关注的热点问题。松花江作为黑龙江的第一大支流，其污染而导致的影响边境地区稳定和发展的问题，已成为我国国家安全的重要内容之一，解决松花江的水环境污染对我国政府履行国际河流水质保护职责有重要意义。

（三）地方政府实现水质安全保障目标和水环境保护目标的需求

为了实现水质安全保障目标和水环境保护目标，政府在充分运用行政手段的基础上，应更大限度地依靠水质水量联合调控手段，利用先进的水量调控、水污染控制与监管技术，对流域水资源进行管理与调配，才能实现水质持续改善，保障社会生产、生活供水水质安全。

二、科技需求

（一）建立松花江流域河流综合管理技术体系的需要

随着松花江流域社会经济的发展，人类社会对水循环过程产生深刻影响，水污染问题日益严重，水量单一调控方式已经远不能满足松花江流域水资源保护和开发利用实际工作的需求，运用现代化手段，对流域水质水量进行统一监管与调控是实现河流科学管理的关键所在。

（二）松花江流域水污染控制的需要

水污染控制是目前松花江流域水资源管理工作的重点。要从根本上解决松花江流域水污染问题，关键在于严格控制污染源，减少污水排放量，保证基本的生态环境用水。流域水质水量调控技术是在明确污染物产生、迁移、转化、沉积和释放等机理的基础上，综合水体纳污能力和水功能区划要求，对各区域用水量指标和污废水排放量指标进行统一综合调配，同时结合完善的流域水循环全过程监测网络，科学控制污染物的入河量，实现松花江流域水污染防治工作要求，保障水体水质安全。

（三）松花江流域水污染应急管理的需要

目前，由于缺乏流域水质水量联合调控技术，在突发性水污染事件中，无法采取迅速有效的措施阻止污染物的进一步扩散，减少污染损失。因此，需要根据自然和人类双重干扰下松花江流域水循环和水环境特点，建立松花江水质水量耦合模型系统，对各种污染突发情景下松花江流域水循环过程和污染迁移、转化过程进行详细模拟，定量评估各种突发污染产生的后果，在此基础上，建立水库群水质水量联合调度模型，提出各种污染情景下合理的应急调度方案。依据上述技术，可以在突发性水污染事件发展的不同阶段，最迅速地采取适宜措施，最大限度地减少污染所带来的危害。

第二节　流域概况

一、自然状况

松花江流域位于中国东北地区北部，介于41°42′N～51°38′N、119°52′E～132°31′E，流域面积为55.68万km^2，占黑龙江总流域面积（184.3万km^2）的30.2%。流域西部以大兴安岭与额尔古讷河分界，海拔为700～1700 m；北部以小兴安岭与黑龙江为界，海拔为1000～2000 m；东南部以张广才岭、老爷岭、完达山脉与乌苏里江、绥芬河、图们江和鸭绿江等流域为界，海拔为200～2700 m；西南部是与辽河的分水岭，海拔为140～250 m，是由东西向横亘的条状沙丘和内陆湿洼地组成的丘陵区；流域中部是松嫩平原，海拔为50～200 m，是主要的农业区。松花江在同江附近注入黑龙江后，与黑龙江、乌苏里江下游共同组成三江平原。

松花江流域地处北温带季风气候区，大陆性气候特点非常明显，冬季寒冷漫长，夏季炎热多雨，春季干燥多风，秋季很短，年内温差较大，多年平均气温在3～5℃，年内7月温度最高，日平均可达20～25℃；1月温度最低，月平均气温在-20℃以下。多年平均降水量一般在500 mm左右，东南部山区降水量可达700～900 mm，而干旱的流域西部地区降水量只有400 mm。总的趋势是山丘区大，平原区小；南部、中部稍大，东部次之，西部、北部最小。汛期（6～9月）的降水量占全年的60%～80%，冬季（12～2月）的降水量仅占全年的5%左右。

松花江虽然是黑龙江的支流，但对东北地区的工农业生产、内河航运和人民生活等方面的经济与社会意义都超过了黑龙江和东北地区其他河流。松花江流域范围内山岭重叠，满布原始森林，蓄积在大兴安岭、小兴安岭和长白山等山脉上的木材，总计10亿m^3，是中国面积最大的森林区。矿产蕴藏量亦极丰富，除主要的煤外，还有金、铜和铁等。松花江流域土地肥沃，盛产大豆、玉米、高粱、小麦。松花江干流及其北源嫩江是我国北方淡水鱼重要产地之一，盛产鲤鱼、草鱼和鲶鱼等，每年供应的鲤鱼、鲫鱼、鳇鱼和哲罗鱼等达4000万kg以上。

二、河流水系

松花江有南北两源，分别为北源嫩江和南源西流松花江，在三岔河汇合后形成松花江干流，在同江口注入黑龙江。松花江流域水系众多，航运发达，水能蕴藏丰富。

（一）嫩江水系

北源嫩江发源于大兴安岭伊勒呼里山中段南侧，正源名南瓮河（又名南北河），河源海拔为1030 m。嫩江自河源流向东南与二根河汇合后转向南流始称嫩江，全长为1370 km，流域面积为29.7万km^2。嫩江支流均发源于大兴安岭、小兴安岭支脉，顺着大兴安岭、小兴安岭的斜坡面向东南或向西南入干流，右岸支流多于左岸支流。嫩江流域面积大于50 km^2的河流有229条，其中，流域面积为50~300 km^2的河流有181条；300~1000 km^2的河流有32条；1000~5000 km^2的河流有11条；大于5000 km^2的河流有5条。由于上游有80%以上面积被茂密的森林覆盖，河流含沙量较小。

根据嫩江流域的地貌和河谷特征，可将嫩江干流分为上、中、下游三段。从河源到嫩江县为上游段河源区，长为661 km，主要为大兴安岭山地，河谷狭窄、河流坡降大，水流湍急，水面宽为100~200 m，洪水时比降为3‰~4‰，河床由卵石及砂砾组成，从多布库尔河口以下，江道逐渐展宽，水量增大，河谷宽度可达5~10 km。嫩江上游左岸主要支流有卧都河、固固河、门鹿河和科洛河，右岸主要支流有那都里河、大小古里河和多布库尔河。

由嫩江县到莫力达瓦达斡尔族自治旗为中游段，长为122 km，平均比降为0.32‰~0.28‰，是山区到平原区的过渡地带，两岸多低山、丘陵，地势比上游平坦，两岸不对称，特别是左岸，河谷很宽。本河段支流很少，除右岸有较大支流甘河汇入外，其余均为一些小支流和小山溪。

由莫力达瓦达斡尔旗到松原为下游段，长为587 km。下游段为广阔的平原，河道蜿蜒曲折，沙滩、沙洲、江汊多。河道多呈网状，两岸滩地延展很宽，最宽处可达10余千米，最大水深为5.5~7.4 m。齐齐哈尔市以上平均比降为0.2‰~1‰，齐齐哈尔市以下为0.04‰~0.1‰，主槽水面宽为300~400 m，水深为3~4 m，河道有很好的自然蓄洪的能力。由于右侧有多条支流汇入，洪水集中，本干流段防汛任务很重。下游河网密度增大，支流增多，从上到下右岸有诺敏河、阿伦河、音河、雅鲁河、绰尔河、洮儿河和霍林河，左岸有讷漠尔河、乌裕尔河和双阳河。

（二）西流松花江水系

南源为西流松花江，发源于长白山脉主峰白云峰，长为958 km，流域面积为7.34万km^2。整个流域地势东南高、西北低，江道由东南流向西北，主要支流有头道江、辉发河、鳌龙河和饮马河等。

西流松花江地貌大致分为4段，即河源段、上游江段、丘陵区江段和下游江段。从源头到二道江与头道江会合的两江口为河源段，长为256 km，位于长白山山地。该段山岭连绵，森林茂密，植被良好，河谷狭窄，江道弯曲，河底为石质，有岩坎、暗礁和深潭。河源段内有较大支流五道白河、古洞河和头道江。从两江口到丰满水电站坝址，为松花江的上游江段，长为208 km，江段比降为0.4‰~1.6‰，有较大支流蛟河和辉发河汇入，已建有白山、红石和丰满梯级水电站。由丰满水电站坝址到沐石河口，为丘陵区江段，长为191 km，两岸丘陵海拔为300~500 m。较大支流温德河、鳌龙河和沐石河，均位于左岸，呈不对称的河网型，两岸河谷展阔，是主要农业区。由沐石河口到松花江河口，是下游江段，长为171 km，江道较宽，沿岸多沙丘，河道中叉河、串沟和江心洲岛较多，江心岛上丛生柳条杂草。本江段内除左岸有支流饮马河和伊通河，右岸支流很少。

（三）松花江干流水系

西流松花江与嫩江在三岔河汇合，汇合口海拔为128.22 m。由汇合口至通河，干流流向东，通河以下，流向东北，经肇源、扶余、双城、哈尔滨、阿城、木兰、通河、方正、佳木斯、富锦、同江等市县，于同江市东北约7 km处由右岸注入黑龙江，河口海拔为57.16 m。干流全长为939 km，流域面积为18.64万km^2。干流落差为78.4 m，河流比降比较平缓，平均为0.1‰。松花江干流两岸河网发育，支流众多，集水面积大于50 km^2的支流有794条。其中，集水面积为50～300 km^2的支流有646条，300～1000 km^2的支流有104条，1000～5000 km^2的支流有33条，5000～10 000 km^2的支流有3条，10 000 km^2以上的支流有6条。

根据松花江干流的地形及河道特性，可分为上、中、下三段。由三岔河至哈尔滨市为上段，长为240 km，区间集水面积为3万km^2，河道流经松嫩平原的草原、湿地，比降较缓。本段内支流主要有右岸大支流拉林河汇入。哈尔滨市至佳木斯市是松花江干流中段，长为432 km，穿行于断崖、低丘和草地之间。由哈尔滨市至通河，江道比降较平缓，为0.055‰～0.044‰，左岸有最大的支流呼兰河汇入。此后江道进入长达130 km的低山丘陵地带，两岸是张广才岭和小兴安岭的山前过渡带，河谷较狭，两岸为高平原和丘陵区，左岸有支流少陵河、木兰达河，右岸有蚂蚁河注入。自通河县下行约70 km属于浅滩区，江道水面宽为1.5～2.0 km，比降为0.06‰～0.15‰，中、低水时期水深只有1m多，枯水时水深降至1m以下，流速只有1m/s，为松花江上有名的碍航江段。过三姓浅滩，右岸有大支流牡丹江和倭肯河汇入，左岸有汤旺河汇入，本河段水面逐渐展阔，水深也逐渐加大。佳木斯市市区附近，松花江干流较顺直，主槽宽为800～1300 m，水深为8～11 m，河道坡降为0.1‰。

由佳木斯至同江是松花江干流下段，长为267 km，穿行于三江平原地区，两岸为冲积平原，地势平坦，杂草丛生，河道和滩地比较开阔，水道歧流纵横，滩地宽为5～10 km，江道中浅滩很多。松花江干流在同江市东北注入黑龙江，整个下游河段，地势低平，防洪任务艰巨。本段有梧桐河和都鲁河两大支流汇入。

松花江水系发育，湖泊沼泡等湿地较多，大小湖泊共有600多个，包括扎龙湿地、向海湿地和莫莫格湿地等国家级自然保护区。主要分布在松花江中游、嫩江下游，以及嫩江支流乌裕尔河、双阳河、洮儿河和霍林河下游的松嫩平原的低洼地带与松花江下游地区，并与江道连通，如镜泊湖、月亮泡、向海泡和连环湖等，这些湖泊对调节和滞蓄洪水，可以起到一定的作用。

（四）内河航运与发电

松花江内河航运发达，流域丰富的物产和发达的工农业生产，促进了松花江水运的发展，运输业务十分繁忙，全流域通航里程达1447 km。齐齐哈尔、吉林以下可通航汽轮。松花江干流哈尔滨以下可通航千吨江轮；支流牡丹江、通肯河，以及齐齐哈尔市至嫩江县的嫩江河段均可通航木船，通航期为4月中旬至11月上旬。松花江是东北地区主要水运干线，货运量占黑龙江水系的95%左右。松花江航运的主要物资是木材、粮食、建筑材料、煤炭、钢铁及日用百货等，主要港口有哈尔滨、佳木斯、齐齐哈尔、牡丹江、吉林。

松花江水力资源丰富，尤其是上中游水量大、落差大，可以进行阶梯式开发，总蕴藏量为600多万千瓦。已建的大型水电站有西流松花江上的白山、丰满、红石水电站及嫩江上游的尼尔基水库电站。

第三节　社会经济状况

一、人口

松花江流域2006年总人口为5468万人，城镇化率达到52%，人口密度为97人/km^2。松花江流域人口分布差异较大，其中，嫩江流域人口密度最低，仅为53人/km^2；西流松花江流域人口密度最高，达到197人/km^2；松花江干流人口密度为129人/km^2。从行政区分布看，形成了以哈尔滨市、长春市为中心的松嫩平原城市群人口密集带和以下游佳木斯市为中心的三江平原人口密集带。松花江流域2006年人口分布见表2-1。

表2-1　2006年松花江流域人口及分布状况

分区	人口（万人）			城镇化率（%）	人口密度（人/km^2）
	合计	城镇	农村		
嫩江	1 590.23	751.93	838.30	47.28	53.27
西流松花江	1 442.99	800.84	642.15	55.50	196.59
松花江干流（三岔河口以下）	2 435.14	1 324.20	1 110.94	54.38	128.64
小计	5 468.36	2 876.97	2 591.39	52.61	97.44

二、经济

松花江流域工业基础雄厚，其能源、重工业产品在全国占有重要地位，石油石化、煤炭、电力、汽车、机床、塑料和重要军品生产等工业的地位突出，交通基础设施较为发达，铁路和公路密度位于全国前列，形成了以哈尔滨市、长春市和大庆市为核心的松嫩平原经济圈。

松花江流域2006年国民生产总值（gross domestic product，GDP）为10 516亿元。三次产业结构比例分别为13∶50∶37（第一产业∶第二产业∶第三产业）。松花江流域2006年经济状况分布见表2-2。

表 2-2　松花江流域 2006 年经济状况

分区	GDP（亿元）				人均 GDP（元）
	总值	第一产业	第二产业	第三产业	
嫩江	3 157	410	2 035	712	19 852
西流松花江	3 308	380	1 665	1 263	22 925
松花江干流	4 051	550	1 558	1 943	16 636
小计	10 516	1 340	5 258	3 918	19 231

第四节　水资源及其开发利用状况

一、水资源量

松花江流域多年平均（1956～2000 年）地表水资源量为 817.7 亿 m^3，折合径流深为 145.7 mm。松花江流域地表水资源量见表 2-3。

表 2-3　松花江流域地表水资源量

分区	计算面积（km^2）	多年平均		不同频率年地表水资源量（亿 m^3）			
		径流深（mm）	地表水资源量（亿 m^3）	20%	50%	75%	95%
嫩江	298 502	98.4	293.8	393.5	275.1	199.5	118.1
西流松花江	73 416	223.6	164.2	209.5	157.4	122.6	82.4
松花江干流	189 304	190.0	359.7	466.9	342.4	260.8	168.0
小计	561 222	145.7	817.7	1 037.7	786.6	617.4	420.3

松花江流域地表水资源量年际变化较大，地表水资源量年际最大与最小比值，嫩江流域超过 10，西流松花江和松花江干流在 5 左右。地表水资源量年内分配也极不均衡，汛期（6～9 月）地表水资源量占全年的 60%～80%，其中，7～8 月占全年的 50%～60%；平原地区的中小间歇性河流，6～9 月地表水资源量占全年的比例高达 90%。

松花江流域多年平均地下水资源量为 323.9 亿 m^3（矿化度≤2g/L）；其中，平原区为 178.4 亿 m^3，山丘区为 156.9 亿 m^3，平原区与山丘区之间的重复量为 11.39 亿 m^3。松花江流域矿化度≤2g/L 的多年平均地下水资源量见表 2-4。

表 2-4　松花江流域矿化度≤2g/L 的多年平均地下水资源量

分区	计算面积（km^2）	多年平均地下水资源量（亿 m^3）	山丘区			平原区			山丘区与平原区之间的重复计算量（亿 m^3）
			计算面积（km^2）	地下水多年平均资源量（亿 m^3）	河川基流量（亿 m^3）	计算面积（km^2）	地下水多年平均资源量（亿 m^3）	可开采量（亿 m^3）	
嫩江	29. 81	137. 33	18. 02	52. 66	46. 70	11. 79	90. 47	74. 33	5. 80
西流松花江	7. 26	50. 74	5. 57	35. 45	31. 37	1. 69	15. 48	11. 71	0. 19
松花江干流	18. 93	135. 82	11. 32	68. 76	65. 63	7. 61	72. 46	66. 71	5. 40
小计	56. 00	323. 89	34. 91	156. 87	143. 70	21. 09	178. 41	152. 75	11. 39

根据 1956 ~ 2000 年资料系列，采用水资源总量评价方法，所得松花江流域水资源总量为 960. 9 亿 m^3，其中，地表水资源量为 817. 7 亿 m^3，不重复地下水资源量为 143. 2 亿 m^3。松花江流域水资源总量见表 2-5。

表 2-5　松花江流域水资源总量

分区	计算面积（km^2）	多年平均（亿 m^3）			
		降水量	地表水资源量	不重复量	水资源总量
嫩江	298 502	1 384. 5	293. 8	73. 89	367. 7
西流松花江	73 416	510. 7	164. 2	17. 38	181. 6
松花江干流	189 304	1 119. 9	359. 7	51. 91	411. 6
小计	561 222	3 015. 1	817. 7	143. 18	960. 9

对流域水资源可利用量进行评价，松花江流域水资源可利用总量约为 426. 52 亿 m^3，水资源可利用率（水资源可利用总量与水资源总量的比值）为 44. 4%。其中，地表水资源可利用量约为 338. 59 亿 m^3，占水资源可利用总量的 79%。

二、水利工程

根据 2006 年统计，松花江流域蓄水工程达 13 462 座，总库容为 351. 25 亿 m^3，其中，大型水库达 29 座，占蓄水工程总库容的 80%。对比流域地表径流与蓄水能力，工程调蓄能力相对较低。引水工程有 1196 处，其中，大型引水工程有 10 处。提水工程有 4548 处，其中，大型提水工程有 3 处。调水工程共有 4 处，其中，1 处为大型调水工程，位于嫩江流域。地下水井发展至 35. 75 万眼。松花江流域现状供水基础设施情况见表 2-6。

表 2-6 松花江流域现状供水基础设施情况

分区	地表水										地下水
	蓄水工程				引水工程（处）		提水工程（处）		调水工程（处）		生产井数量（万眼）
	数量（座）	其中大型（座）	其中中型（座）	总库容（亿 m^3）	数量	其中大型	数量	其中大型	数量	其中大型	
嫩江	427	12	35	73.97	175	7	253	—	1	1	23.29
西流松花江	7 241	8	38	213.01	441	1	3 500	2	3	—	1.94
松花江干流	5 794	9	50	64.27	576	2	895	1	—	—	10.52
小计	13 462	29	123	351.25	1 192	10	4 648	3	—	—	35.75

三、供用水状况

（一）供水状况

2006 年松花江流域总供水量为 301.74 亿 m^3，其中，地表水供水量为 192.66 亿 m^3，所占比例为 64%；地下水供水量为 109.08 亿 m^3，所占比例为 36%。从供水结构来看，松花江流域地表水和地下水均承当着重要的供水任务。地表水供水中以引水工程、提水工程为主，蓄水工程供水所占比例偏低；地下水供水中，浅层地下水和深层承压水所占比例分别为 92% 和 8%，其中，平原区浅层地下水超采 11.15 亿 m^3。松花江流域 2006 年供水组成见表 2-7。

表 2-7 2006 年松花江流域供水组成 单位：亿 m^3

分区	地表水供水量				地下水供水量				总供水量
	蓄水	引水	提水	小计	浅层地下水合计	浅层地下水其中超采量	深层承压水	小计	
嫩江	8.50	31.39	19.44	59.33	37.09	4.54	5.67	42.76	102.09
西流松花江	20.73	7.25	19.22	47.20	13.86	4.18	0.89	14.75	61.95
松花江干流	20.27	28.15	37.71	86.13	49.51	2.43	2.06	51.57	137.70
小计	49.50	66.79	76.37	192.66	100.46	11.15	8.62	109.08	301.74

1980～2006 年，松花江流域的总供水量持续上涨，从 1980 年的 170.60 亿 m^3 增长至 2006 年的 301.74 亿 m^3，净增 131.14 亿 m^3，年均增加 5.04 亿 m^3，年均增长率 2.96%。其中，地下水从 33.46 亿 m^3 增加至 109.10 亿 m^3，增速和增幅均高于地表水。分析 1980～2006 年各类水源的供水结构变化趋势如图 2-1 所示，从变化趋势可以看出，松花江流域供水量增加幅度最大的是在 20 世纪 90 年代，进入 2000 年之后仍然维持了较高增速，其主

要原因在于松花江流域作为全国主要的粮食基地，是全国水土资源匹配条件最好、发展潜力最大的区域，灌溉面积增加幅度较大，从而带动了供用水量快速增长。

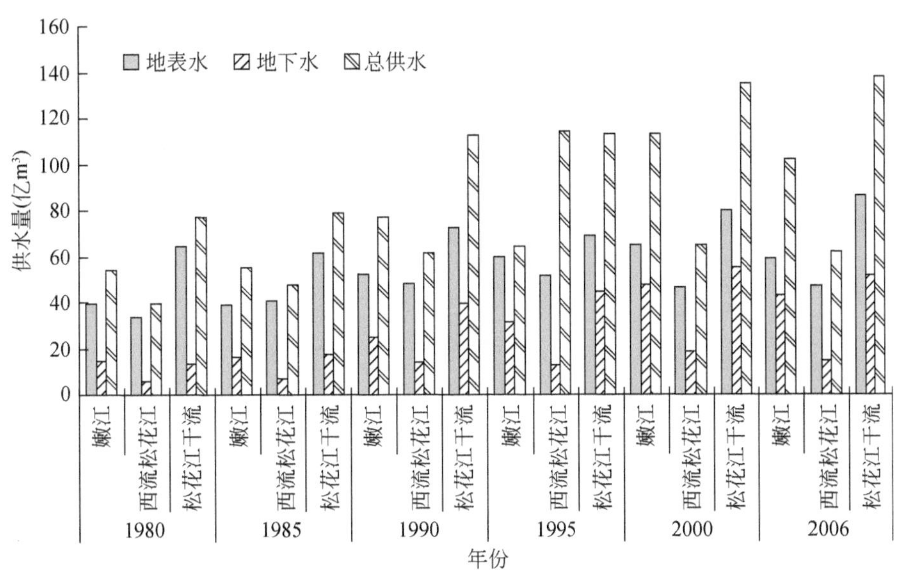

图 2-1　1980～2006 年松花江流域各类水源的供水结构变化趋势

（二）用水状况

2006 年松花江流域总用水量为 301.80 亿 m³，其中，生活用水、生产用水、生态用水量分别为 23.30 亿 m³、275.96 亿 m³、2.54 亿 m³，所占总用水量的比例分别为 8%、91%、1%。生产用水中，农业用水量为 207.04 亿 m³，所占总用水量比例为 68.60%。2006 年松花江流域用水情况见表 2-8。

表 2-8　2006 年松花江流域用水情况

分区	总用水量（亿 m³）	生活用水量				生产用水量				生态用水量	
		城镇生活用水量（亿 m³）	农村生活用水量（亿 m³）	合计（亿 m³）	比例（%）	农业用水量（亿 m³）	工业用水量（亿 m³）	合计（亿 m³）	比例（%）	用水量（亿 m³）	比例（%）
嫩江	102.09	4.19	1.75	5.94	5.82	66.94	28.11	95.05	93.10	1.1	1.08
西流松花江	61.95	4.52	1.78	6.30	10.17	36.9	17.49	54.39	87.80	1.26	2.03
松花江干流	137.76	8.67	2.39	11.06	8.03	103.2	23.32	126.52	91.84	0.18	0.13
小计	301.80	17.38	5.92	23.30	7.72	207.04	68.92	275.96	91.44	2.54	0.84

第五节　水污染及治理情况

松花江流域作为我国重工业城市的集中地和人口密集区，以重化工业为主的重污染行业的过快增长、陈旧落后的生产能力淘汰缓慢、产业技术导向不完善、产业布局不协调及生活污染治理设施落后等问题，是制约流域水环境改善的主要矛盾。这种高密度的人口分布及不合理的产业结构，加速了松花江流域水资源短缺、水环境污染及生态系统功能下降等资源环境问题。根据松辽流域水资源及其开发利用现状评价成果，2000 年来自城镇生活与工业点源入河的 COD、NH_3-N、TN 和 TP 所占比例分别为 55.6%、56.1%、21.1% 和 14.4%。从当前及未来一段时期看，对来自城镇生活和工业的高强度污染负荷进行总量控制与有效削减是该流域面临的突出难题。对进入流域水体的污染负荷总量、结构与过程进行系统识别与控制，是流域水污染防治的关键环节，有助于明晰流域污染特征，也为流域层面的水环境调控与管理奠定基础。

一、松花江流域 2005 年点源污染分析

2005 年松花江流域水功能区对应的污废水入河量为 50.5 亿 m^3；COD 排放量为 60.9 万 t，入河量为 37.9 万 t；NH_3-N 的排放量为 6.9 万 t，入河量为 3.6 万 t。

就松花江流域水资源二级分区的污废水入河量看，松花江（三岔河口以下）最高，占流域总量的比例为 38.8%；嫩江最低，占流域总量的比例为 28.1%。从 COD 和 NH_3-N 入河量看，松花江（三岔河口以下）最高，所占流域总量的比例分别为 37.5% 和 42.2%，如图 2-2 所示。

从松花江流域水资源三级分区看，尼尔基至江桥、江桥以下、丰满以下的污废水及污染物排放强度较大，如图 2-3 所示。丰满以下污废水入河量和 NH_3-N 入河量所占比例最大，分别为 30.2% 和 22.8%；COD 入河量所占比例最大的是江桥以下嫩江，为 23.8%，其次是丰满以下，所占比例为 21.9%；污废水入河量位居第二位的是尼尔基至江桥，所占比例为 18.4%；NH_3-N 入河量位居第二位的是三岔河至哈尔滨，所占比例为 18.2%。

就不同的行政区看，长春市、大庆市、哈尔滨市、吉林市和齐齐哈尔市污废水排放量、COD 排放量和 NH_3-N 排放量所占比例分别为 61.2%、53.9%，是流域污染物的主要来源，如图 2-4 所示。从污废水的入河量看（图 2-5），吉林市最高，所占比例为 23.3%，其次为齐齐哈尔市和佳木斯市，所占比例分别为 18.7% 和 11.5%；从 COD 入河量看，吉林市最高，所占比例为 23.4%，其次为大庆市和齐齐哈尔市，所占比例分别为 12.9% 和 8.0%；从 NH_3-N 入河量看，吉林市最高，所占比例为 24.1%，其次为齐齐哈尔市和长春市，所占比例分别为 12.6% 和 9.2%。

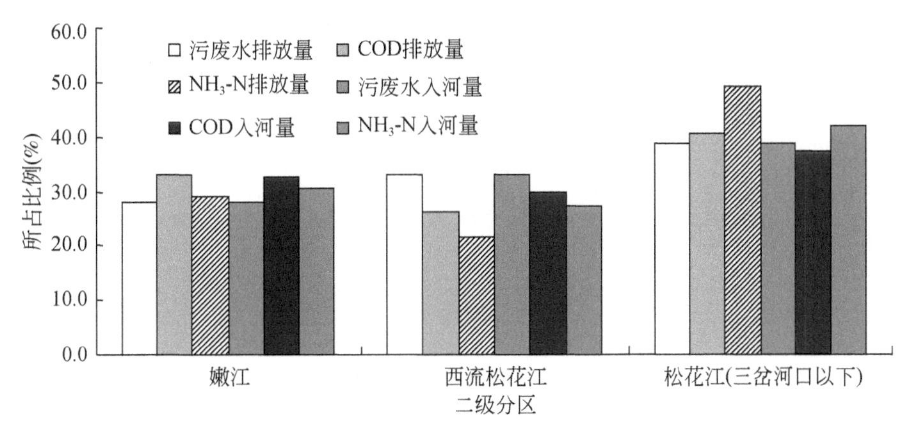

图 2-2　2005 年松花江流域水资源二级分区污废水及污染物的排放量、入河量所占比例

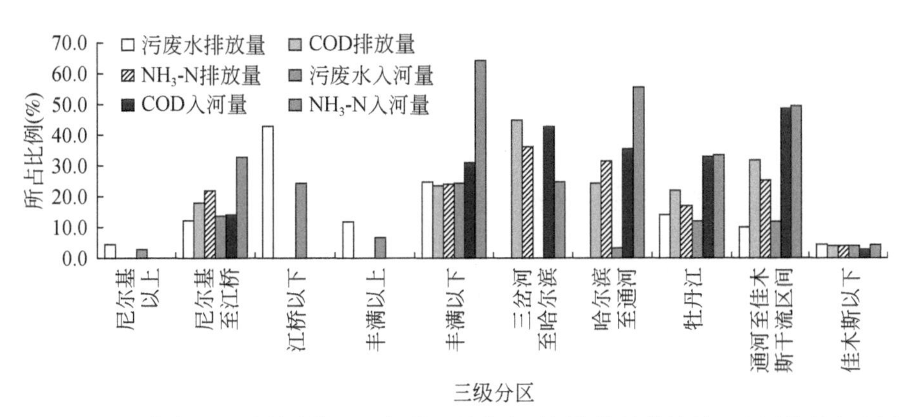

图 2-3　2005 年松花江流域水资源三级分区污废水及污染物的排放量、入河量所占比例

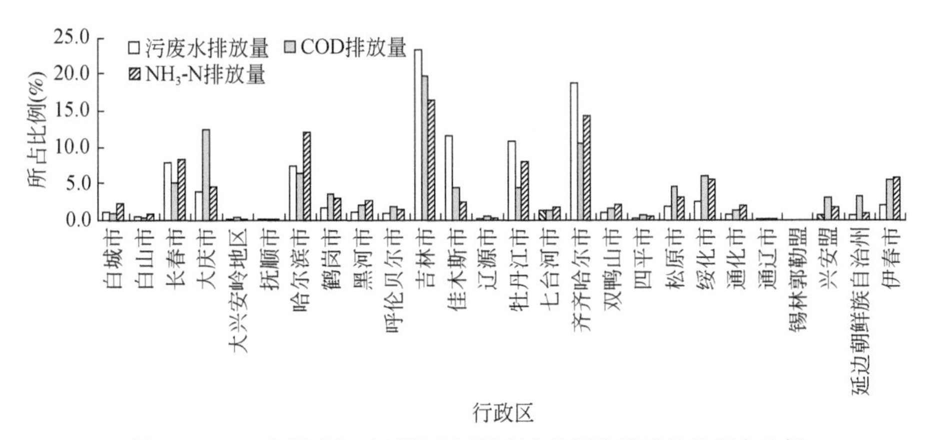

图 2-4　2005 年松花江流域行政区污废水及污染物排放量所占比例

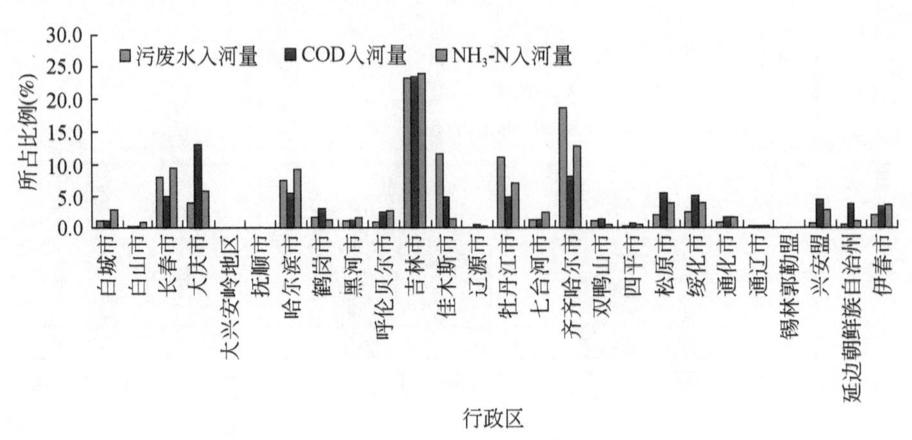

图 2-5　2005 年松花江流域行政区污废水及污染物入河量所占比例

二、污染物排放规律与变化趋势分析

点源污染包括城镇生活和工业生产两部分。通常而言，城镇生活污染物排放量与城镇人口关系密切，工业生产污染物排放量与分行业的 GDP 紧密相关。以 2005 年污染物排放为例，图 2-6 为各行政区污染物排放入河量与 GDP 的相关关系图，由图 2-6（a）中可以看出，COD 排放入河量与 GDP 有明显的相关关系，其相关系数达 0.78。其中，长春市、松原市和大庆市是单位 GDP 排污量较小的城市；黑河市、佳木斯市和双鸭山市的单位 GDP 排污量偏高。由图 2-6（b）中可以看出，NH_3-N 排放入河量与 GDP 的相关关系并不十分明显，对单位 GDP 排污量来讲、长春市、大庆市和哈尔滨市低于平均水平，佳木斯市、双鸭山市、七台河市单位 GDP 排污量较高。

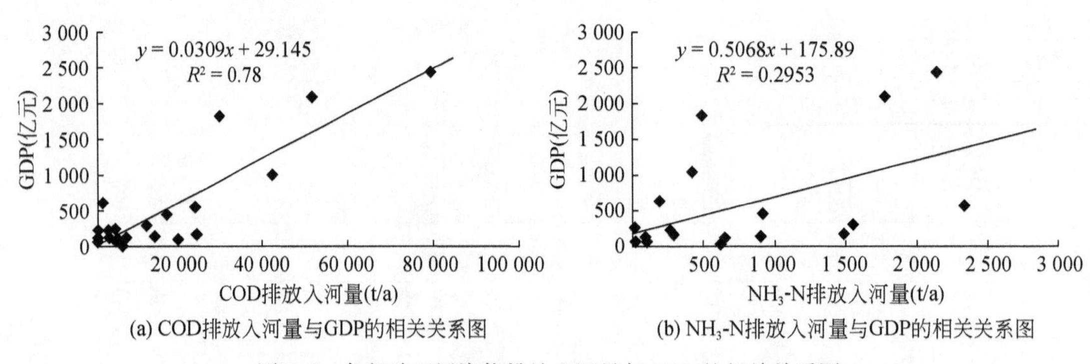

(a) COD排放入河量与GDP的相关关系图　　(b) NH_3-N排放入河量与GDP的相关关系图

图 2-6　各行政区污染物排放入河量与 GDP 的相关关系图

图 2-7 为各行政区污染物排放入河量与人口的相关关系图，COD 排放入河量与人口呈现一定比例的相关关系，但 NH_3-N 排放入河量与人口的相关关系不显著。人均排污量较高的城市有长春市、齐齐哈尔市、哈尔滨市和绥化市；佳木斯市、双鸭山市和七台河市的人均排污量亦较高。

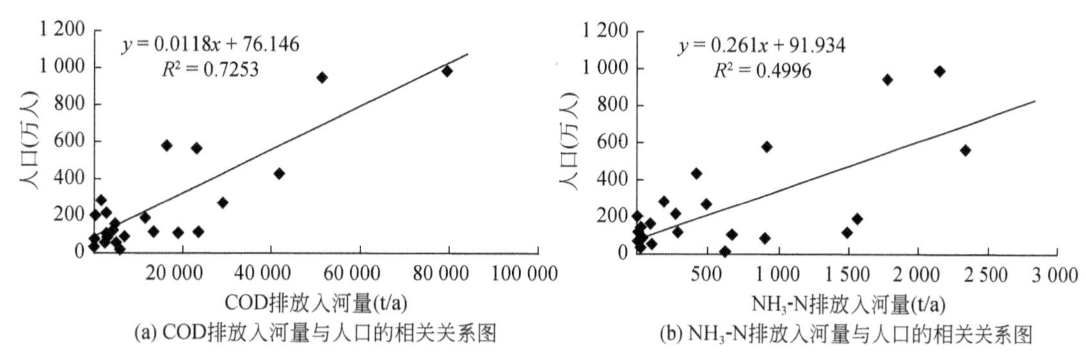

(a) COD排放入河量与人口的相关关系图

(b) NH_3-N排放入河量与人口的相关关系图

图 2-7　各行政区污染物排放入河量与人口的相关关系图

就不同的行业看，松花江流域主要的工业行业污废水独立排污口有 420 个，其中，食品、轻纺、化工及能源行业污废水独立排污口数所占比例为 78%（表 2-9）。

表 2-9　2005 年主要工业行业及污水处理厂入河污废污水及污染物量

序号	行业	排污口（个）	污废水入河量（万 m^3）	比例（%）	COD（t/a）	比例（%）	NHN_3-N（t/a）	比例（%）
1	化工	71	6 675.11	3.6	13 276.94	15.0	325.53	14.7
2	机电	10	1 211.46	0.7	1 508.33	1.7	40.89	1.8
3	建材	16	552.06	0.3	564.53	0.6	16.06	0.7
4	轻纺	83	58 140.35	31.4	20 017.94	22.6	274.43	12.4
5	食品	121	1 988.46	1.1	17 432.93	19.6	492.43	22.2
6	冶金	35	3 182.64	1.7	2 854.67	3.2	39.12	1.8
7	医药	16	162.70	0.1	2 161.76	2.4	71.5	3.3
8	能源	52	79 981.35	43.2	15 308.76	17.3	255.18	11.5
9	污水处理厂	16	33 226.26	17.9	15 605.23	17.6	701.36	31.6
10	小计	420	185 120.4	100.0	88 731.09	100.0	2 216.5	100.0

污废水入河量主要来自轻纺、能源行业和污水处理厂，所占比例分别为 43%、31% 和 18%；COD 主要来自轻纺和食品行业，所占比例分别为 23% 和 20%；NH_3-N 主要来自污水处理厂和食品行业，所占比例分别为 32% 和 22%。总体而言，轻纺、食品、能源行业和污水处理厂为污废水及污染物的主要来源。在统计的流域内排污口中，轻纺行业主要包括造纸和纺织企业的排污口；能源行业主要包括电厂和煤炭开采企业的排污口；食品行业以乳业和啤酒生产企业的排污口为主。另外，食品、医药与化工行业废水的污染物浓度较高，应针对其进行一定的处理与控制；污水处理厂的 NH_3-N 排放比例偏高，接近 COD 排放比例的两倍，应加强目前污水处理的深度，提高对氮污染物的处理率。

从污染物排放入河量的变化趋势上看，通过对松花江流域 2000 年和 2005 年的污染物排放入河量分析，从水资源分区、行政区及行业层面进行了分类统计评价，得出结论如下：

（1）2000～2005 年，随着经济总量的增长及人口的增加，松花江流域的污废水入河量呈现明显增加趋势，增加了 16.6 亿 m^3。随着污染治理措施的实施，COD 排放入河量和 NH_3-N 排放入河量呈减少趋势，分别减少了 7.7 万 t 和 0.3 万 t。

（2）从松花江流域水资源分区看，在水资源二级分区中，以松花江（三岔河口以下）污染物入河量所占比例较大；在水资源三级分区中，以丰满以下、三岔河至哈尔滨及尼尔基至江桥污染物入河量所占比例较大。

（3）在行政区层面上，吉林市、长春市、哈尔滨市、大庆市和齐齐哈尔市的污染物入河量较大，城市人口、GDP 与 COD 排放入河量均有很高的相关关系，与 NH_3-N 排放入河量则没有明显的相关关系，长春市、松原市、大庆市的单位 GDP 排污量低于其他城市，而黑河市、佳木斯市和双鸭山市的单位 GDP 排污量较高。

（4）在行业层面上，COD 主要来自轻纺和食品行业，NH_3-N 主要来自污水处理厂和食品行业，食品、医药和化工行业废水的污染物浓度较高。

（5）流域生活污水中 COD 和 NH_3-N 产生和排放浓度高于工业废水中的污染物浓度，生活污染对流域水质影响较大。

三、现状污染治理状况

（一）工业污染、生活点源污染没有得到有效治理

松花江流域是我国的老工业基地，基础设施落后，经济发展水平不高，城市废水处理厂及排水管网建设严重落后，生活污水处理能力比较薄弱。据环保部门 2005 年的统计，松花江流域的城市污水处理率不足 20%，哈尔滨市、长春市、大庆市和牡丹江市等人口在 50 万以上的大城市污水处理率不到 40%，导致城市污水处理严重不足，工业污染源和生活污染源没有得到有效治理，更多的工业和生活污废水直接排放入江河湖库。即使经处理排放的尾水也是如此，绝大多数污水处理厂没有脱磷脱氮装置，导致松花江流域富营养盐物质加快积累。

（二）农业非点源污染没有得到有效控制

松花江流域是我国重要的商品粮生产基地，农业生产和农村生活是最主要的非点源污染，对松辽流域水环境污染的贡献率相当大。其中，化肥和农药等污染是松花江流域面临的重大环境污染问题之一。例如，西流松花江流域化肥年施用量为 80 万 t，平均折纯施用量为 18.3 kg/亩①，远高于发达国家所设置的防治农业环境污染的化肥安全施用强度的上限（15 kg/亩）（钱正英，2007）。我国化肥有效利用率只有 30% 左右，未利用部分随农田退水进入江河，最终导致水体污染。中国工程院重大咨询项目（“东北地区有关水土资源配置，生态与环境保护和可持续发展的若干战略问题研究”）调查数据显示，2003 年西

---

① 1 亩≈666.7 m^2。

流松花江流域农牧业非点源污染导致的 COD 排放量已经达到 13 万 t，占流域污染排放总负荷的 41%，同时，农药用量已经超过 0.46 万 t，且呈现逐年上升的趋势。

(三) 内源污染没有得到有效治理

大量的外源污染随入湖库河流进入水体，导致松花江流域局部江段和湖库淤泥内污染物积累日益加重，这必然导致松花江流域松嫩平原和三江平原河段富营养盐物质、重金属和持久性有机污染物加快积累。可见，严重的内源污染是松花江流域平原河段水质污染严重的一个重要根源。

四、河流水质状况及变化趋势

由于污染物的大量排放，整个流域水质污染严重，尤其是城市下游江段更为突出，并且随着地表水污染状况的加剧，松花江流域地下水污染范围也不断扩大，地下水水质整体下降。

图 2-8 为近年来松花江流域全年期河流水质状况变化趋势图。从图上可以看出，优于Ⅲ类水的河长在 2000 年左右整体在 40%，2002 年和 2003 年水质状况明显好转，从 2004 年开始，又呈现出明显恶化的趋势，劣于Ⅲ类水的河长所占比例在一半以上。

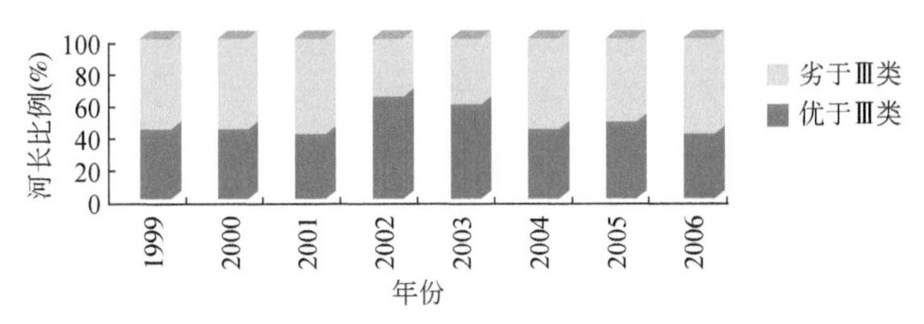

图 2-8 近年来松花江流域全年期河流水质状况变化趋势

图 2-9 为近年来松花江流域非汛期河流水质状况变化趋势。从图上可以看出，优于Ⅲ类水的河长在 2000 年后整体呈上升趋势，水质状况有所好转，2002 年水质最好，从 2004 年开始，又呈现出明显恶化趋势。

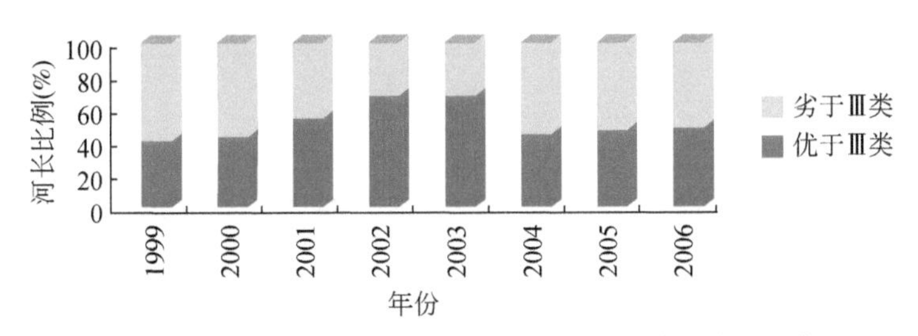

图 2-9 近年来松花江流域非汛期河流水质状况变化趋势

图 2-10 为近年来松花江流域汛期水质状况变化趋势。从图上可以看出，优于Ⅲ类水

的河长在2000年后整体呈上升趋势，水质状况有所好转，2002年水质最好，随后又呈现出明显恶化趋势。

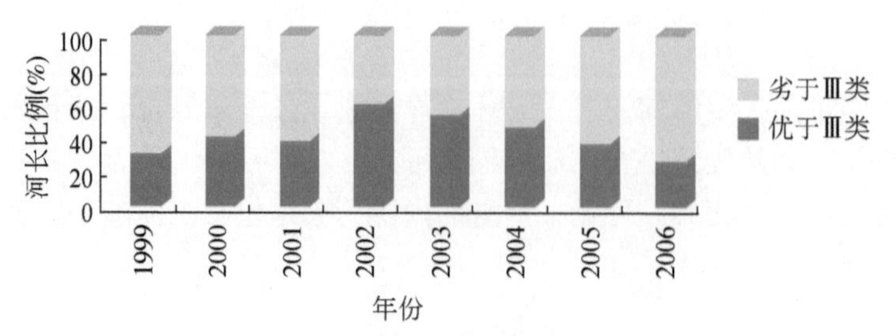

图2-10 近年来松花江流域汛期河流水质状况变化趋势

从图2-10可以看出，松花江流域非汛期水质明显好于汛期，说明流域非点源污染不容忽视，这也是“十二五”期间本书研究的重点研究和工作内容。

近年来，松花江流域劣于Ⅲ类水的河长占50%左右。2007年《松辽流域地表水资源质量年报》监测数据显示，松花江流域总评价河长为10 908.6 km，其中，Ⅰ类水所占比例为0.7%，Ⅱ类水所占比例为12.2%，Ⅲ类水所占比例为38.5%，Ⅳ类水所占比例为26.9%，Ⅴ类水所占比例为5.8%，劣Ⅴ类水所占比例为15.9%。

从松花江流域水资源二级分区看，嫩江流域总评价河长为4281.3 km，其中，Ⅱ类水所占比例为15.5%，Ⅲ类水所占比例为48.0%，Ⅳ类水所占比例为23.9%，Ⅴ类水所占比例为4.2%，劣Ⅴ类水所占比例为8.4%。嫩江干流的库莫屯段、嫩江段、白沙滩段和镇西段为Ⅲ类水质，齐齐哈尔段、江桥段和大安段为Ⅳ类水质，富拉尔基段为Ⅴ类水质。西流松花江流域总评价河长为2325.8 km，其中，Ⅰ类水所占比例为3.0%，Ⅱ类水所占比例为13.5%，Ⅲ类水所占比例为37.1%，Ⅳ类水所占比例为9.5%，Ⅴ类水所占比例为4.4%，劣Ⅴ类水所占比例为32.5%。西流松花江干流水质除松原段为Ⅴ类水质外，其他河段均为Ⅱ类、Ⅲ类水质。松花江干流流域总评价河长为4301.5 km，其中，Ⅱ类水所占比例为8.2%，Ⅲ类水所占比例为30.0%，Ⅳ类水所占比例为39.4%，Ⅴ类水所占比例为8.0%，劣Ⅴ类水所占比例为14.4%。松花江干流的下岱吉段、哈尔滨段、通河段和依兰段为Ⅳ类水质，佳木斯段为Ⅴ类水质。

根据2007年《中国地表水资源质量年报》，松花江流域在我国七大水系水环境质量状况中仅排第四位，水环境污染严重，前景令人担忧，已成为经济社会可持续发展的重要瓶颈。

第六节 水污染治理面临的问题

一、冰封期持续时间长，水环境达标压力巨大

松花江流域地处中高纬度地区，冬季寒冷漫长，年负温期达5个月左右，季节性冻土

与多年冻土广泛分布，河流一般在 11 月进入冰封期，于翌年 4 月解冻。在冰封期，河流受土壤水冻结、河流冰封和人工取用水等因素影响，径流量较小，加之冰封期水温较低，微生物生化代谢活性较弱，污水处理厂处理能力和河流自净能力同步降低，水环境风险较大，是影响流域水质达标的关键时期。现有的关于流域水功能区纳污能力和水质水量联合调控的研究均以全年过程为研究和调控对象，较少对冰封期水质安全进行针对性研究。

二、面源污染严重，已成为影响流域水质的重要因素

松花江流域化肥农药施用量大，有效利用率低，残留的化肥农药通过淋溶、渗漏、径流和退水等方式污染地表及地下水体。农村环境基础设施建设严重滞后，大部分规模化畜禽养殖场的粪便尚未得到有效处置。

同时，松花江流域土地肥沃，黑土、黑钙土广泛分布。不合理的人为开发活动加剧了流域水土流失，土壤中高有机质在雨季随地表径流汇入江河，造成河流中有机物含量增加，影响地表水体水质。

“十二五”期间，黑龙江省“千亿斤粮食产量工程”“千万吨奶战略工程”“五千万头生猪规模化养殖战略工程”的实施，以及吉林省“增产百亿斤粮食工程”等项目，对松花江流域农田面源污染控制提出了更高的挑战。由此可见，随着粮食基地、农牧业基地建设，面源污染已成为影响流域水质的重要因素，非点源污染治理的压力还将进一步加大。

三、流域用水量增加，给改善水环境质量增加了难度

松花江流域是我国重要的商品粮生产基地。在《全国新增 1000 亿斤粮食生产能力规划》（2009—2020 年）中，东北区承担着 150.5 亿 kg 的粮食增产任务，其中，一个重要途径就是通过大规模调配松花江水资源发展灌溉农业。“十二五”期间，流域农业用水和总用水的大幅增长，将使河道水量有所降低，对下游河湖生态安全产生影响，改善流域水环境质量将面临挑战。

四、突发性水污染事件频发，对水源安全造成巨大威胁

松花江流域覆盖了黑龙江省和吉林省大部分城市，其中，吉林省的吉林市、松原市及黑龙江省的齐齐哈尔市、哈尔滨市和佳木斯市都是东北地区重要的工业城市，许多化工企业的污废水直接排入松花江流域，造成了潜在的污染风险。近几年来松花江流域突发性水污染事件频发（如 2005 年中国石油吉林石化公司的水污染事件、2010 年的原料桶流入松花江水污染事件），对松花江流域沿岸的社会经济和生态环境造成了严重的影响。与此同时，还缺乏应对突发性水污染事件的科学的水量调度措施和方案，应急还停留在事后监测和专家会商决策的层面，缺乏提供决策依据的水质水量模拟和联合调控平台。

五、水质监测不到位，不利于水污染常规和应急管理

长期以来，水质与水量监测脱节，水利、环保监测部门只注重水质监测，水利水文部门只注重水量监测，人们对水质与水量联合监测没有引起足够的重视。单一监测方法不能反映受到不同程度污染的水量分布情况，评价结果往往与现实状况不相符合。另外，现有水文监测主要是针对自然水循环的蒸发、降水、径流环节，缺乏对社会水循环的取水、输水、用水、排水过程的监测。全面监测是解决水危机的重要环节，必须加强水循环全过程的监测，才能有效控制水污染和改善水环境。松花江流域重污染产业比例高，石油、化工和冶金等工业企业沿江分布广，潜在环境风险大，突发性水污染事件是松花江流域面临的长期问题。仅依靠现有的定期监测方式是远远不够的，应建立松花江流域风险防范机制和应急监测机制，构建面向突发性水污染事件的松花江流域干流水库群应急调控体系，提高应急响应水平，支撑流域及地方管理机构具备应对各种突发性水污染事件的能力，切实保障流域整体水生态环境安全。

第三章　基于二元水循环的流域水质监测技术

本章研究内容主要是基于水的社会循环对自然循环造成强烈冲击和不可忽视的影响而设立的，旨在以松花江流域饮水安全和生态安全为目标，着眼于流域整体水循环系统，在调查摸清松花江流域水循环监测现状基础上，通过系统分析流域水循环要素，划分松花江流域自然水循环和社会水循环单元，构建统一有效的松花江流域水质监测体系，为流域水质水量耦合模拟和流域干流水库群面向突发性水污染事件应急调度提供基础平台。将松花江流域自然水循环（蒸发—降水—径流—入渗—排泄）和社会水循环（取水—输水—用水—耗水—排水）作为一个整体，结合流域地表水自然条件及社会经济发展用水与排水情况，通过综合分析自然与社会两大水循环的相互关系，建立基于二元水循环的流域水质监测站网，实现流域主要河流湖泊和水功能区水质全面监控，为保障松花江流域水质安全提供技术支撑。

第一节　松花江流域二元水循环状况

一、自然水循环状况

松花江流域是我国重要的粮食生产基地和老工业基地，工农业和生活用水量比较大，大量取用水已经严重影响到流域水的产汇流过程。同时，生产和生活过程中产生的污废水和农业退水又以排水的形式释放到自然水体中，使水经过人工循环后携带大量污染物排入水体，对水的自然循环产生了严重影响。因此，揭示自然水循环的规律，合理利用水资源可以大大减轻当今全球水资源缺乏的压力。

（一）降水量状况

收集松花江流域内1956～2000年的降水量数据，流域水资源二级分区、三级分区降水量特征值分别见表3-1和表3-2。

表3-1　1956～2000年松花江流域水资源二级分区降水量特征值

水资源二级分区	计算面积（km^2）	1956～1979年平均值（mm）	1956～2000年平均值（mm）	1971～2000年平均值（mm）	1980～2000年平均值（mm）
嫩江	298 502	443.2	463.8	464.9	487.3
西流松花江	73 416	683.5	695.6	691.5	709.4
松花江干流	189 304	583.7	591.6	582.6	600.6

表3-2 1956～2000年松花江流域水资源三级分区降水量特征值

水资源三级分区	计算面积（km^2）	统计参数			不同频率年降水量（mm）			
		1956～2000年平均值（mm）	Cv①	Cs/Cv②	20%	50%	75%	95%
尼尔基以上	67 775	515.6	0.15	2.0	579.5	511.5	461.5	395.5
尼尔基至江桥	99 678	481.9	0.18	2.0	552.7	476.6	420.7	348.9
江桥以下	131 049	423.2	0.20	2.0	492.2	417.7	363.5	294.1
丰满以上	42 616	775.1	0.14	2.0	865.0	770.4	699.1	605.4
丰满以下	30 800	585.5	0.18	2.0	671.8	579.2	511.4	423.6
三岔河至哈尔滨	30 823	563.4	0.17	2.0	642.3	557.8	496.4	415.8
哈尔滨至通河	59 795	595.3	0.17	2.0	678.4	589.6	524.3	439.2
牡丹江	38 909	623.5	0.15	2.0	700.8	618.5	558.0	478.2
通河至佳木斯干流区间	41 847	592.9	0.17	2.0	675.6	587.2	522.2	437.4
佳木斯以下	17 930	555.8	0.20	2.0	646.5	548.4	477.3	386.4

注：①Cv为偏差系数；②Cs为变差系数，年降水频率分析中，一般取Cs/Cv值为2

由表3-1、表3-2可以看出，西流松花江流域降水量大于嫩江流域和松花江干流流域的降水量。

（二）径流量状况

松花江流域河川径流量主要靠雨水补给，河川径流的季节变化和降水的季节变化关系十分密切。其季节性变化有春汛期、枯水期和汛期（夏汛）之分。在水流形态上又分为畅流期和封冻期。每年冬季降水普遍偏少，河流封冻，河川径流主要靠地下水补给，江河水量出现第一个枯水期（封冻期），径流量占年径流量的5%～10%。由于冬季寒冷，积存在流域内的降雪及一部分水量（包括浅层地下水）冻结在河网内的冰面，在3～4月春暖消融，形成春汛。一般河流春汛径流量占年径流量的10%～20%。由于春汛后雨水不多，逐渐进入汛前枯水期（即第二个枯水期）。6月中下旬西流松花江流域开始进入夏汛，降水主要集中在7～8月，汛期4个月径流量占年径流量的60%～80%。年径流量的年际变化比年降水量的年际变化大，其地区变化与年降水量相似。东南部山区年径流量的年际变化较小，西部平原区年径流量的年际变化最大。流域内最大与最小年径流量相差几十倍。西流松花江流域1956～2000年多年平均径流量为268.5亿m^3，径流深为171.5 mm。

（三）蒸发量状况

松花江流域水面蒸发量地区差异主要受气温和湿度等因素综合影响，低温、湿润地区水面蒸发量小，高温、干燥地区水面蒸发量大。流域内多年平均水面蒸发量低值区发生在降水量大、气温较低的东南部山区，年蒸发量低于 800 mm。中部低山丘陵区，年蒸发量一般为 800～1000 mm。西部平原区，年蒸发量一般大于 1000 mm。水面蒸发量主要集中在春末夏初的 5～7 月，占全年蒸发量的比例为 44%～48%，其中，5 月最大，蒸发量占全年蒸发量的比例为 14%～17%。与高温期（7～8 月）不同步，最大蒸发量月提前，其原因是春末夏初干旱少雨、空气相对湿度小、风力大。冬季的 12～2 月气温较低，水面结冰，蒸发量小，占年蒸发量的比例为 3.5%～6.5%，其中，1 月所占比例最小，占全年蒸发量的比例为 0.9%～1.8%。由于影响水面蒸发的温度、湿度、风速和辐射等气象要素年际变化不大，水面蒸发量年际变化不大。

二、社会水循环状况

水在自然界是循环往复不断运动转化的，在流动转化过程中，水能携带各种物质，同时也能净化水中的污染物质，使水能够被人类重复使用而不致枯竭。随着人类社会的进步，人们对水的开发利用越来越多，影响也越来越大，因此，在水的自然循环基础上又形成了以人类活动为主的社会循环。由于人类活动的影响，实际存在的水循环包括自然水循环与社会水循环两部分。社会水循环主要有农业水循环、工业水循环和生活水循环，包括取水、输水、用水、耗水和排水（回归水）等环节。流域水的社会循环的形成，使天然状态下地表径流量和地下径流量有一定程度的减少，而社会供水通量则不断增加。这两种过程的此消彼长，导致了流域水循环的巨大变化。

松花江流域人类活动在很大程度上改变了流域地表状况，人类通过取水—输水—用水—耗水—排水五大过程产生的蒸发、渗漏，全面改变了天然状态下流域降水—蒸发—产流—汇流—入渗—排泄等自然水循环特征。社会水循环五大环节相互影响和相互联系，构成了社会水循环的整个体系。

（一）取水状况

取水过程主要指从流域水资源中，对水库中的生活或者生产用水的利用过程。现在我国主要的取水方法有从河流中直接取水、从水库取水、从引水工程取水和从跨流域调水工程取水等，这些都是现在常用的取水方法。

松花江流域有几处较大的饮用水源地（如西流松花江上的丰满水库、伊通河上的新立城水库和牤牛河上的龙凤山水库等）。取水是第一环节，也是至关重要的环节，人们对水源的选取，以及取水时是否造成污染都是取水环节应该考虑的主要问题。目前松花江流域内水库的污染较轻，各种污染物的含量较低，所以，取水过程中对水质的影响程度较小。

西流松花江上主要水源地有西流松花江干流上的丰满水库、引松入长水源地、吉林市松花江水源地、江北松花江水源地，以及西流松花江支流饮马河上的石头口门水库和伊通河上的新立城水库与辉发河上的海龙水库。吉林省内长春市的取水主要来自饮马河上的石头口门水库和伊通河上的新立城水库，吉林市取水主要来自西流松花江干流上的丰满水库，松原市取水主要来自江北松花江水源地。由此可知，吉林省内主要城市取水都来自这几个大型的水库，这些水库的水量与水质情况也对整个西流松花江流域人们的生产与生活起着至关重要的作用。

嫩江上主要水源地包括干流上的尼尔基水库，以及支流上的大龙虎泡、红旗水库，流域内主要城市（齐齐哈尔市和大庆市）的取水也来自上述三个大型水库。

松花江干流上主要水源地有干流上的四方台水库、朱顺屯水库，其支流牡丹江上的镜泊湖，以及桃山水库和细鳞河水库等。松花江干流流域大部分分布在黑龙江省境内，所以，以上水库主要是针对黑龙江省的各个城市。这些水库的修建也为附近工业、农业及居民生活用水提供保障。

农业灌溉取水也主要来自流域内大中型水库。例如，吉林省内最大的前郭灌区，其取水主要来自江北松花江水源地及查干湖；吉林省西部的镇赉县白沙滩灌区则是通过引嫩入白所提供的水进行灌溉。灌区取水也存在季节性因素，夏季是主要的灌溉季节，相对来说，每年的夏季也是灌区取水比较多的时段，而秋冬季则不需要大量的水库取水。

（二）输水状况

输水过程是社会水循环中较重要的过程，它是把水从水源地水库中通过某种方式运输到用水的城市或者灌区等指定地点。建立健全的城市水循环运输网络是至关重要的，输水的过程如不妥当也会造成水体的污染或者水的渗漏。松花江流域内有吉林省中部城市引松供水工程、引松入长供水工程和引嫩入白供水工程等。

吉林省中部城市引松供水工程从丰满水库调水至吉林省中部地区，供水范围是长春市、辽源市、四平市和长春市管辖的九台市、农安县和双阳区等城区，以及供水线路附近可以直接供水的25个镇，能满足990万人口的生活用水需求和国民经济发展需要，其供水人口数量占吉林省总人口的比例为37.2%。引松供水工程由1条总干线和长春市、四平市、辽源市3条干线及13条支线组成，工程总投资达130亿元。该工程是吉林省“十一五”期间重点项目之一，供水区是吉林省社会发展的纵向经济聚集带，经济发达，人口和产业密度高，人才、资金和技术等要素的聚集力强，对周边地区具有较强的辐射和带动作用。

引松入长供水工程是长春市1949年以来规模最大的城市基础设施建设项目，是一项跨地区、跨流域，具备引水、输水、净水、配水和污水处理等综合性功能的大型城市供水与环境工程，是长春市的战略性水资源保障工程。该工程是吉林省长春市“八五”期间利用世界银行贷款的重点建设项目，是实施现代化国际性城市建设，保证长春市经济发展，改善人民生活和城市环境战略性的基础设施建设，其功在当代惠及子孙。工程由引水、供水、污水处理三部分组成，其取水主要来自西流松花江干流上的马家取水泵站。

引嫩入白供水工程是引入嫩江水到白城地区，是一项具有农业灌溉、城市供水、湿地补水和人畜饮水等功能的综合性水利工程。工程设计的年提水量为6.44亿 m^3，总投资达23.67亿元。引嫩入白供水工程建成后，恢复湿地42.9万亩，苇田和养鱼水面各增加10万亩；灌溉水田65万亩，每年增产2.5亿kg优质稻米；受益区农民人均增收2700元；直接解决镇赉城区10.76万人的饮水问题。同时，为沿线农村7.59万人提供符合标准的饮用水水源。另外，该工程从根本上解决了白城市工业园区、国电吉林龙华白城热电厂、吉林众合生物质能热电有限公司及城区发展用水问题，每年提供城市用水量达9000万 m^3，为工业发展提供水资源保障。

松花江流域输水工程的输水途径主要包括管道输水、渠道输水两种形式。吉林省中部城市引松供水工程及引松入长供水工程都是管道输水的方式，运输过程中的渗透和蒸发量很小，水体所受污染风险也较小。引嫩入白供水工程主要是渠道输水，通过地上渠道把嫩江水引入白城、镇赉地区，输水工程中一部分的水会渗透、蒸发，影响了输水的总体水量，同时由于是地表明渠输水，水质会受到一定程度的污染。

（三）用水状况

用水过程，主要是人们对所取来的水资源的利用阶段，现在通常指生活需水、工业用水、农田灌溉和景观用水等。这些过程是现在造成水体污染的主要环节，再加上用水后水体处理不当，污染物未经达标处理直接排放，都给水体带来很大负担。近些年人们受经济利益驱动，只看重用水耗水环节，而忽略节水净水环节，造成水质的日益恶化。

嫩江流域上游为源头区，人烟稀少，中游主要城市包括齐齐哈尔市、大庆市及内蒙古自治区境内的乌兰浩特市，嫩江流域的用水也主要集中在这几个城市。

西流松花江流域在吉林省境内，其流域内大中型城市分布较多（如吉林市、长春市、松原市和梅河口市等及农安市、九台市与德惠市等县级市）。西流松花江流域的城市生活用水也主要集中在这几个城市。吉林省大型灌区——前郭灌区位于西流松花江流域下游，其灌溉用水也主要来自江北松花江水源地及查干湖。

松花江干流流域在黑龙江省境内，其流域也基本上覆盖了省内所有的大中型城市（如哈尔滨市、佳木斯市、牡丹江市和伊春市等），这些城市的用水总量占流域内用水总量的比例比较大。

（四）耗水状况

耗水指在输用水过程中，通过蒸腾蒸发、土壤吸收、产品带走、居民和牧畜饮用等形式消耗掉，而不能回归到地表水体或地下含水层的水量。耗水率为耗水量与用水量之比，是反映一个国家或地区用水水平的重要特征指标。耗水率可根据灌溉试验、灌区水量平衡、工厂水量平衡测试、污废水排放量监测和典型调查等有关资料估算。与此同时，生态耗水也是流域内耗水的一种方式，它是水资源配置的有机组成部分，只有基于流域的水循环才能估算出流域的生态耗水，生态环境用水可概化为湖泊或入海水量（点）、河道（线）、区域（面）三种类型。

东北地区是我国重要的老工业基地，所以，松花江流域分布有许多高耗水、高污染的企业，产业结构不合理，工业结构性污染十分突出，环境风险较大。一些工厂在用水的同时不注重水的蒸腾蒸发和土壤吸收等作用导致的耗水量的增加，对水资源也是一种浪费。所以，应该注重在生产过程中改善用水与输水技术，尽量减少耗水率，保持水资源合理利用和有效循环。

在生活过程中的耗水主要是农村居民和牧畜饮用等，然而，相对于工业上的耗水量来说，生活上的耗水量很小，属于正常的耗水范畴。

嫩江流域内上游人口稀少，中游及下游主要城市只有齐齐哈尔市与大庆市，所以，生产及生活耗水量较小，对水循环的影响程度也较小。

西流松花江流域内人口分布比较密集，并且流域内覆盖了吉林省内几个主要的大中型城市，其城市中的工业带来较大的耗水量。例如，吉林市市内水电站、中国石油吉林石化公司和造纸厂等都会在生产产品的同时消耗大量的用水。所以，西流松花江流域的总体耗水量较大。

松花江干流流域内分布着黑龙江省内大部分的城市，其具体情况与西流松花江流域相类似，其主要的几个城市工业及生活耗水较多，总体耗水量也比较大。

（五）排水状况

排水是人工利用的水资源又回归自然的过程。排水分为直接排放和处理排放等排放方式。大中型城市中的废水一部分是经过处理后排放，其余部分及流域内农村农业用水都属于直接排放。排水环节使得受污染水体又回到了自然界，直接导致自然界中水体的改变，是社会水循环中对自然水循环影响最大的一个环节。

直接排放废水即水经过人们利用后不加任何处理排放到地表或者河流中，其直接影响地表水质，尤其是一些工厂中废水不经过处理直接排放到河流中，对河流下游区域的生态、生活环境造成了很大的危害。处理后排放的废水主要指废水经过污水处理厂后排放到河流中，经过处理后的废水排入到河流中，对水质造成的影响不会很大。

嫩江流域人为活动相对较少，所以，排水量相对较小，同时由于嫩江较大的地表径流，在向河流中排水的同时，污染物经过快速有效的自我稀释，水质较好。

西流松花江流域内分布着吉林省内大部分的城市，人口密度大，所以，人为排水量很大，河流中污染物浓度增加，水质相应地变得较差，同时流域内主要城市的废水处理率不是很高，处理的废水约占总废水量的30%。

松花江干流流域内分布着黑龙江省内大部分的城市，其具体情况与西流松花江流域相类似。大部分城市的废水排放及来自嫩江和西流松花江流域的受到一定污染的废水的流入，导致松花江干流的水质普遍比较差。与此同时，该流域内主要城市中的污水处理率也较低，处理的废水约占总废水量的40%。

三、取水排水影响分析

松花江流域社会水循环中取排水量和径流量的大小直接影响着水质的好坏，而某段河流的水质好坏也会对监测断面的布局设计起到参考的作用。

(一) 断面水质评价

选取松花江流域西流松花江、嫩江、松花江干流典型断面，运用因子分析定权的水质评价模型评价水质总体状况，分析取排水量和径流量变化对河流水质的影响。选取总磷、氨氮、化学需氧量（COD）和5日生化需氧量（BOD_5）等监测指标作为水质评价因子。

1. 西流松花江

收集西流松花江流域6个监测断面及其支流伊通河3个监测断面2006～2008年四项指标监测值进行水质评价，列出均值、丰水期与枯水期水质状况（表3-3和图3-1）。

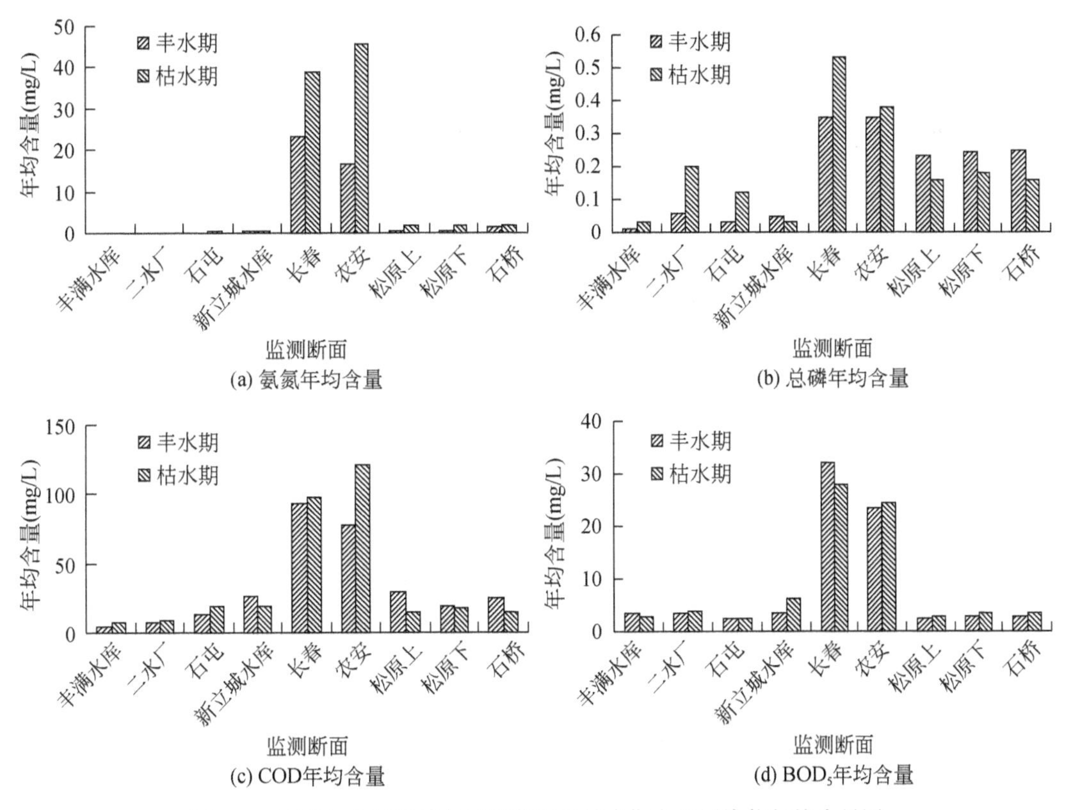

图3-1 西流松花江流域各监测断面丰枯水期主要污染物年均含量图

表3-3 西流松花江流域各监测断面监测结果均值表 单位：mg/L

监测断面	氨氮	总磷	COD	BOD_5
丰满水库	0.14	0.02	6.00	0.08
二水厂	0.15	0.13	8.50	0.14
石屯	0.29	0.08	15.60	0.18
新立城水库	0.25	0.04	21.95	0.15

续表

监测断面	氨氮	总磷	COD	BOD_5
长春	31.05	0.44	95.30	15.75
农安	31.10	0.37	99.10	15.73
松原上	1.15	0.20	21.55	0.67
松原下	1.19	0.21	18.20	0.70
石桥	1.48	0.21	19.55	0.84

从表3-3和图3-1可见，无论是丰水期，还是枯水期，位于伊通河上的长春和农安断面，COD、BOD_5、氨氮和总磷含量均远大于其他监测断面。西流松花江干流各监测断面的各项污染指标值从上游至下游逐渐增加，水质逐渐呈现变差的趋势，且枯水期大于丰水期。西流松花江流域支流污染严重。

2. 嫩江

选取嫩江干流及支流上的7个监测站，对其水质情况进行等级评价，嫩江干流从上游到下游依次选取5个监测点，分别是嫩江、齐齐哈尔、富拉尔基、江桥、大安干流，以及支流讷漠尔河上的德都监测点和诺敏河上的古城子监测点。2006～2008年嫩江流域各监测断面监测结果均值见表3-4，嫩江流域各监测断面主要污染物年均含量如图3-2所示。

表3-4　2006～2008年嫩江流域各监测断面监测结果均值表　　单位：mg/L

河流	监测断面	监测参数			
		氨氮	总磷	COD	BOD_5
嫩江干流	嫩江	0.24	0.15	14.09	1.43
	齐齐哈尔	0.43	0.23	17.95	2.57
	富拉尔基	2.43	0.25	23.93	2.92
	江桥	1.09	0.22	19.37	3.03
	大安	0.96	0.36	21.43	3.24
讷漠尔河	德都	0.41	0.19	22.41	1.19
诺敏河	古城子	1.20	0.12	16.30	1.66

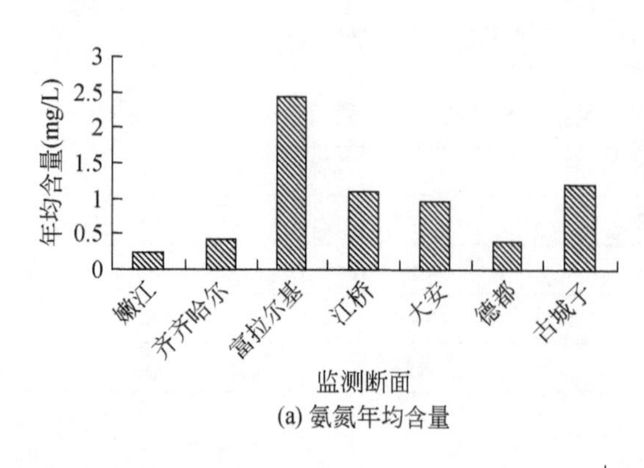

(a) 氨氮年均含量

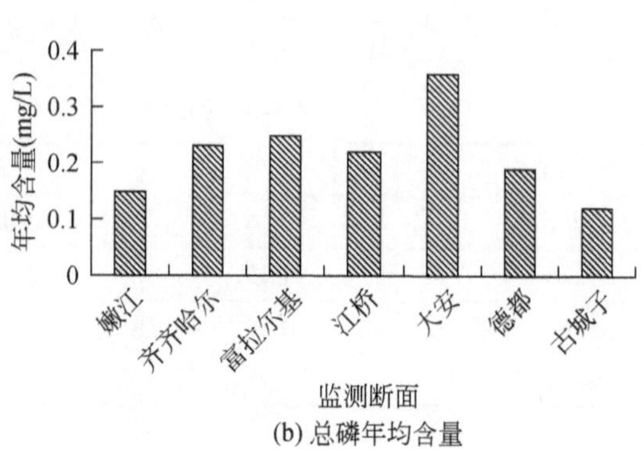

(b) 总磷年均含量

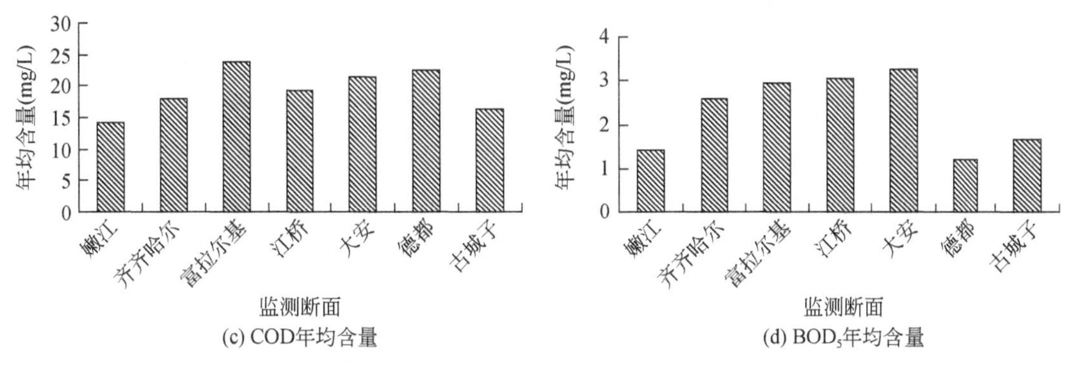

(c) COD年均含量　(d) BOD_5年均含量

图 3-2　嫩江流域各监测断面主要污染物年均含量图

评价结果表明，从嫩江干流上游到下游，各指标浓度及等级都有所增加，富拉尔基监测点各项污染物指标含量值最大，污染较为严重，嫩江支流讷漠尔河与诺敏河水质情况良好，一般污染物含量较少。

3. 松花江干流

选取松花江干流和支流牡丹江、汤旺河、蚂蚁河上的 14 个监测点进行水质单因子评价。松花江干流上的 6 个监测点分别为二水源、水泥厂、通河、佳木斯、富锦、同江，牡丹江上的 3 个监测点分别为石头、牡丹江、柴河大桥，汤旺河上的 3 个监测点分别为伊春、南岔、晨明，蚂蚁河上的 2 个监测点分别为一面坡和莲花。2006 ~ 2008 年松花江干流各流域监测断面监测结果均值见表 3-5，松花江干流流域各监测断面主要污染物年均含量如图 3-3 所示。

表 3-5　2006 ~ 2008 年松花江干流流域各监测断面监测结果均值表　单位：mg/L

河流	监测断面	监测参数			
		氨氮	总磷	COD	BOD_5
松花江干流	二水源	1.03	0.12	16.82	1.90
	水泥厂	1.45	0.18	21.31	2.31
	通河	0.96	0.23	22.99	2.41
	佳木斯	0.88	0.28	28.92	1.98
	富锦	0.80	0.3	28.46	1.90
	同江	0.85	0.28	29.76	2.17
牡丹江	石头	0.29	0.15	16.36	1.29
	牡丹江	0.45	0.19	17.88	1.55
	柴河大桥	1.13	0.35	25.36	2.87
汤旺河	伊春	0.52	0.16	14.70	2.12
	南岔	0.46	0.16	15.95	2.56
	晨明	1.74	0.28	21.69	3.17

续表

河流	监测断面	监测参数			
		氨氮	总磷	COD	BOD_5
蚂蚁河	一面坡	0.60	0.16	15.96	1.70
	莲花	0.43	0.05	8.47	1.23

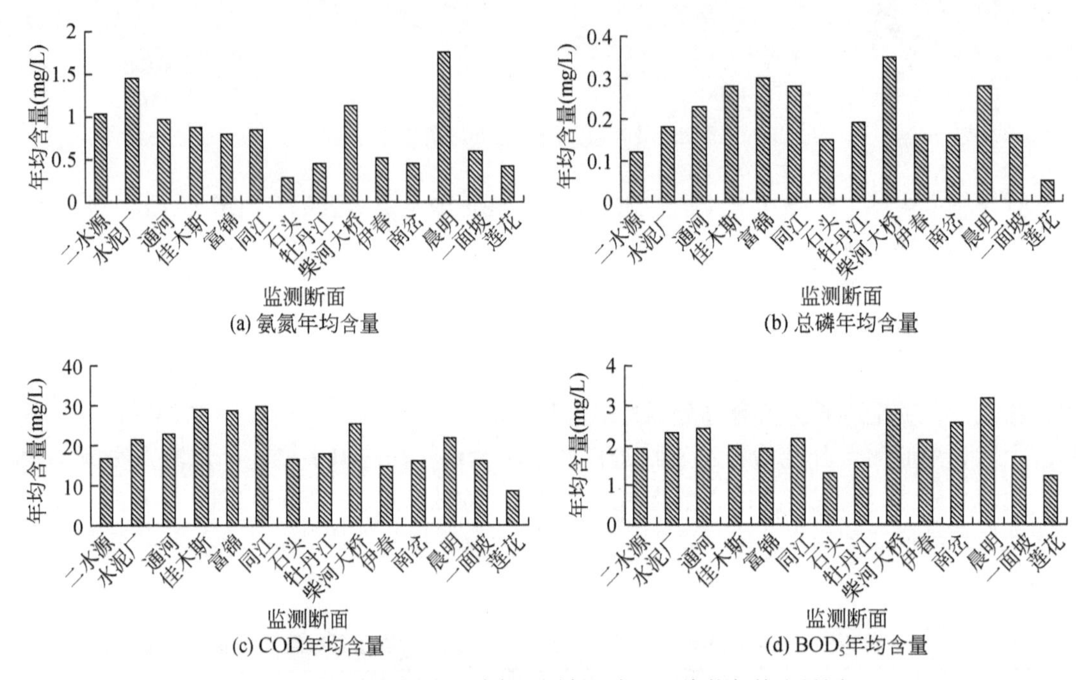

图 3-3 松花江干流流域各监测断面主要污染物年均含量图

由表 3-5 和图 3-3 可以看出，松花江干流上各个监测点的污染物指标等级相差不大，其水质浓度也很相近。松花江干流支流牡丹江流域上游段水质较好，而下游段柴河大桥监测点水质较差；松花江干流支流汤旺河上游水质较好，但是下游段各指标的浓度有所增加，水质呈现一定的下降趋势；松花江干流支流蚂蚁河上 2 个监测点各指标等级情况相差不大，并且该河段总体水质较好。总体趋势都是从河流上游到下游水质逐渐变差。

（二）水质综合评价

在社会水循环的排水过程中，水质评价是重点，因子分析定权的方法是比较全面而系统的水质评价模型。

因子分析是从研究相关矩阵内部的依赖关系出发，把一些具有错综复杂关系的变量归结为少数几个综合因子的一种多变量统计分析方法。其基本思想是根据相关性大小把变量分组，使得同组内的变量之间相关性较高，但不同组的变量之间相关性较低。每组变量代表一个基本结构，这个基本结构称为公共因子。

评价数据选取3.1节中各监测断面2006～2008年的平均值，运用SPSS13.0软件进行因子分析。首先，求得各个因子的方差贡献率及累计贡献率；其次，进行方差正交化旋转，计算出旋转后的因子得分系数、评价指标权重；最后，算出综合指标值及水质的类别。西流松花江、嫩江、松花江干流的水质综合评价结果见表3-6～表3-8。

表3-6 西流松花江水质综合评价结果

样本	丰满水库	二水厂	石屯	新立城水库	长春	农安	松原上	松原下	石桥
综合指标值	-0.859	-0.598	-0.579	-0.632	1.743	1.659	-0.310	-0.316	-0.295
水质类别	Ⅱ级	Ⅲ级	Ⅳ级	Ⅲ级	Ⅴ级	Ⅴ级	Ⅳ级	Ⅳ级	Ⅳ级

由表3-6可以看出，西流松花江丰满水库水质较好，进入吉林市后，虽然有城市生活与工业污水特别是几个排污重点企业产生的废水排放，但由于径流量较大，江水自净能力较强，西流松花江水质类别由Ⅱ类变为Ⅲ类。西流松花江支流伊通河上游的新立城水库水质良好，为Ⅲ类水体，进入长春市市区后，工业与生活污水的大量排放和较小的地表径流量，导致该河段达到Ⅴ类水质，污染十分严重，并影响下游乃至西流松花江干流的水质。

表3-7 嫩江水质综合评价结果

样本	嫩江	齐齐哈尔	富拉尔基	江桥	大安	德都	古城子
综合指标值	-0.901	-0.756	-0.423	-0.688	-0.716	-0.813	-0.860
水质类别	Ⅱ级	Ⅲ级	Ⅳ级	Ⅲ级	Ⅲ级	Ⅲ级	Ⅱ级

由表3-7可以看出，嫩江干流上游段水质较好，水质类别为Ⅱ类。江水流过齐齐哈尔市后，一些工业与生活污水的排放导致了该段水质有一定程度的下降，到富拉尔基区，水质总体来说是最差的，水质等级达到了Ⅳ类，这也是该段齐齐哈尔区与富拉尔基区工业废水综合排放后的结果。随着河水的流动，污染物有一定程度的稀释，在嫩江下游段水质有所好转，水质类别为Ⅲ类；嫩江支流讷漠尔河和诺敏河沿岸无大型城市分布，人为活动对水质的影响不大，所以，水质情况较好。

表3-8 松花江干流水质综合评价结果

样本	二水源	水泥厂	通河	佳木斯	富锦	同江	莲花
综合指标值	-0.786	-0.332	-0.623	-0.236	-0.765	-0.702	-0.871
水质类别	Ⅲ类	Ⅳ类	Ⅲ类	Ⅳ类	Ⅲ类	Ⅲ类	Ⅱ类
样本	石头	牡丹江	柴河大桥	伊春	南岔	晨明	一面坡
综合指标值	-0.910	-0.623	-0.369	-0.883	-0.798	-0.856	-0.803
水质类别	Ⅱ类	Ⅲ类	Ⅳ类	Ⅱ类	Ⅲ类	Ⅲ类	Ⅲ类

由表3-8可以看出，松花江干流上各个监测点位的水质综合等级情况相差不大，除了水泥厂（哈尔滨市内）及佳木斯两个监测点的水质类别为Ⅳ类外，其余监测点上水质类别

都为Ⅲ类，哈尔滨市及佳木斯市是松花江干流流域上的两座大型城市，尤其是哈尔滨市作为黑龙江省省会城市，工业发展比较迅速，工业与生活污水的排放使松花江干流在哈尔滨及佳木斯段的水质类别有所下降。其余河流段水质类别差别不大。

支流牡丹江上游段到下游段水质持续下降，上游段水质类别为Ⅱ类，经过牡丹江市后，下游柴河大桥段水质类别为Ⅳ类。支流汤旺河上游段伊春监测点水质较好，水质类别为Ⅱ类，中游下游段无大型城市分布，工业与生活污水排放量很少，所以，水质情况较好，水质类别为Ⅲ类。支流蚂蚁河上两个监测点位的水质类别分别为Ⅱ类和Ⅲ类，水质情况总体较好，水体污染程度很小。

（三）水质影响分析

1. 西流松花江

西流松花江流域主要有吉林市、长春市两个大型城市和松原市，因此，重点分析这3个城市的年均取水量、年均排水量与年均径流量之间的关系。

吉林市取水主要来自西流松花江干流上的丰满水库，长春市取水来自支流饮马河上的石头口门水库和伊通河上的新立城水库，松原市取水主要来自江北松花江水源地。3个城市2006～2008年的年均取水量与排水量、各业年均取水量与排水量及所占比例见表3-9、图3-4、图3-5。

表3-9　3个城市2006～2008年年均取水量与年均排水量对比

城市	总量			农业			工业			居民生活		
	年均取水量(亿 m^3/a)	年均排水量(亿 m^3/a)	年均排水量占年均取水量比例（%）	年均取水量(亿 m^3/a)	年均排水量(亿 m^3/a)	年均排水量占年均取水量比例（%）	年均取水量(亿 m^3/a)	年均排水量(亿 m^3/a)	年均排水量占年均取水量比例（%）	年均取水量(亿 m^3/a)	年均排水量(亿 m^3/a)	年均排水量占年均取水量比例（%）
吉林市	12.03	9.94	82.4	3.00	2.02	67.3	7.60	7.02	92.4	1.43	0.90	62.9
长春市	5.78	3.30	57.2	2.03	1.70	83.7	0.60	0.40	66.7	3.15	1.20	38.1
松原市	2.32	1.48	63.8	1.97	1.26	64.0	0.10	0.07	70.0	0.25	0.15	60.0

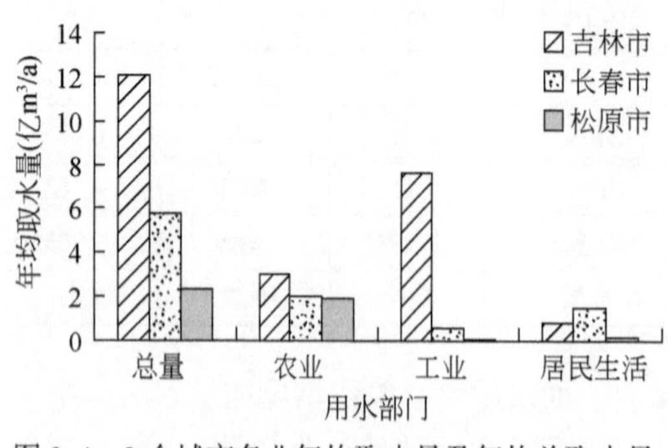

图3-4　3个城市各业年均取水量及年均总取水量

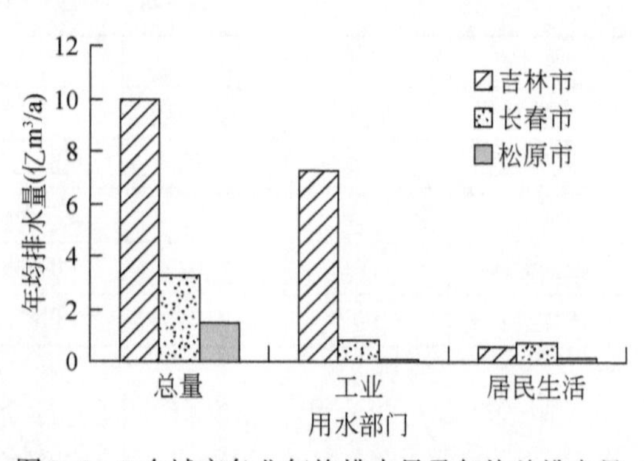

图3-5　3个城市各业年均排水量及年均总排水量

从表3-9可知，吉林市年均总取水量最大，长春市次之，松原市最小。3个城市农业年均取水量均较大，松原市居民生活年均取水量最小，吉林市工业年均取水量最大，占该市年均总取水量的65%以上。

吉林市年均总排水量最大，为9.94亿 m^3，长春市为3.30亿 m^3，松原市为1.48亿 m^3。其中，吉林市的工业年均排水量巨大，仅国电吉林热电厂、吉林晨鸣纸业有限公司和中国石油吉化集团公司年排污水量达5.09亿 m^3；长春市部分工业与生活污水进入北郊污水处理厂和西郊污水处理厂，处理达标后的年均排水量为0.86亿 m^3，占年均总排水量的26%；松原市工业和生活年均取水量比较小且排水分布比较分散，处理率较低。

3个城市年均总排水量为年均总取水量的73.1%，其中，农业年均排水量占农业年均取水量的71.1%，工业年均排水量占年均取水量的90.2%，居民生活年均排水量占年均取水量的46.6%。长春市是吉林省的省会城市、全省的经济文化中心、吉林省内人口数量最多的城市，主要以工业为主。吉林市是吉林省第二大城市，石油化工业比较发达，年均取水量和年均排水量都为吉林省之最。松原市位于西流松花江下游，是吉林省西部主要城市，主要以农业为主，现阶段的石油开采业发展比较迅速。

3个城市年均取水量、年均排水量与年均径流量关系见表3-10、图3-6。

表3-10　3个城市年均取水量、年均排水量与年均径流量关系

城市	年均径流量（亿 m^3/a）	年均取水量占年均径流量比例（%）	年均排水量占年均径流量比例（%）
吉林市	78.21	15.38	12.71
长春市	6.31	91.60	52.30
松原市	121.41	1.91	1.22

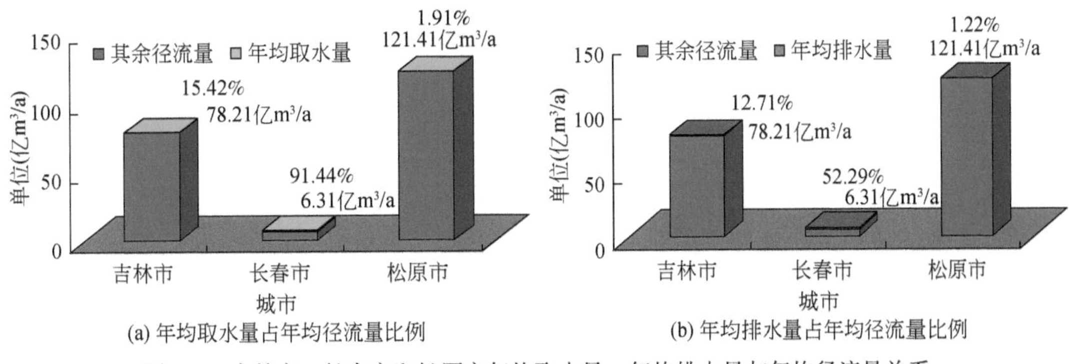

(a) 年均取水量占年均径流量比例　　(b) 年均排水量占年均径流量比例

图3-6　吉林市、长春市和松原市年均取水量、年均排水量与年均径流量关系

吉林市位于西流松花江上游，由于其石油化工产业年均取水量和年均排水量均很大，成为吉林省年均取水量和年均排水量之最，其中，年均取水量约为12.03亿 m^3，年均排水量约为9.94亿 m^3。由于该段内河水的地表径流量较大，约为78.21亿 m^3，排水量占径流量的12.71%，即使大量污废水排入到江中，但由于该河段较大的地表径流量，河水自净能力强，污染物可以随着河水的快速流动而进行有效稀释，故西流松花江吉林市段水质

较好。

长春市位于西流松花江支流伊通河河段中游，其上游段新立城水库监测点水质较好，而长春段内水质情况非常差，水质类别为Ⅴ类，并且下游段水质也有一定程度的下降。长春市年均取水量和年均排水量较大，年均取水量为5.78亿m^3，年均排水量为3.30亿m^3。经测得，该河流的多年平均径流量很小，年均径流量为6.31亿m^3，年均排水量占年均径流量的52.30%，枯水期所占比例大约为80%，伊通河长春段流量小，河水的自净稀释能力差。城市排出的大量工业与生活污废水不能有效地随径流稀释，致使伊通河长春段下游水质大幅度下降，同时影响西流松花江干流下游水质。

松原市位于西流松花江干流下游段，该段水质类别为Ⅳ类。松原市主要以农业为主，其年均取水量和年均排水量均很小，年均取水量约为2.32亿m^3，年均排水量约为1.48亿m^3，西流松花江干流松原段的年均径流量很大，约为121.41亿m^3，年均排水量仅占年均径流量的1.22%，所以，在该段排出的工业、农业及生活废水都可以随着该段较大的地表径流得到快速而有效的稀释，但是由于伊通河来水污染严重，导致该河段水质劣于上游。

通过对西流松花江流域中三个主要城市年均排水量、年均径流量及水质情况的关系分析可以看出，水质在一定程度上受人为活动排放的农业、工业、生活污水的影响，但是由于地表径流的调节作用，水质的好坏也不完全受人为因素的影响。

2. 松花江干流

选取流域内特大城市哈尔滨市、大型城市牡丹江市，分析两个城市的年均取水量、年均排水量、年均径流量对河流水质的影响。哈尔滨市、牡丹江市年均取水量、年均排水量、年均径流量及所占比例见表3-11。

表3-11 哈尔滨市、牡丹江市年均取水量、年均排水量、年均径流量及所占比例

城市	年均取水量（亿m^3/a）	年均排水量（亿m^3/a）	年均排水量占年均取水量比例（%）	年均径流量（亿m^3/a）	年均取水量占年均径流量比例（%）	年均排水量占年均径流量比例（%）
哈尔滨市	60.77	26.97	44.38	324.80	18.71	8.30
牡丹江市	14.57	8.45	57.97	30.93	47.11	27.31

哈尔滨市是黑龙江省省会，是中国东北地区北部政治、经济、文化中心，也是国家重要工业基地，主导产业有装备制造、医药、食品和石化等，其工业取水、居民生活用水及污废水排放量巨大，但由于哈尔滨市位于松花江干流上游，河水年均径流量较大，为324.80亿m^3，年均取水量占年均径流量的18.71%，年均排水量仅占年均径流量的8.30%，河流自净能力强，故该河段水质很好，无论是汛期还是非汛期水质类别均是Ⅲ类。

牡丹江市位于黑龙江省东南部，是黑龙江省重要的工业城市，拥有装备制造、造纸、化工和能源等产业，其年均取水量、年均排水量分别占哈尔滨市年均取水量、年均排水量的24%、31%，但是牡丹江市江段水质较松花江干流哈尔滨市江段水质差，柴河大桥断面水质类别全年是Ⅳ类。分析牡丹江市年均取水量、年均排水量与年均径流量可知，牡丹江水文监测断面年均径流量相对小，但年均取水量、年均排水量占年均径流量比例高，分别为47.11%、27.31%。河流年均径流量小，年均取水量大，自净能力下降，同时又有大量污水排入，致使江水流过牡丹江市后水质类别由Ⅲ类下降至Ⅳ类。

城市年均取水量和年均排水量呈正比关系，年均排水量对江水水质的影响在一定程度上受年均径流量的控制。从哈尔滨市、牡丹江市年均取水量、年均排水量与年均径流量关系分析可知，居民生活与工业污水排放对江水水质影响较大。

3. 嫩江

嫩江流域内年均取水量、年均排水量与年均径流量的大小对水质的影响程度与西流松花江流域、松花江流域类似。嫩江上游径流量小，人为活动少，社会水循环的年均取水量、年均排水量非常小，几乎没有受到人为污染，因此，大部分河段水质类别保持在Ⅱ类。流域中下游城市渐多，年均取水量、年均排水量不断增加，但因其年均径流量也在逐渐增大，污水经过大量河水的有效稀释，水质状况变化不大。整体来说，嫩江流域内水质较好，其水质类别基本上在Ⅱ类与Ⅲ类之间。

综合以上分析可以看出，某河段水质状况是人为活动中工业、农业及生活取排水和地表径流共同作用的结果，人类活动对水质有一定程度的影响，但不是决定性的因素。地表径流在河流对污染物稀释的过程中起着至关重要的作用。如果该河段地表径流量很大，废水中污染物可以快速有效地随着河水的流动而稀释，对水质影响不大；如果该河段地表径流量很小，废水中污染物不能有效地随着河水的流动而稀释，则导致水质恶化。

第二节　水循环水质监测体系状况分析

一、水利部门水质监测站网布设状况

水利部门在流域内以水资源开发利用、节约保护、防灾减灾和人畜饮水安全等为目的，监测自然环境演变和分析人类活动对水资源、水生态与环境的影响，统一规划布设了国家基本监测站网、专用监测站网和省界缓冲区监测站网，定期收集江河湖（水库）水质和生物监测信息，为保障河湖健康提供科学依据。

“十一五”期间，水利部门在松花江流域共布设自然水循环地表水水质监测断面137个，其中，黑龙江省布设42个，吉林省布设62个，内蒙古自治区布设6个，流域机构布设27个。从整体布设情况看，吉林省水质监测断面布设比较均匀，总体分布合理；黑龙江省水质监测断面布设较分散，有些重点河段无水质监测断面。

二、环境保护部门水质监测站网布设状况

环境保护部门在流域内为掌握江河湖泊（水库）水环境质量现状和污染源排污状况，统一规划布设了国控、省控和市控三级水环境质量状况监测站网和污染源监督监测站网，定期或不定期对地表水和污废水的各种特性指标取样测定，分析评价水体中污染物的动态

变化过程，为政府部门改善水环境和控制水污染决策提供科学依据。另外，为应对突发性水污染事件和洪水影响，尤其是有毒有害化学品的泄漏事故，还建立了突发性水污染事件应急监测网络、洪水监测网络和自动监测系统。

“十一五”期间，吉林省环境保护部门监测站网有三种类型，即国控水质监测断面、省控水质监测断面和市控水质监测断面。其中，国控水质监测断面有 9 个，主要分布在松花江干流、伊通河、饮马河、牡丹江和嫩江等一级、二级河流；省控水质监测断面有 22 个，主要分布在松花江干流、伊通河、辉发河、牡丹江等洮儿河等省内主要河流；市控水质监测断面有 3 个，数量较少。

黑龙江省环境保护部门监测站网有三种类型，即国控水质监测断面、省控水质监测断面和市控水质监测断面。其中，国控水质监测断面有 14 个，主要分布在松花江干流、嫩江干流、阿什河、呼兰河、牡丹江；省控水质监测断面有 41 个，主要分布在一些二级支流上；市控水质监测断面有 7 个，数量较少。

三、河流基本监测站网布设状况

松花江流域有 78 条一级河流，环境保护部门在其中的 21 条河流上布设 85 个水质监测断面，水质监测覆盖率为 26.92%；水利部门在其中的 29 条河流上布设 108 个水质监测断面，水质监测覆盖率为 37.18%。

松花江流域有 151 条二级河流，环境保护部门在其中的 5 条河流上布设 11 个水质监测断面，水质监测覆盖率为 3.31%；水利部门在其中的 19 条河流上布设 29 个水质监测断面，水质监测覆盖率为 12.58%。

从水质监测断面布设整体情况看，环境保护部门一级、二级河流监测覆盖率为 11.35%，水利部门一级、二级河流水质监测覆盖率为 20.96%，无论是水利部门还是环境保护部门在整个流域所布设的水质监测断面覆盖率都未超过 30%，水质监测断面布设也非常不均匀，有的河流布设多个，有的河流一个水质监测断面也没有布设，无法满足新时期流域水资源保护与管理工作的需要。

松花江流域一级、二级河流水质监测断面布设状况及监测覆盖率见表 3-12、表 3-13 和图 3-7、图 3-8。

表 3-12　松花江流域一级河流水质监测断面布设状况表

分区	一级河流（条）	环境保护部门			水利部门		
		水质监测断面（个）	一级河流（条）	水质监测覆盖率（%）	水质监测断面（个）	一级河流（条）	水质监测覆盖率（%）
嫩江	30	16	7	23.33	38	13	43.33
西流松花江	18	19	4	22.22	35	6	33.33
松花江干流	30	50	10	33.33	35	10	33.33
松花江流域	78	85	21	26.92	108	29	37.18

表 3-13　松花江流域二级河流水质监测断面布设状况表

分区	河流（条）	环境保护部门			水利部门		
		水质监测断面（个）	二级河流（条）	水质监测覆盖率（%）	水质监测断面（个）	二级河流（条）	水质监测覆盖率（%）
嫩江	37	—	—	—	5	3	8.1
西流松花江	53	5	1	1.89	14	6	11.32
松花江干流	61	6	4	6.56	10	10	16.39
松花江流域	151	11	5	3.31	29	19	12.58

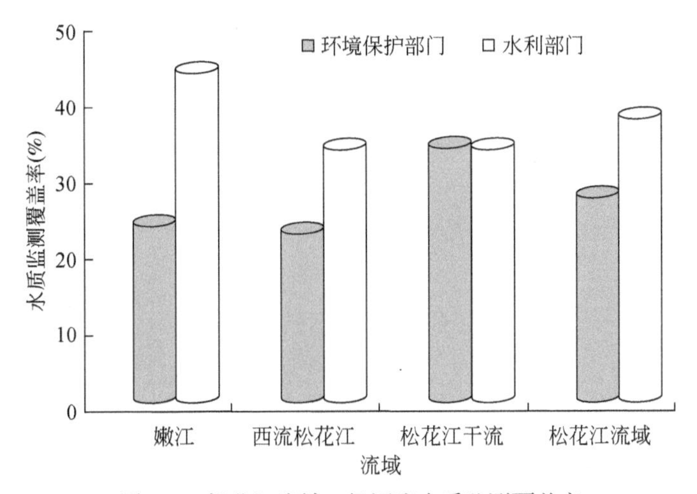

图 3-7　松花江流域一级河流水质监测覆盖率

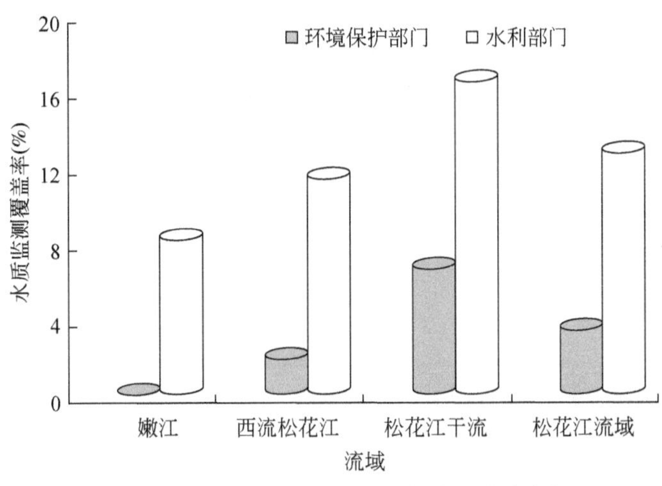

图 3-8　松花江流域二级河流水质监测覆盖率

四、松花江流域地表水功能区监测断面布设状况

松花江流域现有地表水功能区水质监测断面224个，覆盖184个监测水功能区，监测水功能区水质监测覆盖率为51.25%。其中，松花江干流流域地表水功能区现状水质监测覆盖率最高，为73.28%；嫩江流域次之，为52.29%；西流松花江流域地表水功能区水质监测覆盖率最低，仅为26.05%。

松花江流域地表水功能区监测情况及监测覆盖率详见表3-14、图3-9。

表3-14　松花江流域地表水功能区监测情况

分区	地表水功能区（个）	水质监测断面（个）	监测水功能区（个）	水质监测覆盖率（%）
嫩江	109	71	57	52.29
西流松花江	119	48	31	26.05
松花江干流	131	105	96	73.28
松花江流域	359	224	184	51.25

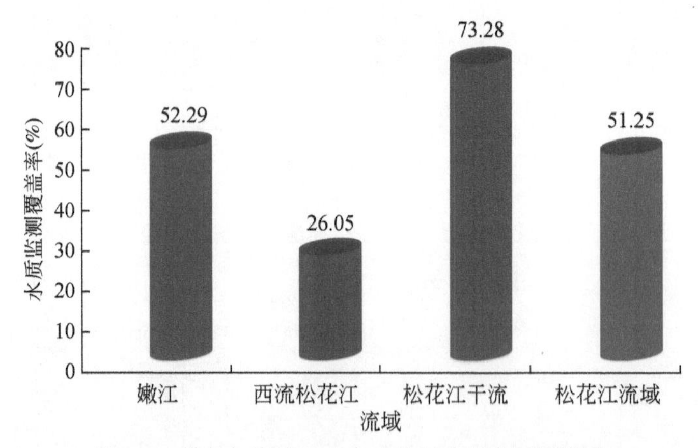

图3-9　松花江流域地表水功能区水质监测覆盖率

五、重要饮用水水源地监测断面布设状况

松花江流域有51个重要饮用水水源地，目前设置有42个水质监测断面，对36个重要饮用水水源地进行监测，水质监测覆盖率为70.59%。其中，嫩江流域饮用水水源地现状水质监测覆盖率为100.00%，西流松花江流域饮用水水源地现状水质监测覆盖率为48.00%；松花江干流流域饮用水水源地现状水质监测覆盖率为90.48%，松花江流域重要饮用水水源地水质监测现状详见表3-15、图3-10。

表 3-15 松花江流域重要饮用水水源地水质监测现状

分区	重要饮用水水源地（个）	已监测重要饮用水水源地（个）	水质监测覆盖率（%）
嫩江	5	5	100.00
西流松花江	25	12	48.00
松花江干流	21	19	90.48
松花江流域	51	36	70.59

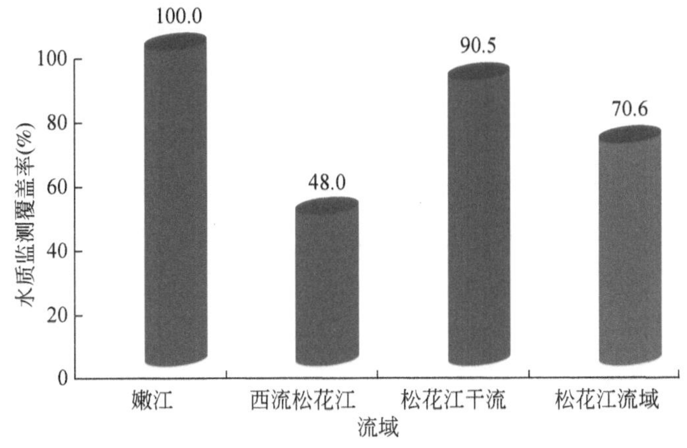

图 3-10 松花江流域重要饮用水水源地水质监测覆盖率

六、重要湖泊（水库）监测断面布设状况

松花江流域有 79 个重要湖泊（水库），目前水利部门对其中的 30 个重要湖泊（水库）进行了水质监测，水质监测覆盖率为 37.97%；环境保护部门对其中的 20 个重要湖泊（水库）进行了水质监测，水质监测覆盖率为 25.32%。松花江流域重要湖泊（水库）水质监测点位布设状况和水质监测覆盖率见表 3-16。

表 3-16 松花江流域重要湖泊（水库）水质监测点位布设状况和水质监测覆盖率

分区	重要湖泊（水库）（个）	布设水质监测点（个）		监测重要湖泊（水库）（个）		水质监测覆盖率（%）	
		水利部门	环境保护部门	水利部门	环境保护部门	水利部门	环境保护部门
嫩江	19	13	4	12	4	63.16	21.05
西流松花江	36	15	12	9	6	25.00	16.67
松花江干流	24	9	13	9	10	37.50	41.67
松花江流域	79	37	29	30	20	37.97	25.32

七、大中型灌区退水口分布状况

（一）吉林省大中型灌区分布状况

松花江流域吉林省 2005 年大中型灌区总数为 31 个，灌溉面积主要集中在≤5 万亩和 10

万~30万亩两类灌区上；2020年大中型灌区总数为42个，灌溉面积≤5万亩灌区数量有所减少，灌溉面积为5万~10万亩、10万~30万亩和>30万亩灌区数量在增加；2030年大中型灌区数量不变，但以灌溉面积为5万~10万亩和>30万亩灌区为主。吉林省大中型灌区统计结果见表3-17。

表3-17　吉林省大中型灌区统计表　　单位：个

灌区面积	2005年	2020年	2030年
≤5万亩	15	10	1
5万~10万亩	3	12	20
10万~30万亩	12	13	5
>30万亩	1	7	16

注：本表以实际反映数据为依据，目前未建成或未有统计数据的灌区未被列入统计范围

吉林省大中型灌区主要有吉林省西部洮儿河灌区、白沙滩灌区、前郭灌区，松原灌区，吉林省中部饮马河灌区、星星哨灌区、松沐灌区、松其灌区、小城子灌区及吉林省南部辉发河灌区等。

（二）黑龙江省大中型灌区分布状况

松花江流域黑龙江省2005年有大中型灌区30个，以10万~30万亩灌区为主；到2020年大中型灌区总数34个，灌溉面积为30万~100万亩的大中型灌区有29个，灌溉面积在100万亩以上的大中型灌区有5个；到2030年，灌溉面积为30万~100万亩的大中型灌区有6个，灌溉面积>100万亩的大中型灌区有3个。黑龙江省大中型灌区统计结果见表3-18。

表3-18　黑龙江省大中型灌区统计表　　单位：个

灌区面积	2005年	2020年	2030年
5万~10万亩	2	0	0
10万~30万亩	24	0	0
30万~100万亩	3	29	6
>100万亩	1	5	3

黑龙江省主要大中型灌区有查哈阳灌区、音河灌区、卫星灌区、江东灌区（含大昂扩建）、花园水库下游灌区、北引灌区、江西灌区、泰来县灌区、引讷引逊一期工程、梧桐河灌区、倭肯河灌区、龙头桥灌区、蛤蟆通灌区、松江灌区、幸福灌区、引汤灌区、悦来灌区、江川灌区、七虎林灌区、新河宫灌区、引松补挠灌区、密山灌区、普阳灌区、尼尔基灌区、友谊灌区、龙凤山灌区、西泉眼灌区、长阁灌区、香磨山灌区、中心灌区、涝洲灌区、呼兰河灌区、中部响水灌区、向阳山灌区等34个大中型灌区。

水环境监测体系现状分析表明，松花江流域河流基本水质监测断面覆盖率低，一级河流有78条，仅在其中29条河流上布设了水质监测断面，监测覆盖率不到40%；二级河流有151条，仅在其中19条河流上布设了水质监测断面，监测覆盖率仅为12.58%。重要湖泊（水库）有79个，有水质监测点位30个，监测覆盖率为37.97%，其中，西流松花江

水系监测覆盖率仅为25.00%。水功能区水质监测断面覆盖率较低，占流域水功能区划总数的51.25%，其中，西流松花江水功能区水质监测覆盖率仅占26.05%。由此可见，水环境监测体系现状已远不能满足水功能区管理的需要，也不能满足流域主要河流湖泊和水功能区水质全面监控的要求。

第三节　水循环水质监测站网优化设计

一、自然水循环水质监测站网设计

针对松花江流域水循环水质监测体系现状，结合《松花江流域综合规划（2012—2030年）》和《松花江流域水污染防治“十二五”规划》，依据水利部门《水环境监测规范》（SL 219—2013）和环保部门《地表水和污水监测技术规范》（HJ/T 91—2002）监测站网布设原则，根据流域水功能区管理、省界缓冲区管理、饮用水源地管理和流域规划考核需要，本书对松花江流域水循环水质监测体系进行了优化设计。

（一）水功能区水质监测站网设计

水功能区区界内与区界之间水质良好且稳定，可将两区合并，布设1个水质监测断面；水质由好趋向劣的或区界之间有争议的应增设水质监测断面。

水功能区具有多种功能，按主导功能要求布设水质监测断面；水功能区内有较大支流汇入时，应在汇合点支流上游处及充分混合后干流下游处分别布设水质监测断面。对流程较长的重要河流水功能区，应根据区界内水质水量变化实际情况增设水质监测断面。

大江大河两岸分别设有水功能区，水质难以达到全断面均匀混合的，分别按两岸不同水功能区要求布设采样垂线；水质全断面均匀或不均匀混合，影响相邻功能区的，在河流中心线界增设断面采样垂线。

大型湖泊（水库）设有不同水功能区，应在不同水功能区界处分别布设水质监测断面；区界内与区界之间水质良好且稳定，不影响相邻水功能区的可将两区合并，布设1个水质监测断面。

松花江流域现状水功能区水质监测断面覆盖率为51.25%，其中，西流松花江现状水功能区水质监测断面覆盖率仅为26.05%，远不能满足水功能区管理需要。在松花江流域现有水功能区水质监测断面基础上，新增设146个水质监测断面，优化设计后水功能区水质监测断面总数达到369个，覆盖314个水功能区，优化后水功能区水质监测断面布设情况详见表3-19、图3-11。

表 3-19　松花江流域水功能区水质监测断面优化布设一览表

分区	水功能区（个）	已有水质监测断面（个）	新增水质监测断面（个）	覆盖水功能区（个）	水质监测覆盖率（%）
嫩江	109	70	24	69	63. 30
西流松花江	119	48	88	118	99. 16
松花江干流	131	105	34	127	96. 95
松花江流域	359	223	146	314	87. 47

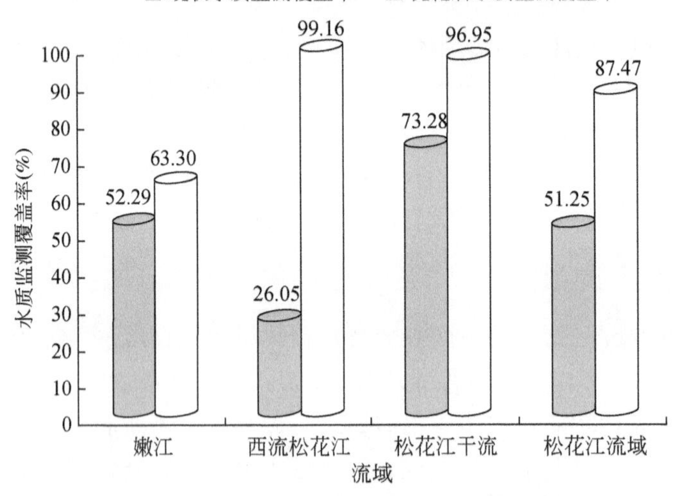

图 3-11　松花江流域水功能区优化前后水质监测覆盖率

从表 3-19 和图 3-11 可以看出，嫩江流域新增水质监测断面 24 个，水功能区水质监测覆盖率为 63. 30%；西流松花江流域新增水质监测断面 88 个，水功能区水质监测覆盖率由原来的 26. 05% 提高至 99. 16%；松花江干流流域新增水质监测断面 34 个，水功能区水质监测覆盖率由原来的 73. 28% 提高至 96. 95%。优化后，松花江流域水功能区水质监测覆盖率由现状 51. 25% 提高至 87. 47%，基本能够满足流域水功能区管理要求。

（二）省界水体水质监测站网设计

省界水体水质监测断面布设应统筹考虑省界（际）及干支流关系，兼顾入河排污口和灌区退水口分布实际情况，以水质监测单站断面布设为基础，通过干支流监测断面组合识别污染责任，坚持水质水量并重，系统分析河流水系所在区域情况，充分考虑周边现有水文站分布格局及现有陆路交通条件，确保监测断面可达性，确保现场监测采样工作的可操作性。依据以上设计原则，在嫩江、西流松花江、松花江干流布设 52 个省界水体水质监测断面，初步形成了松花江流域省界水体缓冲区水质监控体系。松花江流域省界水体缓冲区水质监测断面布设情况见表 3-20，其结构体系图如图 3-12 所示。

表 3-20　松花江流域省界水体缓冲区水质监测断面布设情况表

序号	断面名称	所在水功能区	所在河流	所在省区	交界省份
1	石灰窑	嫩江黑蒙缓冲区 1	嫩江	黑龙江省	左右岸
2	嫩江浮桥	嫩江黑蒙缓冲区 1	嫩江	黑龙江省	左右岸
3	繁荣新村	嫩江黑蒙缓冲区 1	嫩江	黑龙江省	左右岸
4	加西	甘河蒙黑缓冲区	甘河	黑龙江省	上下游
5	白桦下	甘河蒙黑缓冲区	甘河	黑龙江省	上下游
6	柳家屯	甘河保留区	甘河	内蒙古自治区	上下游
7	尼尔基大桥	嫩江黑蒙缓冲区 2	嫩江	内蒙古自治区	左右岸
8	小莫丁	嫩江黑蒙缓冲区 2	嫩江	内蒙古自治区	左右岸
9	拉哈	嫩江黑蒙缓冲区 2	嫩江	黑龙江省	左右岸
10	鄂温克族乡	嫩江黑蒙缓冲区 2	嫩江	黑龙江省	左右岸
11	古城子	诺敏河蒙黑缓冲区	诺敏河	黑龙江省	左右岸
12	萨马街	诺敏河蒙黑缓冲区	诺敏河	内蒙古自治区	左右岸
13	那吉	阿伦河蒙黑缓冲区	阿伦河	内蒙古自治区	上下游
14	兴鲜	阿伦河蒙黑缓冲区	阿伦河	黑龙江省	上下游
15	音河大桥	音河蒙黑缓冲区	音河	内蒙古自治区	上下游
16	大河	音河蒙黑缓冲区	音河	黑龙江省	上下游
17	莫乎渡口	嫩江黑蒙缓冲区 3	嫩江	黑龙江省	上下游
18	江桥	嫩江黑蒙缓冲区 3	嫩江	黑龙江省	上下游
19	成吉思汗	雅鲁河蒙黑缓冲区	雅鲁河	内蒙古自治区	上下游
20	金蛇湾码头	雅鲁河蒙黑缓冲区	雅鲁河	黑龙江省	上下游
21	原种场	雅鲁河黑蒙缓冲区	雅鲁河	黑龙江省	左右岸
22	济沁河大桥	济沁河蒙黑缓冲区	济沁河	内蒙古自治区	上下游
23	苗家堡子	济沁河蒙黑缓冲区	济沁河	黑龙江省	上下游
24	两家子水文站	绰尔河蒙黑缓冲区	绰尔河	内蒙古自治区	左右岸
25	绰尔河口	绰尔河蒙黑缓冲区	绰尔河	内蒙古自治区	上下游
26	白沙滩	嫩江黑吉缓冲区	嫩江	吉林省	上下游
27	大安	嫩江黑吉缓冲区	嫩江	吉林省	左右岸

续表

序号	断面名称	所在水功能区	所在河流	所在省区	交界省份
28	塔虎城渡口	嫩江黑吉缓冲区	嫩江	吉林省	左右岸
29	马克图	嫩江黑吉缓冲区	嫩江	黑龙江省	左右岸
30	斯力很	洮儿河蒙吉缓冲区	洮儿河	内蒙古自治区	上下游
31	林海	洮儿河蒙吉缓冲区	洮儿河	吉林省	上下游
32	永安	那金河蒙吉缓冲区	那金河	内蒙古自治区	上下游
33	煤窑	那金河蒙吉缓冲区	那金河	吉林省	上下游
34	宝泉	蛟流河蒙黑缓冲区	蛟流河	内蒙古自治区	上下游
35	野马图	蛟流河蒙吉缓冲区	蛟流河	吉林省	上下游
36	高力板	霍林河蒙吉缓冲区	霍林河	内蒙古自治区	上下游
37	同发	霍林河蒙吉缓冲区	霍林河	吉林省	上下游
38	松林	西流松花江干流吉黑缓冲区	西流松花江	吉林省	上下游
39	龙头堡	辉发河辽吉缓冲区	辉发河	辽宁省	上下游
40	下岱吉	松花江干流黑吉缓冲区	松花江干流	吉林省	左右岸
41	88 号照	松花江干流黑吉缓冲区	松花江干流	黑龙江省	上下游
42	同江	松花江同江缓冲区	松花江干流	黑龙江省	上下游
43	向阳	拉林河吉黑缓冲区 1	拉林河	黑龙江省	左右岸
44	振兴	拉林河吉黑缓冲区 2	拉林河	黑龙江省	左右岸
45	牤牛河大桥	牤牛河黑吉缓冲区	牤牛河	黑龙江省	上下游
46	牛头山大桥	拉林河吉黑缓冲区 2	拉林河	吉林省	左右岸
47	蔡家沟	拉林河吉黑缓冲区 2	拉林河	吉林省	左右岸
48	板子房	拉林河吉黑缓冲区 2	拉林河	黑龙江省	左右岸
49	龙家亮子	卡岔河	卡岔河	吉林省	上下游
50	肖家船口	细鳞河吉黑缓冲区	细鳞河	吉林省	上下游
51	和平桥	细鳞河吉黑缓冲区	细鳞河	黑龙江省	上下游
52	牡丹江 1 号桥	牡丹江吉黑缓冲区	牡丹江	吉林省	上下游

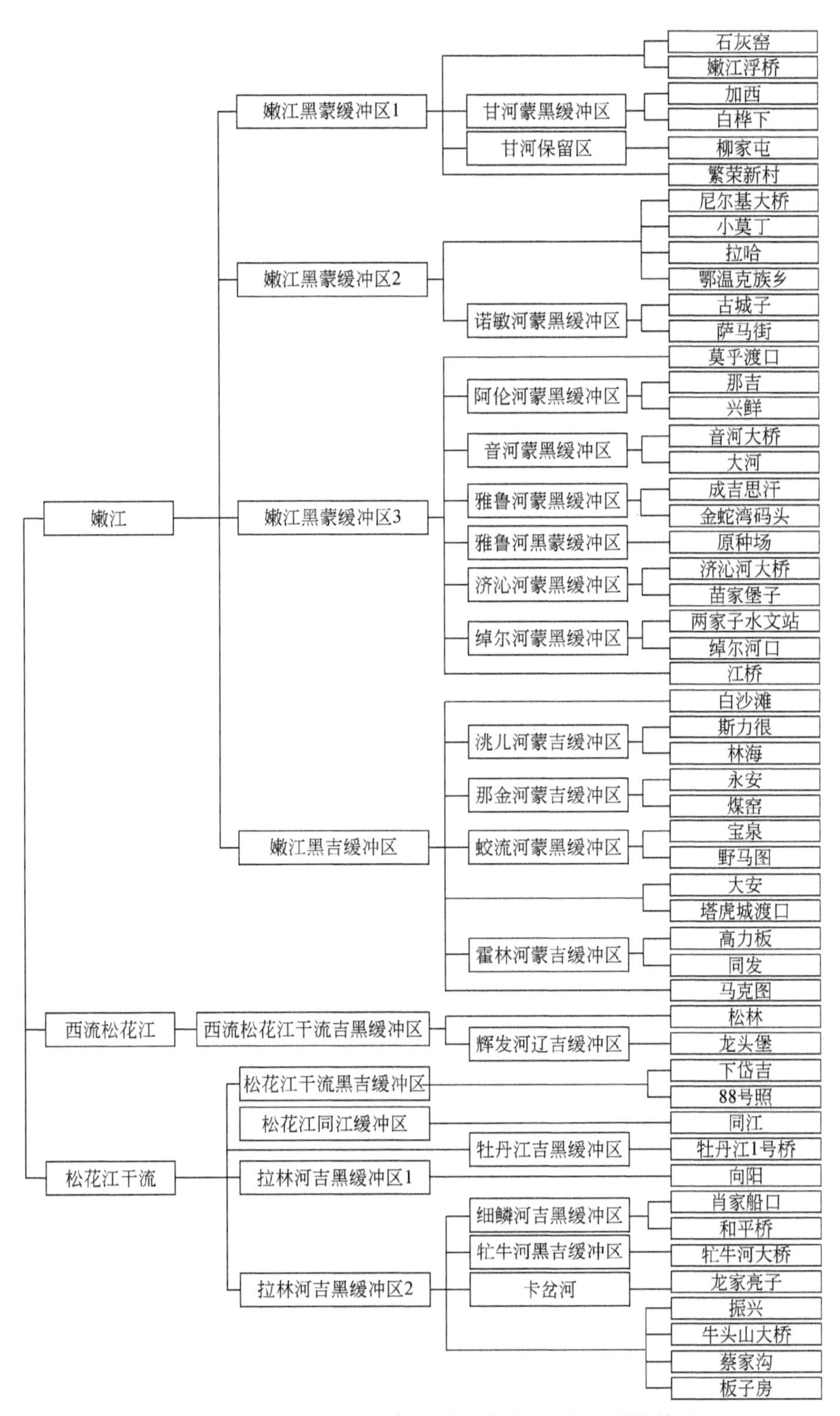

图 3-12 松花江流域省界水体缓冲区水质监测断面结构体系图

（三）重要饮用水水源地监测站网设计

松花江流域有51个重要饮用水水源地，其中，36个已开展监测，布设42个监测断面。按照流域水资源管理要求，应实现流域重要饮用水水源地100%监测覆盖率，因此，针对15个未开展监测的重要饮用水水源地设计新增16个水质监测断面，全流域布设58个重要饮用水水源地水质监测断面。重要饮用水水源地水质监测站点布设情况详见表3-21和图3-13。

表3-21　重要饮用水水源地水质监测优化布设一览表

分区	重要饮用水水源地（个）	已监测重要饮用水水源地（个）	新增监测重要饮用水水源地（个）	水质监测覆盖率（%）
嫩江	5	5	0	100.00
西流松花江	25	12	13	100.00
松花江干流	21	19	2	100.00
松花江流域	51	36	15	100.00

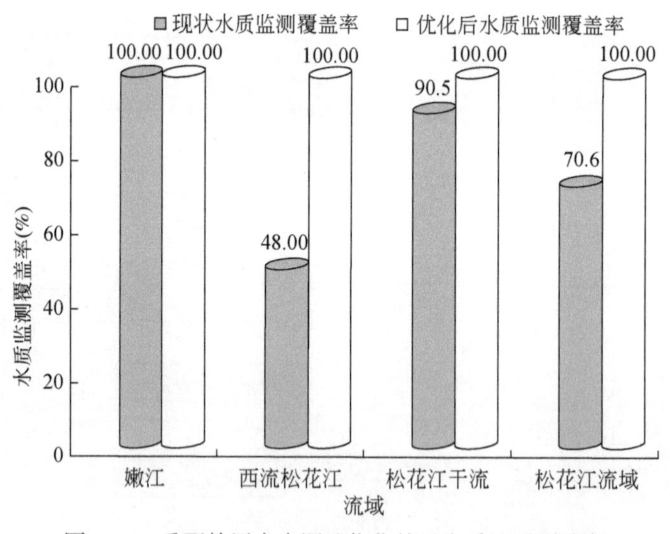

图3-13　重要饮用水水源地优化前后水质监测覆盖率

（四）湖泊（水库）水质监测站网设计

松花江流域有79个重要湖泊（水库），其中，30个已开展监测，按照流域重要湖泊（水库）全部开展监测的管理要求，流域优化后新增监测重要湖泊（水库）49个，布设100个水质监测断面。其中，嫩江流域有19个重要湖泊（水库），已监测12个，优化后新增7个，布设24个水质监测断面；西流松花江流域有36个重要湖泊（水库），已监测9个，优化后新增27个，布设47个水质监测断面；松花江干流流域有24个重要湖泊（水库），已监测9个，优化后新增15个，布设29个水质监测断面。松花江流域重要湖泊

(水库) 水质监测优化布设情况如下 (表 3-22、图 3-14)。

表 3-22 重要湖泊 (水库) 水质监测优化布设一览表

分区	重要湖泊（水库）(个)	已监测重要湖泊（水库）(个)	新增监测重要湖泊（水库）(个)	水质监测覆盖率（%）
嫩江	19	12	7	100.00
西流松花江	36	9	27	100.00
松花江干流	24	9	15	100.00
松花江流域	79	30	49	100.00

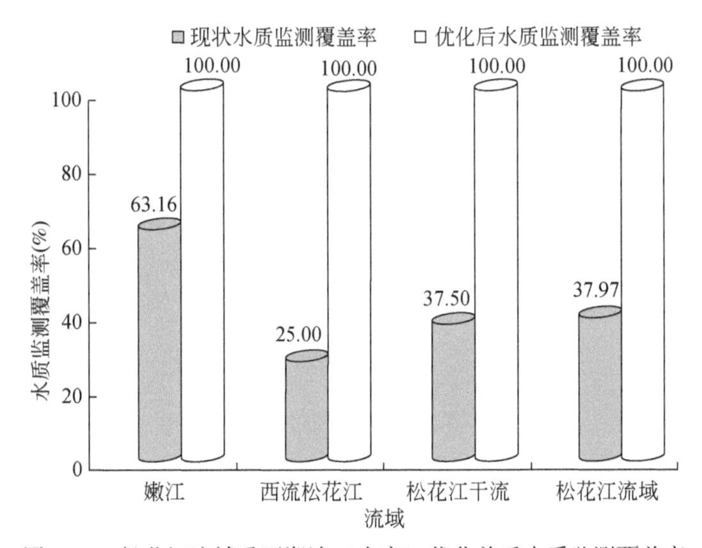

图 3-14 松花江流域重要湖泊 (水库) 优化前后水质监测覆盖率

(五) 国控、省控水质监测站网设计

优化设计松花江流域国控水质监测断面、省控水质监测断面共计 110 个，其中，国控水质监测断面有 43 个，所占比例为 39.1%；省控水质监测断面有 67 个，所占比例为 60.9%。优化后国控、省控水质监测断面布设情况如下 (表 3-23、图 3-15)。

表 3-23 优化后国控、省控水质监测断面布设情况

分区	水质监测断面总数（个）	国控水质监测断面		省控水质监测断面		原有水质监测断面（个）	新增水质监测断面（个）
		个数（个）	比例（%）	个数（个）	比例（%）		
嫩江	20	12	10.91	8	7.27	16	4
西流松花江	31	12	10.91	19	17.27	24	7
松花江干流	59	19	17.27	40	36.36	56	3
松花江流域	110	43	39.09	67	60.91	96	14

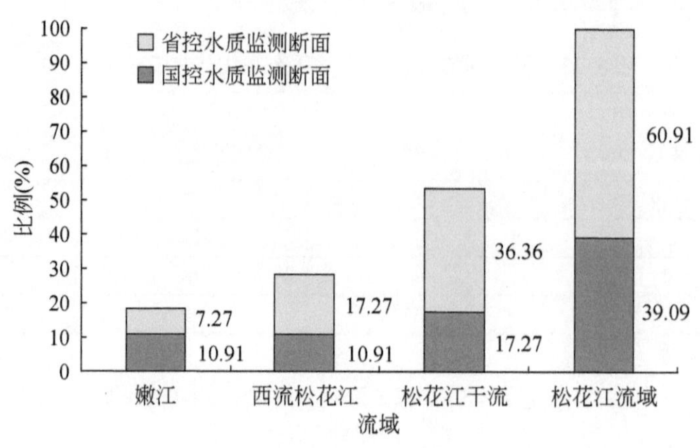

图 3-15　优化后国控、省控水质监测断面所占比例

从表 3-23 和图 3-20 可见，国控水质监测断面中松花江干流流域所占比例最大，占 17.27%，嫩江和西流松花江流域均占 10.91%；省控水质监测断面中除嫩江流域外，西流松花江和松花江干流流域所占比例均大于国控水质监测断面；松花江干流流域国控水质监测断面、省控水质监测断面均多于嫩江和西流松花江流域。

（六）污染控制水质监测站网设计

《松花江流域水污染防治规划（2011–2015 年）》，统筹考虑水资源分区、水功能区的对应关系，以水质监测断面为节点，将流域划分为 32 个控制单元。根据各控制单元地理位置、对应水体敏感程度、断面水质污染程度、对下游单元影响轻重及排污强度大小，划分为优先控制单元和一般控制单元。优先控制单元位于松花江干流或主要支流上游，是包含一个或多个敏感水体、断面水质污染严重、对下游单元水质具有较大影响、环境风险突出的单元。松花江流域共划分为 9 个优先控制单元和 23 个一般控制单元（表 3-24、图 3-16）。

表 3-24　松花江流域“十二五”水污染防治规划控制断面布设情况　　单位：个

控制区	级别	控制单元	控制断面
黑龙江省控制区	一般控制	11	10
	优先控制	4	7
	小计	15	17
吉林省控制区	一般控制	5	4
	优先控制	3	4
	小计	8	8
内蒙古自治区控制区	一般控制	7	7
	优先控制	2	2
	小计	9	9

续表

控制区	级别	控制单元	控制断面
松花江流域	一般控制	23	21
	优先控制	9	13
	小计	32	34

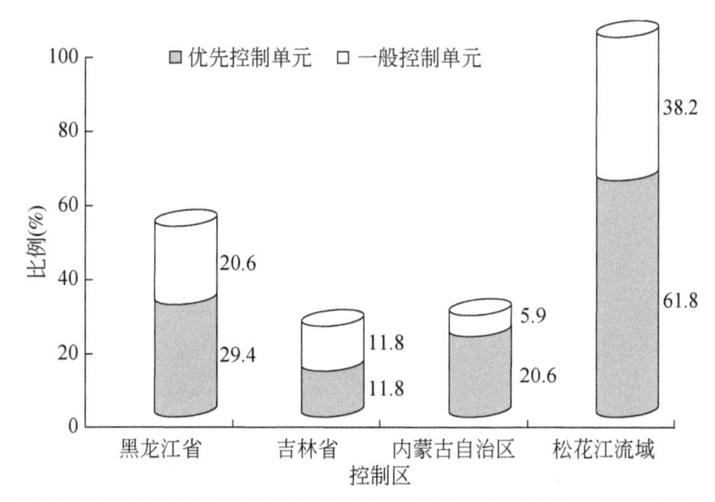

图 3-16 松花江流域各控制区优先控制单元及一般控制单元布设水质监测断面所占比例

由表 3-24 和图 3-16 可知，黑龙江省划分 15 个控制单元，布设 17 个监测断面，占监测断面总数的 50%；吉林省划分 8 个控制单元，布设 8 个监测断面，占监测断面总数的 23.5%；内蒙古自治区划分 9 个控制单元，布设 9 个监测断面，占监测断面总数的 26.5%。

上述自然水循环水质监测体系优化设计结果表明，松花江流域水功能区水质监测断面为 369 个，省界水体水质监测断面为 52 个，国控水质监测断面为 43 个，省控水质监测断面为 67 个，重要饮水水源地水质监测断面为 58 个、重要湖泊（水库）水质监测断面为 100 个、污染控制水质监测断面为 34 个。该监测体系优化方案基本覆盖整个松花江流域一级、二级河流，水功能区水质监测覆盖率达到 87.47%，布设的水质监测断面具有较好空间代表性，能全面、真实、客观地反映所在水域水环境质量状况，优化设计方案合理。

二、社会水循环水质监测站网设计

（一）城市入河排污口监测站网设计

入河排污口指直接或间接通过沟渠和管道等设施向江河、湖泊（水库）排放污水的排污口。入河排污口可分为工业废水、农业废水、生活污水单一型入河排污口，以及由两种以上废水来源构成的混合入河排污口。

入河排污口设置随着国家政策要求、地区产业结构调整和企业运行状况等经常发生变更，建立入河排污口实时监控体系是最直接反映入河污染物变化情况的手段，需要协调环境保护部门现有监控体系，建立从污染源到入河排污口的污染排放综合监控体系，并根据流域内不同区域经济社会发展水平和水环境问题，选取不同的监控重点和方向，建立富有流域地方特色的水污染监测体系模式。目前，城镇生活污染已成为入河污染的主要来源，因此，城镇生活污水处理厂入河排污口是监控重点。

黑龙江省处于嫩江上游、松花江中下游，应重点监控石油、煤炭、化工、造纸和食品等支柱产业，尤其重点加强哈尔滨阿什河、呼兰河和双鸭山安邦河等重污染支流入河排污口的监测；吉林省处于松花江上游，应重点开展沿江沿河石化企业、化学品生产企业监控，重点掌握化工、造纸、饮料制造、农副食品加工和冶金五个行业排污情况；内蒙古自治区处于嫩江上游，水资源丰富，污染物排放总量较小、水质较好，应重点关注食品制造业、农副食品加工和饮料制造业等行业监控。

对干流及主要支流沿线水环境问题突出、环境风险防范薄弱、水体敏感性高、经济社会发展压力大的地区进行重点监控，侧重危险化学品、化工、尾矿库石油和冶金等重点行业入河排污口监测。对突发环境事件多发、易发的重点地区，环境安全管理基础薄弱的工业园区及重点企业的入河排污口也要加强监管。松花江流域城市入河排污口重点监控单元站网设计见表3-25。

表3-25　松花江流域城市入河排污口重点监控单元站网设计

污水类型	入河排污口重点监控单元	
生活污水	各级城市（镇）污水处理厂入河排污口	
工业废水	松花江哈尔滨市市辖区	哈药集团制药总厂、哈尔滨啤酒有限公司和中煤龙化哈尔滨煤化工有限公司等现有排污量大的企业；哈尔滨金禹表面处理生态工业园和哈尔滨东北再生纸生态工业园等新增重点工业源
	牡丹江牡丹江市	制糖、酿酒、造纸和洗煤等行业
	松花江佳木斯市	造纸、煤化工和食品加工等行业
	西流松花江长春市	兰家工业园、合隆经济开发区、朝阳经济开发区和二道经济开发区等工业园区污水排放口
	辉发河通化市—吉林市	造纸和钢铁等行业
	西流松花江吉林市	31家重点风险源；汇水区工业污染源有毒有害物质管控；吉林晨鸣纸业有限责任公司、吉林石化公司炼油厂、吉林化纤集团有限责任公司、中钢吉林炭素股份有限公司、吉林市白翎羽绒制品有限公司和吉林鹿王制药股份有限公司等企业

（二）灌区农田退水口监测站网设计

截止到2010年，松花江流域重点大中型灌区共76个。吉林省境内拥有重点大中型灌区42个，其中，大型灌区有20个，中型灌区有22个。黑龙江省境内重点大中型灌区灌溉面积 10 万亩以下的灌区有 2 个，灌溉面积介于 10 万 ~ 30 万亩的灌区有 24 个，灌溉面积介于 30 万 ~ 100 万亩的灌区有 3 个，灌溉面积在 100 万亩以上的灌区有 1 个。目前，松花江流域尚未布设灌区退水水质监测断面，无法掌握灌区退水水质状况。从面源污染治理角度看，选择典型灌区布设退水水质监测断面是非常必要的。

根据松花江流域水环境监测断面布设原则和设计要求，考虑到灌区实际情况，拟在流域 76 个大中型灌区中选择具备监测条件（主要是具有通达性和便利条件）的典型灌区，且能够表征面源污染特征和控制灌区退水面积的水域设立监测断面，纳入松花江流域社会水循环监测体系中。“十二五”期间，选择 12 个典型大中型灌区规划布设了 16 个监测断面，其覆盖了西流松花江流域拉林河、辉发河及松花江干流流域和嫩江流域的重要河流，可以反映出松花江流域典型灌区退水水质与水量的变化情况（表 3-26）。

表 3-26　松花江流域大中型灌区水质监测断面布设情况表

序号	监测断面	灌区名称	所属河流	所在地区	退水口位置
1	新庙泡大桥	前郭灌区	西流松花江丰下	前郭县	退水位置为新庙泡
2	姜家围子	大安灌区	嫩江	大安市	排入到小西米泡和姜家围子
3	二龙涛河大桥	五家子灌区	洮儿河	镇赉县	退水口位于二龙涛河段
4	白旗镇沟北村	永舒灌区	西流松花江	吉林市	白旗镇沟北村、法特镇及老干江
5	老干江				
6	东高线 6 号桥	饮马河灌区	饮马河	九台市	饮马河水利工程引东高线 6 号桥附近
7	永胜拦河坝	海龙灌区	辉发河	梅河口市	永胜拦河坝和城南拦河坝
8	中央排干	查哈阳灌区	诺敏河	甘南县	中央排干与黄蒿沟汇合处
9	翁海排干管理站	江东灌区	嫩江中引	富裕县	在翁海排干管理站附近
10	大贵镇四合屯	香磨山灌区	木兰达河	木兰县	韩家甸子及一、二分干和柳河镇
11	柳河镇出水口				
12	新兴镇	倭肯河灌区	倭肯河	依兰县	安兴与新兴中间区域排水口
13	学兴镇				
14	香兰河退水口	引汤灌区	汤旺河	汤原县	分别排入香兰河和黑金河
15	黑金河退水口				
16	富锦黑鱼泡	幸福灌区	松花江	富锦市	总承泄区为富锦支河区域

三、水污染事故应急监测站网设计

虽然水污染事故类型、发生环节、污染成分及危害程度千差万别，要制定一套固定的现场应急监测方案可能没有多大意义，但是，应急监测毕竟有其内在的科学性和规律性。因此，根据松花江流域干流沿岸主要工业企业类型和可能造成突发性水污染事件的污染源类型、污染途径和分布区域等，提出针对松花江干流不同区域可能发生突发性水污染事件的应急监测站网设计方案是十分必要的，以便为松花江流域干流水库群面向突发性水污染事件的联合调度提供水质信息。

（一）水污染事故应急监测站网设计原则

（1）监测站网的布设应以松花江干流沿岸主要工业企业类型和可能造成突发性水污染事件的分布区域为主，同时应考虑对饮用水水源地和大型调水区域影响，并在影响区域内设置水质监测断面，以反映事故发生区域水环境污染程度和范围。

（2）与现有水文、水环境监测站网和实验室布局相结合，充分利用和动态调整现有水环境监测资源，做到统一指挥、分工明确、上下游联动、协同监测，快速、及时、准确地传递水质监测信息。

（3）根据当地实时水文情势，可采用水文和水质等模型对突发性水污染事件演进过程进行模拟，根据模拟运算结果进行应急监测采样断面布设和采样断面调整。

（4）监测断面的布设应随水污染扩散范围演进过程进行动态调整，或根据监测结果所反映的水污染分布状况和演进过程进行及时动态调整。

（二）水污染事故监测断面布设范围

根据上述水污染事故应急监测站网设计原则，并结合松花江流域干流水库群面向突发性水污染事件的联合调度需求，在松花江流域共优化设计了水污染事故应急监测断面56个，其中，嫩江流域有19个，西流松花江流域有17个，松花江干流流域有20个。在56个水污染事故应急监测断面中，重要控制断面占69%，一般控制断面占31%。这些应急监测断面包括了松花江干流主要水库入库断面、松花江干流控制断面、松花江流域一级支流控制断面，其中，松花江干流控制断面有26个，松花江流域一级支流控制断面有30个，具体提供水质信息包括：

（1）松花江干流主要水库（丰满、尼尔基、哈达山、大顶子山）入库断面和蓄滞洪区（月亮泡、胖头泡）入库断面实时入库水质信息；

（2）松花江干流主要控制断面（吉林、松花江、扶余、富拉尔基、江桥、大赉、下岱吉、哈尔滨、通河、依兰、佳木斯）水质信息；

（3）松花江流域主要一级支流控制断面（农安、德惠、黑帝庙、两家子、景星、音河水库、古城子、蔡家沟、兰西、长江屯、晨明等）水质信息。

松花江流域水污染事故应急监测断面布设见表3-27。

表3-27 松花江流域水污染事故应急监测断面布设表

流域	序号	断面名称	断面地址	河流名称	重要性
嫩江	1	那吉	呼盟阿荣旗那吉镇	阿伦河	一般
	2	两家子	兴安盟扎赉特旗音尔镇	绰尔河	重要

续表

流域	序号	断面名称	断面地址	河流名称	重要性
嫩江	3	加格达奇	大兴安岭地区加格达奇区	甘河	一般
	4	大石寨	兴安盟科右前旗大石寨镇	归流河	一般
	5	白云胡硕	兴安盟科右中旗巴彦呼舒镇	霍林河	一般
	6	德都	德都县青山镇	讷漠尔河	一般
	7	白沙滩	镇赉县丹岱乡	嫩江	重要
	8	大安	前郭县八郎乡塔虎城渡口	嫩江	重要
	9	嫩江	嫩江县嫩江镇	嫩江	重要
	10	尼尔基库末	黑龙江省嫩江县城	嫩江	重要
	11	江桥	泰来县江桥乡	嫩江	重要
	12	齐齐哈尔	齐齐哈尔市建华区	嫩江	重要
	13	富拉尔基	齐齐哈尔市富拉尔基区	嫩江	重要
	14	古城子	甘南县查哈乡	诺敏河	重要
	15	黑帝庙	白城局黑帝庙水文站基本断面	洮儿河	重要
	16	月亮泡水库	月亮泡水库哈尔金闸上	洮儿河	一般
	17	北安	北安市	乌裕尔河	一般
	18	碾子山	齐齐哈尔市华安乡	雅鲁河	重要
	19	音河水库	黑龙江省甘南县甘南镇	音河	重要
西流松花江	20	白山水库	白山水库坝上	西流松花江	重要
	21	红石水库	红石水库坝上	西流松花江	重要
	22	丰满水库	丰满水库坝上	西流松花江	重要
	23	马家	“引松入长”取水口	西流松花江	重要
	24	一水厂	吉林市一水厂取水口	西流松花江	重要
	25	三水厂	吉林市三水厂取水口	西流松花江	重要
	26	二水厂	吉林市二水厂取水口	西流松花江	重要
	27	吉林	吉林市郊哨口村公路桥	西流松花江	重要
	28	松花江	长春局松花江水文站基本断面	西流松花江	重要
	29	松原上	松原市自来水公司取水口	西流松花江	重要
	30	石桥	吉林省扶余县	西流松花江	重要
	31	海龙水库	海龙水库坝上	辉发河	一般
	32	桦甸水源	桦甸市自来水公司辉发河取水处	辉发河	一般
	33	新立城水库	新立城水库库区上游	伊通河	一般
	34	农安	农安镇下游	伊通河	重要
	35	石头口门水库	石头口门水库库区上游	饮马河	一般
	36	德惠	德惠市饮马河大桥	饮马河	重要

续表

流域	序号	断面名称	断面地址	河流名称	重要性
松花江干流	37	阿城	黑龙江省阿城县阿城镇	阿什河	重要
	38	兰西	黑龙江省兰西县河口镇	呼兰河	重要
	39	蔡家沟	吉林省扶余县蔡家沟镇	拉林河	重要
	40	沈家营	五常县沙河子镇磨盘山村	拉林河	一般
	41	莲花	方正县宝兴乡富祥村	蚂蚁河	一般
	42	大山咀子	敦化市大山咀子乡	牡丹江	一般
	43	长江屯	依兰县土城子乡	牡丹江	重要
	44	香么山水库	木兰县香么山水库	木兰达河	一般
	45	三岔河	吉林省前郭县三岔河	松花江	重要
	46	下岱吉	吉林省扶余县长春岭乡	松花江	重要
	47	二水源	哈尔滨市道里区	松花江	重要
	48	通河	黑龙江省通河县通河镇	松花江	重要
	49	依兰	黑龙江省依兰县依兰镇	松花江	重要
	50	佳木斯	黑龙江省佳木斯市	松花江	重要
	51	富锦	黑龙江省富锦县富锦镇	松花江	重要
	52	同江	黑龙江省同江市	松花江	重要
	53	五营	黑龙江省伊春市五营区	汤旺河	一般
	54	晨明	伊春市南岔区晨明镇	汤旺河	重要
	55	倭肯	黑龙江省勃利县倭肯镇	倭肯河	一般
	56	宝泉岭	萝北县宝泉岭农场	梧桐河	一般

第四节　小　　结

一、开展了二元水循环系统状况调查

在对社会水循环取水、输水、用水、耗水、排水调查基础上，揭示了松花江流域内社会水循环各个环节的特点，并分析了西流松花江沿岸 3 个典型城市的取水排水过程对水质的影响。分析结果表明，居民生活与工业污水排放对西流松花江流域水质影响较大，特别是部分未经处理的污水排放对水质影响很大。相对干流而言，支流径流量小，水环境容量小，排水对河流水质影响极大。

通过收集流域水文、气象、水质和水量等数据，调查了松花江流域水利部门和环境保护部门现有水质水量站网布设情况，全面掌握了松花江流域河流水系、重要湖泊（水库）、水功能区、省界水体、重要饮用水水源地、入河排污口和大中型灌区退水口等监测断面的分布情况，并绘制了各类水质监测断面 GIS 分布图。

二、构建了二元水循环监测体系方案

基于松花江流域自然水循环与社会水循环的有机结合，对松花江流域水循环监测现状进行了系统研究，并从水功能区管理、饮用水安全管理、入河排污监督管理、灌区退水管理、国控断面监控、省界水体监控角度，构建了面向水质安全的二元水循环水质监测站网方案，优化布设各类水质监测断面 700 余个，基本覆盖整个松花江流域一级、二级河流和 80% 以上的水功能区，覆盖了松花江流域水污染防治规划 23 个一般控制单元和 9 个优先控制单元。这为落实水功能区限制纳污红线管理奠定了重要基础，为流域机构和地方政府改善松花江水环境质量、应对污染突发事件和保障水质安全提供了科学依据。

三、设计了水污染事故应急监测断面

针对松花江流域重污染产业比例高，石油、化工和冶金等工业企业沿江分布广，以及潜在环境风险大等特点，根据松花江流域水污染事故应急监测断面设计原则，并结合松花江流域干流水库群面向突发性水污染事件的联合调度需求，在松花江流域设计了水污染事故应急监测断面 56 个，其中，重要控制断面占 69%，一般控制断面占 31%。这些应急监测断面的布设，可以及时提供松花江干流主要水库入库断面、松花江干流控制断面、松花江流域一级支流控制断面的水质信息，并为流域水质水量耦合模拟和流域干流水库群面向突发性水污染事件联合调度提供了基础平台，同时对重视沿江企业环境风险、提高风险管理能力、防范重大水污染事件、保障水环境安全具有重要意义。

|第四章|　流域水质水量耦合模拟技术

为了支撑松花江流域水质水量联合配置和干流水库群面向突发性水污染事件的联合调度研究，本章研究了松花江流域水质水量耦合模拟核心模型工具。松花江流域水质水量耦合模拟研究面临诸多难点：第一，松花江流域面积很大，尺度问题是需要首先克服的难点；第二，松花江流域污染来源复杂，具有明显的多源复合污染特征；第三，松花江流域属于典型的寒区，土壤中冻土层的变化及永久冻土层的存在加大了水循环及污染迁移、转化过程模拟的难度；第四，松花江流域冰封期河流水体流动的边界条件不同于明水期，冰体隔绝水体与大气的联系，因此，冰封期河流水动力学水质过程的模拟是一个难点。

围绕上述难点问题，本研究分析了若干关键技术。首先，为了弄清松花江流域水循环及污染迁移、转化机理，从三个层面开展污染迁移、转化试验研究；其次，在此基础上，构建了松花江流域二元水循环模型、流域水质模型和松花江干流水质水量动力学模型。

第一节　水污染迁移、转化机理试验研究

本节从小流域、灌区、干流三个层面开展水污染迁移、转化机理试验研究，全面支撑松花江流域水质水量耦合模拟模型构建。

一、小流域面源污染溯源试验

面源污染是松花江流域水污染的重要来源，也是迁移、转化机制最为复杂的水污染来源。嫩江右岸的那金河小流域是松花江流域以旱地作物为主的典型区域，包括农田面源污染、农村生活污染、农村畜禽养殖污染和水土流失污染等丰富的面源污染类型。面源污染溯源研究选择该流域作为研究区，利用细菌源追踪（bacterial source tracking，BST）技术和硝酸盐污染同位素示踪技术，对研究区内粪大肠杆菌和硝酸盐的面源污染来源进行追踪，进而识别出那金河流域面源污染的粪大肠杆菌和硝酸盐的来源和特征，以及不同类型的污染贡献率，为流域水污染控制和面源污染治理提供依据，进而初步确定东北地区旱地为主的小流域面源来源的基本特征。

（一）细菌源污染溯源试验研究

1. 细菌源污染溯源技术的原理

（1）基本原理。BST技术是确定水体中由排泄物导致的非点源污染来源的一种方法。BST技术主要通过采集流域内已知的非点源污染源环境样本，根据不同来源的细菌对抗生

素耐药性的差异性，利用抗生素抵抗力分析方法对已知的细菌（大肠杆菌、粪大肠菌和肠球菌等）来源进行耐药性分析，并获得其“指纹”，进而建立“指纹”数据库；在此基础上，对流域水质进行监测，通过 BST 技术对研究区域内非点源污染物来源进行追踪鉴别，并鉴别、量化研究区域内不同非点源污染物的来源和贡献率，识别非点源污染关键源区，为制定针对性的非点源控制措施提供依据。

（2）基本方法。BST 技术主要包括三个重要环节，即样品采集、已知源数据库的建立和水样分析及污染源的识别，其基本流程示意图如图 4-1 所示。

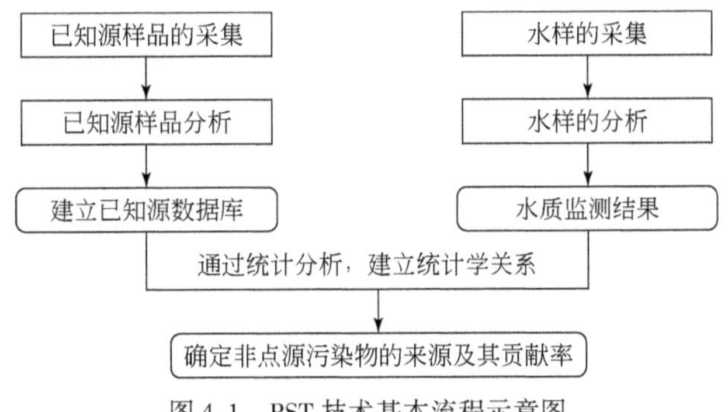

图 4-1　BST 技术基本流程示意图

步骤一：样品采集

BST 的采样分已知源样品的采集和水质样品的采集。

BST 一般按照流域为单元建立已知源数据库，已知源样品的采集按照项目区的面积来确定样品数量，并对已知污染来源进行分类。根据流域水文特征，将流域划分为不同的水文控制单元。根据流域内人和动物特征，将污染源分为 4 类，即人、家畜、家禽和宠物；在每一个水文控制单元内采集典型样本，每种源样本的数量不少于 15 个，至少收集 20 个源样本，要求至少全面涵盖源样品。

水样采集点以每个水文控制单元径流出口断面为主，并进行定期采集。

步骤二：已知源样品分析/水样分析

本次采用抗生素抵抗力分析方法进行样品分析。

利用灭菌过滤的抗生素储备液水溶液（氨苄青霉素、卤夫酮、新霉素、土霉素、链霉菌）与胰酶解酪蛋白大豆琼脂培养基制备不同抗生素浓度梯度的培养基。

将分离株移至不同抗生素浓度梯度的含抗生素板和控制板上，控制板上没有抗生素。培养基板在 37℃ 培养 24 小时。统计分离株生长情况，与控制板比较，按照有抗性记为“1”，无抗性记为“0”的方式，确定每一个样品的抗生素抵抗力结果。

步骤三：建立已知源库

所有粪大肠菌的分离株在各种浓度梯度的抗生素培养基的生长能力数据采用 1/0 输入，运用统计学原理获得不同已知源的特征码或“指纹”，进而建立已知源的“指纹”数据库。平均正确判别率（ARCC）是由每一种源正确分类后分离株的平均数确定的。

步骤四：水样分析及污染源的识别

水样中粪大肠菌群组成未知，属于未知源，未知源的抗药性分析与已知源分析方法相同，抗生素抵抗力结果与已知源的数据库进行对比分析，确定这些分离株是属于数据库的哪一类。

2. 试验结果与分析

（1）已知源数据库的建立与分析。2010 年 8 ~ 10 月，对典型研究区那金河小流域采集有效已知源样品 259 份，其中，人样份有 62 份、家畜样份有 83 份、宠物样份有 42 份、家禽样份有 72 份。采用抗生素 7 种 32 个浓度梯度进行抗生素抵抗力分析，建立已知源数据库。

经过对建立的那金河小流域的已知源数据库的分析，ARCC 达到 87.2%，其中，人样份 ARCC 为 88.5%、牲畜样份 ARCC 为 83.7%、宠物样份 ARCC 为 90.7%、家禽样份 ARCC 为 85.8%，Jackknifed ARCC 为 77.0%，Randomized ARCC 为 32.7%。

通过数据分析可以看出，所建立的已知源数据库对不同来源的粪大肠菌群的平均 ARCC 为 87.21%>70%、Randomized ARCC<40%，因此，可以说该 BST 已知源数据库是可靠可信的，对污染物的识别是有效的。

（2）流域粪大肠菌群非点源污染来源识别。细菌源追踪的目标是确认水体中粪源污染的来源。采集的数据对粪污染的最可能来源提供线索，帮助在模型验证中分配不同来源的粪污染负荷，是最终污染解决方案的依据。

根据 2010 年 6 ~ 10 月监测结果分析，那金河小流域粪大肠菌群污染来源中人占 38.8%、牲畜占 28.1%、家禽占 20%，宠物占 13.1%，人和牲畜粪便污染是粪大肠菌群的主要来源。根据流域内养殖情况和具体特点，粪大肠菌群的来源贡献率和实际情况是相符的。

（二）硝酸盐污染溯源试验研究

1. 硝酸盐污染同位素示踪技术的试验目的

水体中硝酸盐的潜在污染源可分为天然硝酸盐和非天然硝酸盐两种（图 4-2）。前者来源于天然有机氮或腐殖质的降解和消化，后者则与人、畜粪便，人造化肥和污水等人类活动有关。利用^{14}N 和^{15}N 氮稳定同位素示踪技术可以辨析水体中硝酸盐潜在污染源来源。

2. 水体中硝酸盐污染源识别的基本原理

不管什么来源的硝酸盐，在进入水体以前，来自非点源绝大多数都要经过土壤环境。因此，水体中硝酸盐潜在污染源的同位素特征将通过土壤硝酸盐来体现，而土壤硝酸盐的来源和同位素特征则主要取决于土地利用方式。

因氮元素在自然界参与了物理、化学和生物等许多过程，如挥发、矿化、硝化及反硝化等，导致氮同位素发生分馏。因此，来源不同的硝酸盐氮同位素 $\delta^{15}N$ 值一般在一个范围内变化，即无机化肥为-7‰ ~ 5‰，土壤有机氮为-3‰ ~ 8‰，有机肥与污水为 7‰ ~ 25‰。利用硝酸盐氮同位素 $\delta^{15}N$ 值范围，结合硝氮、NH_3-N 浓度与农作物施肥状况，以及土地利用方式，可判别水体中硝酸盐的主要来源。

3. 硝酸盐污染同位素示踪技术方法

（1）采样点分布及样品采集。根据那金河小流域土地利用方式，将其划分为 5 类，即

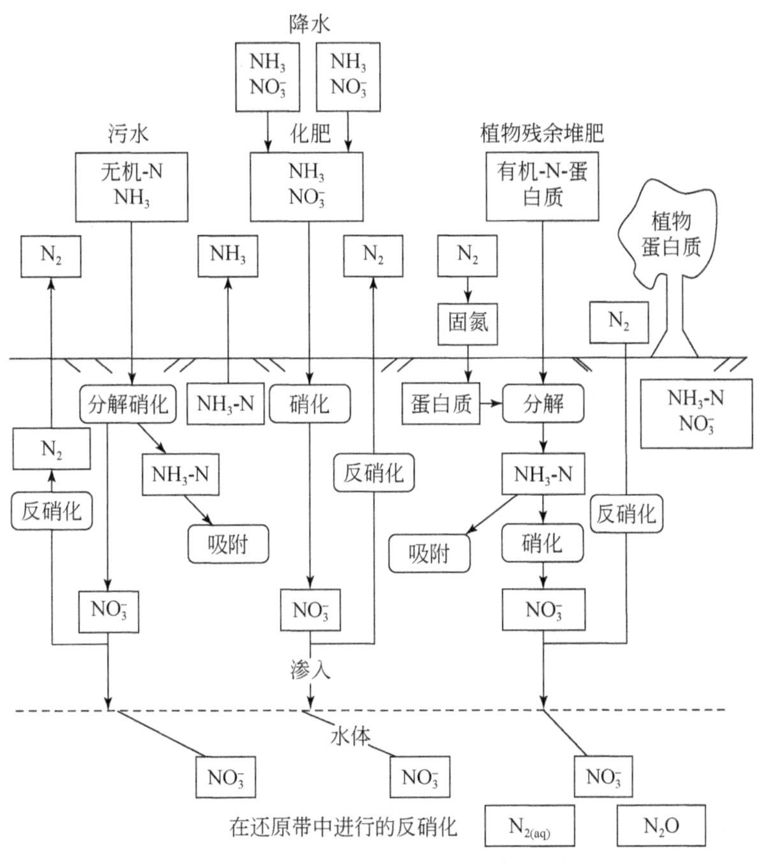

图 4-2　水环境里氮的来源及循环途径

农田、林地、村落、荒地和河滩。在流域内共设 4 个采样点，每个采样点采集 5 种土地利用方式，各采样点采集 6L 水样，每个采样点土壤样品取样量为 1 ~ 2 kg；经风干、过筛，去一定量以土：水 =1：2 的标准加入去离子水浸泡 1 ~ 2 日提取 NO_3^-。

（2）NO_3^-收集方法。将水样或土壤浸泡液用 0.45μm 的聚碳酸酯膜过滤，去掉水中的颗粒物，用阴离子交换柱以 5 ~ 15 mL/min 的流速抽滤水样，抽滤结束后用橡皮塞密封阴离子交换柱，放在冷藏箱内保存。用 15 mL 的 3 mol/L 盐酸，分 5 次向阴离子交换柱内加入，每次加入 3 mL。把先后得到的 15 mL 含有 NO_3^-的洗脱液收集在容积为 50 mL 的烧杯中。

用阳离子交换树脂的方法除掉样品中过多的阳离子。在收集的交换液内加入过量的 Ag_2O 进行中和，将溶解性 NO_3^-转化为 $AgNO_3$。用过滤方法去除 AgCl 沉淀。

（3）测试。将样品放入冷冻干燥机中进行冷冻干燥，再放入 MAT 253 型稳定同位素质谱仪的元素分析仪中，测定其^{15}N 和^{18}O 同位素的组成。

4. 硝酸盐污染同位素示踪结果

本研究在那金河小流域共设有 4 个采样点，其中，TY1 号位于那金河支流双发河，TY2 号位于那金河入群昌水库河口，TY4 号和 TY5 号分别位于古树河和煤窑河。根据那金河小流域土地利用方式，将其划分为 5 类，即农田、林地、村落、荒地和河滩。每个采样区采集 5 种土地利用方式，共采集土壤样品 20 个（表 4-1），土壤 NO_3^- 和 $\delta^{15}N$ 值分布特征如图 4-3 所示。

表 4-1　采样点基本坐标及土地利用方式

采样点	经度	纬度	土地利用方式
TY1-A	121°59.191′E	45°50.53′N	耕地
TY1-B	121°59.322′E	45°51.02′N	树林
TY1-C	121°59.503′E	45°51.19′N	村落
TY1-D	121°59.254′E	45°50.58′N	河滩
TY1-E	121°59.175′E	45°50.51′N	荒山
TY2-A	121°59.266′E	45°48.20′N	耕地
TY2-B	121°59.127′E	45°48.31′N	树林
TY2-C	121°59.028′E	45°48.38′N	村落
TY2-D	121°59.149′E	45°48.12′N	河滩
TY2-E	121°59.140′E	45°48.10′N	荒山
TY4-A	121°49.191′E	45°52.54′N	耕地
TY4-B	121°49.192′E	45°52.47′N	树林
TY4-C	121°49.143′E	45°53.08′N	村落
TY4-D	121°49.144′E	45°52.43′N	河滩
TY4-E	121°49.145′E	45°52.41′N	荒山
TY5-A	121°46.496′E	45°45.15′N	耕地
TY5-B	121°46.497′E	45°45.17′N	树林
TY5-C	121°47.208′E	45°45.29′N	村落
TY5-D	121°46.509′E	45°45.16′N	河滩
TY5-E	121°47.130′E	45°45.30′N	荒山

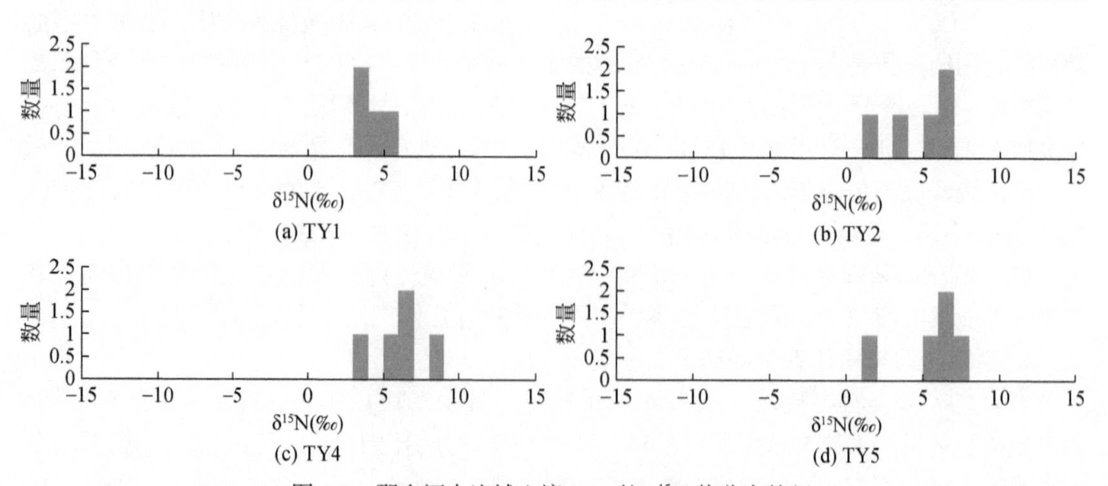

图 4-3　那金河小流域土壤 NO_3^- 的 $\delta^{15}N$ 值分布特征

来源不同的硝酸盐氮同位素 $\delta^{15}N$ 值一般在一个范围内变化，即无机化肥为-7‰～5‰；土壤有机氮为-3‰～8‰；有机肥与污水为7‰～25‰。根据土壤 NO_3^- 的 $\delta^{15}N$ 变化范围，可以初步判断流域土壤 NO_3^- 主要来自无机化肥、土壤有机氮和有机肥，其中，土壤有机氮和无机化肥贡献率较高，占70%～80%。同时，土壤 NO_3^- 的 $\delta^{18}O$ 值测定结果分析显示，土壤 NO_3^- 的 $\delta^{18}O$ 值普遍高于7‰，可以进一步判断土壤 NO_3^- 主要来源于无机肥。

根据对那金河小流域水质样品 NO_3^- 的 $\delta^{15}N$ 的分析，其变化范围在-5‰～6‰。通过实验室的分析，水体中硝酸盐来自农田土壤有机氮和无机化肥的贡献率为70%～80%，其他来自农村生活污染和畜禽养殖所产生的面源污染的贡献率为20%～30%。BST分析结果显示，在农村面源污染来源中，人和牲畜占到70%左右，家禽和宠物占30%。

二、灌区农田面源污染迁移、转化试验

松花江流域农田面源污染情况非常严重。流域中下游是国家重要的商品粮基地，现有耕地面积为5839万亩，化肥年施用量约为203.8万t，平均化肥施用量为34.9 kg/亩，远高于全国平均水平（18.5 kg/亩）。农田退水汇入江河，加剧了流域水污染状况，由农田化肥农药带来的氮、磷污染已经成为松花江主要污染源之一。

灌区入河系数是随灌区退水进入河流的农田面源污染负荷与灌区所形成的农田面源污染负荷的比率，与灌区灌溉施肥方式和排水系统退水过程等多种因素有关，是反映灌区面源污染的重要参数指标。在对流域内典型灌区（前郭灌区）污染物从田间进入各级排水系统，最后入河的水质水量过程系统试验与监测基础上，进行模拟演算及分析，确定主要面源污染物（NH_3-N、TN、TP和COD）入河系数。

试验在前郭灌区进行，针对农田面源污染迁移、转化和汇集过程，于2009年和2010年进行了田间-末级排水系统面源污染迁移、转化过程监测、排水汇流水质水量过程监测及冻土条件下土壤水与污染物迁移试验，以期通过监测和试验了解灌区主要农田面源污染物对河流污染的贡献，为松花江水质水量耦合模拟模型提供农田面源污染模拟支持。

（一）田间-末级排水系统面源污染迁移、转化过程监测

在控制支沟（二干渠7支沟）的选定区段内进行水质（污染物浓度）和水量（水位和流量）过程测定。选择排水支沟控制断面（A），测定水稻生育期内水质（NH_3-N、硝氮、TN、TP、COD、磷酸根和电导率等11个指标）和水量过程，同时在该控制断面后2～3条排水斗沟入口浓度（B、C、F）位置，以及排水支沟（E）位置设置监测断面，测定水质和水量过程。另外，在稻田（G、H、T位置）测定水质（图4-4）。通过布设系统的监测断面，测定田间到末级排水沟道中的水质水量过程。

在排水支沟控制断面A位置水量和浓度已知的情况下，可根据排水斗沟B、C位置入口水质水量过程推算排水支沟D位置水质水量过程，同样根据质量平衡可推算E位置水质水量过程。由于稻田田间水直接排入排水斗沟，这样可以根据灌溉制度及施肥方案了解稻田田间到末级排水与末级排水系统中的面源污染迁移、转化过程与汇集规律。

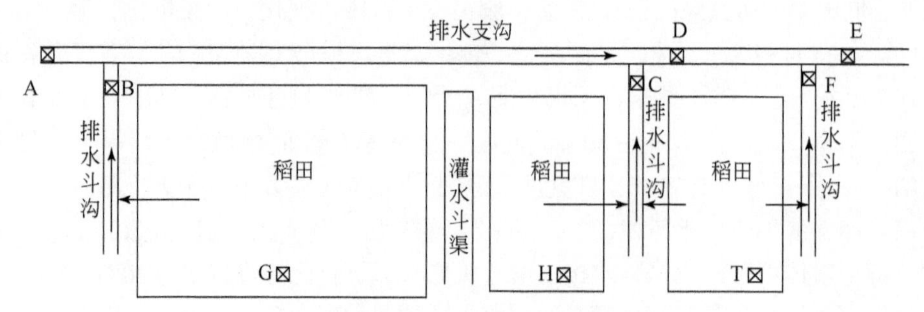

图 4-4 典型支沟水质水量过程监测

（二）排水汇流水质水量过程监测

稻田中渗流排水，地表弃水和灌溉退水进入末级排水沟道，并向排水支沟和干沟汇集，最后入河。各种污染物随水流运动发生对流和掺混，并在迁移过程中发生转化。同理，排水干沟水质及排水水位监测断面位置如图 4-5 所示，根据质量平衡推算排水干沟水质水量过程。

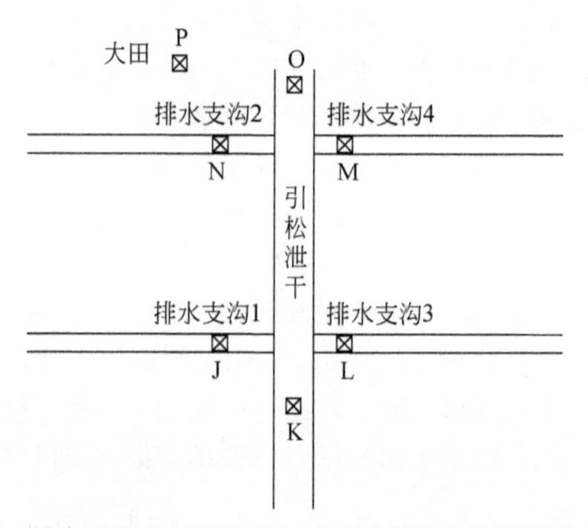

图 4-5 排水干沟（引松泄干）水质及排水水位监测断面位置

（三）冻土条件下土壤水及污染物迁移试验

松花江流域因为冻土层的广泛存在，流域水循环驱动机制、水平衡具有其自身特色，其水文特点与无冻土区相比存在显著区别。冻土对上层土壤含水量、土壤蒸发能力和土壤入渗存在深刻影响，而水流运动是面源污染物运动迁移的直接驱动力，从而影响区域产汇流及农田面源污染物的运动、迁移、转化与汇集规律。

2009 年 11 月 ~2010 年 3 月，在灌区试验站针对冻土条件下的土壤水分运动及面源污染物迁移规律开展了试验。2009 年 10 月，水稻收割后，测定了土壤含水率及主要面源污染物（TN、TP）在土壤垂直剖面的浓度分布情况，2009 年 11 月 ~2010 年 3 月，每 15 日进行冻土取样，测定土壤温度、土壤冻深发育过程，以及不同土壤深度的主要面源污染物浓度。在此基础上，分析土壤冻结和溶化过程中土壤水分及面源污染物的迁移特性。

（四）灌区农田面源污染物入河过程分析

根据灌区面源污染的监测结果，分析了灌区面源污染过程及污染物入河量。图4-6和图4-7分别为2009年引松泄干、五泄干主要农田面源污染物（NH_3-N、TN、TP和COD）浓度及入河量过程；表4-2为2009年和2010年水稻生育期内灌区主要面源污染物入河量。

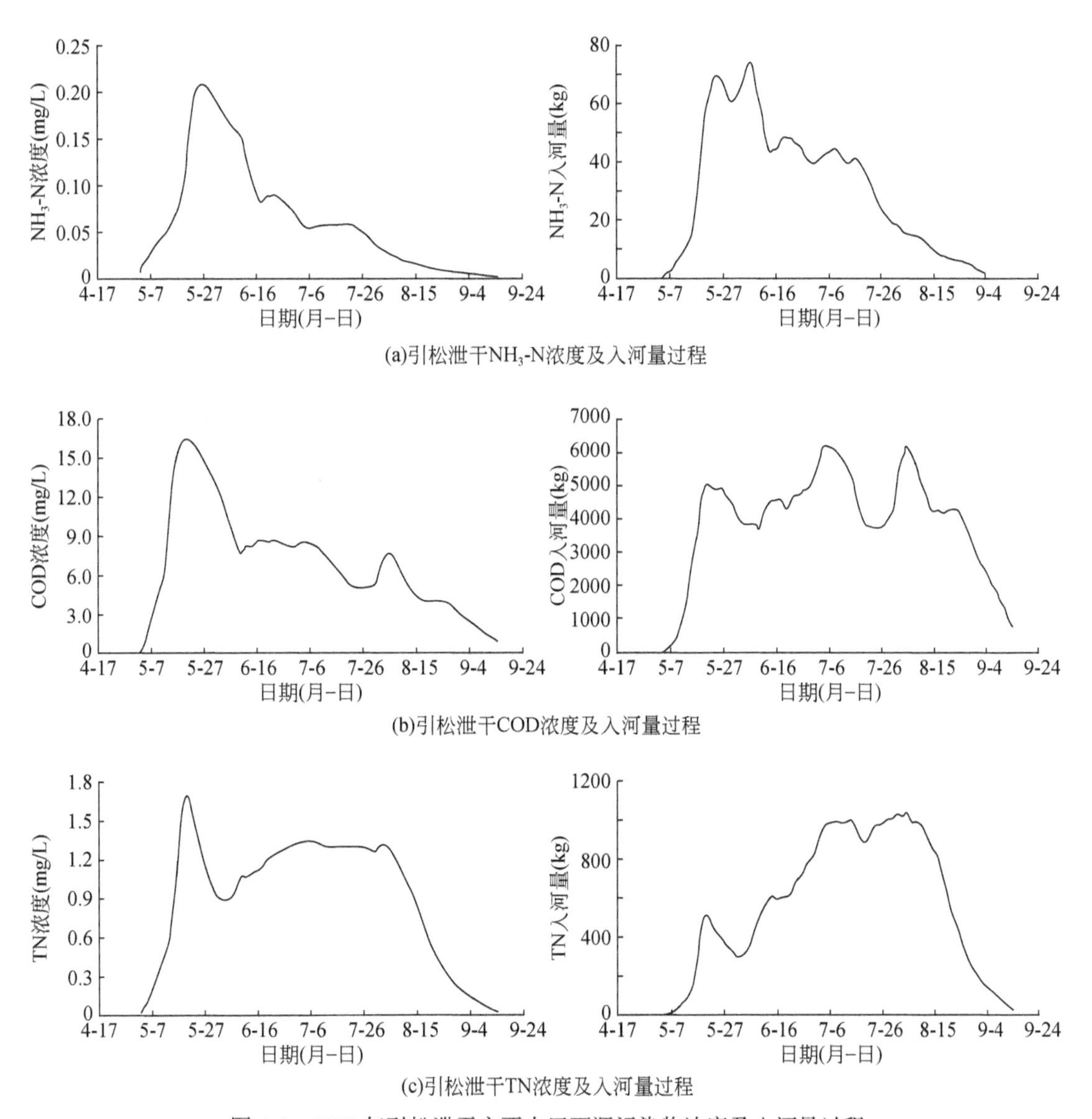

(a)引松泄干NH_3-N浓度及入河量过程

(b)引松泄干COD浓度及入河量过程

(c)引松泄干TN浓度及入河量过程

图4-6　2009年引松泄干主要农田面源污染物浓度及入河量过程

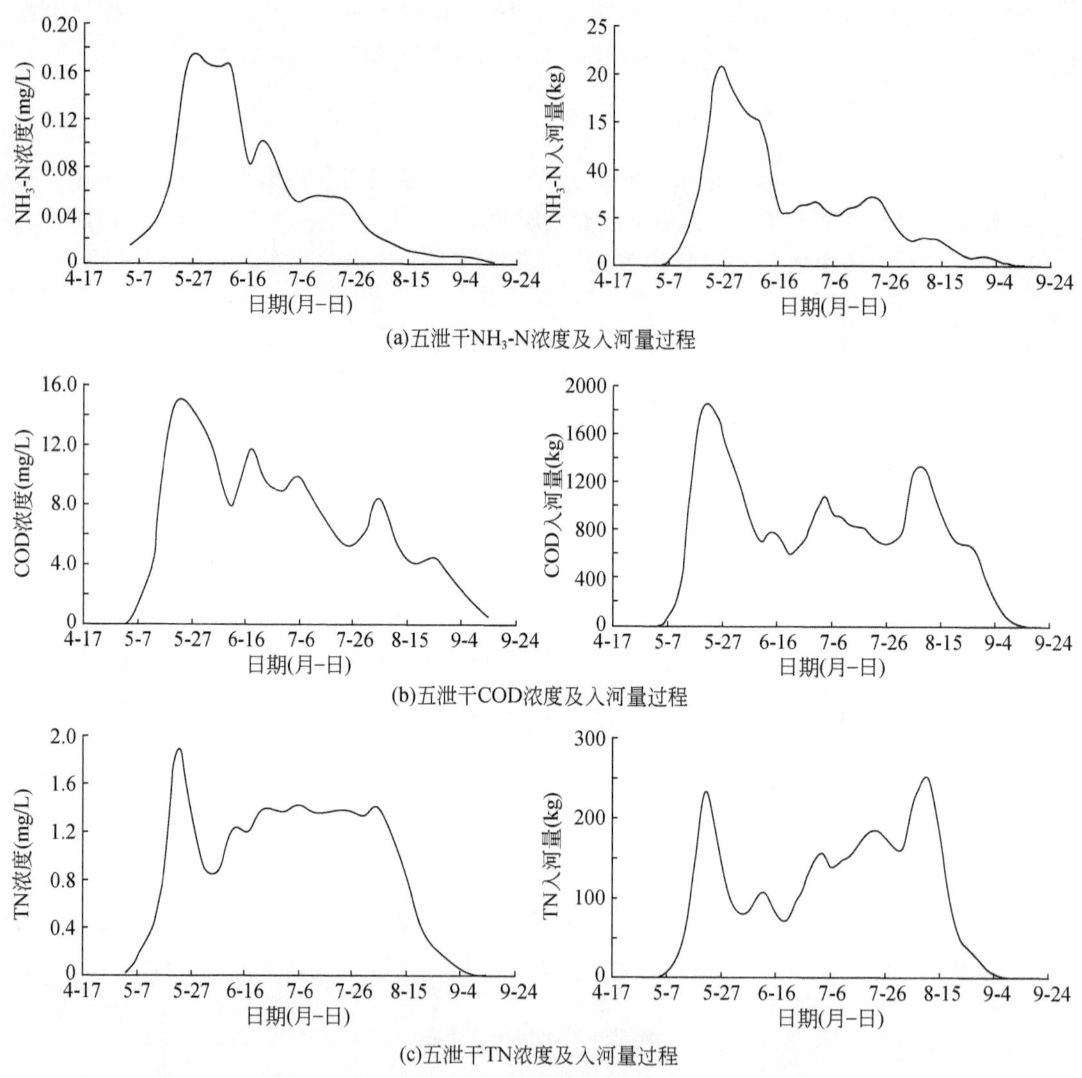

(a)五泄干NH_3-N浓度及入河量过程

(b)五泄干COD浓度及入河量过程

(c)五泄干TN浓度及入河量过程

图 4-7 五泄干主要农田面源污染物浓度及入河量过程

比较引松泄干（图 4-6）和五泄干的水质水量过程（图 4-7）可以看出，灌区不同尺度的污染物峰值和通量过程均表现出显著差异。由于灌区施肥时间和施肥量并无显著差异，不同尺度的排水汇流过程及污染物在排水汇流过程中的转化作用显著地影响了污染物的能量过程。

表 4-2 2009 年和 2010 年水稻生育期内灌区主要面源污染物入河量

年份	NH_3-N（t）	TN（t）	TP（t）	COD（t）	排水量（亿 m^3）
2009	5.08	92.56	26.85	637.76	1.30
2010	10.83	95.99	44.87	1288.58	1.35

控制水稻排水水量对面源污染总量控制具有重要的意义。由表4-2可知，相比2009年，2010年灌区排水量增加了3.85%，而NH_3-N、TP和COD的排放量分别增加了113.4%、67.1%和102.0%。

将稻田进入末级排水系统的污染物作为污染物负荷量，进入末级排水系统污染物包括从稻田渗流进入排水系统的水量，以及稻田地表排水和灌溉退水水量所携带的污染物，由各部分退水量乘以退水中面源污染物浓度确定污染物负荷量。根据灌区污染物负荷量，以及污染物入河量，确定水稻生育期内灌区主要面源污染物入河系数（表4-3）。

表4-3 水稻生育期内灌区主要面源污染物入河系数

主要面源污染物	NH_3-N	TN	TP	COD
入河系数	0.14	0.39	0.38	0.42

三、干流污染物综合降解系数监测试验

（一）试验概况

污染物进入河流水体后，立即受到水体的平流输移、纵向离散和横向混合作用，同时与水体发生物理、化学和生物作用，使水体中污染物浓度逐渐降低，水质逐渐好转，这就是污染物在水体中的稀释降解过程。为了模拟这一过程，通常采用污染物综合降解系数来反映污染物的稀释降解过程，一般情况下其精度能够满足水资源保护规划与管理的要求。

根据蔚秀春（2007）、高圆圆等（2016）和王永刚等（2013）的专项研究，反映污染物自净过程的污染物综合降解系数受诸多因素影响，其中，较为重要的有水温、污染物的浓度梯度、水文特征和河道状况等。为了能更加实际地揭示松花江干流河流水质的变化规律与演变趋势，本书开展了对松花江流域齐齐哈尔市、哈尔滨市、吉林市上、下游水质监测工作，共计12个水质监测断面，每个监测断面监测的水质项目为溶解氧、NH_3-N、高锰酸盐指数、总磷、COD、六价铬、砷共七项；监测的水文参数为水温、平均流速、水面宽度和平均水深等。

（二）监测断面设置

在确定河流（段）污染物综合降解系数时，无论采取哪一种方法，尤其是以在河段上做试验来确定污染物综合降解系数时，河段的选取都至关重要，不能随意选取。为了尽可能地保证试验的准确性和确定的污染物综合降解系数的代表性，所选河段一般要求较为顺直，河道较为规整，水流稳定，上下断面之间没有排污口、支流口和取水口等。河道顺直，水流稳定是要求河道的情况尽量符合一种理想的条件；上下断面之间没有排污口、支流口和取水口是要求自净过程减少干扰。另外，所选河段的长度要适当，不能过长或过短，河段太短污染物刚开始自净，太长污染物已经完全自净，都不能准确反映该自净过程。

根据以上要求，考虑比较河流在污水排入之前与之后污染物降解衰减的特性，共布设

了6个河段12个断面，分别为齐齐哈尔市上游和下游的嫩江2个河段和4个断面、哈尔滨市上游和下游的松花江干流2个河段和4个断面及吉林市上游和下游的西流松花江2个河段和4个断面。

（三）水质监测及结果

1. 监测原理及方法

水文测量按水利部颁布的《水文普通测量规范》（SL 58—1993）的要求执行。水质采样方法按《水环境监测规范》（SL 219—98）中规定的方法进行采样。水质监测化验方法按《地表水环境质量标准》（GB 3838—2002）中规定的方法进行。

2. 样品测定结果

本研究试验样品测定结果见表4-4。

表4-4　实验样品测定结果

样品名称 / 项目	水温（℃）	溶解氧（mg/L）	高锰酸盐指数	COD（mg/L）	NH_3-N（mg/L）	总磷（mg/L）	六价铬（mg/L）	砷（mg/L）
齐齐哈尔市上游1断面	22.5	8.11	5.68	21.60	0.53	0.09	<0.004	0.004 96
齐齐哈尔市上游2断面	22.6	8.12	5.40	21.00	0.45	0.08	<0.004	0.002 18
齐齐哈尔市下游1断面	23.1	8.53	5.60	19.20	<0.025	0.1	<0.004	0.002 02
齐齐哈尔市下游2断面	23.3	8.50	5.70	22.60	0.23	0.09	<0.004	0.001 75
哈尔滨市上游1断面	26.6	8.99	4.43	18.80	1.1	0.15	<0.004	0.001 73
哈尔滨市上游2断面	26.5	8.81	4.41	18.40	0.79	0.13	<0.004	0.002 13
哈尔滨市下游1断面	26.5	9.02	5.29	18.60	0.85	0.12	<0.004	0.001 63
哈尔滨市下游2断面	26.6	8.71	4.53	18.40	0.71	0.09	<0.004	0.001 96
吉林市上游1断面	15.5	9.88	5.68	24.00	2.82	0.10	<0.004	0.001 15
吉林市上游2断面	15.3	10.01	5.47	22.67	2.14	0.08	<0.004	0.001 01
吉林市下游1断面	14.3	9.98	5.12	23.6	2.49	0.10	<0.004	0.002 29
吉林市下游2断面	14.2	10.02	5.53	23.2	1.88	0.05	<0.004	0.002 10

（四）河道污染物综合降解系数

准确地确定污染物综合降解系数，直接影响到水体能力计算结果的准确、合理性。通常污染物综合降解系数的确定有以下几种方法，即资料类比分析、实测数据估值法、利用常规监测资料估算。本研究采用考虑离散的实测数据估值法：

$$C_B = C_A \exp\left[\frac{u}{2E}(1 - m)x\right]$$
$$m = \sqrt{1 + \frac{4kE}{u^2}} \tag{4-1}$$

$$K = \left\{\left(1 - 2E\frac{u}{x}\ln\frac{C_A}{C_B}\right)^2 - 1\right\} \times u^2/4E \tag{4-2}$$

式中，K 为污染物综合降解系数（d^{-1}）；u 为断面平均流速（m/s）；x 为上下断面之间距离（m）；C_A 为上断面污染物浓度（mg/L）；C_B 为下断面污染物浓度（mg/L）；E 为污染物纵向弥散系数（m^2/s）；m 为进入上断面处污染物的量（g）。

对松花江干流水质输移过程的模拟以实测数据估计计算得到的污染物综合降解系数为基础，考虑已有工作中积累的经验和成果，以及模拟调试中模拟数据与实测数据的情况，综合确定松花江干流各污染物综合降解系数。

第二节　松花江流域分布式二元水循环模型

一、模型原理

分布式流域水文模型发展到今天，如何应用到像松花江这样大的流域，仍面临着空间尺度与空间变异、时间尺度与水动力学机制、数据源、计算量、人工侧支水循环过程与天然水循环过程的耦合及水资源评价口径等关键问题。本研究综合分布式流域水文模型和陆面水循环过程模型等研究成果，对解决这些问题进行了探索，同时结合松花江流域的特点，开发了松花江流域分布式二元水循环演化（water and energy transfer processes in Songhuajiang River basin，WEPSR）模型，并进行了模型验证。

流域分布式二元水循环演化模型的基本构架示意图，如图 4-8 所示。蓄水、取水、输水、用水和排水等人工侧支水循环过程，和降水、地表与冠层截留、蒸发蒸腾、入渗、地表径流、壤中径流及地下径流等天然水循环要素过程密切关联、相互作用，形成“天然-人工”双驱动力作用下的流域分布式二元水循环演化结构。因此，在建立流域水循环模型时必须耦合流域自然水循环和社会水循环过程，建立两者之间的联系，对流域分布式二元水循环所产生的效应进行综合模拟。

WEPSR 模型的平面结构如图 4-9 所示。坡面汇流计算根据各等高带的高程、坡度与 Manning 糙率系数（各类土地利用的谐和均值），采用一维运动波法将坡面径流由流域的最上游端追迹计算至最下游端。各条河道的汇流计算，根据有无下游边界条件采用一维运动波法或动力波法由上游端至下游端追迹计算。地下水流动分山丘区和平原区分别进行数值解析，并考虑其与地表水、土壤水及河道水的水量交换。

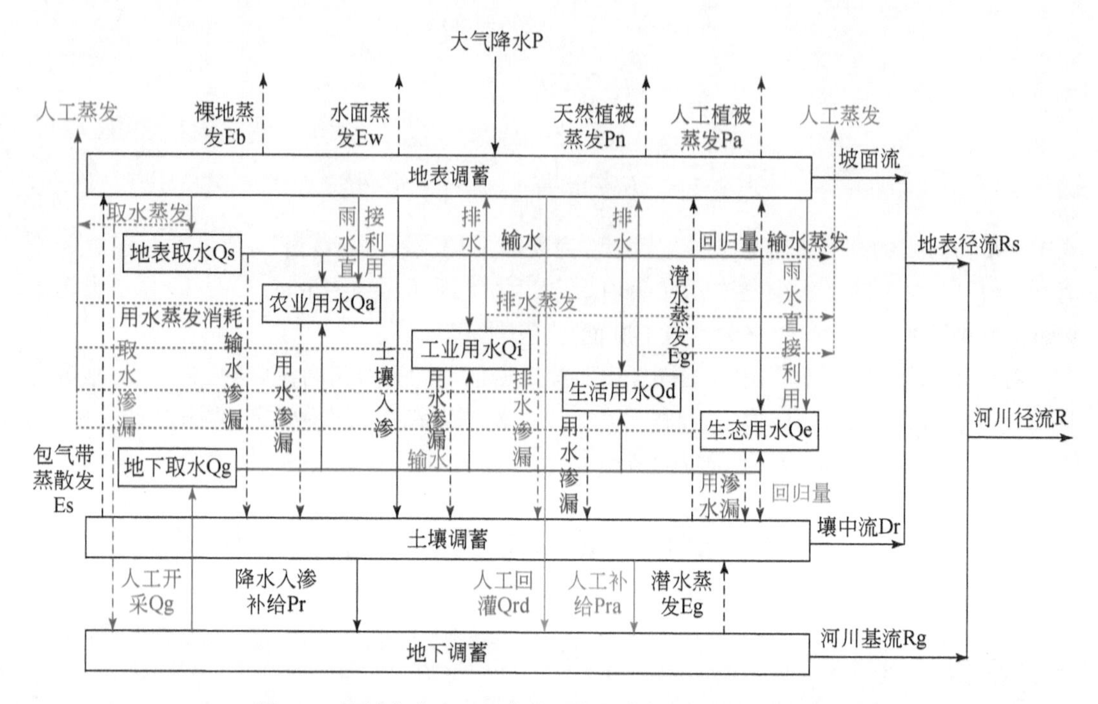

图 4-8　流域分布式二元水循环演化模型的基本构架示意图

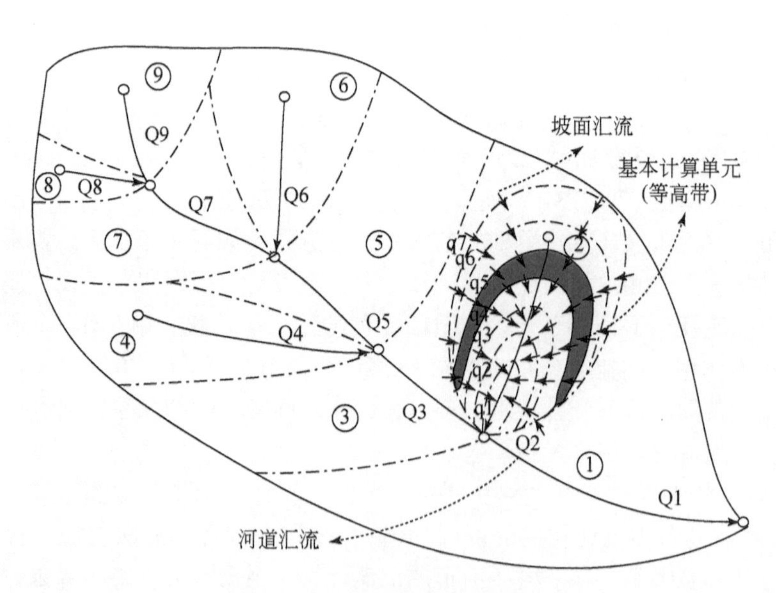

图 4-9　WEPSR 模型的平面结构

注：图中的①～⑨代表子流域编码，$Q_1 \sim Q_9$ 代表各子流域径流量，$q_1 \sim q_7$ 代表等高带编号

WEPSR 模型各计算单元的铅直方向结构如图 4-10 所示。从上到下包括植被或建筑物截留层、地表洼地储留层、土壤表层、过渡带层、浅层地下水层和深层地下水层等。状态

变量包括植被截留量、洼地储留量、土壤含水率、地表温度、过渡带层储水量、地下水位及河道水位等。主要参数包括植被最大截留深、土壤渗透系数、土壤水分吸力特征曲线参数、地下水透水系数和产水系数、河床的透水系数和坡面和河道的糙率等。为考虑计算单元内土地利用的不均匀性，采用了“马赛克”法，即把计算单元内的土地归成数类，分别计算各类土地利用类型的地表面水热通量，取其面积平均值为计算单元的地表面水热通量。土地利用首先分为裸地-植被域、灌溉农田、非灌溉农田、水域和不透水域五大类。裸地-植被域又分为裸地、草地和林地 3 类，不透水域分为城市地面与都市建筑物 2 类。另外，为反映表层土壤含水率随深度的变化和便于描述土壤蒸发、草或作物根系吸水和树木根系吸水，将透水区域的表层土壤分割成 4 层。

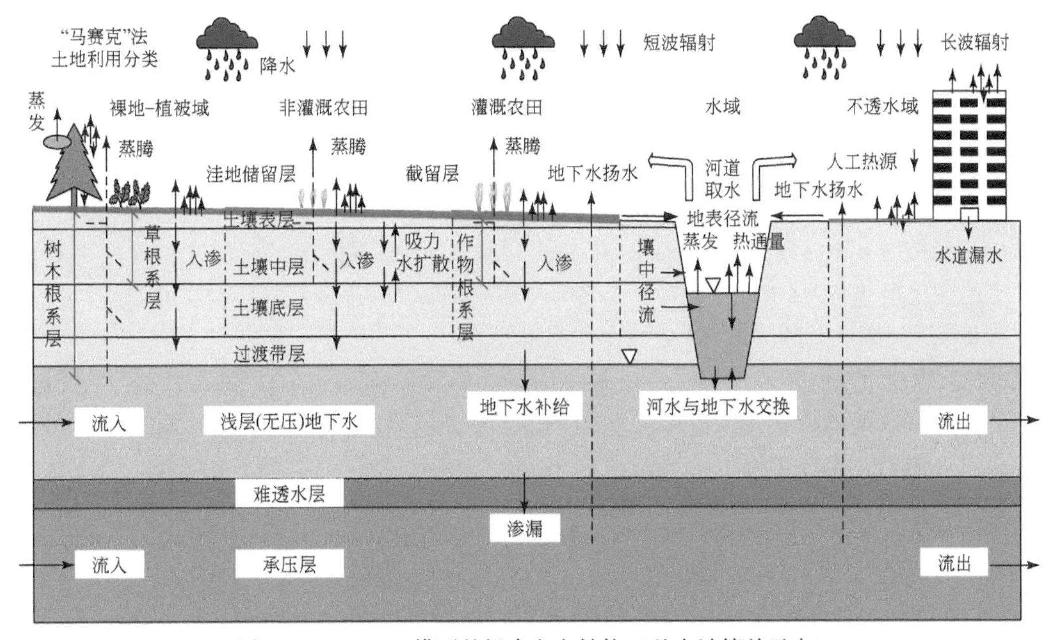

图 4-10　WEPSR 模型的铅直方向结构（基本计算单元内）

（一）自然水循环模拟

1. 蒸发蒸腾

蒸发蒸腾不仅通过改变土壤的前期含水率直接影响产流，也是生态用水和农业节水等应用研究的重要着眼点，因此，准确计算蒸发蒸腾具有特别重要的意义。因为 WEPSR 模型采用了“马赛克”结构考虑计算单元内的土地利用变异问题，每个计算单元内的蒸发蒸腾可能包括植被截留蒸发、土壤蒸发、水面蒸发和植被蒸腾等多项，并按照土壤-植被-大气通量交换方法，采用 Noilhan-Planton 模型、Penman 公式和 Penman-Monteith 公式等进行了详细计算。同时，由于蒸发蒸腾过程和能量交换过程客观上融为一体，为计算蒸发蒸腾，地表附近的辐射、潜热、显热和热传导的计算不可缺少，而这些热通量又均是地表温度的函数。为减轻计算负担，热传导及地表温度的计算采用了强制复原法。

计算单元内的蒸发蒸腾包括来自植被湿润叶面（植被截留水）、水域、土壤、都市地表面和都市建筑物等的蒸发，以及来自植被干燥叶面的蒸腾。计算单元平均蒸发蒸腾量可由下式算出：

$$E = F_W E_W + F_U E_U + F_{SV} E_{SV} + F_{IR} E_{IR} + F_{NI} E_{NI} \tag{4-3}$$

式中，E 为计算单元平均蒸发蒸腾量（mm），F_W、F_U、F_{SV}、F_{IR}、F_{NI}分别为计算单元内水域、不透水域、裸地-植被域、灌溉农田及非灌溉农田的面积率（%）；E_W、E_U、E_{SV}、E_{IR}、E_{NI}分别为计算单元内水域、不透水域、裸地-植被域、灌溉农田及非灌溉农田的蒸发量或蒸发蒸腾量（mm）。

水域的蒸发量（E_w）由下述 Penman 公式（Penman，1948）算出：

$$E_w = \frac{(R_N - G)\Delta + \rho_a C_p \delta_e / r_a}{\lambda(\Delta + \gamma)} \tag{4-4}$$

$$r = \frac{C_p \times P}{0.622\lambda} \tag{4-5}$$

式中，R_N为净放射量（MJ/m^2）；G 为传入水中的热通量（MJ/m^2）；Δ 为饱和水蒸气压对温度的导数（kPa/℃）；δ_e为实际水蒸气压与饱和水蒸气压的差值（kPa）；r_a为蒸发表面的空气动力学阻抗（s/m）；ρ_a为空气的密度（kg/m^3）；C_p为空气的定压比热［J/（kg·℃）］；λ 为水的气化潜热（MJ/kg）；γ 为空气湿度常数（kPa/℃）；P 为大气压（kPa）。

裸地-植被域蒸发蒸腾量（Esv）由下式计算：

$$Esv = E_{i1} + E_{i2} + E_{tr_1} + E_{tr_2} + E_s \tag{4-6}$$

式中，E_i为植被截留蒸发（来自湿润叶面）；E_{tr}为植被蒸腾（来自干燥叶面）；E_s为裸地土壤蒸发。另外，下标 1 表示高植被（森林、都市树木），下标 2 表示低植被（草）。

植被截留蒸发（E_i）使用 Noilhan-Planton 模型（Noilhan and Planton，1989）计算：

$$E_i = V_{eg} \times \delta \times E_p \tag{4-7}$$

$$\frac{\partial W_r}{\partial t} = V_{eg} \times P - E_i - R_r \tag{4-8}$$

$$R_r = \begin{cases} 0 & W_r \leqslant W_{rmax} \\ W_r - W_{rmax} & W_r > W_{rmax} \end{cases} \tag{4-9}$$

$$\delta = (W_r / W_{rmax})^{2/3} \tag{4-10}$$

$$W_{rmax} = 0.2 \times V_{eg} \times LAI \tag{4-11}$$

式中，V_{eg}为裸地-植被域的植被面积占计算单元的面积比例（%）；δ 为湿润叶面占植被叶面的面积比例（%）；E_p为最大蒸发量，由式（4-4）计算（mm）；W_r为植被截留水量（mm）；P 为降水量（mm）；R_r为植被冠层流出水量，即超出最大植被截流水量的部分（mm）；W_{rmax}为最大植被截留水量（mm）；LAI 为叶面积指数。

植被蒸腾（E_{tr}）由 Penman-Monteith 公式（Monteith，1973）计算。

$$E_{tr} = V_{eg} \times (1 - \delta) \times E_{PM} \tag{4-12}$$

$$E_{PM} = \frac{(R_N - G)\Delta + \rho_a C_p \delta_e / r_a}{\lambda[\Delta + \gamma(1 + r_c / r_a)]} \tag{4-13}$$

式中，R_N 为净放射量（MJ/m²）；G 为传入植被体内的热通量（MJ/m²）；r_c为植物群落阻抗（s/m）。蒸腾属于土壤、植物、大气连续体（soil-plant-atmosphere continuum，SPAC）水循环过程的一部分，受光合作用、大气湿度和土壤水分等的制约。这些影响通过式(4-13)中的植物群落阻抗（r_c）来考虑。

植被蒸腾通过根系吸水由土壤层供给。根系吸水模型参见雷志栋等（1988）的研究。假定根系吸水率随深度线性递减，根系层上半部的吸水量占根系总吸水量的70%，则可得下式：

$$S_r(z) = \left(\frac{1.8}{\lambda r} - \frac{1.6}{\lambda r^2}z\right) E_{tr}(0 \leqslant z \leqslant \lambda r) \tag{4-14}$$

$$E_{tr}(z) = \int_0^z S_r(z)\,dz = \left(1.8\frac{z}{\lambda r} - 0.8\left(\frac{z}{\lambda r}\right)^2\right) E_{tr}(0 \leqslant z \leqslant \lambda r) \tag{4-15}$$

式中，E_{tr}为植被蒸腾（mm）；λr 为根系层的厚度（m）；z 为离地表面的深度（m）；$S_r(z)$ 为深度 z 处的根系吸水强度（mm/m）；$E_{tr}(z)$ 为从地表面到深度 z 处的根系吸水量（mm）。

灌溉农田和非灌溉农田的作物蒸腾计算与裸地-植被域类似。根据以上公式，只要给出植物根系层厚，即可算出其从土壤层各层的吸水量（蒸腾量）。在本研究中，认为草与农作物等低植物的根系分布于土壤层的第一层和第二层，而树木等高植物的根系分布于土壤层的所有三层。结合土壤各层的水分移动模型，即可算出各层的蒸腾量。

裸地土壤蒸发由下述修正 Penman 公式（Jia and Nobuyuki，1998）计算：

$$E_s = \frac{(R_N - G)\Delta + \rho_a C_p \delta_e / r_a}{\lambda(\Delta + \gamma/\beta)} \tag{4-16}$$

$$\beta = \begin{cases} 0 & \theta \leqslant \theta_m \\ \dfrac{1}{4}\{1 - \cos[\pi(\theta - \theta_m)/(\theta_{fc} - \theta_m)]\}^2 & \theta_m < \theta < \theta_{fc} \\ 1 & \theta \geqslant \theta_{fc} \end{cases} \tag{4-17}$$

式中，β 为土壤湿润函数或蒸发效率；θ 为表层（一层）土壤的体积含水率；θ_{fc}为表层土壤的田间持水率；θ_m为单分子吸力（pF6.0～7.0）对应的土壤体积含水率。

不透水域的蒸发（E_u）及地表径流（R_u）由下述方程式求解：

$$E_u = cE_{u1} + (1 - c)E_{u2} \tag{4-18}$$

$$\frac{\partial H_{u1}}{\partial t} = P - E_{u1} - R_{u1} \tag{4-19}$$

$$E_{u1} = \begin{cases} E_{u1max} & P + H_{u1} \geqslant E_{u1max} \\ P + H_{u1} & P + H_{u1} < E_{u1max} \end{cases} \tag{4-20}$$

$$R_{u1} = \begin{cases} 0 & H_{u1} \leqslant H_{u1max} \\ H_{u1} - H_{u1max} & H_{u1} > H_{u1max} \end{cases} \tag{4-21}$$

$$\frac{\partial H_{u2}}{\partial t} = P - E_{u2} - R_{u2} \tag{4-22}$$

$$E_{u2} = \begin{cases} E_{u2\max} & P + H_{u2} \geqslant E_{u2\max} \\ P + H_{u2} & P + H_{u2} < E_{u2\max} \end{cases} \tag{4-23}$$

$$R_{u2} = \begin{cases} 0 & H_{u2} \leqslant H_{u2\max} \\ H_{u2} - H_{u2\max} & H_{u2} > H_{u2\max} \end{cases} \tag{4-24}$$

式中，t 为时间变量；P 为降水量（mm）；H_u 为洼地储蓄（mm）；E_u 为不透水域的蒸发量（mm）；R_u 为不透水域的地表径流（mm）；$H_{u\max}$ 为最大洼地储蓄深（mm）；$E_{u\max}$ 为潜在蒸发（由 Penman 公式计算）（mm）；c 为都市建筑物在不透水域的面积率。下标 1 表示都市建筑物、下标 2 表示都市地表面。

2. 入渗

降水时的地表入渗过程受降水强度和非饱和土壤层水分运动所控制。非饱和土壤层水分运动的数值计算既费时又不稳定，除坡度很大的山坡以外，降水过程中土壤水分运动以垂直入渗占主导作用，降水之后沿坡向的土壤水分运动才逐渐变得重要，因此，WEPSR 模型采用 Green-Ampt 铅直一维入渗模型模拟降水入渗及超渗坡面径流。Green-Ampt 入渗模型物理概念明确，所用参数可由土壤物理特性推出，并已得到大量应用验证。Mein-Larson（1974）及 Chu（1978）曾将 Green-Ampt 入渗模型应用于均质土壤降水时的入渗计算，Moore-Eigel（1981）将 Green-Ampt 入渗模型扩展到稳定降雨条件下的二层土壤的入渗计算。考虑到由自然力和人类活动（如农业耕作）等引起的土壤分层问题，Jia 和 Tamai 于 1997 年提出了实际降水条件下的多层 Green-Ampt 模型，以下称通用 Green-Ampt 模型。

如图 4-11 所示，当入渗湿润锋到达第 m 土壤层时，入渗能力由下式计算：

$$f = k_m \times \left(1 + \frac{A_{m-1}}{B_{m-1} + F}\right) \tag{4-25}$$

式中，f 为入渗能力（mm/h）；F 为累积入渗量（mm）；k_m 为第 m 层土壤层导水系数（mm/h）；A_{m-1} 为上面 $m-1$ 层土壤层总共可容水量（mm）；B_{m-1} 为上面 $m-1$ 层土壤层因各层土壤含水率不同而引起的误差（mm）；F 为累积入渗量（mm）。

如果自入渗湿润锋进入第 $m-1$ 层土壤层时起，地表面就持续积水，那么累积入渗量由式（4-26）计算；如果前一时段 t_{n-1} 地表面无积水，而现时段 t_n 地表面开始积水，那么由式（4-27）计算。

$$F - F_{m-1} = k_m(t - t_{m-1}) + A_{m-1}\ln\left(\frac{A_{m-1} + B_{m-1} + F}{A_{m-1} + B_{m-1} + F_{m-1}}\right) \tag{4-26}$$

$$F - F_p = k_m(t - t_p) + A_{m-1}\ln\left(\frac{A_{m-1} + B_{m-1} + F}{A_{m-1} + B_{m-1} + F_p}\right) \tag{4-27}$$

$$A_{m-1} = \left(\sum_1^{m-1} L_i - \sum_1^{m-1} L_i k_m/k_i + \mathrm{SW}_m\right)\Delta\theta_m \tag{4-28}$$

$$B_{m-1} = \left(\sum_1^{m-1} L_i k_m/k_i\right)\Delta\theta_m - \sum_1^{m-1} L_i\Delta\theta_i \tag{4-29}$$

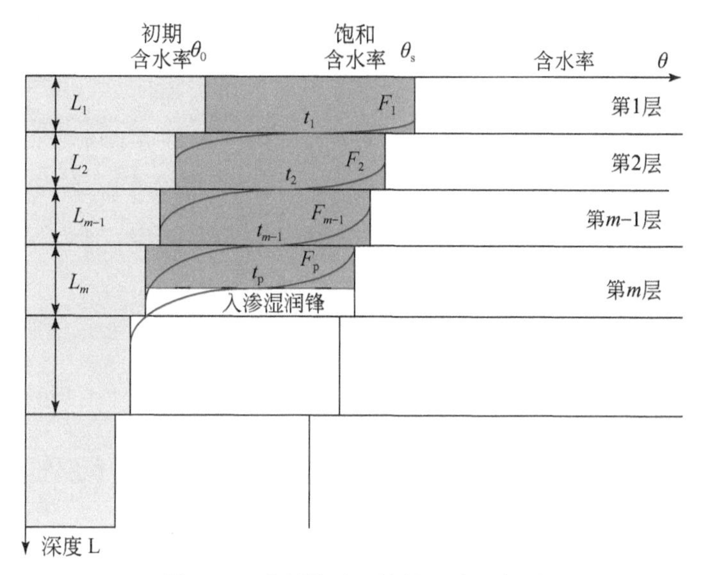

图 4-11　多层构造土壤的入渗示意图

$$F_{m-1} = \sum_{1}^{m-1} L_i \Delta\theta_i \tag{4-30}$$

$$F_p = A_{m-1}(I_p/k_m - 1) - B_{m-1} \tag{4-31}$$

$$t_p = t_{n-1} + (F_p - F_{n-1})/I_p \tag{4-32}$$

式中，F_{m-1}为 m–1 层累积入渗量（mm）；F_p 为相对于当前时段地面开始积水时刻累积入渗量（mm）；m 为目标入渗土壤层；A_{m-1}为上面 m–1 层土壤层总共可容水量（mm）；B_{m-1}为上面 m–1 层土壤层因各层土壤含水率不同而引起的误差（mm）；k_i 为第 i 层土壤层导水系数（mm/d）；L_i 为第 i 层土壤厚度（mm）；SW_m 为第 m 层入渗湿润锋处的毛管吸引压所引起的入渗量（mm）；$\Delta\theta_i$ 为第 i 层距离饱和含水率的差额；I_p 为积水开始时的降水强度（mm）；t 为当前时刻；t_p 为当前时段地面开始积水时间，不超过时段开始结束时间（s）；t_{m-1}为入渗湿润锋位于 m–1 层和 m 层交界面时刻（s）。

3. 地表径流

水域的地表径流等于降雨量与蒸发量之差，不透水域的地表径流按式（4-18）～式（4-24）计算，而裸地–植被域（透水域）的地表径流则根据降雨强度是否超过土壤的入渗能力分以下两种情况计算。

（1）霍顿坡面径流。当降雨强度超过土壤的入渗能力时将产生这类地表径流 $R1_{ie}$，即超渗产流，由下式计算：

$$\partial H_{sv} = P - E_{sv} - f_{sv} - R1_{ie} \tag{4-33}$$

$$R1_{ie} = \begin{cases} 0 & H_{sv} \leqslant H_{sv\max} \\ H_{sv} - H_{sv\max} & H_{sv} > H_{sv\max} \end{cases} \tag{4-34}$$

式中，P 为降水量（mm）；H_{sv}为裸地–植被域的洼地储蓄（mm）；$H_{sv\max}$为最大洼地储蓄深（mm）；E_{sv}为蒸散发（mm）；f_{sv}为由通用 Green-Ampt 模型（式 4-25）算出的土壤入渗能力（mm）。

（2）饱和坡面径流。由于地形的作用，土壤水及浅层地下水逐渐汇集到河道两岸及低洼的地方，土壤饱和或接近饱和状态后遇到降雨便形成饱和坡面径流，即蓄满产流。此时，Green-Ampt 模型已无能为力，需根据非饱和土壤水运动方程来求解。为减轻计算负担，将表层土壤分成数层，按照非饱和状态的达西定律和连续方程进行计算：

$$\partial H_s/\partial t = P(1 - \mathrm{Veg}_1 - \mathrm{Veg}_2) + \mathrm{Veg}_1 \times \mathrm{Rr}_1 + \mathrm{Veg}_2 \times \mathrm{Rr}_2 - E_0 - Q_0 - R1_{se} \tag{4-35}$$

$$R1_{se} = \begin{cases} 0 & H_s \leqslant H_{s\max} \\ H_s - H_{s\max} & H_s > H_{s\max} \end{cases} \tag{4-36}$$

$$\frac{\partial\theta_1}{\partial t} = \frac{1}{d_1}(Q_0 + QD_{12} - Q_1 - R_{21} - E_s - E_{tr11} - E_{tr21}) \tag{4-37}$$

$$\frac{\partial\theta_2}{\partial t} = \frac{1}{d_2}(Q_1 + QD_{23} - QD_{12} - Q_2 - R_{22} - E_{tr12} - E_{tr22}) \tag{4-38}$$

$$\frac{\partial\theta_3}{\partial t} = \frac{1}{d_3}(Q_2 - QD_{23} - Q_3 - E_{tr13}) \tag{4-39}$$

$$Q_j = k_j(\theta_j)(j:1,3) \tag{4-40}$$

$$Q_0 = \min\{k_1(\theta s),\ Q_{0\max}\} \tag{4-41}$$

$$Q_{0\max} = W_{1\max} - W_{10} - Q_1 \tag{4-42}$$

$$QD_{j,\,j+1} = \bar{k}_{j,\,j+1} \times \frac{\psi_j(\theta_j) - \psi_{j+1}(\theta_{j+1})}{(d_j + d_{j+1})/2}(j:1,2) \tag{4-43}$$

$$\bar{k}_{j,\,j+1} = \frac{d_j \times k_j(\theta_j) + d_{j+1} \times k_{j+1}(\theta_{j+1})}{d_j + d_{j+1}}(j:1,2) \tag{4-44}$$

式中，H_s为洼地储蓄（mm）；$H_{s\max}$为最大洼地储蓄（mm）；Veg_1、Veg_2为裸地–植被域的高植被和低植被的面积率；Rr_1、Rr_2为从高植被和低植被的叶面流向地表面的水量（mm）；Q为重力排水（mm）；$QD_{j,j+1}$为由吸引压引起的j层与$j+1$层土壤之间的水分扩散（mm）；E_0为洼地储蓄蒸发（mm）；E_s为表层土壤蒸发（mm）；E_{tr}为植被蒸散（第一下标中的 1 表示高植被，2 表示低植被；第一下标表示土壤层号）；R_2为壤中径流（mm）；$k(\theta)$为体积含水率θ对应的土壤导水系数（mm/d）；$\psi(\theta)$为体积含水率θ对应的土壤吸引压（kPa）；d为土壤层厚度（m）；W为土壤的蓄水量（mm）；W_{10}为表层土壤的初期蓄水量（mm）。另外，下标 0、1、2、3 分别表示洼地储蓄层、表层土壤层、第 2 土壤层和第 3 土壤层。

4. 壤中径流

在山地和丘陵等地形起伏地区，同时考虑坡向壤中径流及土壤渗透系数的各项变异性。壤中径流包括从山坡斜面饱和土壤层中流入溪流的壤中径流，以及从山间河谷平原不饱和土壤层流入河道的壤中径流两部分。第一部分的计算类似地下水流出计算，而从山间河谷平原不饱和土壤层流入河道的壤中径流由下式计算：

$$R_2 = k(\theta)\sin(\mathrm{slope})Ld \tag{4-45}$$

式中，$k(\theta)$为体积含水率θ对应的沿山坡方向的土壤导水系数（mm/d）；slope 为地表面坡度（弧度）；L 为计算单元内的河道长度（m）；d 为不饱和土壤层的厚度（m）。

5. 地下水运动、地下水流出和地下水溢出

（1）地下水运动按多层模型考虑。将非饱和土壤层的补给、地下水取水及地下水流出（或来自河流的补给）作为源项，按照 Bousinessq 方程进行浅层地下水二维数值计算。在河流下部及周围，河流水和地下水的相互补给量根据其水位差与河床材料的特性等按达西定律计算。另外，为解决包气带层过厚可能造成的地下水补给滞后问题，在表层土壤与浅层地下水之间设过渡层，用储流函数法处理。

浅层（无压层）地下水运动方程：

$$C_u \frac{\partial h_u}{\partial t} = \frac{\partial}{\partial x}\left[k(h_u - z_u)\frac{\partial h_u}{\partial x}\right] + \frac{\partial}{\partial y}\left[k(h_u - z_u)\frac{\partial h_u}{\partial y}\right] + (Q_3 + \text{WUL} - \text{RG} - E - \text{Per} - \text{GWP}) \tag{4-46}$$

承压层地下水运动方程：

$$C_1 \frac{\partial h_1}{\partial t} = \frac{\partial}{\partial x}\left(k_1 D_1 \frac{\partial h_1}{\partial x}\right) + \frac{\partial}{\partial y}\left(k_1 D_1 \frac{\partial h_1}{\partial y}\right) + (\text{Per} - \text{RG}_1 - \text{Per}_1 - \text{GWP}_1) \tag{4-47}$$

式中，h 为地下水位（无压层，m）或水头（承压层，m）；C 为储留系数（m/d）；k 为导水系数（m/d）；z 为含水层底部标高（m）；D 为含水层厚度（m）；Q_3为来自不饱和土壤层的涵养量（m）；WUL 为上水道漏水（m）；RG 为地下水流出（m）；E 为蒸发蒸腾（m）；Per 为深层渗漏（m）；GWP 为地下水扬水（m）。下标 u 和 1 分别表示无压层和承压层。

（2）地下水流出。根据地下水位（h_u）和河川水位（H_r）的高低关系（图4-12），地下水流出或河水渗漏由下式计算：

$$\text{RG} = \begin{cases} k_b A_b (h_u - H_r)/d_b & h_u \geq H_r \\ -k_b A_b & h_u < H_r \end{cases} \tag{4-48}$$

式中，k_b为河床土壤的导水系数（m/d）；A_b为计算单元内河床处的浸润面积（m^2）；d_b为河床土壤的厚度（m）。

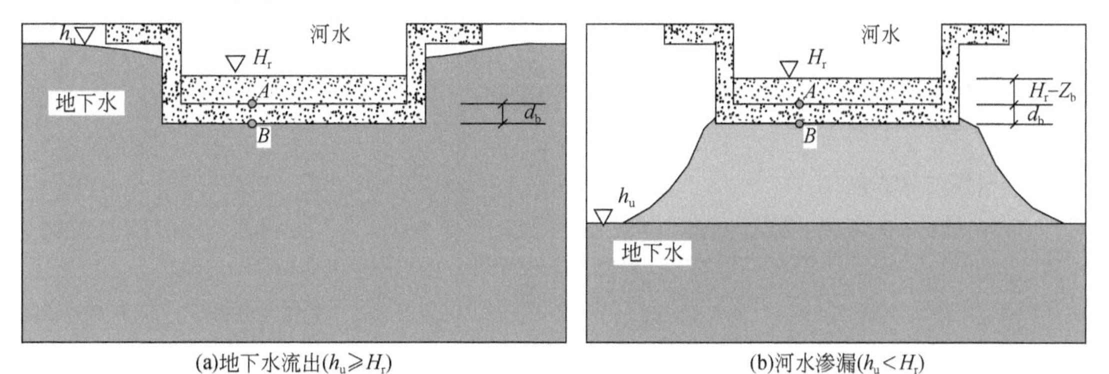

图 4-12　地下水与河水交换示意图

注：图中 A 代表河水底部，B 代表河床土壤底部，Z_b 代表河床高程

（3）地下水溢出。在低洼地，地下水上升后有可能直接溢出地表。出现这种情况时，则令地下水位等于地表标高，多余地下水蓄变量计为地下水溢出。

6. 坡面汇流和河道汇流

坡面汇流。由于超渗产流的存在，加上沟壑溪流的汇流亦可用等价坡面汇流近似，WEPSR 模型采用基于 DEM 的运动波模型计算坡面汇流。利用 DEM 和 GIS 工具，按最大坡度方向确定各计算单元的坡面汇流方向，并确定其在河道上的入流位置。

河道汇流。根据 DEM 并利用 GIS 工具，生成数字河道网，根据流域地图对主要河流进行修正。搜集河道纵横断面及河道控制工程数据，根据具体情况按运动波模型或动力波模型进行一维数值计算。

运动波方程：

$$\frac{\partial A}{\partial t}+\frac{\partial Q}{\partial x}=q_{\mathrm{L}}\text{（连续方程）} \tag{4-49}$$

$$S_f=S_0\text{（运动方程）} \tag{4-50}$$

$$Q=\frac{A}{n}R^{2/3}S_0^{1/2}\text{（Manning 公式）} \tag{4-51}$$

式中，A 为过流断面面积（m^2）；Q 为过流断面流量（m^3/s）；q_L为单宽入流量（计算单元或河道所有流入的水量）［$m^3/(s\cdot m)$］；n 为 Manning 糙率系数；R 为过流断面水力半径（m）；S_0为计算单元平均地面坡降或河道坡降（比例系数）；S_f为摩擦坡降［比例系数，tan（α），α 为坡面和水平面的夹角］。

动力波方程：

$$\frac{\partial A}{\partial t}+\frac{\partial Q}{\partial x}=q_{\mathrm{L}}\text{（连续方程）} \tag{4-52}$$

$$\frac{\partial Q}{\partial t}+\frac{\partial(Q^2/A)}{\partial x}+gA\left(\frac{\partial h}{\partial x}-S_0+S_{\mathrm{f}}\right)=q_{\mathrm{L}}V_x\text{（运动方程）} \tag{4-53}$$

$$Q=\frac{A}{n}R^{2/3}S_{\mathrm{f}}^{1/2}\text{（Manning 公式）} \tag{4-54}$$

式中，A 为流水断面面积（m^2）；Q 为断面流量（m^3/s）；q_L为单宽入流量（计算单元内或河道所有流入的水量）［$m^3/(s\cdot m)$］；n 为 Manning 糙率系数；R 为水力半径（m）；S_0为计算单元平均地面坡降或河道坡降；S_f为摩擦坡降；V_x为单宽流入量的流速在 x 方向的分量（m/s）；g 为重力加速度（m/s^2）。

7. 积雪融雪过程

尽管“能量平衡法”为积雪融雪过程的描述提供了很好的物理基础，但由于求解能量平衡方程所需参数及数据多，在实践中常用简单实用的“温度指数法”（或称“度日因子法”）来模拟积雪融雪日或月变化过程。WEP-L 模型目前采用“温度指数法”计算积雪融雪的日变化过程：

$$\mathrm{SM}=M_{\mathrm{f}}(T_{\mathrm{a}}-T_0) \tag{4-55}$$

$$\frac{\mathrm{d}S}{\mathrm{d}t}=\mathrm{SW}-\mathrm{SM}-E \tag{4-56}$$

式中，SM 为融雪量（mm/d）；M_f为融化系数或称“度日因子”［mm/（℃·d）］；T_a为气温指标（℃）；T_0为融化临界温度（℃）；S 为积雪水当量（mm）；SW 为降雪水当量（mm）；E 为积雪升华量（mm）。

“度日因子”既随海拔和季节变化，又随下垫面条件变化，常被作为模型调试参数对待，一般情况下为 1～7 mm/（℃·d），且裸地高于草地，草地高于森林。气温指标通常取为日平均气温。融化临界温度通常为-4～0℃。另外，为将降雪与降雨分离，还需要雨雪临界温度参数（通常为 0～4℃）。

8. 冻土水热耦合模拟

针对松花江流域位于寒冷地区，季节性冻土和永冻土层广泛存在，并对流域水循环造成重要影响的特点，本研究开发了冻土水热耦合数值模拟模块，对冻土层及其对土壤水蒸发、下渗、产流的影响进行了数值模拟，进一步加强了模型的物理机制，提高了对松花江流域水循环过程模拟的精确度。

（1）系统的上边界。系统的上边界是大气下垫面，它是地、气交界面，系统的水热特性主要由上边界控制。下垫面吸收的太阳辐射、净长波辐射交换及地、气之间的水热交换是系统动力作用过程的输入。上边界能量由气象站点的基本观测要素来计算，包括气温、风速、空气湿度、太阳辐射。能量输入由能量平衡方程即式（4-57）计算。

（2）土壤水热连续性方程。根据能量平衡原理，冻融系统中求解每个节点的能量平衡方程必须满足如下条件，即进入每一层的净能量通量等于系统内温度增加和相变。考虑到液体的对流热交换和冻结中土壤层的水分传输，土壤中包含源汇项的垂向一维能量方程为

$$\frac{\partial}{\partial z}\left[k_s\frac{\partial \acute{T}}{\partial z}\right]-c_l\frac{\partial(q_l T)}{\partial z}+S=C_s\frac{\partial T}{\partial t}-\rho_i L_f\frac{\partial \theta_i}{\partial t}+L_v\frac{\partial q_v}{\partial z} \tag{4-57}$$

式中，z 为土壤深度（m）；k_s 为土壤的热导率［W/（m·℃）］；T 为土壤的温度（℃）；C_l 为液态水的体积热容［4.182×10^6J/（m^3·℃）］；q_l 为液态水通量［kg/（m^2·s）］；S 为源汇项；C_s 为土壤体积热容［W/（m·℃）］；t 为时间（s）；ρ_i 为土壤中冰的密度（900 kg/m^4）；L_f 为融化潜热（3.34×10^5J/kg）；θ_i 为体积含冰率；L_v 为汽化潜热（J/kg）；q_v 为气态水通量［kg/（m^2·s）］。该方程左边代表了土壤内的热量传导和对流，右边代表了土壤温度和土壤水分相态变化导致的土壤感热和潜热变化。计算中忽略了土壤空隙中水气密度的变化。

（3）基于 WEPSR 模型的简单数值解法。在 WEPSR 模型中，将表层土壤分成 3 层，并假定树木根系涵盖 3 层土壤，草和农作物根系涵盖上两层，裸地土壤蒸发仅发生第一层。本研究剔除了地下水对冻土效应的影响，即假定地下水不冻结，也不与土壤层之间发生热交换。模型计算时间步长为 1d。

模型迭代时首先计算各土壤层在当天的液态水分蒸发、迁移和产流量。其中，第一层土壤的蒸发限制在土壤液态水分含量在最大分子持水量以上，即当土壤液态水分低于最大分子持水量时，表层土壤不发生蒸散发；而第二层、第三层土壤的蒸发限制在枯萎含水量以上。三层土壤的下渗和迁移都限制在最大分子持水量以上。

在完成一次土壤层液态水分的迁移、转化计算后，计算各土壤层的感热传导，进入第

一层土壤的热量通过地温强迫恢复法计算，其他各层之间的感热传导通过土壤层导热系数和温度差计算。计算公式如下：

$$H_s = \frac{k_{s,\ up}z_{up} + k_{s,\ down}z_{down}}{z_{up} + z_{down}} \times \frac{T_{s,\ up} - T_{s,\ down}}{0.5z_{up} + 0.5z_{down}} \times 86\ 400 \tag{4-58}$$

式中，H_s 为土壤感热（J）；k_s 为土壤导热系数［W/（m·℃）］；T_s 为土壤层温度（℃）；z 为土壤层厚度（m）。另外，下标 up、down 分别代表上层和下层土壤，下同。

感热的传导直接导致各土壤层温度的变化，计算公式如下：

$$\Delta T_2 = \frac{H_{1,\ 2} - H_{2,\ 3}}{C_{s2}Z_{s2}} \tag{4-59}$$

式中，ΔT_2 为中间土壤层（计算层）的温度变化；$H_{1,\ 2}$、$H_{2,\ 3}$ 分别为计算层与其上层、下层之间的感热；C_{s2} 为计算土壤层的体积热容；Z_{s2} 为计算土壤层的厚度。

土壤层温度的变化导致土壤内固、液态水分分布发生变化。在模型中，根据土壤层平均温度将土壤层分为完全冻结（平均温度小于-10℃）、未冻结（平均温度大于0℃）和部分冻结（介于-10～0℃）3 种状态。在完全冻结状态下，认为土壤中残留液态水分为最大分子持水量，其他全为固态水含量；在未冻结状态下，则固态水含量为零；在部分冻结状态下，根据能量平衡方程计算固态水含量变化量。这样完成一次水热耦合模拟过程的计算，然后以土壤层温度，固、液态含水量稳定为迭代收敛判断条件，进行迭代计算，直至计算结果稳定。

（4）主要参数的确定方法。

1）导水率。不同土壤类型的土壤饱和导水率 k_0 是模型的输入参数。在土壤不同冻结状态下，土壤饱和导水率不同，需要进行地温校正：

$$k_0' = \begin{cases} k_0 & T_s > 0 \\ k_0(0.54 + 0.023T_s) & -10 \leqslant T_s \leqslant 0 \\ 0 & T_s < -10 \end{cases} \tag{4-60}$$

式中，k'_0 为经地温校正以后的土壤饱和导水率（mm /d）。

土壤非饱和导水率是土壤水势（液态水含水量）的函数。当液态水含水量小于土壤的最大分子持水量时，导水率为0；当液态水含水量等于饱和水含量时，导水率最大，达到饱和导水率；在此之间时，土壤非饱和导水率与土壤饱和导水率之间呈指数增长关系，相关指数为各种类型土壤的输入参数。

2）导热系数。冰的导热性能强于水，因此，土壤中冰的存在会增强土壤层的导热能力，需要对土壤层导热系数进行冰含量的修正，修正后的计算公式为

$$k_s = [0.243 + 0.393 \times (\theta_l + \theta_i) + 1.543 \times (\theta_l + \theta_i)^{0.5}](1 + \theta_i) \tag{4-61}$$

式中，k_s 为土壤层导热系数［W/（m·℃）］；θ_l、θ_i 分别为液态水和固态水含量。

3）土壤体积热容。土壤体积热容可通过将固体颗粒、固态水、液态水的体积热容分别相加得到，计算公式如下：

$$C_s = (1 - \theta_m) \times C_t + \theta_l \times C_l + \theta_i \times C_i \tag{4-62}$$

式中，C_s 为土壤体积热容［W/（m·℃）］；θ_m 为土壤饱和体积含水量，可以看作是土壤

的孔隙度；θ_l、θ_i 分别为液态水和固态水体积含量；C_t、C_l、C_i 分别是土壤颗粒、水、冰的体积热容量。

（二）社会水循环模拟

随着流域内经济社会的不断发展，人类取用水量逐步增加，单一从河道直接取水或打井取水难以满足需求，需要大规模地建设取水和供水工程，改变水资源的自然水循环过程和状态，形成了社会水循环。WEPSR 模型对水资源的社会水循环进行了详尽的处理和模拟，各主要过程处理方法如下。

1. 农业灌溉及林牧渔用水

首先，按灌区或水资源三级分区分地市统计地表水及地下水的灌溉用水量；其次，根据实际灌溉面积及灌溉制度计算各灌区的灌溉定额及其时段分配（旬）；最后，根据灌溉面积的分布分解到每个计算单元。取自河道或水库的灌溉用地表水，通过建立各灌区与各引水渠（各河道取水口）的水量关系，在河道汇流计算时以负的横向流入的形式扣除灌溉引水量。

2. 工业与生活用水

根据流域内各行政区的实际工业用水量、生活用水量和工业产值、人口推定用水的原单位（万元产值用水量、人均用水量），每个计算单元内的工业产值、人口乘以原单位即为该计算单元内的工业与生活用水量。漏水量由用水量乘以漏水率算出。

3. 污水排水

每个计算单元内的工业、生活总用水量乘以耗水率为该计算单元内的耗水量，用水量减去耗水量即为该计算单元内的污水排放量。生活用水量乘以下水道面积率为排向下水道（污水处理场）的水量，其余水量排向河道。

4. 地下水扬水

地下水扬水分为生活用、工业用和灌溉用 3 类。首先，根据用水量、人口、工业产值及灌溉面积的统计数据计算原单位；其次，根据人口、工业产值和灌溉面积的分布及灌溉制度分解到各个计算单元。

5. 水库

建立每个水库的调度规则，包括最小下泄流量、最大库容、汛限库容和最大泄流能力等参数。根据水面面积–库容关系曲线计算水库蒸发量。建立每个水库与对应三级分区套地市的供水关系，当某地地表水供水不足时则由其所对应的水库进行供水。

二、数据收集与处理

本研究基于四个信息采集体系支持下实现流域二元水循环全过程多源信息的系统采集：①实测信息采集体系；②统计信息采集体系；③遥感信息采集体系；④试验信息采集体系。

实测信息采集体系包括水文实测信息采集、气象实测信息采集、地下水实测信息采集、主要取水退水断面实测信息采集和典型小流域实测信息采集等；统计信息采集体系包括不同口径的国民经济社会统计信息、各部门和专业信息采集与供用水信息采集等；遥感信息采集体系包括不同尺度的陆地资源遥感信息和气象遥感信息等；试验信息采集体系包括对已有试验实验信息采集（如水文地质试验数据、小流域观测试验），还包括为本研究专门开展的试验信息采集。

为实现流域二元水循环过程的精确模拟，本研究进行了系统的信息采集，所获取的主要数据和信息描述如下。

（一）基础信息

1. 土地利用信息

本研究土地利用源信息直接采用了由中国科学院地理科学与资源研究所承担的“全国资源环境遥感宏观调查与动态研究”课题的研究成果数据——两个时段（1990 年和 2000 年）全国分县土地覆盖矢量数据。该数据是基于多期的 TM 影像的基础上，配合其他影像数据解译获得，空间分辨率为 30 m。

2. 地表高程信息

本研究采用的松花江流域 DEM 来自于美国地质调查局（United States Geological Survey，USGS）EROS 数据中心建立的全球陆地 DEM（GTOPO30）。GTOPO30 为栅格型 DEM，它涵括了全球陆地的高程数据，采用 WGS84 基准面，水平坐标为经纬度坐标，水平分辨率为 30 弧秒，整个 GTOPO30 数据的栅格矩阵为 21 600 行，43 200 列。

3. 灌区分布

为了研究农业灌溉用水情况，本研究进行了灌区数字化工作。主要是确定了灌区的空间分布范围，收集并整理了灌区的各类属性数据。灌区数字化过程中，主要参考了国家基础地理信息中心开发的全国 1∶25 万地形数据库（包括其中的水系、渠道、水库、各级行政边界和居民点分布等）、中国科学院地理科学与资源研究所开发的 1∶10 万土地利用图，以及各省提供的大型灌区分布图等资料，其中，重点考虑了 20 处 30 万亩以上的大型灌区，并根据资料和实地调研为每个灌区指定了取水口，灌区的耗水及退水过程在模型中由灌溉农田模块单独模拟。

4. 土壤信息

土壤及其特征信息采用全国第二次土壤普查资料。其中，土壤分布图为比例尺分别为 1∶100 万和 1∶10 万两套。土层厚度和土壤质地均采用《中国土种志》上的“统计剖面”资料。为进行分布式水文模拟，根据土层厚度对机械组成进行加权平均，采用国际土壤分类标准进行重新分类。

5. 主要水文地质参数

松花江流域水文地质参数分布（μ 值、K 值）均采用《松花江流域水资源综合规划》中的相关资料，参数包括土壤孔隙含水量、给水度、导水率和地下水埋深（多年平均和 2000 年）。松花江流域松散岩类给水度 μ 及渗透系数 K 的取值范围见表 4-5。

表 4-5 松花江流域松散岩类给水度 μ 及渗透系数 K 取值范围表

岩性	给水度 μ	渗透系数 K（m/d）	岩性	给水度 μ	渗透系数 K（m/d）
黏土	0.02～0.035	0.001～0.05	细砂	0.08～0.12	5～10
黄土状亚黏土	0.02～0.05	0.01～0.1	中砂	0.09～0.13	10～25
黄土状亚砂土	0.04～0.06	0.05～0.25	中粗砂	0.10～0.15	15～30
亚黏土	0.03～0.045	0.02～0.5	粗砂	0.11～0.16	20～50
亚砂土	0.035～0.07	0.2～1.0	砂砾石	0.15～0.20	50～150
粉细砂	0.06～0.10	1.0～5.0	卵砾石	0.20～0.25	80～400

6. 河网信息

实测河网取自于全国 1 ∶ 25 万地形数据库。模拟河网利用 GIS 软件从全流域栅格型 DEM 中提取出来，提取过程中参照了实测的水系图，使模拟河网与实测水系比较一致。

7. 水利工程

各种水利工程极大地改变了水资源在时间上和空间上的分配，是人类活动影响自然水循环的重要方面。松花江流域内已经兴建了大量蓄水工程，其中包括大中型水库 150 多座，小型水库 1800 多座，其他小型塘坝 12 000 多座。本研究重点考虑了截至 2006 年松花江流域内已启用的 31 座大型水库。

水库资料的准备主要包括水库的空间定位与属性数据两方面。水库的空间定位指确定水库坝址处的空间位置，这样才能进一步确定水库控制的汇流范围。空间定位依据的资料主要是各省水文局提供的大中型水库经纬度，再根据河道关系进行修正。水库的属性数据包含的内容较多，主要有水库启用日期、水位-库容-面积曲线、特征库容、特征水位、淤积状况、时间系列蓄变量和供水目标等。

（二）水分信息

1. 降水

本研究采集的降水信息包括站点雨量信息和面雨量遥感信息，其中，站点雨量信息是长系列过程数据，是本次社会水循环模拟的主要信息；面雨量遥感信息受信息源和其他条件限制，主要用于站点雨量信息空间展布的校核使用。

所采集到的站点雨量信息主要来源于黑龙江省、吉林省水文局和松辽水利委员会水文局，总共包括松花江流域 1956～2005 年 481 个雨量站点逐日降水信息。

2. 径流

径流资料采用了松辽流域水资源综合评价的成果，包括松花江流域 1956～2000 年干支流共 36 个水文站点逐月实测径流和还原径流资料。另外，还收集了若干代表站点逐日径流过程资料。

3. 社会经济及供用水信息

社会经济信息主要采用了松花江流域水资源开发利用调查评价的成果，以水资源三级分区和地级行政区为统计单元，收集整理了 1980 年、1985 年、1990 年、1995 年、2000 年与用水关联的主要经济社会指标。另外，根据相关省区统计年鉴查得 2001 ~ 2006 年相关数据。

供、用、耗水信息主要来源于松花江流域水资源开发利用调查评价的成果，以水资源三级分区和地级行政区为统计单元，收集整理了 1980 年、1985 年、1990 年、1995 年、2000 年不同用水门类的地表水、地下水供用耗水信息。另外，根据相关省区统计年鉴查得 2001 ~ 2006 年相关数据。

（三）能量信息

1. 气象信息

收集整理了 1956 ~ 2005 年逐日气象要素信息，统计项目包括日照、气温、水汽压、相对湿度、风速，共选用气象站点 35 个。

2. 遥感信息

NOAA：1980 ~ 2000 年逐月 NOAA 影像；

GMS：1999 ~ 2002 年逐日 GMS 影像。

三、模型率定与验证

（一）地表径流过程验证

本研究对松花江流域的 30 102 个计算单元、9829 个子流域和 25 座主要水库进行了 1956 ~ 2005 年的连续模拟计算。其中，1980 ~ 2000 年为模型校正期，主要校正参数包括土壤饱和导水系数、河床材料透水系数和 Manning 糙率、各类土地利用的洼地最大截留深及地下水含水层的传导系数与给水度等。校正准则包括：①模拟期年均径流量误差尽可能小；②Nash-Sutcliffe 效率尽可能大；③模拟流量与观测流量的相关系数尽可能大。Nash-Sutcliffe 效率是模拟结果相对于“以多年平均观测值作为最简单的预测模拟”的效率，其表达式为 $\eta = 1 - \sum(Q_{sim} - Q_{obs})^2 / \sum(Q_{sim} - \overline{Q}_{obs})^2$，其中，$Q_{sim}$、$Q_{obs}$ 和 $\overline{Q}_{obs}$ 分别为模拟径流量、观测径流量和观测径流量的多年平均值。模型校正后，保持所有模型参数不变，对 1956 ~ 1979 年（模型验证期）的连续模拟结果进行验证。对河道流量、地下水位、土壤含水率、地表截留深及积雪水深等状态变量的初始条件先进行假定，然后由根据 1956 ~ 2000 年连续模拟计算后的平衡值替代。

选取 1980 ~ 2000 年作为模型率定期主要有两方面原因：一是该时间段各种监测和统计数据资料较为齐全，有助于实现模型的仿真模拟；二是建立的松花江流域分布式二元水循环模型除了用于对流域内的水资源历史过程进行模拟外，还将用于规划水平年水质水量总量控制方案的评估。从 1956 年以来，随着流域内人类活动对水循环过程影响的不断增强，下垫面条件发生了很大改变，选择相对靠后的时间段作为模型率定期，有助于提高对流域未来水资源演变规律进行情景模拟时的科学性和可靠性。

模型验证主要根据收集到的松花江流域36个主要水文站点逐月实测与天然（还原）径流系列进行。首先，对历史下垫面系列分离人工取用水过程时的天然河川径流模拟结果与还原河川径流过程相比较，并进行参数率定；其次，在考虑人类活动影响耦合取用水条件后，将模型径流量模拟结果与各水文站点实测径流量进行对比，并对模型参数进行微调，模拟结果见表4-6和图4-13。

从模拟结果来看，除极少数支流（36个水文站点中有2个）模拟的长系列水量相对误差较大（超过10%）外，其余各主要水文站点水量相对误差都在5%以内。干流水文站点除大赉、哈尔滨和通河外，其他水文站点Nash效率系数都达到0.7以上，36个水文站点Nash效率系数均值为0.72，证明了模型在地表径流过程模拟方面的有效性和合理性。

（二）地下水位验证

为了对模型的地表水、地下水联合模拟进行更加全面的验证，本研究在对松花江流域地表径流模拟结果进行验证的基础上，进一步对地下水位的模拟结果进行了验证。

根据相关井位实测数据和模型模拟结果，进行了地下水点上埋深的对比分析，如图4-14所示。根据模拟结果可以看出，模型虽然对地下水位和埋深的年内变化反应不够灵敏，但对地下水位和埋深的总体模拟结果与实测数据较为接近，符合大尺度流域水文模型对地下水模拟效果的需求。

表4-6　模型长系列模拟效果表（1956～2000年）

水资源三级分区	编号	水文站点	流域	多年平均实测径流量（亿 m^3）	多年平均模拟径流量（亿 m^3）	相对误差（%）	Nash效率系数
尼尔基以上	1	石灰窑	嫩江	30.40	29.96	-1.4	0.56
	2	柳家屯	甘河	39.19	37.68	-3.8	0.75
	3	阿彦浅	嫩江	110.31	105.03	-4.8	0.73
尼尔基至江桥	4	德都	讷谟尔河	11.18	10.61	-5.1	0.51
	5	古城子（二）	诺敏河	47.72	46.11	-3.4	0.82
	6	同盟（二）	嫩江	166.91	160.11	-4.1	0.80
	7	那吉	阿伦河	6.69	6.51	-2.6	0.82
	8	音河水库	音河	1.54	1.55	0.5	0.63
	9	双阳	双阳河	0.66	0.64	-2.5	0.62
	10	依安大桥	乌裕尔河	6.38	6.28	-1.5	0.54
	11	碾子山（二）	雅鲁河	19.27	19.44	0.9	0.86
	12	景星（二）	罕达罕河	3.86	3.76	-2.8	0.72
	13	两家子（二）	绰尔河	22.01	21.78	-1.0	0.76
	14	江桥	嫩江	217.46	218.68	0.6	0.80

续表

水资源三级分区	编号	水文站点	流域	多年平均实测径流量（亿 m^3）	多年平均模拟径流量（亿 m^3）	相对误差（%）	Nash 效率系数
江桥以下	15	白沙滩	嫩江	210.34	217.29	3.3	0.79
	16	洮南	洮儿河	13.88	12.70	-8.5	0.68
	17	大赉	嫩江	226.97	236.68	4.3	0.65
	18	白云胡硕	霍林河	3.72	3.34	-10.1	0.77
丰满以上	19	五道沟	辉发河	24.26	25.29	4.2	0.85
	20	丰满水库	西流松花江	127.87	125.17	-2.1	0.77
丰满以下	21	农安	伊通河	3.23	3.18	-1.7	0.54
	22	德惠	饮马河	7.28	6.99	-4.0	0.62
	23	扶余	西流松花江	147.66	148.05	0.3	0.81
三岔口至哈尔滨	24	蔡家沟	拉林河	30.26	30.38	0.4	0.72
	25	哈尔滨	松花江干流	433.95	443.75	2.3	0.64
哈尔滨至通河	26	阿城	阿什河	4.21	4.20	-0.3	0.71
	27	兰西	呼兰河	35.40	35.51	0.3	0.76
	28	莲花（二）	蚂蚁河	20.72	19.80	-4.4	0.78
	29	通河	松花江干流	484.39	505.25	4.3	0.66
牡丹江	30	长江屯	牡丹江	78.07	76.03	-2.6	0.71
通河至佳木斯	31	依兰	松花江干流	571.77	590.19	3.2	0.70
	32	倭肯	倭肯河	4.60	4.75	3.2	0.77
	33	晨明（二）	汤旺河	50.59	44.12	-12.8	0.82
	34	佳木斯	松花江干流	669.42	679.63	1.5	0.75
佳木斯以下	35	宝泉岭	梧桐河	7.92	7.61	-3.9	0.75
	36	鹤立	鹤立河	1.21	1.16	-3.8	0.66

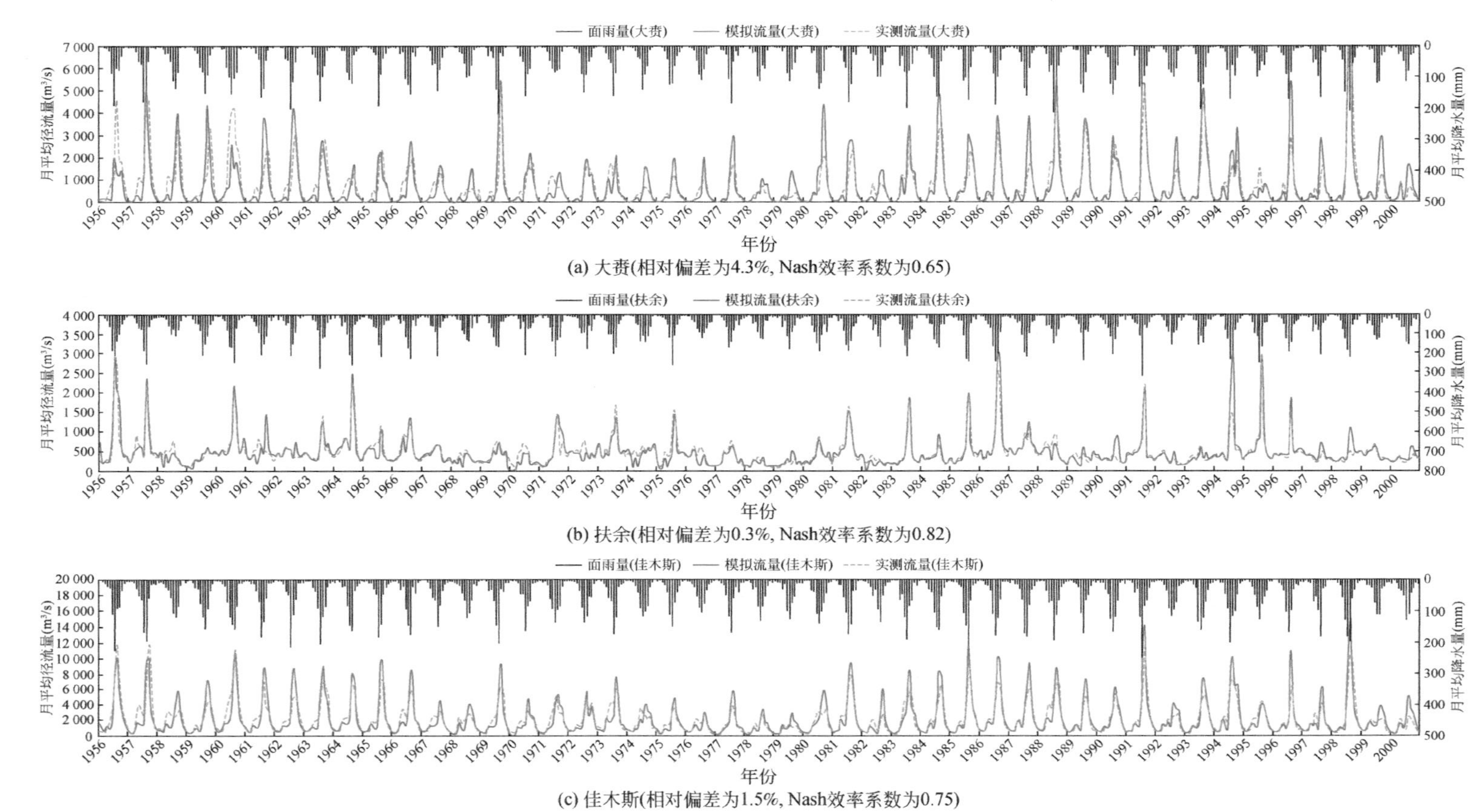

(a) 大赉(相对偏差为4.3%, Nash效率系数为0.65)

(b) 扶余(相对偏差为0.3%, Nash效率系数为0.82)

(c) 佳木斯(相对偏差为1.5%, Nash效率系数为0.75)

图4-13 松花江流域主要水文站点模型率定期模拟结果对比图

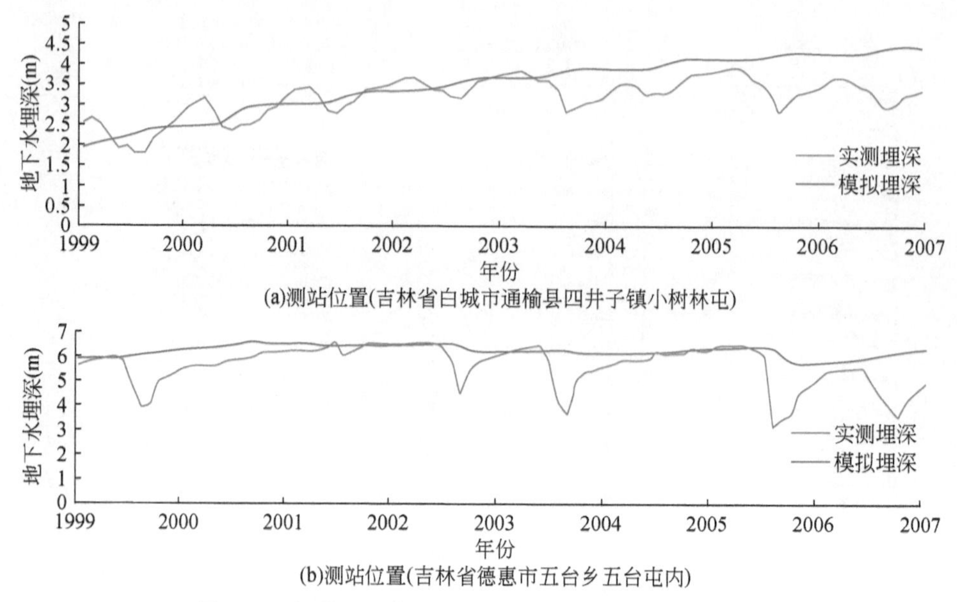

(a)测站位置(吉林省白城市通榆县四井子镇小树林屯)

(b)测站位置(吉林省德惠市五台乡五台屯内)

图 4-14　部分地下水观测井实测埋深与模拟结果对比图

（三）冻土水热耦合模拟

针对松花江流域位于寒冷地区，季节性冻土和永冻土层广泛存在，并对流域水循环造成重要影响的特点，开发了冻土水热耦合数值模拟模块，对冻土层及其对土壤水蒸发、下渗、产流的影响进行了数值模拟，进一步加强了模型的物理机制，提高了对松花江流域水循环过程模拟的精确度。

本研究根据土壤层平均温度来判断土壤层的冻结状态，确定固态、液态水分含量，因此，对土壤层温度的准确模拟是实现冻土水热耦合模拟的关键。流域内扎龙湿地季节性冻土广泛分布，并且拥有我国第一个湿地气象水文自动观测站的地温资料，选取扎龙湿地 2002 ~ 2005 年各月平均地温对模型地温模拟结果进行验证。扎龙湿地所在参数分区的 3 层土壤厚度分别是 0. 2 m、0. 4 m 和 2. 0 m，因此，其 3 层土壤的中心深度分别是 0. 1 m、0. 4 m 和 1. 6 m，将 3 个深度的土壤实测温度与模拟结果相比较，结果如图 4-15 所示。

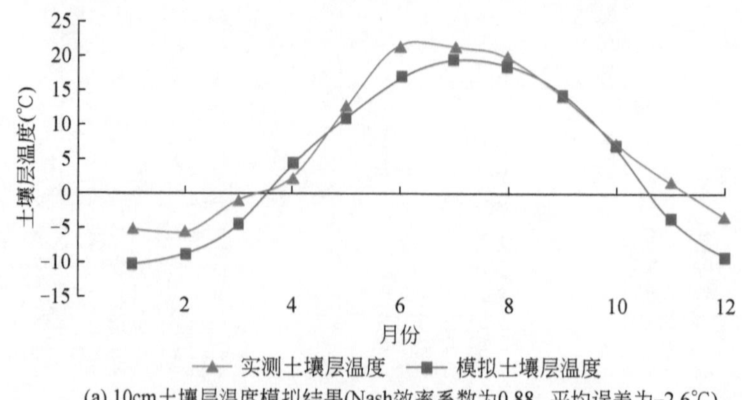

(a) 10cm土壤层温度模拟结果(Nash效率系数为0.88，平均误差为-2.6°C)

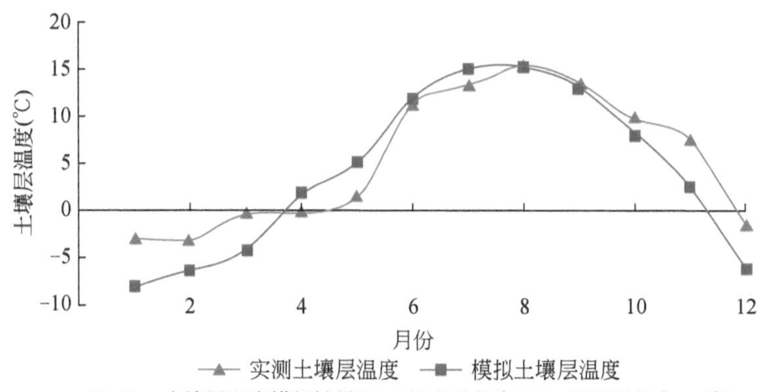

(b) 40cm土壤层温度模拟结果(Nash效率系数为0.77，平均误差为−1.4℃)

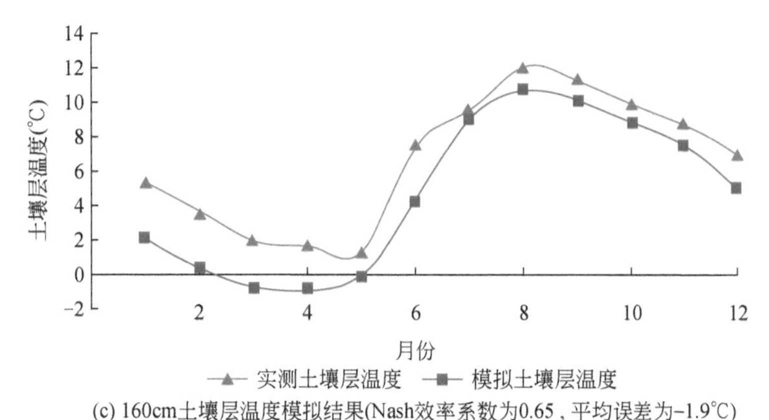

(c) 160cm土壤层温度模拟结果(Nash效率系数为0.65，平均误差为−1.9℃)

图 4-15　模拟土壤层温度与实测土壤层温度对比图

由图 4-15 可以看出，对 3 层土壤的温度模拟基本符合各自土壤层温度变化规律，第 1 层模拟效果最好，第 3 层土壤模拟效果最差。分析其原因，可能来自两方面：一是第 3 层土壤厚度太大；二是模拟中未考虑地下水对深层土壤的影响。虽然如此，模拟的土壤层平均温度基本反映了其温度变化过程，平均误差为 1～2℃。

为了进一步揭示土壤冻结的水文效应，探究冻土水热耦合模块的模拟效果，对流域内大赉站点的日径流量变化过程进行分析。选取 2005 年作为典型年份，大赉站点年内日径流量分别在耦合与不耦合冻土模块情况下的模拟结果如图 4-16 所示。在耦合冻土模块后，虽然模拟的春汛比实测的情况在时间上提前了 10 天左右，但是，模型对 4 月下旬开始的春汛模拟效果有了很大的改善。造成模拟的春汛提前的原因可能是水热耦合模拟中对地温模拟的偏差。模拟结果验证了对研究区进行冻土水热耦合模拟的科学性和适用性。

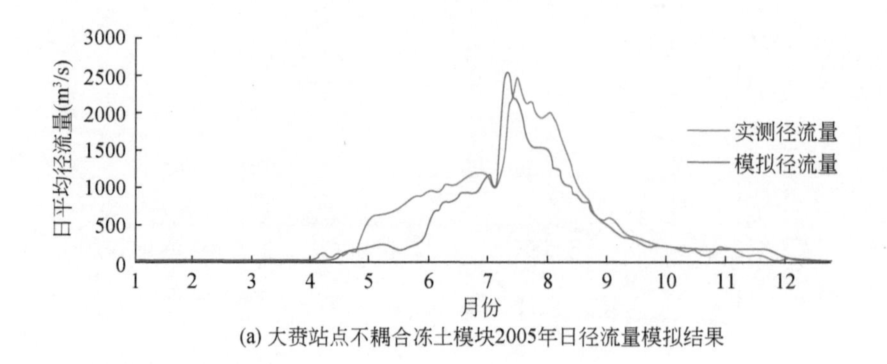

(a) 大赉站点不耦合冻土模块2005年日径流量模拟结果

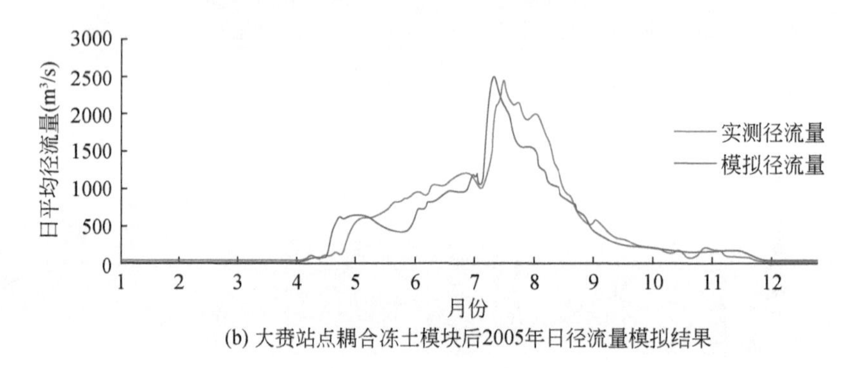

(b) 大赉站点耦合冻土模块后2005年日径流量模拟结果

图 4-16 大赉站点冻土水热耦合模拟效果对比图

（四）枯水期径流量模拟验证

在对松花江流域冻土水文效应进行水热耦合模拟后，选取在水质评价和模拟中较为关键的枯水期，也是具有松花江流域特色的时期，即每年 12 ~ 3 月的冰封期，对模型在冰封期的模拟效果进行了验证。松花江流域各主要水文站点枯水期径流量模拟效果见表 4-7 和图 4-17。

表 4-7 松花江流域各主要水文站点枯水期径流量模拟效果表（1956 ~ 2000 年）

水资源三级分区	编号	水文站点	流域	多年平均实测径流量（亿 m^3）	多年平均模拟径流量（亿 m^3）	相对误差（%）	Nash 效率系数
尼尔基以上	1	石灰窑	嫩江	0.14	0.14	-4.0	-0.46
	2	柳家屯	甘河	0.64	0.67	4.9	-2.23
	3	阿彦浅	嫩江	1.38	1.50	9.1	-0.34

续表

水资源三级分区	编号	水文站点	流域	多年平均实测径流量（亿 m^3）	多年平均模拟径流量（亿 m^3）	相对误差（%）	Nash 效率系数
尼尔基至江桥	4	德都	讷谟尔河	0.14	0.17	27.4	-2.21
	5	古城子（二）	诺敏河	1.07	1.11	4.4	-6.50
	6	同盟（二）	嫩江	3.18	3.32	4.5	-1.10
	7	那吉	阿伦河	0.08	0.09	13.6	-1.57
	8	音河水库	音河	0.01	0.01	2.9	-0.58
	9	双阳	双阳河	0.00	0.02	377.6	-1.04
	10	依安大桥	乌裕尔河	0.01	0.16	1520.9	-74.44
	11	碾子山（二）	雅鲁河	0.31	0.32	5.9	-0.18
	12	景星（二）	罕达罕河	0.02	0.03	51.6	0.23
	13	两家子（二）	绰尔河	0.58	0.55	-5.6	-2.20
	14	江桥	嫩江	5.86	5.48	-6.6	-0.17
江桥以下	15	白沙滩	嫩江	5.70	5.51	-3.3	-0.03
	16	洮南	洮儿河	0.61	0.77	26.4	0.38
	17	大赉	嫩江	8.62	8.43	-2.3	0.40
	18	白云胡硕	霍林河	0.15	0.23	52.4	0.36
丰满以上	19	五道沟	辉发河	1.38	1.52	9.7	0.40
	20	丰满水库	西流松花江	34.09	32.01	-6.1	0.75
丰满以下	21	农安	伊通河	0.42	0.34	-17.5	0.13
	22	德惠	饮马河	0.22	0.21	-4.2	-0.13
	23	扶余	西流松花江	32.85	34.02	3.6	0.65
三岔口至哈尔滨	24	蔡家沟	拉林河	1.06	1.06	0.0	0.06
	25	哈尔滨	松花江干流	45.72	47.02	2.8	0.65
哈尔滨至通河	26	阿城	阿什河	0.17	0.17	-0.3	-1.02
	27	兰西	呼兰河	0.79	1.59	100.5	-4.53
	28	莲花（二）	蚂蚁河	0.61	0.62	0.7	-0.15
	29	通河	松花江干流	47.51	50.96	7.3	0.68
牡丹江	30	长江屯	牡丹江	7.02	6.90	-1.7	-0.11
通河至佳木斯	31	依兰	松花江干流	56.12	60.13	7.1	0.53
	32	倭肯	倭肯河	0.04	0.24	465.5	-11.23
	33	晨明（二）	汤旺河	0.87	1.00	15.3	-1.23
	34	佳木斯	松花江干流	63.30	65.50	3.5	0.51
佳木斯以下	35	宝泉岭	梧桐河	0.18	0.24	33.8	-2.84
	36	鹤立	鹤立河	0.01	0.01	23.7	-2.58

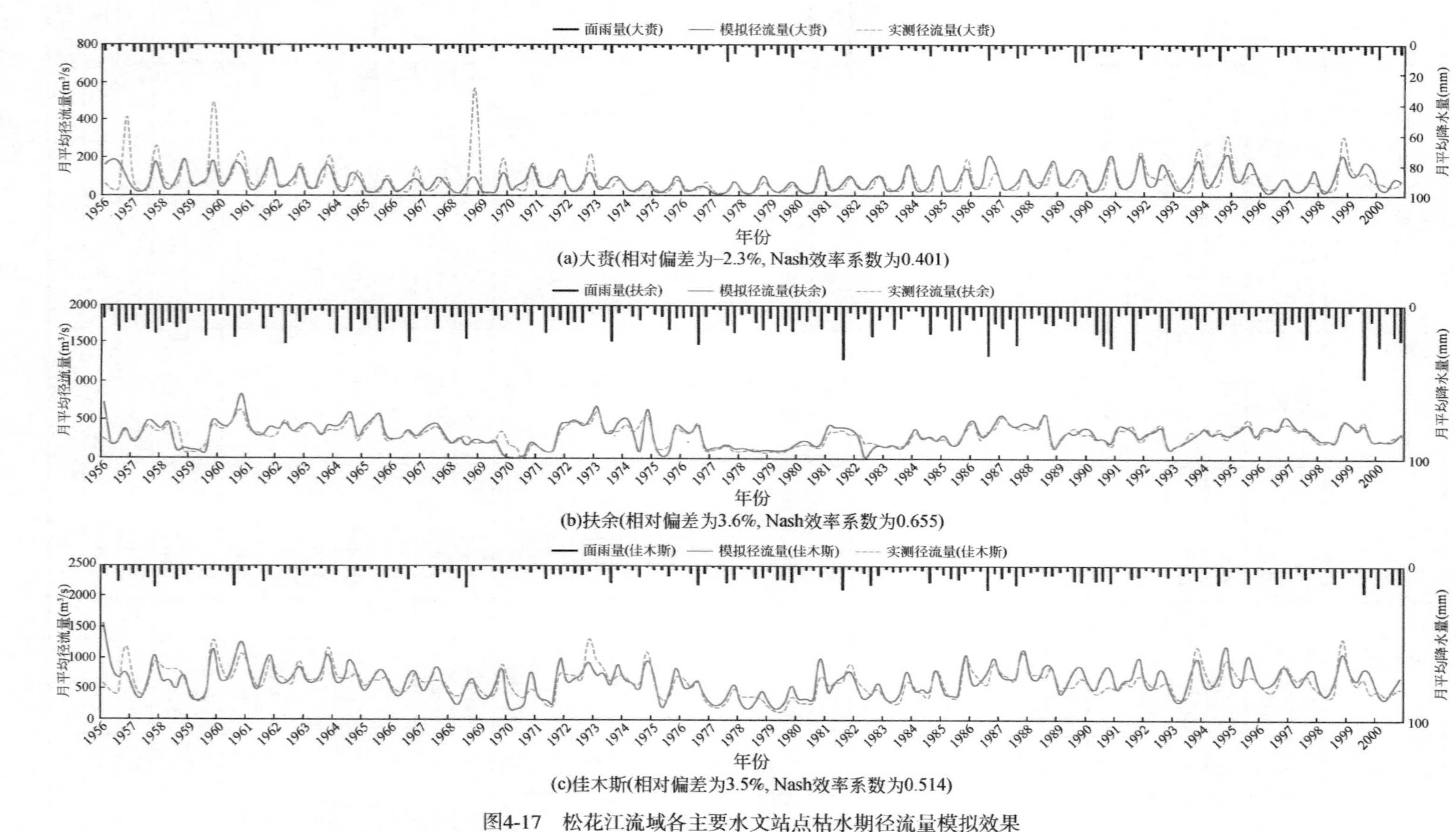

(a)大赉(相对偏差为-2.3%, Nash效率系数为0.401)

(b)扶余(相对偏差为3.6%, Nash效率系数为0.655)

(c)佳木斯(相对偏差为3.5%, Nash效率系数为0.514)

图4-17　松花江流域各主要水文站点枯水期径流量模拟效果

从模拟结果来看，误差较大的基本都是枯水期径流量比较小（枯水期总径流量在0.1亿 m^3以下）的站点。各主要水文站点在枯水期的水量模拟误差比全年模拟效果稍差，但也都控制在10%以内，而从Nash效率系数上来看，嫩江效果较差，而西流松花江和松花江干流较好。总体上看，模型对松花江流域干流和主要支流在枯水期的径流量模拟结果比较准确，能满足相关情景分析和方案模拟需求。

第三节　流域水质模型

基于松花江流域分布式二元水循环模型，耦合开发了大尺度流域水质模型。本次构建的流域水质模型属于大流域长时间尺度模型，是流域二元模型框架下的分布式水文模型WEP-L在水质模拟功能方面的进一步拓展（牛存稳，2008），模型主要用于规划层次评估流域污染物的产生量、入河量，对河道水质状况进行模拟，在此基础上分析各管理单元纳污能力、水环境容量，制定污染物削减规划，评估工业产业结构和农业种植结构调整措施对流域水质状况的影响，模型有以下几个明显特征：

（1）模型适用于大流域尺度水污染过程逐月模拟。已有的流域水质模型，大都立足于某一试验区（几平方千米，几十平方千米），或者某一小流域（几百平方千米，几千平方千米），经过充分的试验和大量的污染源调查，建立流域水质模型。松花江流域范围大、下垫面复杂、污染物产生机理不清，难以仅用污染源调查和河道水质监测手段支撑“节能减排”的实施。与国内外同类模型相比，本研究开发的模型充分考虑了大流域的适用性，将污染物产生入河的过程进行了适当的概化，更大限度地减小了模型的不确定性。

（2）模型与流域水循环过程紧密结合，对流域水循环伴生的水污染过程开展了全过程模拟，从“降雨—径流—补给—排泄—下渗”等过程，开展模拟，不同于以往简单的输出系数法、入河系数法。以往的水质模型，针对污染物在河道、湖泊和水库的移流扩散，进行水动力学模拟较多，而对污染物从源强开始在流域/区域面上开展全过程长系列的模拟相对较少。

（3）模型建立在充分的试验和污染源调查信息的基础上。灌区农田面源迁移、转化规律研究试验、污染物追踪技术试验和河道动力学模拟试验等试验素材，结合《水资源评价报告》、环境年鉴、统计年鉴及地表水水质监测结果等有效数据信息，支撑了流域水质模型的构建。

（4）模型与现代信息技术（如GIS和RS等）相结合，遥感影像数据、土地利用数据和DEM数据等的处理为污染源在空间上的迁移、转化过程提供了积极支持。

（5）模型可以预测不同调控措施下省界、市界关键控制断面水量水质状况；估算未来社会经济发展和水环境治理措施下污染负荷量，推求水环境承载力，制定污染物总量控制方案，确定污染物削减计划，支撑流域水资源水环境综合管理。

一、模型原理

水质模块中将流域水污染过程概化为污染物产生、入河及其在河道中的迁移、转化三个过程，分别与水循环的产流、坡面汇流、河道汇流过程紧密联系。

（一）污染物产生量的计算

污染源分点源和面源分开估算。点源污染划分为工业和城镇生活，非点源污染划分为城镇地表径流、农药化肥施用、农村生活污水及固体废弃物、土壤侵蚀和分散式畜禽养殖污废水五类。

1. 点源污染物产生

点源污染指以点状形式排放而使水体造成污染的发生源。一般工业污染源和生活污染源产生的工业废水和城镇生活污水，经城镇污水处理厂或经管渠输送到水体排放口，作为重要污染点源向水体排放，具有季节性和随机性。按照统计年鉴上的定额数据便能估算历年的点源污染物产生量。

（1）工业点源污染物产生量估算。工业点源污染物产生量估算以子流域套等高带为单位计算，按如下公式计算：

$$W_{\text{industry},i}=\text{GDP}_i\times\text{LOAD}_i \tag{4-63}$$

式中，$W_{\text{industry},i}$为i子流域工业点源污染物产生量（t）；GDP_i 为i子流域工业增加值（万元）；LOAD_i 为i子流域单位工业增加值的污染负荷（t/万元）。

（2）城镇生活点源污染物产生量估算。城镇生活点源污染物产生量估算以等高计算单元为单位，按如下公式计算：

$$W_{\text{urban},i}=\text{POP}_{\text{urban},i}\times\text{LOAD}_i\times\text{CEX}_{n,i} \tag{4-64}$$

式中，$W_{\text{urban},i}$为i子流域城镇生活点源污染物产生量（t）；$\text{POP}_{\text{urban},i}$为$i$子流域城镇人口（万人）；$\text{LOAD}_i$ 为i子流域单位城镇人口的污染负荷（t/万人）；$\text{CEX}_{n,i}$为i子流域n季度城镇生活季节用水比例，n取1～4。

2. 非点源污染物产生

非点源污染负荷入河量指一定时期内，由地表径流携带进入河流等地表水体的非点源污染负荷量，是时空上无法定点监测的，与大气、水文、土壤、植被、地质、地貌和地形等环境条件和人类活动密切相关的，可随时随地发生的，直接对大气、土壤、水体构成污染的污染物来源。非点源污染物主要分为五大类，即城镇地表径流、农村生活污水及固体废弃物、分散式畜禽养殖污废水、农药化肥施用和土壤侵蚀。

（1）城镇地表径流。城镇地表径流污染物产生量估算以等高计算单元为单位，按如下公式计算：

$$W_{\text{inflow},\text{runoff}}=W_{\text{P},\text{PUNOFF}}\times\text{COE}_{\text{RUNOFF}} \tag{4-65}$$

式中，$W_{\text{inflow},\text{runoff}}$为城镇地表径流面源污染（t）；$W_{\text{P},\text{RUNOFF}}$为城镇地表径流量（万 m^3），来自分布式流域水文模型 WEP 模拟结果，以等高计算单元为计算单位；$\text{COE}_{\text{RUNOFF}}$为单位城镇地表径流量产生的污染物量（t/万 m^3），采用全国第二次水资源评价中面源产生量、城镇地表径流面源产生量占总面源产生量比例及2000年 WEP 模型城镇地表径流量模拟结果求得单位城镇地表径流量产生的污染物量。

（2）农药化肥施用。农药化肥污染物产生量估算以等高计算单元为单位，按如下公式计算：

$$W_{\text{inflow, pest and fer}}=\text{AREA}\times\text{COE}_{\text{AREA}}\times\gamma\times\varphi \tag{4-66}$$

式中，$W_{\text{inflow, pest and fer}}$为农药化肥面源污染（t）；AREA 为播种面积（$hm^2$），播种面积根据遥感图像的土地利用类型信息获得；$\text{COE}_{\text{AREA}}$为单位面积施肥量（$t/hm^2$），单位面积施肥量参见《黑龙江统计年鉴》(1995～2006 年)、《吉林统计年鉴》(1995～2006 年)、《内蒙古统计年鉴》(1995～2006 年）中施肥量、播种面积信息；γ 为施肥量中污染物含量，施肥量中污染物含量与施用的农药化肥类型有关，产品生产包装上注明；φ 为作物吸收后残留比例，作物吸收后残留比例通过当地试验田试验获得。

（3）农村生活污水及固体废弃物。农村生活污水及固体废弃物产生量估算以等高计算单元为单位，按如下公式计算：

$$W_{\text{inflow, country}}=\text{POP}_{\text{country}}\times\text{COE}_{\text{country}} \tag{4-67}$$

式中，$W_{\text{inflow, country}}$为农村生活面源污染（万 t）；$\text{POP}_{\text{country}}$为农村人口（万人），各地级市农村人口参见《黑龙江统计年鉴》（1995～2006 年）、《吉林统计年鉴》（1995～2006 年）、《内蒙古统计年鉴》(1995～2006 年)，按社会经济信息空间展布，将各地级市农村人口展布至等高计算单元；$\text{COE}_{\text{country}}$为单位农村人口污染物负荷（万 t/万人），单位农村人口污染物负荷根据《农村生活污水排放标准（DB 13/2171—2015)》估算。

（4）土壤侵蚀。土壤侵蚀污染物产生量估算以等高计算单元为单位，按公式“土壤侵蚀面源污染=土壤侵蚀量×单位土壤侵蚀量污染负荷”计算土壤侵蚀面源产生量；土壤侵蚀量根据通用土壤流失（USLE）方程估算，借鉴 SWAT 模型土壤侵蚀计算方法。公式如下：

$$\text{USLE}=11.8\times(R_{\text{surface}}\times q_{\max}\times A)^{0.56}\times K\times C\times P\times \text{LS} \tag{4-68}$$

式中，R_{surface}为地表径流量（m^3）；$q_{\max}$ 为月径流最大值（m^3/s）；A 为土壤侵蚀面积（km^2）；K 为土壤可侵蚀因子；C 为植被覆盖与管理因子；P 为土壤保持措施因子；LS 为坡长坡度因子。

单位土壤侵蚀量根据对当地土壤侵蚀的试验监测得到，多为经验值。对有条件进行试验的地区，可采用单位面积土壤侵蚀量的经验值作为估算依据，即土壤侵蚀面源污染=单位面积土壤侵蚀量污染物含量×土壤侵蚀面积。

（5）分散式畜禽养殖污废水。分散式畜禽养殖污废水污染物产生量估算以等高计算单元为单位，按如下公式：

$$W_{\text{inflow, livestock}}=\text{BIG}_{\text{amount}}\times\alpha_{\text{BIG}}\times\beta_{\text{BIG}}+\text{SMALL}_{\text{amount}}\times\alpha_{\text{SMALL}}\times\beta_{\text{SMALL}} \tag{4-69}$$

式中，$W_{\text{inflow, livestock}}$为畜禽养殖面源污染（kg）；$\text{BIG}_{\text{amount}}$为大牲畜数量（头）；$\text{SMALL}_{\text{amount}}$为小牲畜数量（头）；$\alpha_{\text{BIG}}$为大牲畜粪便排泄量［kg/（头·a)］；$\beta_{\text{BIG}}$为大牲畜粪便排泄系数；$\alpha_{\text{SMALL}}$为小牲畜粪便排泄量［kg/（头·a)］；$\beta_{\text{SMALL}}$为小牲畜粪便排泄系数。

（二）污染物入河过程

污染物入河过程是污染物的陆域产生过程与污染河道产生过程的纽带，三个过程分别与水循环的产流、坡面汇流、河道汇流过程紧密联系，其对应关系及详细内容如图 4-18 所示。

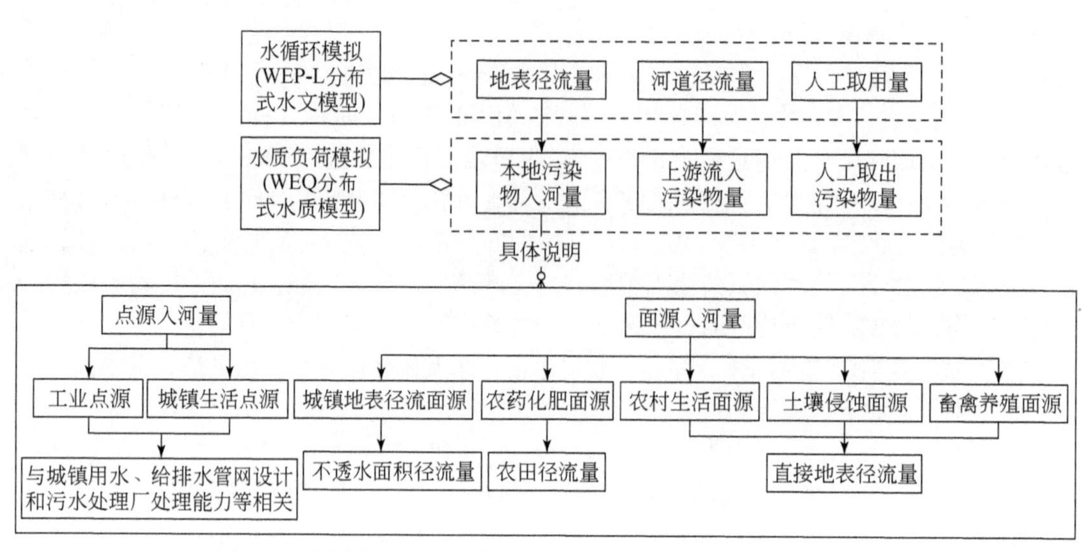

图 4-18　污染物入河过程与水循环过程的对应关系及详细内容图

污染物负荷分点源和非点源分开估算。

1. 点源污染物入河过程

点源污染包括工业点源污染和城镇生活点源污染。工业点源污染物入河量估算以等高计算单元为单位，按如下公式计算：

$$W_{\text{inflow, industry}} = W_{\text{industry}} \times (1-\varphi) \times \theta \tag{4-70}$$

式中，$W_{\text{inflow, industry}}$为工业点源污染物入河量（t）；$W_{\text{industry}}$为工业点源污染物产生量（t）；$\varphi$为工业污水处理率，工业污水处理率取值与各地级市市政管网规划、污水处理厂建设规模有关；θ为处理后污染物入河比例，处理后污染物入河比例根据污水处理厂出厂达标标准取值。

城镇生活点源污染物入河量估算以等高计算单元为单位，按如下公式计算：

$$W_{\text{inflow, urban}} = W_{\text{urban}} \times (1-\varphi) \times \theta \tag{4-71}$$

式中，$W_{\text{inflow, urban}}$为城镇生活点源污染物入河量（t）；W_{urban}为城镇生活点源污染物产生量（t）；φ为生活污水处理率，生活污水处理率取值与各地级市市政管网规划、污水处理厂建设规模有关；θ为处理后污染物入河比例，处理后污染物入河比例根据污水处理厂出厂达标标准取值。

2. 非点源污染物入河过程

非点源污染物的入河过程不能简单地用入河系数表示，以农药化肥施用为例，其主要原理是污染物在农田间随农田径流的迁移、转化过程。对 COD 而言，本研究将其概化成只在随农田径流入河的过程中衰减，没有与农作物交互的其他过程；对 NH_3-N 而言，通过农田试验得到的 NH_3-N 随农田径流的迁移、转化过程包括以下几部分，即水解、矿化、挥发、硝化、反硝化及作物吸收等过程，其入河量与氮肥水解速率系数、有机氮矿化速率系数、无机氮固定速率系数、氨挥发速率系数和硝化反应速率系数等密切相关。同时入河量又与农田径流量的大小有关。对任意的子流域，都有一条河道，该河道也是水质模拟的对象，如下图 4-19 所示。

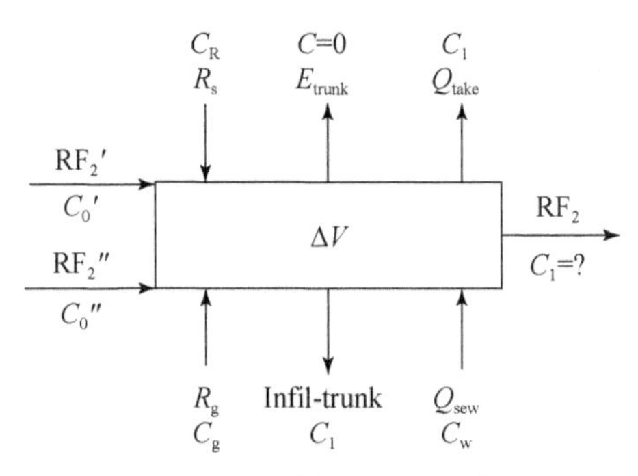

图 4-19　河道水量平衡示意图

注：R_s为本地地表径流产流量；R_g为河道与地下水交换量，如果该数为正，表示地下水补给河道，如果为负，表示河道补给地下水；E_{trunk}为河道蒸发量；Infil-trunk 为河道渗漏量；Q_{take}为工农业河道取水量；Q_{sew}为工业、生活废水入河量，点源污染物从该处进入河道；RF_2为上下子流域出入境水量；ΔV为河道蓄变量；C_R为地表径流污染物浓度（mg/L）；C_1为取水水质浓度（mg/L）；C_g为地下径流水质浓度（mg/L）；C_w为污废水浓度（mg/L）；RF'_2为上游子流域入流 1 的流量（m^3）；C'_0为上游子流域入流 1 的水质浓度（mg/L）；RF″为上游子流域入流 2 的流量（m^3）；C''_0为上游子流域入流 2 的水质浓度（mg/L）

水量平衡表达式为

$$\Delta V = V_2 - V_1$$
$$= RF'_2 + RF''_2 + (R_s + R_g) - (E_{trunk} + \text{Infil-trunk}) - Q_{take} + Q_{sew} - RF_2 \tag{4-72}$$

本模型考虑了 5 种非点源污染随本地地表径流（以计算单元降水量扣除蒸发量等的净水量表示）进入河道。5 种非点源污染分别为城镇地表径流（通过计算单元不透水面产流量进入河道）、农村生活污水及固体废弃物、分散式畜禽养殖污废水、农药化肥施用（通过农田产流量进入河道）、水土流失带来的颗粒态污染物量（通过山区有水土流失的单元产流量进入河道）。

（三）污染物在河道中的迁移、转化

本研究的模型属于大流域长时间尺度水质模型，模型在空间上将研究区域划分为若干子流域。由于模型时间尺度较长（旬、月），在一个小的子流域内用河段单元零维方程可以基本描述水质过程。当流域范围较大时，需要划分为很多小的子流域，各子流域河段长度、河底坡降及 Manning 糙率系数变化很大，为考虑流域下垫面及河道特性差异，需要采用一维河道水质方程，对其简化后，描述污染物在河道中的衰减和与底泥交换等过程。

本研究借鉴混合单元系列（mixed cells-in series，CIS）模型的研究思路。CIS 模型是在单个完全混合系统模型的基础上发展起来的，它把零维的模型扩展来求解一维问题，模型在浅水库中得到很好的应用。CIS 模型把河流看作是由一系列连续的体积相等的单元（小池）组成，每个单元的水体又完全混合的一种计算水质分布的模型，每个单元的变化采用零维方程描述（图 4-20）。

河段水流计算采用运动波由 WEP 模型完成，各河段的编码与计算顺序采用 Pfafstetter

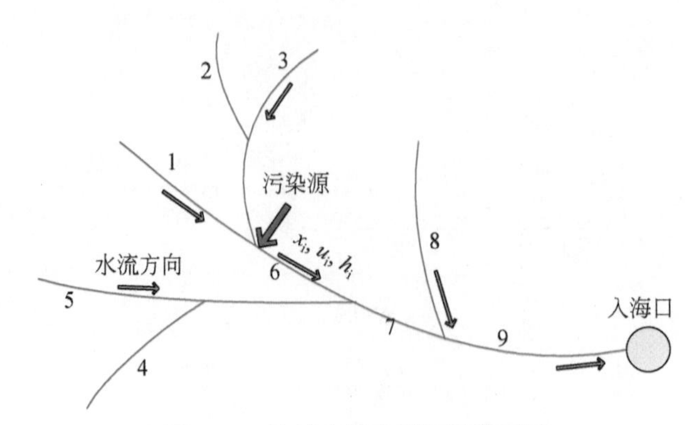

图 4-20 流域水量水质河段单元图

注：1～9 代表子流域河流，x_i 代表河长，u_i 代表流速，h_i 代表水深

编码。按照顺序从上游至下游进行模拟计算，最后到流域出口（或入海口）。

相对零维水质模型，一维水质模型的各个单元的污染物综合降解系数需要根据水流条件相应变化。推求方法如下：

忽略弥散项的稳态一维移流扩散方程为

$$\bar{u}\frac{\partial C}{\partial x} = -kC \tag{4-73}$$

解得

$$C(x) = C_0\exp(-kx/u) \tag{4-74}$$

式中，$C(x)$ 为控制断面污染物浓度（mg/L）；C_0 为起始断面污染物浓度（mg/L）；k 为污染物综合自净系数（1/d）；x 为排污口下游断面距控制断面纵向距离（m）；u 为设计流量下岸边污染带的平均流速（m/s）。

假设某河道断面流量为 Q，则在时段 Δt 内通过断面的污染物负荷量为

$$W_0 = Q\Delta tC_0 \tag{4-75}$$

若该断面至下游断面 x 公里处无支流汇入，无污染负荷输入，则河道中上下断面流量相等，时段内河道下游通过的污染物负荷量为

$$\begin{aligned} W_x &= Q\Delta tC(x) \\ &= Q\Delta tC_0\exp(-kx/u) \\ &= W_0\exp(-kx/u) \end{aligned} \tag{4-76}$$

式中，W_x 为下断面 x km 处通过的污染负荷量；W_0 为起始断面的污染负荷量。

则污染物在河道中的衰减量可以表示为

$$\begin{aligned} \Delta W &= W_0 - W_x \\ &= W_0[1 - \exp(-kx/u)] \end{aligned} \tag{4-77}$$

（四）流域水质模型流程图

流域水循环过程是伴生的水沙过程和水化学过程的基础，人工水循环过程是点源污染产生的直接因素，自然水循环过程（降水径流过程）是形成面源污染的直接驱动力，因

此，流域二元水循环过程的模拟是流域水质模拟的基本前提。模型基于 WEP-L 分布式水文模型模拟流域二元水循环过程，完成陆域和河道的模拟过程。WEQ 模型构建流程如图 4-21所示。

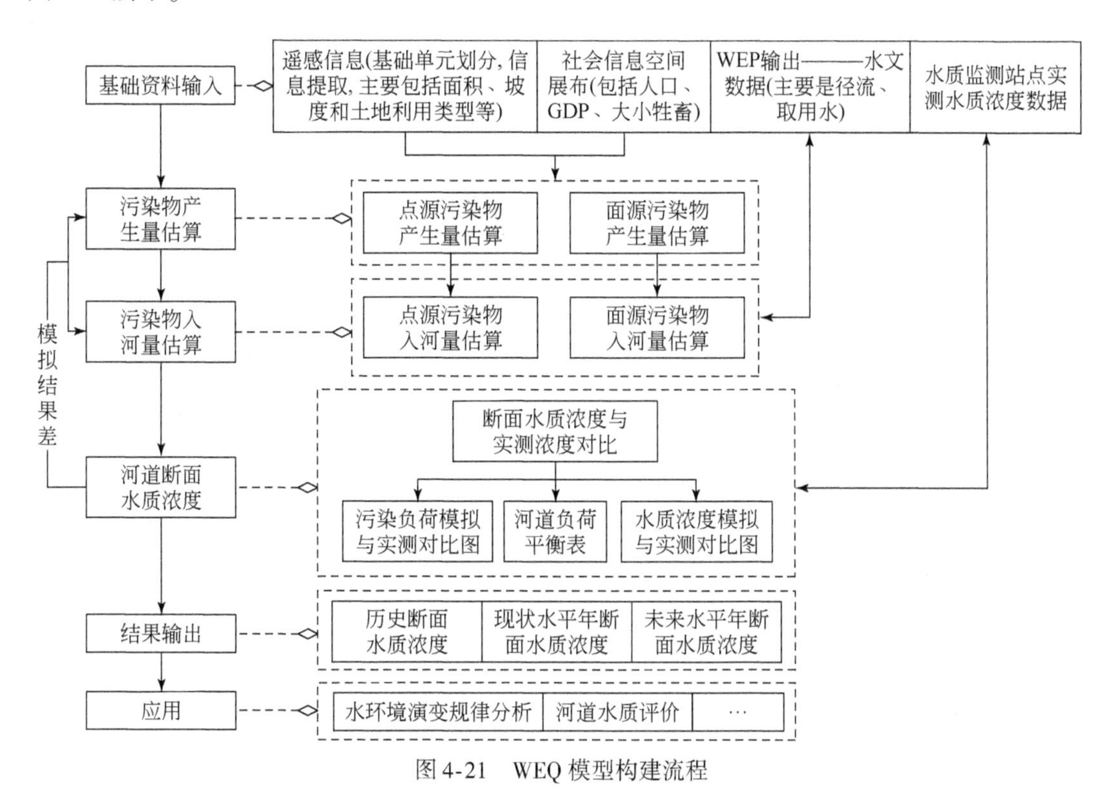

图 4-21　WEQ 模型构建流程

二、模型构建

本研究收集了松花江流域的水文气象、社会经济供用水信息，在流域分布式水文模型的基础上，对松花江流域的 11 136 个子流域单元 1995 ~ 2006 年进行了连续逐月模拟计算。

模型构建搜集的数据和基础如下。

（1）水文气象和流域水循环模型等水量条件；

（2）典型区观测试验、灌区试验和污染源追踪试验等；

（3）松花江水资源综合规划成果，包括松花江流域水资源开发利用调查评价成果，以及 2000 年与 2006 年 1203 个排污口调查数据等；

（4）全国环境年鉴（1995 ~ 2006 年），主要包括 1995 ~ 2006 年黑龙江省、吉林省、内蒙古自治区工业废水排放量、城镇生活污水排放量、COD 排放总量、NH_3-N 排放总量、废水治理设施治理能力、污水处理量；

（5）分省统计年鉴：《黑龙江统计年鉴》（1995 ~ 2006 年）、《吉林统计年鉴》（1995 ~ 2006 年）、《内蒙古统计年鉴》（1995 ~ 2006 年），主要包括 1995 ~ 2006 年城镇人口、农村人口、GDP、大小牲畜数量、耕地类型、耕地面积、化肥施用类型、化肥施用量；

（6）相关标准，如《地表水环境质量标准》（GB 3838－2002）和《城镇污水处理厂污染物排放标准》等；

（7）全国污染源普查细则和成果，包括《第一次全国污染源普查城镇生活源产排污系数手册》和《第一次全国污染源普查工业污染源产排污系数手册》等；

（8）河流水质监测成果，包括黑龙江省水质监测成果表、吉林省水质监测成果表和内蒙古自治区水质监测成果表，主要涵盖 1995 ~ 2006 年水质监测站点信息、断面水量、COD 和 NH_3-N 等指标实测数据；

（9）其他相关公报，包括《松辽流域省界缓冲区水资源状况通报》《松辽水质年报》《松辽水资源公报》。

在流域分布式水文模型的基础上，构建了非点源污染模型，包括城镇地表径流面源污染模块、农村生活面源污染模块、农药化肥面源污染模块、土壤侵蚀面源污染模块及畜禽养殖面源污染模块，分别对各种污染源进行了估算。

三、模型率定与验证

本研究对松花江流域的 11 136 个子流域单元 1995 ~ 2006 年进行了连续模拟计算。校正准则包括：①月平均污染负荷相对误差尽可能小；②模拟与观测的 Pearson 相关系数尽可能大；③Nash-Sutcliffe 效率尽可能大。

模型验证主要选取了嫩江流域的江桥站点、西流松花江流域的扶余站点，以及松花江干流流域的哈尔滨站点和佳木斯站点等。

（一）COD 的验证

松花江流域 COD 的验证，包括断面的污染负荷验证及在该断面的水质浓度验证。

1. 断面污染负荷验证

图 4-22、图 4-23 分别为江桥站点、扶余站点、哈尔滨站点和佳木斯站点的 COD 断面污染负荷模拟与实测对比结果。

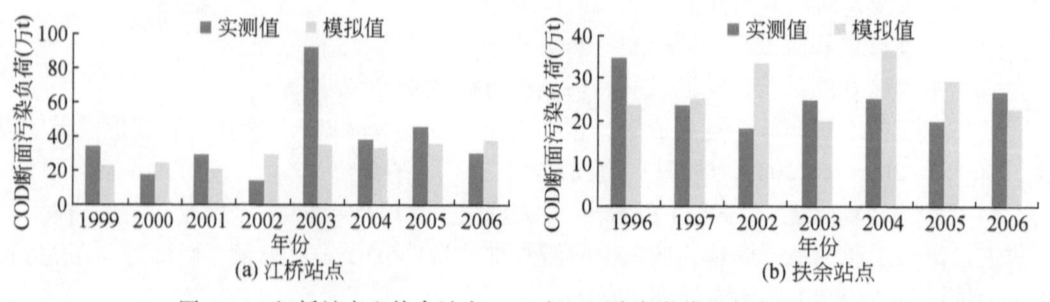

图 4-22 江桥站点和扶余站点 COD 断面污染负荷模拟与实测对比图

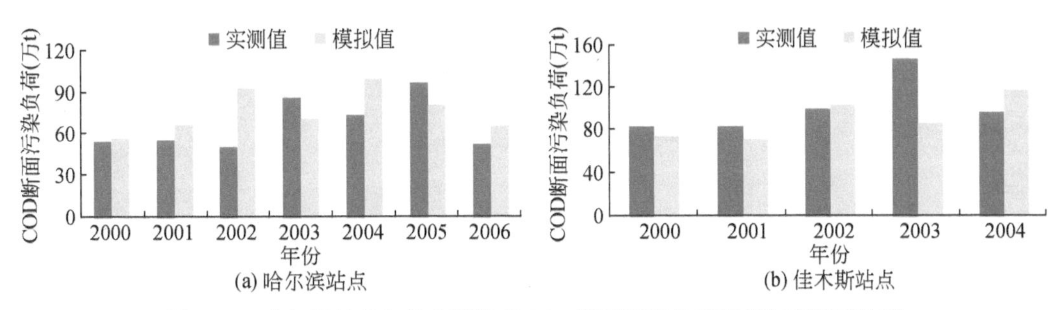

图 4-23 哈尔滨站点和佳木斯站点 COD 断面污染负荷模拟与实测对比图

2. 断面水质浓度验证

图 4-24、图 4-25 分别为江桥站点、扶余站点、哈尔滨站点和佳木斯站点 COD 断面污染水质浓度模拟与实测对比结果。

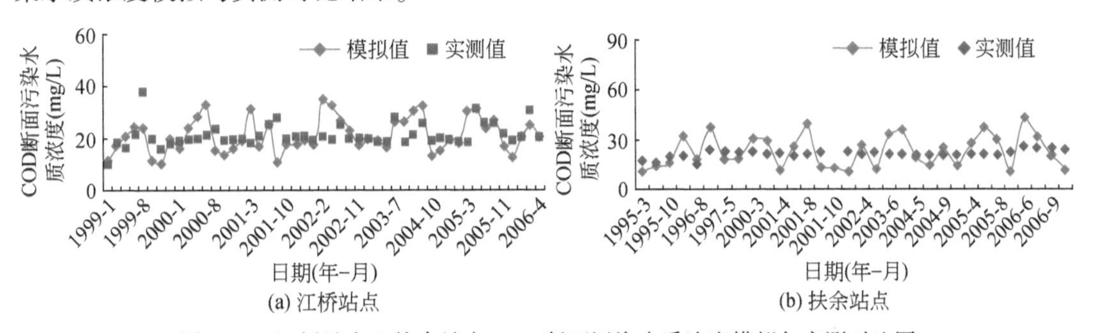

图 4-24 江桥站点和扶余站点 COD 断面污染水质浓度模拟与实测对比图

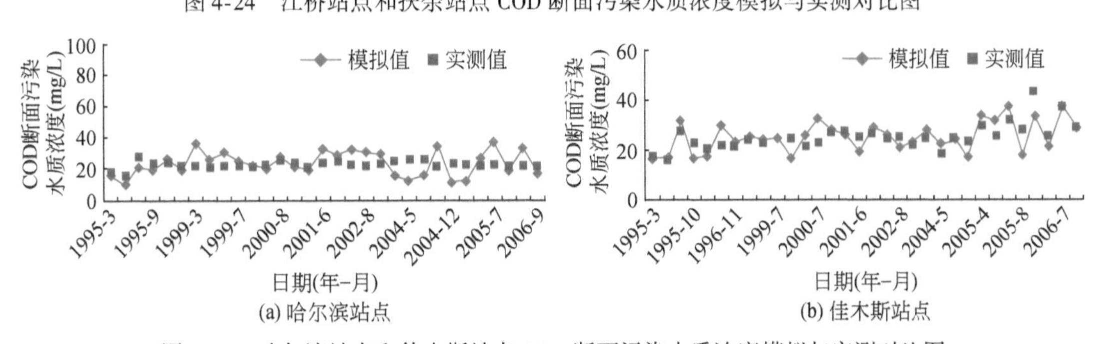

图 4-25 哈尔滨站点和佳木斯站点 COD 断面污染水质浓度模拟与实测对比图

从上述对比的模拟结果可以看出，对正常浓度的水质指标模拟相对容易，对一些极大值和极小值的预测相对困难。整体来看，COD 的模拟值与实测值吻合较好，可以用来支撑情景分析。

（二）NH_3-N 的验证

松花江流域 NH_3-N 的验证，包括某一断面的污染负荷验证及在该断面的水质浓度验证。

1. 断面污染负荷验证

图 4-26、图 4-27 分别为江桥站点、扶余站点、哈尔滨站点和佳木斯站点 NH_3-N 断面

污染负荷模拟与实测对比结果。

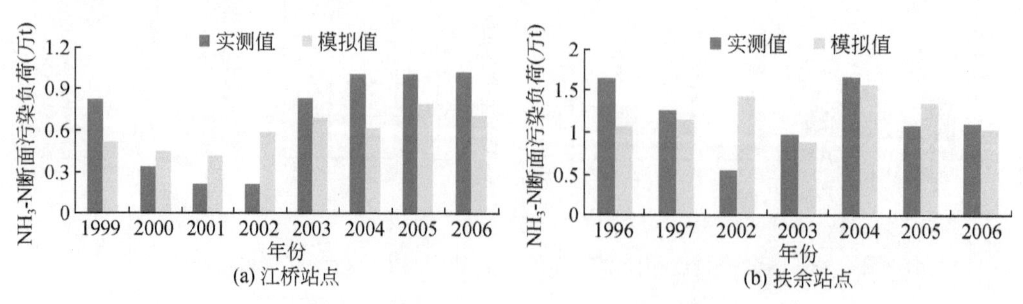

(a) 江桥站点　　(b) 扶余站点

图 4-26　江桥站点和扶余站点 NH_3-N 断面污染负荷模拟与实测对比图

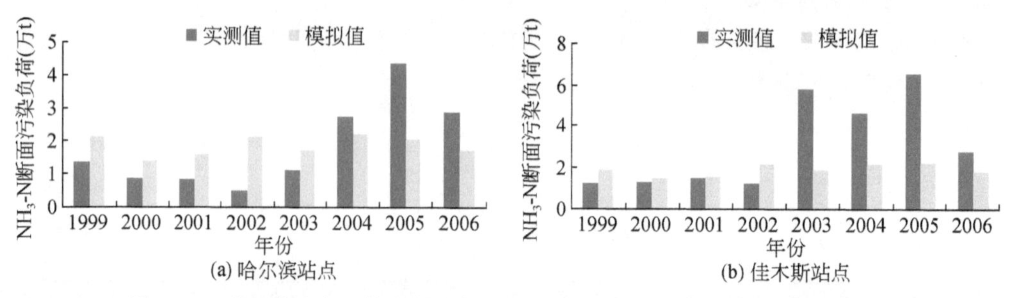

(a) 哈尔滨站点　　(b) 佳木斯站点

图 4-27　哈尔滨站点和佳木斯站点 NH_3-N 断面污染负荷模拟与实测对比图

2. 断面水质浓度验证

图 4-28、图 4-29 分别为江桥站点、扶余站点、哈尔滨站点和佳木斯站点 NH_3-N 断面污染水质浓度模拟与实测对比结果。

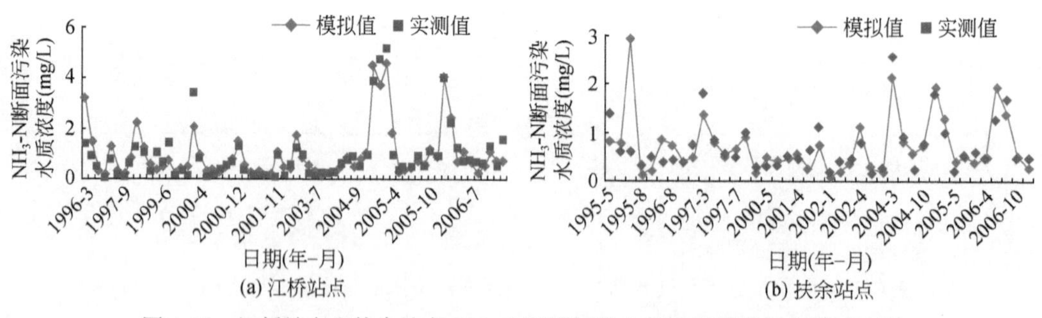

(a) 江桥站点　　(b) 扶余站点

图 4-28　江桥站点和扶余站点 NH_3-N 断面污染水质浓度模拟与实测对比图

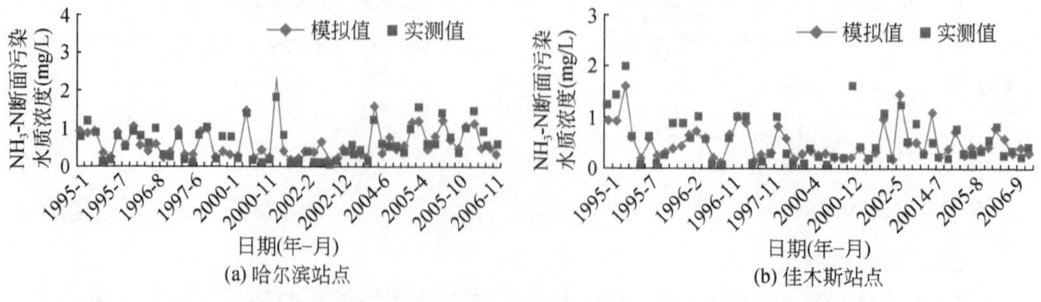

(a) 哈尔滨站点　　(b) 佳木斯站点

图 4-29　哈尔滨站点和佳木斯站点 NH_3-N 断面污染水质浓度模拟与实测对比图

从上述对比的模拟结果可以看出，对正常浓度的水质指标模拟相对容易，对一些极大值和极小值的预测相对困难。整体来看，NH_3-N 的模拟值与实测值吻合较好，可以用来支撑情景分析。

第四节　松花江干流水质水量动力学模型

河网水动力及水质模型是描述河网水域中水流和水质变化规律的数学模型。应用河网水动力及水质模型，可对河网地区的防洪、排涝、灌溉、航运及水污染等水灾害防治和水环境保护提供可靠的解决方法。本研究的松花江干流区包括嫩江、西流松花江和松花江下游区（三岔河以下）的干流范围。其中，嫩江和西流松花江在三岔口汇合形成松花江下游区，形成了一个树形河网拓扑结构。因此，采用三级联解法求解水动力模型，以经典水质模型的迁移、转化理论为基础，开发一维河网水动力及水质模型。该模型实现了水动力与水质模型的同时间步长与同空间步长联合计算，考虑了多个水质变量的求解计算。同时，构建了冰期水动力水质模型。

一、水动力与水质模型方程

本研究采用圣维南方程组来描述河网水流模型，并在此基础上构建河网水质数学模型。

（一）明渠水动力学方程组

以水位 z 和流量 Q 为因变量，且有旁侧入流的连续性方程为

$$B\frac{\partial z}{\partial t}+\frac{\partial Q}{\partial s}=q \tag{4-78}$$

式中，z 为水位（m）；Q 为流量（m^3/s）；B 为水面宽度（m）；t 为时间（s）；s 为河渠长（m）；q 为旁侧入流（m^3/s）。上式反映了河渠中的水量平衡，即蓄量的变化率（第一项）应等于沿程流量的变化率（第二项）。

以水位 z 和流量 Q 为因变量的运动方程为

$$g\frac{\partial z}{\partial s}+\frac{\partial v}{\partial t}\left(\frac{Q}{A}\right)+\frac{Q}{A}\frac{\partial}{\partial S}\left(\frac{Q}{A}\right)+g\frac{v^2}{C^2R}=0 \tag{4-79}$$

式中，A 为面积（m^3/s）；g 为重力加速度（m/s^2）；C 为谢才系数（$m^{1/2}/s$）；R 为水力半径（m）；其他符号意义同前。上式中，第一项反映某固定点的局地加速度；第二项反映由流速的空间分布不均匀所引起的对流加速度，这两项称为惯性项。第三项反映由底坡引起的重力作用和水深的影响，称为重力与压力项，即水面比降。第四项反映水流内部及边界的摩阻损失。该式表达了重力与压力的联合作用使水流克服惯性力和摩阻引起的能量损失而获得加速度。

（二）明渠水质动力学方程

基于均衡域的离散守恒方程，仍然符合一维水质控制方程的表达形式，其基本方程是

$$\frac{\partial C}{\partial t} + u\frac{\partial C}{\partial x} = \frac{\partial}{\partial x}\left(E\frac{\partial C}{\partial x}\right) + \sum S_i \tag{4-80}$$

式中，C 为水质变量浓度（mg/L）；$\sum S_i$ 为源汇项。

在此基础上，根据非稳态的一维迁移、转化基本方程，非稳态的一维综合水质模型可用下列方程来表示：

$$\begin{cases}\dfrac{\partial L}{\partial t} + u\dfrac{\partial L}{\partial x} = \dfrac{\partial}{\partial x}\left(E\dfrac{\partial L}{\partial x}\right) - K_{\mathrm{L}}L + \dfrac{qC_{\mathrm{L}}}{A} \\ \dfrac{\partial D}{\partial t} + u\dfrac{\partial D}{\partial x} = \dfrac{\partial}{\partial x}\left(E\dfrac{\partial D}{\partial x}\right) - K_{\mathrm{D}}D + \dfrac{qC_{\mathrm{D}}}{A} \\ \dfrac{\partial N}{\partial t} + u\dfrac{\partial N}{\partial x} = \dfrac{\partial}{\partial x}\left(E\dfrac{\partial N}{\partial x}\right) - K_{\mathrm{N}}N + \dfrac{qC_{\mathrm{N}}}{A} \\ \dfrac{\partial O}{\partial t} + u\dfrac{\partial O}{\partial x} = \dfrac{\partial}{\partial x}\left(E\dfrac{\partial O}{\partial x}\right) - K_{\mathrm{L}}L - K_{\mathrm{D}}D - K_{\mathrm{N}}N + K_{\mathrm{O}}(O_{\mathrm{s}} - O) + \dfrac{qC_{\mathrm{O}}}{A}\end{cases} \tag{4-81}$$

式中，L、N、D 和 O 分别为 $x=x$ 处河渠水流中 BOD、COD、NH_3-N 和溶解氧浓度（mg/L）；O_{s} 为河水在某温度时饱和溶解氧浓度（mg/L）；x 为离排污口处（$x=0$）的河水流动的距离（m）；u 为河渠水流断面的平均流速（m/s）；K_{L}、K_{N} 和 K_{D} 分别为 BOD、COD 和 NH_3-N 的综合降解系数（d^{-1}）；K_{O} 为河水的复氧系数（d^{-1}）；E 为河流离散系数（m^2/s）；q 为 $x=x$ 处微分河段内单位长度河长的汇流量［$m^3/(s \cdot m)$］；C_{L}、C_{N}、C_{D} 和 C_{O} 分别为汇入河渠中的 BOD、COD、NH_3-N 和饱和溶解氧的浓度（mg/L）；A 为 $x=x$ 处河渠断面的面积（m^2）。

（三）冰期水动力水质模型方程

河渠冰期水流运动与污染物归趋现象是一个非常复杂的水动力与水质过程。为了简化模拟计算，将冰盖对河道水流的影响概化为封冻河道阻力项的影响，也就是综合考虑河床糙率和冰盖糙率对水流的影响。冰期水质模型是在明水期水质模型的基础上，考虑冰期冰体中污染物赋存量的百分比确定，污染物在冰下水体中迁移、转化的综合降解系数根据水温进行调整。

因此，冰期水动力模型是在圣维南方程组的基础上，考虑水流内部及边界的摩阻损失的方程，即

$$n_{\mathrm{c}} = \left(\frac{n_{\mathrm{b}}^{3/2} + n_{\mathrm{i}}^{3/2}}{2}\right)^{2/3} \tag{4-82}$$

式中，n_{c} 为综合糙率值；n_{b}、n_{i} 分别为河床、冰盖糙率值。

二、水动力与水质模型构建

（一）河网水动力学方程组的求解

1. 水动力学方程组离散

运用普林士曼隐（Preismann）格式（图 4-30）将圣维南方程组离散，可得求解矩阵方程组。然后，应用追赶法和迭代法进行求解。

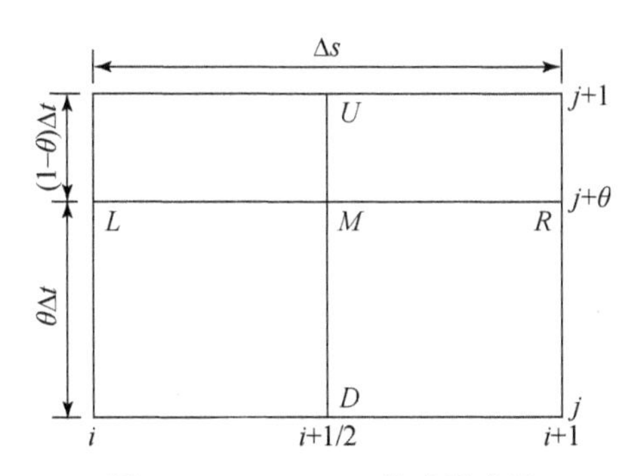

图 4-30　Preismann 格式示意图

注：图中的 U、D、L、R 分别代表计算单元的上、下、左、右网格边界

f_L、f_D、f_U、f_R 分别代表计算单元的水动力学要素，如流量和水位等变量

$$f_L = f_i^{j+\theta} = \theta f_i^{j+1} + (1-\theta) f_i^j \qquad f_R = f_{i+1}^{j+\theta} = \theta f_{i+1}^{j+1} + (1-\theta) f_{i+1}^j$$

$$f_U = f_{i+1/2}^{j+1} = \frac{1}{2}(f_i^{j+1} + f_{i+1}^{j+1}) \qquad f_D = f_{i+1/2}^{j} = \frac{1}{2}(f_i^{j} + f_{i+1}^{j}) \tag{4-83}$$

式中，i 为河道节点编号，为 1，2，3，…，N，则有 $N-1$ 个河段；j 为时间步长序号；θ 为权重系数，$0\leqslant\theta\leqslant 1$。由上可得图 4-45 所示网格偏心点 M 的差商和函数在 M 点的值：

$$\left(\frac{\partial f}{\partial t}\right)_M = \frac{f_U - f_D}{\Delta t} = \frac{f_{i+1/2}^{j+1} - f_{i+1/2}^{j}}{\Delta t} = \frac{f_{i+1}^{j+1} + f_i^{j+1} - f_{i+1}^{j} - f_i^{j}}{2\Delta t}$$

$$\left(\frac{\partial f}{\partial s}\right)_M = \frac{f_R - f_L}{\Delta s} = \frac{f_{i+1}^{j+\theta} - f_i^{j+\theta}}{\Delta s} = \frac{\theta(f_{i+1}^{j+1} - f_i^{j+1}) + (1-\theta)(f_{i+1}^{j} - f_i^{j})}{\Delta s_i}$$

$$f_M = \frac{1}{2}(f_L + f_R) = \frac{1}{2}(f_{i+1}^{j+\theta} + f_i^{j+\theta}) = \frac{1}{2}[\theta(f_{i+1}^{j+1} + f_i^{j+1}) + (1-\theta)(f_{i+1}^{j} + f_i^{j})] \tag{4-84}$$

式中，Δs 为计算空间步长（m）；Δt 为计算时间步长（s）。为了满足收敛性要求，计算空间步长和时间步长需要满足库朗稳定性条件式。

则对连续方程和运动方程进行离散，整理可得

$$a_{1i}z_i^{j+1} - c_{1i}Q_i^{j+1} + a_{1i}z_{i+1}^{j+1} + c_{1i}Q_{i+1}^{j+1} = e_{1i} \tag{4-85}$$

$$a_{2i}z_i^{j+1} + c_{2i}Q_i^{j+1} - a_{2i}z_{i+1}^{j+1} + d_{2i}Q_{i+1}^{j+1} = e_{2i} \tag{4-86}$$

其中，$a_{1i}=1$

$$c_{1i} = \frac{2\theta\Delta t}{B_M \Delta_{s_i}}$$

$$e_{1i} = z_i^j + z_{i+1}^j + \frac{(1-\theta)}{\theta} c_{1i}(Q_i^j - Q_{i+1}^j) + \frac{2q(i)\Delta t}{B_M}$$

$$a_{2i} = \frac{2\theta\Delta t}{\Delta s}\left[B_M\left(\frac{Q_M}{A_M}\right)^2 - gA_M\right] \quad c_{2i} = 1 - 4\theta\frac{\Delta t}{\Delta s_i}\frac{Q_M}{A_M} \quad d_{2i} = 1 + 4\theta\frac{\Delta t}{\Delta s_i}\frac{Q_M}{A_M}$$

$$e_{2i} = \frac{1-\theta}{\theta}a_{2i}(z_{i+1}^j - z_i^j) + \left[1 - 4(1-\theta)\frac{\Delta t}{\Delta s_i}\frac{Q_M}{A_M}\right]Q_{i+1}^j + \left[1 + 4(1-\theta)\frac{\Delta t}{\Delta s_i}\frac{Q_M}{A_M}\right]Q_i^j$$
$$+ 2\Delta t\left(\frac{Q_M}{A_M}\right)^2\left[\frac{A_{i+1}(h_M) - A_i(h_M)}{\Delta s_i} + B_M\frac{z_d(i) - z_d(i+1)}{\Delta s_i}\right] - 2g\Delta t\frac{|Q_M|Q_M}{A_M C_M^2 R_M}$$
$$+ 2\Delta t\frac{Q_M q(i)}{A_M}$$

式中，z_d 为梯形断面底面高程；z 为离散后的水位（m）；Q 为离散后的流量（m^3/s）；a，c，e 为离散方程的系数。

2. 河网三级解法

（1）河网编码。对每一河道，除首尾断面要和其他河段的变量联合求解外，内部的变量并不和河道外的变量直接发生联系，因此，可排除在总体矩阵之外。这样，河段的内部编号可以与其他河段相互独立，在对河网整体编号时，只需考虑河段的首尾断面（图 4-31）。

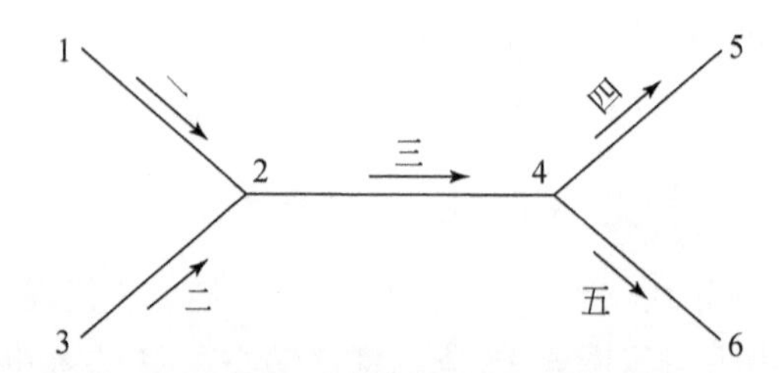

图 4-31　简单河网示意图

注：1、2、3、4、5、6 为汊点（节点）编号；一、二、三、四、五为河段编号，每一河段内的内断面不参与河网整体编号，箭头表示流向。

（2）求出河段首尾断面的流量水位之间的关系（通式）。式（4-83）和式（4-84）是根据 Preissmann 格式离散后的河道圣维南方程组形式，写成更一般的形式为

$$\begin{cases} A_{1i}z_i^{j+1} + B_{1i}Q_i^{j+1} + C_{1i}z_{i+1}^{j+1} + D_{1i}Q_{i+1}^{j+1} = E_{1i} \\ A_{2i}z_i^{j+1} + B_{2i}Q_i^{j+1} + C_{2i}z_{i+1}^{j+1} + D_{2i}Q_{i+1}^{j+1} = E_{2i} \end{cases}$$

式中，A、B、C、D、E 分别为一般形式的圣维南方程组的系数；i 为河道节点编号，为 1，2，3，…，N，则有 N-1 个河段。

联立求解之，将 z_{i+1} 和 Q_{i+1} 分别由 z_i 和 Q_i 来表示，可得

令 $F_i = \dfrac{E_{1i}D_{2i} - E_{2i}D_{1i}}{C_{1i}D_{2i} - C_{2i}D_{1i}}$，$P_i = \dfrac{A_{2i}D_{1i} - A_{1i}D_{2i}}{C_{1i}D_{2i} - C_{2i}D_{1i}}$，$R_i = \dfrac{B_{2i}D_{1i} - B_{1i}D_{2i}}{C_{1i}D_{2i} - C_{2i}D_{1i}}$，$J_i = \dfrac{E_{1i}C_{2i} - E_{2i}C_{1i}}{D_{1i}C_{2i} - D_{2i}C_{1i}}$，

$$L_i = \frac{A_{2i}C_{1i} - A_{1i}C_{2i}}{D_{1i}C_{2i} - D_{2i}C_{1i}}, M_i = \frac{B_{2i}C_{1i} - B_{1i}C_{2i}}{D_{1i}C_{2i} - D_{2i}C_{1i}}$$

则上式可表达为

$$\begin{cases} Z_{i+1}^{j+1} = F_i + P_i Z_i^{j+1} + R_i Q_i^{j+1} \\ Q_{i+1}^{j+1} = J_i + L_i Z_i^{j+1} + M_i Q_i^{j+1} \end{cases}$$

$$\begin{cases} Z_{i+1}^{j+1} = \dfrac{E_{1i}D_{2i} - E_{2i}D_{1i}}{C_{1i}D_{2i} - C_{2i}D_{1i}} + \dfrac{A_{2i}D_{1i} - A_{1i}D_{2i}}{C\,1iD_{2i} - C_{2i}D_{1i}} Z_i^{j+1} + \dfrac{B_{2i}D_{1i} - B_{1i}D_{2i}}{C_{1i}D_{2i} - C_{2i}D_{1i}} Q_I^{j+1} \\ Q_{i+1}^{j+1} = \dfrac{E_{1i}C_{2i} - E_{2i}C_{1i}}{D_{1i}C_{2i} - D_{2i}C_{1i}} + \dfrac{A_{2i}C_{1i} - A_{1i}C_{2i}}{D_{1i}C_{2i} - D_{2i}C_{1i}} Z_i^{j+1} + \dfrac{B_{2i}C_{1i} - B_{1i}C_{2i}}{D_{1i}C_{2i} - D_{2i}C_{1i}} Q_i^{j+1} \end{cases}$$

$$\begin{cases} z_N = G_{N-1} + H_{N-1} z_1 + K_{N-1} Q_1 \\ Q_N = S_{N-1} + T_{N-1} z_1 + U_{N-1} Q_1 \end{cases} \tag{4-87}$$

其中，$\begin{cases} G_{i-1} = F_{i-1} + P_{i-1}G_{i-2} + R_{i-1}S_{i-2} \\ H_{i-1} = P_{i-1}H_{i-2} + R_{i-1}T_{i-2} \\ K_{i-1} = P_{i-1}K_{i-2} + R_{i-1}U_{i-2} \\ S_{i-1} = J_{i-1} + L_{i-1}G_{i-2} + M_{i-1}S_{i-2} \\ T_{i-1} = L_{i-1}H_{i-2} + M_{i-1}T_{i-2} \\ U_{i-1} = L_{i-1}K_{i-2} + M_{i-1}U_{i-2} \end{cases}$ $i=3, 4, \cdots, n$

将式（4-87）中的两个方程联立，消掉式中的 Q_1，可得

$$Q_N = \left(S_{N-1} - \frac{G_{N-1}U_{N-1}}{K_{N-1}}\right) + \left(T_{N-1} - \frac{H_{N-1}U_{N-1}}{K_{N-1}}\right) z_1 + \frac{U_{N-1}}{K_{N-1}} z_N \tag{4-88}$$

令

$$\alpha_N = S_{N-1} - \frac{G_{N-1}U_{N-1}}{K_{N-1}}, \beta_N = T_{N-1} - \frac{H_{N-1}U_{N-1}}{K_{N-1}}, \gamma_N = \frac{U_{N-1}}{K_{N-1}}$$

则式（4-88）可写为

$$Q_N = \alpha_N + \beta_N z_1 + \gamma_N z_N \tag{4-89}$$

将式（4-89）与式（4-87）的第二个方程联立，消去 Q_N 可得

$$Q_1 = \frac{\alpha_N - S_{N-1}}{U_{N-1}} + \frac{\beta_N - T_{N-1}}{U_{N-1}} z_1 + \frac{\gamma_N}{U_{N-1}} z_N \tag{4-90}$$

令

$$\alpha_1 = \frac{\alpha_N - S_{N-1}}{U_{N-1}}, \beta_1 = \frac{\beta_N - T_{N-1}}{U_{N-1}}, \gamma_1 = \frac{\gamma_N}{U_{N-1}}$$

则式（4-90）可写为

$$Q_1 = \alpha_1 + \beta_1 z_1 + \gamma_1 z_N \tag{4-91}$$

综合式（4-89）和式（4-91），对每一条河道，按照以上推导过程，都可以得到首端、尾端流量与首尾端水位之间的数学关系如下：

$$Q_1 = \alpha_1 + \beta_1 z_1 + \gamma_1 z_N \tag{4-92}$$

$$Q_N = \alpha_N + \beta_N z_N + \gamma_N z_1 \tag{4-93}$$

（3）形成求解矩阵并求解。汊点方程建立的两个假定：①汊点处各个汊道断面的水位相等，即 $z_i = z_j = \cdots = \bar{z}$（$i$，$j$ 表示通过汊点各个汊道断面的编号，$\bar{z}$ 为汊点处的平均水位）；②汊点处的蓄水量为零，流进汊点的流量等于流出汊点的流量，即 $\sum Q_i = 0$。并且假设不考虑汊点的蓄水量，汊点处水流平缓。

将式（4-92）、式（4-93）代入相应的汊点方程和边界方程消去其中的流量，即可得到由与汊点个数相同的方程所组成的方程组。以图 4-46 所示的简单河网中的汊点 2 为例（为简单起见，假定上游流量边界给定流量过程线，下游水位边界给定水位过程线）。因汊点 2 与 3 个河段相连，所以对应的式（4-92）、式（4-93）为

$$Q_{1m} = \alpha_{1m} + \beta_{1m} Z_{11} + \gamma_{1m} Z_{1m}$$
$$Q_{31} = \alpha_{31} + \beta_{31} Z_{31} + \gamma_{31} Z_{3m}$$
$$Q_{2m} = \alpha_{2m} + \beta_{2m} Z_{21} + \gamma_{2m} Z_{2m}$$

式中，Q_{1m} 为河段一的尾断面的流量；Z_{11} 为河段二的首断面水位；其他的类推。由于采用了斯托克斯假定，将上述 3 式代入相应的汊点方程中的流量衔接方程 $\sum Q_i = 0$，即 $Q_{1m} + Q_{2m} + Q_{31} = 0$，得汊点方程：

$$\beta_{1m} Z_1 + (\gamma_{1m} - \gamma_{2m} + \gamma_{31}) Z_2 + (-\beta_{2m}) Z_3 + \gamma_{31} Z_4 = -\alpha_{1m} + \alpha_{2m} - \alpha_{31}$$

首先，结合给定的边界条件，对每个汊点都进行上述运算，可得到 6 个方程，可求出 Z_1、Z_2、Z_3、Z_4、Z_5 和 Z_6；其次，在求出各汊点的水位基础上，代入式（4-92）求出每一河段的上游流量（河段一、河段二除外）；最后，按照单一河道求解方法求出河网内所有断面的水位流量。

（4）河网模型边界条件的确定。对边界点的水位流量关系方程需要结合给定的边界条件来确定。根据首尾断面水位流量关系，以及对汊点水位和流量的假定，构成了简单河网的汊点矩阵方程组，但需要根据边界点的边界条件（水位条件、流量条件和水位-流量关系曲线）来求解该矩阵方程组。

在所有汊点和边界节点处理完成之后，可形成关于汊点和边界节点处水位的矩阵方程：

$$[A]\{z\} = \{B\} \tag{4-94}$$

以上无论是上游，还是下游边界条件，都是利用边界点的首尾断面流量水位关系方程和边界条件方程（$aZ_i + bQ_i = c$），求解河网汊点方程中的未知量。求解后可得各边界节点和汊点处的水位，这样，相当于每条河道的边界条件已经确定，接下来可以具体计算每条河道内节点的水文演进过程。

（5）河道水动力模型的求解。将河网水动力模型方程求解得到的边界节点、汊点的水位流量值回代求解所有河道非线性方程组。根据求解问题的初始条件和边界条件，假设初始时刻为第 0 时刻，计算第 1 时刻方程组的解。根据读入的河道参数，以及初始时刻的河面水位和流量，作为首次迭代计算时的试算初值求得矩阵方程组的各项系数值，解该矩阵方程组，求得第一次迭代计算时方程组的解，并判断其是否满足迭代收敛要求：如果迭代

不收敛，则以该解作为试算值再计算方程组的各项系数，并代入方程组继续迭代过程，直至矩阵方程组收敛为止，此时方程组的解即为第 1 时刻的流量和水位。第 2 时刻的流量和水位则可以将第 1 时刻计算出来的流量和水位作为试算初值，重复以上过程解出。如此直至所有时刻计算完毕为止。

根据边界条件的形式（水位过程线、流量过程线和水位-流量过程线），对非线性方程组采用追赶法求解。

（二）河网水质方程的求解

1. 水质方程离散

从溶质平衡的角度考虑，计算时间步长 Δt 内均衡域中溶质质量的变化量应该等于进、出该均衡域中所有量之和，即

$$\Delta m = \Delta m_Q + \Delta m_L + \Delta m_K \tag{4-95}$$

式中，Δm 为均衡域中溶质质量的变化（g）；Δm_Q 为对流扩散作用下均衡域中溶质质量的变化（g）；Δm_L 为侧向入流带来的溶质质量变化（g）；Δm_K 为生物化学反应降解的溶质质量变化（g）。

亦即

$$\begin{aligned}\frac{\Delta V_i^{j+1}C_i^{j+1} - \Delta V_i^jC_i^j}{\Delta t} = &\left\{C_{i-1}^{j+1}\left(\theta_u Q_{i-1/2}^{j+1} + \frac{A_{i-1/2}^{j+1}E_{i-1/2}^{j+1}}{\Delta x_{i-1}}\right)\right.\\ &+ C_i^{j+1}\left[(1-\theta_u)Q_{i-1/2}^{j+1} - \theta_u Q_{i+1/2}^{j+1} - \frac{A_{i-1/2}^{j+1}E_{i-1/2}^{j+1}}{\Delta x_{i-1}} - \frac{A_{i+1/2}^{j+1}E_{i+1/2}^{j+1}}{\Delta x_i}\right]\\ &\left.+ C_{i+1}^{j+1}\left[-(1-\theta_u)Q_{i+1/2}^{j+1} + \frac{A_{i+1/2}^{j+1}E_{i+1/2}^{j+1}}{\Delta x_i}\right]\right\} + (\frac{\Delta x_{i-1}}{2} + \frac{\Delta x_i}{2})q_iC_q^i\\ &+ (-u_1\Delta V_i^{j+1}C_i^{j+1} - u_0\Delta V_i^{j+1})\end{aligned} \tag{4-96}$$

整理得

$$\begin{aligned}&C_{i-1}^{j+1}\left(\theta_u Q_{i-1/2}^{j+1} + \frac{A_{i-1/2}^{j+1}E_{i-1/2}^{j+1}}{\Delta x_{i-1}}\right)\\ &+ C_i^{j+1}\left[(1-\theta_u)Q_{i-1/2}^{j+1} - \theta_u Q_{i+1/2}^{j+1} - \frac{A_{i-1/2}^{j+1}E_{i-1/2}^{j+1}}{\Delta x_{i-1}} - \frac{A_{i+1/2}^{j+1}E_{i+1/2}^{j+1}}{\Delta x_i} - \frac{\Delta V_i^{j+1}}{\Delta t} - u_1\Delta V_i^{j+1}\right]\\ &+ C_{i+1}^{j+1}\left[-(1-\theta_u)Q_{i+1/2}^{j+1} + \frac{A_{i+1/2}^{j+1}E_{i+1/2}^{j+1}}{\Delta x_i}\right]\\ =& -\frac{\Delta V_i^{j+1}}{\Delta t}C_i^j + u_0\Delta V_i^{j+1} - \left(\frac{\Delta x_{i-1}}{2} + \frac{\Delta x_i}{2}\right)q_iC_q^i\end{aligned} \tag{4-97}$$

式中，Δt 为计算步长（s）；j 为前一个计算时刻，$j+1$ 为当前计算时刻；i 为均衡域计算单元编号；x_i 为均衡域单元中心空间坐标；x_{i-1} 为前一个均衡域单元中心空间坐标；Δx_{i-1} 为当前均衡域中心与前一个均衡域中心的空间距离（m），计算为 $\Delta x_{i-1} = (x_i - x_{i-1})$；$\Delta x_i$ 为下一个均衡域中心与当前均衡域中心的空间距离（m），计算为 $\Delta x_{i+1} = (x_{i+1} - x_i)$；$V$ 为均衡域体积（m^3）；ΔV_i^{j+1} 为第 i 个均衡域计算单元在当前计算时刻（$j+1$）的体积变化（m^3）；

C 为溶质浓度（mg/L）；C_i^{j+1} 为第 i 个均衡域计算单元在当前计算时刻（j+1）的溶质浓度（mg/L）；$Q_{i-1/2}^{j+1}$ 为时间步长 Δt 内位置 $x_{i-1/2}$ 处的平均流量（m^3/s），计算为 $Q_{i-1/2}^{j+1}=(Q_{i-1}^{j+1}+Q_i^{j+1})/2$；$Q_{i+1/2}^{j+1}$ 为时间步长 Δt 内位置 $x_{i+1/2}$ 处的平均流量（m^3/s），计算为 $Q_{i+1/2}^{j+1}=(Q_{i+1}^{j+1}+Q_i^{j+1})/2$；$\theta_u$ 为上风因子，满足 $0<\theta_u<1$；A 为河道断面面积（m^2）；$A_{i-1/2}^{j+1}$ 为时间步长 Δt 内均衡域单元上边界面积（m^2），计算为 $A_{i-1/2}^{j+1}=(A_{i-1}^{j+1}+A_i^{j+1})/2$；$A_{i+1/2}^{j+1}$ 为时间步长 Δt 内均衡域单元下边界面积（m^2/s），计算为 $A_{i+1/2}^{j+1}=(A_i^{j+1}+A_{i+1}^{j+1})/2$（$m^2$）；$E$ 为弥散系数（m^2/s）；$E_{i-1/2}^{j+1}$ 为时间步长 Δt 内位置 $x_{i-1/2}$ 处的平均弥散系数，计算为 $E_{i-1/2}^{j+1}=(E_{i-1}^{j+1}+E_i^{j+1})/2$；$E_{i+1/2}^{j+1}$ 为时间步长 Δt 内位置 $x_{i+1/2}$ 处的平均弥散系数（m^2/s），计算为 $E_{i+1/2}^{j+1}=(E_i^{j+1}+E_{i+1}^{j+1})/2$；$q_i$ 为第 i 个均衡域计算单元的侧向入流的单宽流量（m^2/s）；C_q^i 为第 i 个均衡域计算单元的侧向入流的溶质浓度（mg/L）；u_1、u_0 分别为均衡域计算单元内溶质的降解与合成速率，量纲分别为 T^{-1} 和 $ML^{-3}T^{-1}$，并规定正号表示溶质减少的速率。

亦即

$$D_iC_{i-1}^{j+1}+B_iC_i^{j+1}+U_iC_{i+1}^{j+1}=F_i \tag{4-98}$$

其中，$D_i=\theta_uQ_{i-1/2}^{j+1}+\dfrac{A_{i-1/2}^{j+1}E_{i-1/2}^{j+1}}{\Delta x_{i-1}}$

$$B_i=(1-\theta_u)Q_{i-1/2}^{j+1}-\theta_uQ_{i+1/2}^{j+1}-\frac{A_{i-1/2}^{j+1}E_{i-1/2}^{j+1}}{\Delta x_{i-1}}-\frac{A_{i+1/2}^{j+1}E_{i+1/2}^{j+1}}{\Delta x_i}-\frac{\Delta V_i^{j+1}}{\Delta t}-u_1\Delta V_i^{j+1}$$

$$U_i=-(1-\theta_u)Q_{i+1/2}^{j+1}+\frac{A_{i+1/2}^{j+1}E_{i+1/2}^{j+1}}{\Delta x_i}$$

$$F_i=-\frac{\Delta V_i^{j+1}}{\Delta t}C_i^j+u_0\Delta V_i^{j+1}-\left(\frac{\Delta x_{i-1}}{2}+\frac{\Delta x_i}{2}\right)q_iC_q^i$$

且，

$$A_{i-1/2}^{j+1}=(A_{i-1}^{j+1}+A_i^{j+1})/2\ ,\ A_{i+1/2}^{j+1}=(A_i^{j+1}+A_{i+1}^{j+1})/2$$
$$E_{i-1/2}^{j+1}=(E_{i-1}^{j+1}+E_i^{j+1})/2\ ,\ E_{i+1/2}^{j+1}=(E_i^{j+1}+E_{i+1}^{j+1})/2$$
$$Q_{i-1/2}^{j+1}=(Q_{i-1}^{j+1}+Q_i^{j+1})/2\ ,\ Q_{i+1/2}^{j+1}=(Q_i^{j+1}+Q_{i+1}^{j+1})/2$$

（i=2，3，…，n−1，对边界情况，i=1 或 i=n，参见边界条件处理。）

因此，对每个节点均形成以上方程，联立则可形成三对角矩阵方程组：

$$[G]\{C\}=\{g\} \tag{4-99}$$

2. 河网水质方程求解

（1）边界条件处理。对一类边界（已知浓度边界）的情况，如果河道上游边界节点处的浓度已知，则用方程 $C=C_0$ 来代替该节点处的均衡域溶质平衡方程，其中，C_0 为该节点处给定的浓度值；对三类边界（已知溶质通量边界）的情况，则直接运用均衡域溶质守恒方程进行。

（2）汊点水质模拟。在汊点处，假定均匀混合，且交叉口调蓄作用可忽略时，有

$$\Omega_N=0 \tag{4-100}$$

$$\sum_{i=1}^{m_1}Q_{in,\ i}C_{in,\ i}-\sum_{i=m_1+1}^{m}Q_{out,\ i}C_{out,\ i}=-S_N \tag{4-101}$$

式中，$C_{\mathrm{out},i}$为流出交叉口的第 i 条河道与该交叉口相邻断面的污染物浓度（mg/L）；$C_{\mathrm{in},i}$为流入交叉口的第 i 条河道与该交叉口相邻断面的污染物浓度（mg/L）；Q 为相应的流量（m^3/s）；Ω_N 为交叉口体积（m^3）；S_N 为排入交叉口的污染源（t）。

（3）水质模型程序构建

根据综合水质模型的特点，针对模型中每一个方程按照均衡域内物质守恒原理方法进行离散，可以得到相应形如式（4-98）的矩阵方程。并对方程采用上述边界处理的方式，可以得到边界处的求解表达式，从而对每一个方程都可以形成一个完整的求解矩阵，应用追赶法求解。

（三）松花江干流水动力水质模型的构建

1. 背景简介

随着经济社会的快速发展，松花江流域河流水质呈恶化趋势，具有明显的流域性污染特征，包括常规性污染和突发性污染。除了工业生产常规排放的污染来源以外，近年来松花江流域突发性水污染事件频发。2005 年发生了影响巨大的中国石油吉林石化公司双苯厂爆炸污染事件，导致哈尔滨市全城停水，苯类污染物随江水流入俄罗斯境内，引起了下游国的高度关注。2006 年分别在牡丹江、黑吉两省界河、蒙黑省区界河和牤牛河发生了 4 起严重污染事件。2010 年由于强降雨形成的洪水冲毁了化工基地库房形成水污染事件。这些水质风险具有潜在性和突发性等特点，发生的概率较小，但后果严重，一旦发生，将会引起水质的突然恶化。

因此，本研究开发了松花江干流水动力水质模型，结合松花江流域特征水污染物的识别，对松花江突发性水污染事件对关键断面的饮水安全产生的潜在影响和不同水利工程调度措施的控制与削减效果进行定量分析。

2. 干流水动力水质模型的构建

干流水动力水质模型需要在河网水动力模型方程离散求解和水质模型方程离散求解的基础上，针对松花江干流特点与实际研究需要，确定相应的研究范围、收集构建模型需要的资料，以及进行模型参数确定的试验数据分析。

（1）研究范围。模拟范围包括嫩江（从尼尔基水库坝下起）、西流松花江（从丰满水库坝下起）和松花江干流（到黑龙江汇入口）。

（2）资料准备。本研究收集到的有关流域空间分布资料及河道断面资料包括：①河道断面信息对确保模拟精度至关重要，收集了松花江流域现有的所有断面资料；②西流松花江丰满以下断面共有 255 个，是从 2000 年实测的 1∶5000 河道地形图中提取得到的，断面间距约为 1 km；③嫩江和松花江干流河道断面为 1998 年特大洪水后实测资料，尼尔基以下有 100 个实测断面，包括 4 个水文站点断面和 5 座桥梁处断面，均为 1998 年特大洪水后实测资料；④松花江干流共有 178 个实测断面，包括 5 个水文站点断面及 5 座桥梁和 5 条公路处断面；⑤嫩江和松花江干流河道断面间距较大，断面间距约为 6 ~ 8 km；⑥松花江流域主要站点情况及高程转换资料。

站点资料包括：①松花江干流部分水文站点 2005 年、2006 年、2007 年逐日平均流量与水位的实测资料，各干流流域的水文站点名称与类别；②干流主干河道主要水质监测站点 2001 ~2007 年水质监测资料。

此外，本研究还收集了尼尔基水库、大顶子山航电枢纽、丰满水库和哈达山水库的水位库容曲线资料、坝下流量水位曲线和调度过程等相关资料，以及松花江流域主干河道上所有取水口和排污口分布的信息。

（3）河流水体污染物综合降解系数试验数据。在松花江流域齐齐哈尔市、哈尔滨市、吉林市上、下游开展水质监测工作，共计 12 个水质断面，每个水质断面监测项目为溶解氧、NH_3-N、高锰酸盐指数、总磷、COD、六价铬、砷七项指标。同时，对影响水污染物在水体中迁移、转化过程的水文与水力参数进行测定（如采样及监测断面的水温、平均流速、水面宽度和平均水深等）。因此，根据监测数据计算了各试验河段的水体污染物综合降解系数。

三、模型率定与验证

（一）水动力模型的率定与验证

明水期水动力模型率定与验证以西流松花江为研究区域。计算中上游边界为吉林水文站点，下游边界为扶余水文站点，上游、下游边界均给定流量过程线，用 2006 年、2007 年西流松花江上松花江水文站点明水期（4 月 15 日 ~11 月 15 日）水位、流量数据对模型进行率定验证，以 Manning 糙率系数为基本率定参数，模拟采用的距离步长为 2500 m，时间步长为 15 min。以 2007 年水位、流量数据为率定数据，以 2006 年水位、流量数据为验证数据。经率定，西流松花江干流的 Manning 糙率系数为 0. 024 ~0. 037，与我国水文年鉴推荐数据基本吻合。研究对比了流域内 13 个水文站点明水期每天实测值，98% 的流量误差在 5% 以内，97% 的水位误差在 10% 以内。模拟效果很好，满足模型应用的精度要求，松花江水文站点断面明水期的模拟值与实测值进行对比如图 4-32 所示，两者吻合较好。

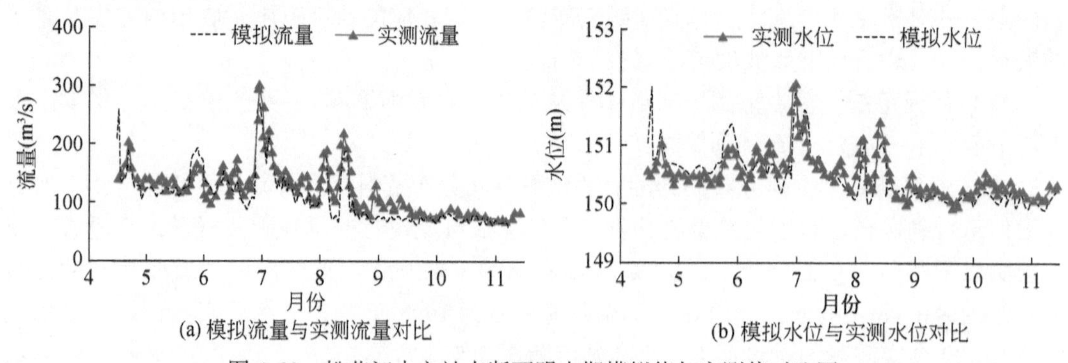

(a) 模拟流量与实测流量对比　(b) 模拟水位与实测水位对比

图 4-32　松花江水文站点断面明水期模拟值与实测值对比图

（二）“2005 年松花江水污染”事件的验证

依据 2005 年 11 月 24 日 ~2005 年 12 月 25 日松花江水污染事件的实测水文数据和硝

基苯的实测浓度数据，对松花江流域水动力水质模型试验得到的污染物综合降解系数进行率定与修正，并对相应的通河断面、依兰断面、佳木斯断面、桦川断面、富锦断面和同江断面等10个断面进行模拟验证。松花江流域水动力水质模型再现了2005年松花江水污染事件的全过程。由于苯泄漏后经河流水体稀释，浓度的绝对值不大，模拟值与实测值趋势基本一致，计算的绝对误差都在10^{-2}mg/L范围以内，根据10个断面的日实测水文数据和硝基苯的浓度数据对松花江流域水动力水质模型进行验证，82%的浓度误差在20%以内（图4-33～图4-35）。

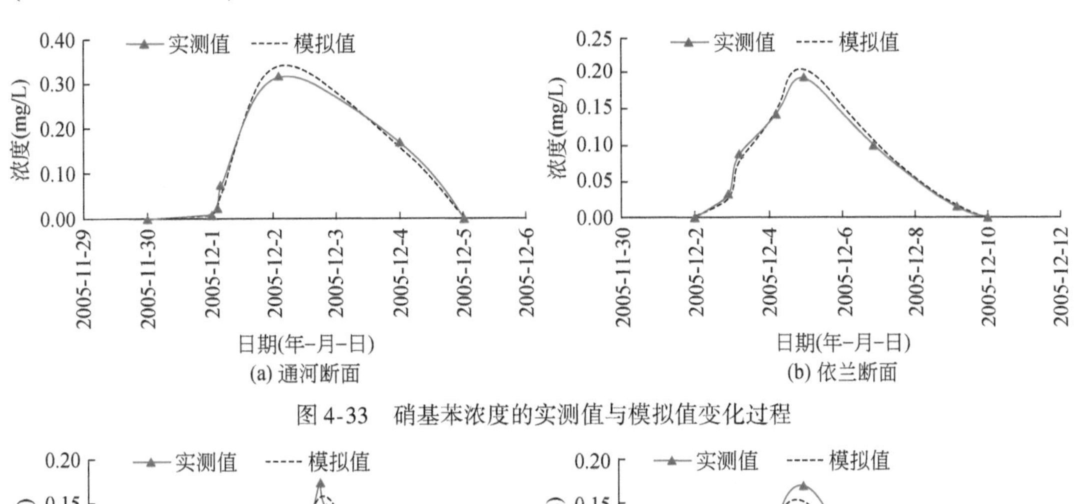

图4-33　硝基苯浓度的实测值与模拟值变化过程

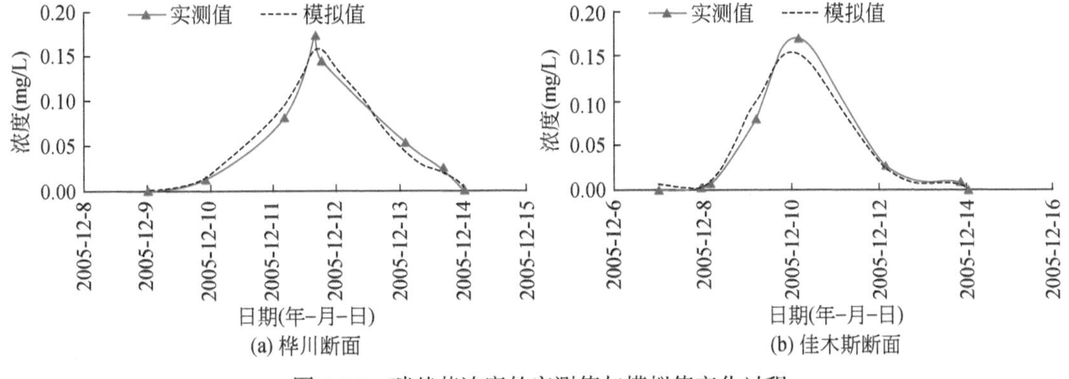

图4-34　硝基苯浓度的实测值与模拟值变化过程

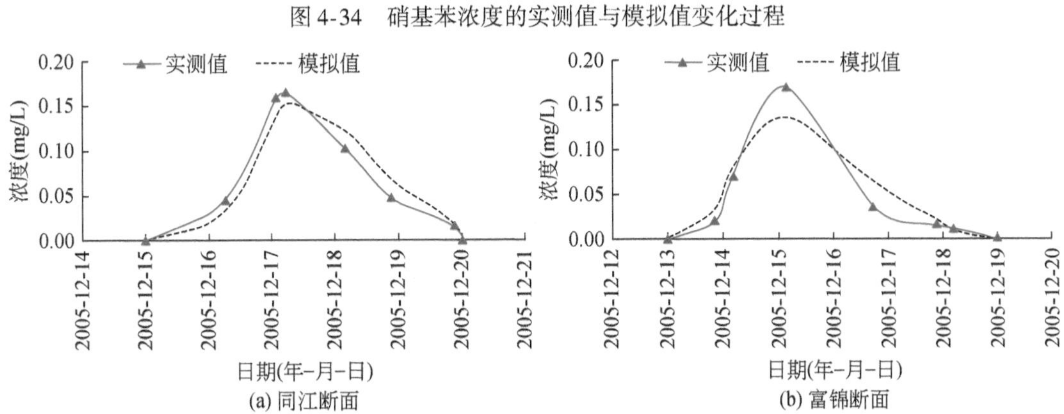

图4-35　硝基苯浓度的实测值与模拟值变化过程

（三）冰期水动力模型的验证

模拟时间为 2007 年 01 月 01 日 ~03 月 15 日，范围从西流松花江吉林水文站点到下游扶余水文站点，其他条件同上。在此期间考虑到吉林水文站点以下几十公里不结冰，所以，在这里设置水温为判定条件，水温>0. 1℃时的河段仍按明流模型计算，水温≤0. 1℃时的河段按封冻模型计算。以 2007 年水位、流量数据为率定数据，以 2006 年水位、流量数据为验证数据，需要考虑冬季冰面水位的测量特点（图 4-36）。经率定，冬季西流松花江干流的 Manning 糙率系数为 0. 025 ~0. 043。

对模拟计算得到的水位结果还需进一步修正，公式如下：

$$模拟水位+冰厚\times\frac{\rho_{ice}}{\rho_{water}}=修正水位 \tag{4-102}$$

利用式（4-102）得到的松花江水文站点断面冰封期计算结果如下：

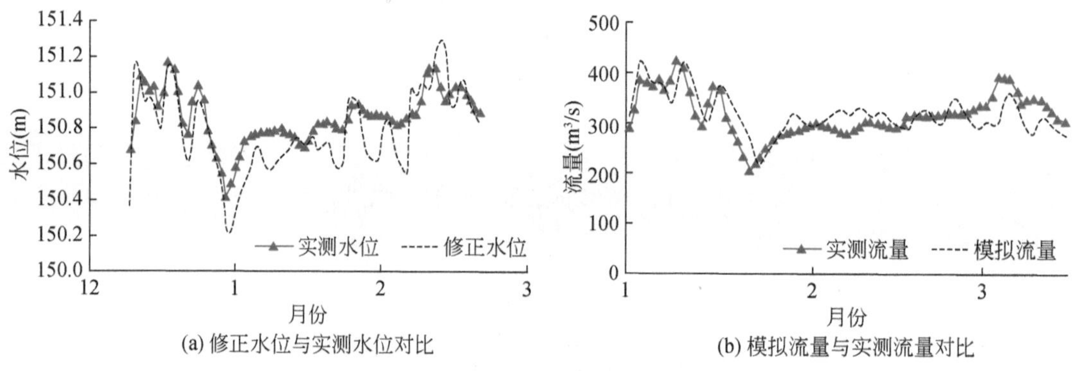

图 4-36　松花江水文站点断面冰封期验证结果

从图 4-36 可以看出，松花江水文站点的模拟值与实测值整体变化趋势基本吻合，经过修正水位模拟后，对比西流松花江的吉林、松花江、扶余 3 个水文站点冰期每天的模拟情况，91% 的水位误差在 5% 以内，89% 的流量误差在 10% 以内，模拟效果较好。

第五节　小　结

本章在进行松花江流域水污染迁移、转化机理试验研究的基础上，构建了松花江流域分布式二元水循环模型、流域水质模型及松花江干流水质水量动力学模型，取得的主要成果及创新小结如下：

（1）松花江流域农田面源污染是水环境污染的重要来源之一，分别选择嫩江右岸那金河小流域、前郭灌区和松花江干流对小流域面源污染、农田面源污染及干流开展了相关试验研究。利用 BST 技术和硝酸盐污染同位素示踪技术，识别出那金河小流域面源污染的大肠杆菌和硝酸盐的来源和特征。在前郭灌区进行了斗渠尺度水量平衡测定试验，支沟尺度排水水质水量过程试验及干沟尺度排水水量及污染物入河过程监测，通过试验摸清了灌区主要农田面源污染物对河流污染的贡献。在松花江干流 3 个点，测定了干流污染物的迁移、转化参数。

（2）构建了具有物理机制的松花江流域分布式二元水循环模型（WEPSR 模型）。一方面，模型通过对覆盖松花江干流和各主要支流 36 个水文站点 1956～2000 年长系列径流过程，特别是枯水期径流过程的有效模拟，能应用于松花江流域水功能区设计流量的核定和计算，进而对水功能区的纳污容量进行计算；另一方面，通过模型“自然-人工”二元化的结构、功能和参数，能与松花江流域水资源合理配置模型有机结合，对各种水质水量总量控制方案下的流域水循环过程进行模拟，进而为各方案的评价和优化提供工具和指导。

（3）基于松花江流域分布式二元水循环模型，耦合开发了大区域尺度的流域水质模型。选择具有全流域共性的 COD 和 NH_3-N 为污染物控制指标，模拟了 1995～2006 年逐月过程。对点源、非点源污染物及污废水量在各行政区、三级分区进行了验证，对资料情况较好的关键河道控制断面进行了验证。模型可用于预测不同调控措施下省界、市界关键控制断面水质水量状况；估算未来社会经济发展和水环境治理措施下污染负荷量，制定污染物总量控制方案，确定污染物削减计划，支撑流域水资源水环境综合管理。

（4）针对松花江干流区突发性水水污染事件应急管理的需求，结合松花江流域树形河网拓扑结构的水系关系特征，剖析了明水期和冰封期水动力学与水质动力学的数学物理模型原理，运用三级联解法求解水动力模型，以经典的水质模型的迁移、转化理论为基础，开发一维河网水动力及水质模型，考虑了 COD、NH_3-N、饱和溶解氧和硝基苯等多个水质变量的求解计算。同时，结合污染物在冰相和水相中的分配特征，对冰封期模型进行了率定和验证。在此基础上，运用该模型能定量计算明水期与冰封期松花江流域水库正常调度、加大/减小下泄流量、活性炭坝拦截、利用泡子调蓄和多库联合调度等不同类型的措施及其组合对松花江干流突发性水污染事件的调度影响。

第五章　基于水功能区的流域水质水量总量控制技术

本章主要研究内容是基于松花江流域社会经济发展和生态环境保护的综合需求，进行需水和污染源排放预测，提出未来不同条件下水资源配置结果；结合水功能区水质目标要求，进行水质水量联合调控，通过水质水量的多重反馈，提出总量控制指标和相应措施，并评估调控效应，为保障松花江及国际界河黑龙江的水环境安全提供支撑。

本章以研究水质水量整体调控为目标，涉及对水量过程、水质过程的联合分析。模型中包括对水量需求、污染负荷产生的预测，对水量过程的模拟，对污染控制措施的优化组合及水功能区的水质达标状况分析。各个模型模块之间数据交互形成整体，通过方案设置和多层次反馈实现对水质水量联合调控的模拟分析。通过对流域水质水量总量控制分析，为全流域未来污染控制管理提供技术支撑，提出面向水污染控制的水质水量调控措施，从技术与管理层面支持松花江总体污染负荷控制，实现松花江水环境质量改善。

第一节　流域水质水量总量调控模型

一、水质水量联合调控分区

由于对松花江流域的调控是建立在水量模拟与水质目标控制基础上的，需要对流域进行适合水量模拟和水质目标控制的分区划分，得出适合流域不同区域水资源条件和供用水状况的调控对策。现有的研究对水量调控和水质模拟结合不够紧密，没有考虑到人工-自然水循环系统之间的动态关系。本研究中，水量调控和水质目标控制分别按照水资源分区和河流水功能区进行控制，并建立两者之间的水量传输排放关系。

考虑流域水资源特性和供用水资料条件，水量调控以水资源分区嵌套流域地级行政区形成的分区作为基本计算单元。松花江流域地跨黑、吉、辽、内蒙古四省份，涉及 26 个地级市。按照全国水资源分区划分标准，松花江流域共分为 3 个二级分区，10 个水资源三级分区，38 个水资源四级分区。以水资源四级分区嵌套流域地级行政区形成 99 个基本计算单元。考虑各类经济、工程措施的可操作性，污染控制措施的制定也基于 99 个基本计算单元分析。

水质模拟以河流为主体，以河流水功能区为控制单元。水功能区指为满足水资源合理开发、利用、节约和保护的需求，根据水资源的自然条件和开发利用现状，按照流域综合规划、水资源保护和经济社会发展要求，依其主导功能划定范围并执行相应水环境质量标准的水域。根据全国水功能区划，松花江流域共划分一级水功能区 224 个，其中，保护区有 79 个、缓冲区有 30 个、开发利用区有 73 个、保留区有 42 个。一级水功能区中的 73 个开发利用区又划分为 168 个二级水功能区，因此，共有 319 个具有水质控制目标的水功能区。

水资源分区和水功能分区按照区域与河道进行划分，相互有交叉关系。为分析水质水量联合调控效应，需要对水资源分区与水功能区建立对应关系。每个计算单元都包含若干个水功能区，每个水功能区都对应存在排水关系的计算单元。按照计算单元对所涉及水功能区的天然径流汇流和污废水排放建立两套对应关系，其中，天然径流的汇流关系主要依据每个计算单元对所涉及水功能区的汇流面积比例确定；计算单元到对应水功能区的污废水及退水主要依据计算单元用水中心和排污口的分布确定。

二、技术路线及模型体系

（一）技术路线

本章采用现状分析评价—水量需求与污染负荷预测—水量水质调控模型构建—多层递阶情景模拟及反馈—总体控制方案制定—方案评估的总体技术路线。

根据对现状水资源及其开发利用状况、污废水排放及水污染状况的评价，考虑未来不同经济发展情景对水资源需求进行预测，基于点源和面源两种污染负荷产生机制，通过历史数据分行业对污染负荷增长趋势进行归纳，对未来污染负荷产生情况进行预测。通过建立水量模拟调控模型，提出不同节水水平的水量配置方案下的水功能区重点断面水量过程，计算水功能区纳污能力，分析水功能区目标满足状况，通过水量调控和污染负荷削减的反馈制定总量控制方案和指标。建立点源污染优化控制模型，根据水功能区达标状况，制定污染负荷的削减策略，实现从总量控制目标到区域与行业的合理分解及源头控制、污染源排放优化控制和末端治理的优化组合。最终对实施方案的效果进行评估分析。

根据上述工作内容，以水量配置结果、污染负荷预测与优化控制机制的研究为主线提出总量控制方案，总体技术路线如图 5-1 所示。

（二）模型体系

根据上述技术路线，对水质水量的总量调控分析涉及对水量过程、水质模拟过程的联合分析。模拟中包括对水量需求、污染负荷产生的预测，对水量过程的模拟，对污染控制措施的优化组合及功能区的水质达标状况分析。上述各部分工作在本研究中均通过模型分析完成，并通过模型之间的数据交互反馈形成可供整体分析的模型体系，通过方案设置和多层次反馈实现对水质水量联合调控的模拟分析。

本书中的水质水量联合调控模型体系包括水量模拟调控模型、点源和面源污染负荷预测模型、点源污染调控措施优化模型、水功能区纳污能力分析模型。模型之间的相互关系以社会经济发展预测为基础，分别进行水量需求和污染负荷排放的预测，根据预测的水量需求和工程规划方案进行水量模拟调控。一方面，通过水量模拟得出污废水产生量、排放量和入河量，结合社会经济发展预测成果，对点源和面源污染进行预测，推算污染负荷产生量、入河量，通过点源污染调整措施优化模型对污染负荷削减量进行分析；另一方面，

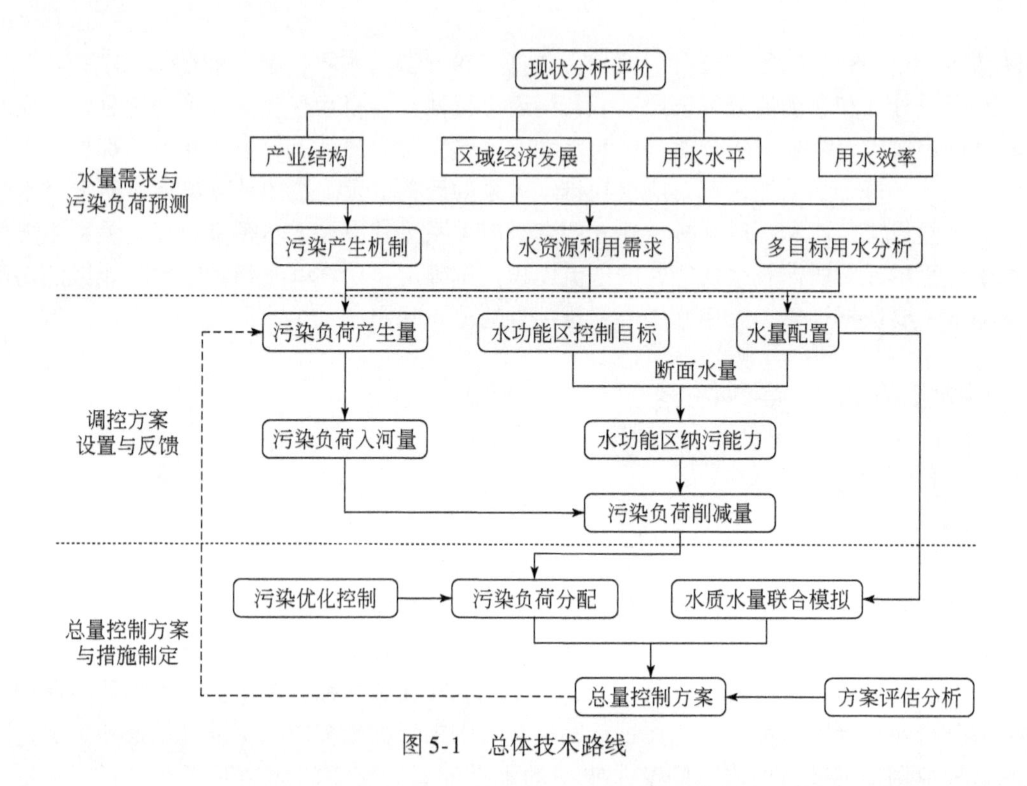

图 5-1　总体技术路线

通过水量模拟得出的水功能区断面河道水量过程，计算水功能区预定水量需求和调度方案下的纳污能力，通过水功能区纳污能力分析模型对比动态水量条件下的水功能区入河排污量和纳污能力，计算水功能区达标状况。根据水功能区达标状况，分别对用水量、工程调度方案、污水处理和污染控制措施进行反馈调整，从源头减排、过程控制和末端治理三个环节实现水质水量的联合调控，达到污染控制目标。

水质水量调控模型体系及其相互关系如图 5-2 所示。

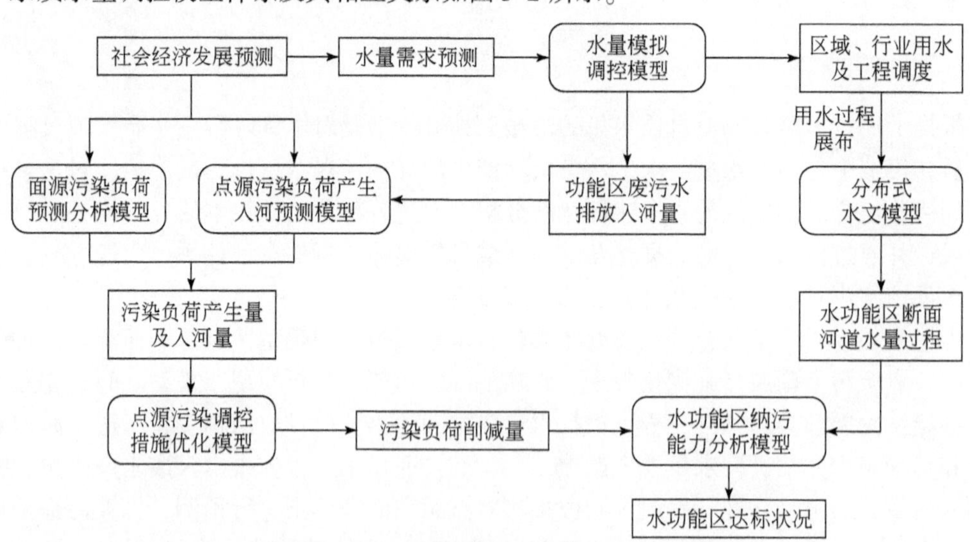

图 5-2　水质水量调控模型体系及其相互关系

（三）模型规模与耦合关系

由于分析目标和数据基础不同，上述模型具有不同时空尺度，需要通过中间数据处理实现相互之间的耦合交互。

水量模拟调控模型以 99 个计算单元为基础，同时对 319 个水功能区断面和 107 个大型地表供水工程进行水量过程模拟。每个计算单元均根据污废水排放与水功能区的对应关系建立水资源系统网络图，实现对水功能区接受污废水量的模拟，同时，为水功能区纳污能力分析模型的计算建立基础。

点源和面源污染负荷预测与点源污染调控措施优化模型以区域的经济社会发展和产业结构预测为基础，需要采用比较详细的行政区统计资料。因此，模型以 26 个地级行政区为基本单元进行模拟，根据现有人口、经济布局将污染控制措施分布到水资源分区嵌套地级市形成的水量调控计算单元。

水功能区纳污能力分析模型以 319 个水功能区为计算单元，通过水量模拟调控模型提供的水功能区断面河道水量过程，计算各水功能区纳污能力。通过纳污能力与污染负荷预测的对比，将结果反馈水量模拟调控模型和污染负荷优化控制模型，分析不能达标的水功能区，为水量调控和污染负荷优化控制提供依据。

考虑总量控制的可操作性，最终的水质水量总量调控主要基于松花江三级分区断面提出逐层的控制指标。各主要控制断面分布及上下游关系示意图如图 5-4 所示。

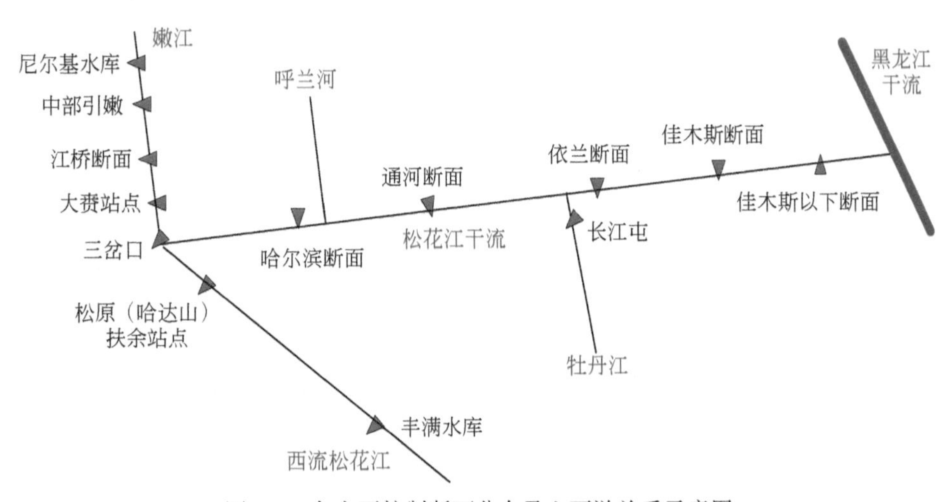

图 5-4　各主要控制断面分布及上下游关系示意图

三、水量模拟调控模型

（一）模型需求与设计原则

水量模拟调控模型主要针对用水、河道水量调度过程进行模拟，分析不同用水和调度方案对水平衡过程的影响效果。水量模拟调控模型需要对现状和未来的水资源供需分析进行模拟计算，通过情景方案设置和反馈协调河道外生活、生产和生态用水与河道内生态、发电及航运等用水，提出流域水资源在不同地区和行业的合理配置方案，并给出不同用水和工程调度情景下各区域的污废水排放状况和重要节点断面的过流状况。

根据上述需求和目标，水量模拟调控模型主要处理供需平衡及水量平衡的问题，适应于需求、供给、工程调度等不同输入条件下的方案输入和分析，通过多次反馈平衡得出结果。为科学反映配置结果，水量模拟调控模型需要采用数学模型通过长系列调节计算，提供不同方案下的水资源供需和区域水平衡情况。

根据上述要求，水量模拟调控模型的主要设计原则如下：

1. 确定模拟规模与精度

根据水量总量调控需求，设置基本的供用水计算单元和断面节点。为配合水功能区纳污能力计算，采用水资源四级分区嵌套地级市作为水量供需平衡计算单元，主要控制节点为大型蓄水工程、重要引提水工程、重要省界断面及水功能区节点断面。

2. 以流域水循环与水量供用耗排二元水循环关系为基础

根据流域天然水系与计算单元的供用耗排水关系绘制描述水量运动过程的水资源网络节点图。将计算单元、主要工程、控制性节点及供用耗排水等系统元素采用概化的“点”“线”元素表达，反映流域水循环与水资源供、用、耗、排过程，作为模拟计算的基础。

3. 约束条件

在模型中设置反映各分区水资源配置的工程和非工程约束（如供水渠道、管道的过水能力约束和不同来水情况下分水指标的约束等）。对发电工程考虑其发电调度需求及与供水、河道内水量调度需求的关系，设置河道内水量需求约束条件。

4. 模块化处理

模块化处理即是根据计算过程中各部分功能将系统整体划分为相互关联但又具备一定独立性的功能模块，针对各功能模块过程进行详细设计的方法。模型模拟中根据各类水资源的利用和处理定义了多个相对封闭和独立的子系统，同时对每一类子系统又规范了其计算范围和框架。通过模块化分割可以对各个子系统功能进行封闭式处理，并通过各功能模块有机整合实现系统功能。通过模块化分割处理可以深入细致地处理各功能模块内部的细节流程，使系统框架更清晰、可扩展性更强。

5. 计算时段和水平年

为反映来水过程和用水的季节性特点，根据水文水资源资料条件，模型采用长系列月过程模拟，可以充分考虑水文随机性对供需平衡的影响。根据已有资料和需水预测等工作成果，利用模型对各规划水平年流域水资源供需状况进行计算，并分析计算结果的合理性。

6. 模型率定与验证

系统模型结构中的一部分不可控变量，是决定模型结构特征和影响模型仿真能力的重要参数。模型率定是通过恰当调整这些参数，使系统模型最大程度地真实反映实际系统性能。

（二）模型原理与基本框架

1. 基本原理

按照水质水量联合调控的要求，采用基于规则的水资源配置模型进行水量调控，以各类规则控制水量分配和工程调度。基于规则的水资源配置模型，是在严格遵循事先给定的一系列配置规则基础上，依据水源和用水优先顺序，考虑水利工程调度、水源利用限制和最小用水需求等各种约束条件，解决多水源、多用户、多工程水资源配置的工具。

模型基于设计规范的规则集，引导系统进行水资源配置，规则使模拟过程变得透明、可控，符合设计要求，适于分析者判断，便于人工经验干预，使模型计算方法简单、运算速度快捷，易于理解和调算。

2. 系统概化与模拟

根据水资源系统模拟涉及的众多元素和显性或隐性的相互关联过程，通过识别系统主要过程和影响因素，抽取其中的主要和关键环节并忽略次要信息，建立从系统实际状况到数学表达的映射关系。系统中的各类实体在不同过程中发挥着控制和影响水量运动进程的作用，其物理特征和决策者的期望反映了该实体在系统中承担的角色。对水资源系统的概化是选取并提炼与模拟过程相关元素的特征参数，以点线概念对整个系统进行模式化处理，构建模拟框架并规范数据处理要求，为建立简洁的概念化水资源模拟调控模型奠定基础。根据对水资源系统中各方面因素相关关系的分析，可以建立以水量传输和利用排放为主线的系统过程。按照上述要求，绘制出流域的水资源系统网络关系。

结合水质水量联合调控的技术要求，本研究中采用水资源系统分层网络分析的方法实现水量调控模拟。归纳水源运动转化过程可以看出，不同类别的水源总是通过不同的水力关系传输，同时又通过计算单元、河网、地表工程节点和水汇等基本元素实现汇合转换。对水资源进行分层划分可以更好地描述系统内的水量运动过程，尤其是不同水源之间的转换关系。

通过水资源系统分层网络可以将天然水资源、污废水排放及再生水利用等不同类别的水源量化区分，避免了原来整体模拟中不能区别各类水源总量导致水质控制标准难以划分的局限，有利于制定流域水质水量总体调控技术方案。

3. 用户与水源分类

水资源配置模拟模型通过系统概化对实际系统进行简化处理，将复杂系统转化为满足数学描述的框架，实现整个系统的模式化处理，形成了地表水、地下水、非常规水等多种水源和生活、生产、生态等不同类型的用户，在系统概化的基础上对系统的水源和用户进行分类。

4. 水量调控层次

从水资源系统水量分配角度而言，水量调控包括时间、空间和用户三个层次，不同层次的分配受不同因素的影响（图 5-5）。

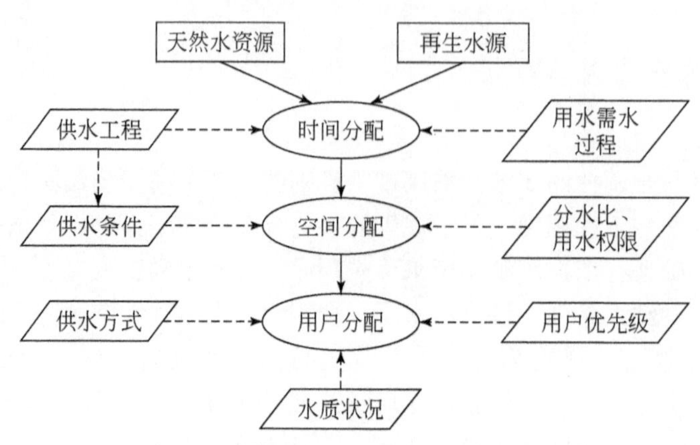

图 5-5　水资源配置的层次及其影响因素

时间层面对水量的分配主要决定于天然来水状况、用户需水过程及供水工程的调节能力，通过供水工程尤其是蓄水工程的调节实现从天然来水过程到用户需水过程的调节。空间层面对水量的分配指不同区域之间的水资源分配，区域之间的水量分配主要受供水条件、用水权限影响。用户层面对水量的分配则主要受供水方式、用户优先级和水质状况影响。根据细分后的系统建立从各类水源到不同用户之间的配置关系，从而提高配置计算在微观层面的合理性。

（三）主要功能模块

为便于程序设计和计算，根据不同水源配置所依据的原则，在考虑其相互影响的基础上对模型计算过程进行模块分割。即以系统主流程所确定的各类水源的配置利用为主线，兼顾各类水源之间的相互影响，将模型计算划分多个子系统，其处理先后顺序既体现水源利用的优先性，也考虑了同一时段内各类水源之间相互影响的先后次序。按照同一时段内处理的先后顺序，将计算过程划分为非常规水源配置、本地径流及河网水利用、处理后污水利用、外调水配置、地下水利用、地表工程供水弃水、单元耗水及排水计算等模块。通过各模块部分的功能共同完成整个系统的水量过程模拟。

四、流域纳污能力计算

水体的纳污能力，指在水域使用功能不受破坏的条件下，受纳污染物的最大数量。即在一定设计水量条件下，满足水功能区水环境质量标准要求的污染物最大允许负荷量。其大小与水功能区范围的大小、水环境要素的特性、水体净化能力和污染物的理化性质等有关。污染物最大允许负荷量的计算是制定污染物排放总量控制方案的依据。

对保护区和保留区，原则上是维持现状水质，纳污能力采用其现状污染物入河量。缓冲区分两种情况处理：水质较好、用水矛盾不突出的缓冲区，可采用其现状污染物入河量为纳污能力；水质较差或存在用水水质矛盾的缓冲区，其纳污能力按开发利用区纳污能力计算方法计算。开发利用区纳污能力需根据各二级水功能区的水文设计条件、水质目标和模型参数，按水质水量模型进行计算求得。

由于北方河流冰封枯水期水量减少，河道变窄，河道流量和流速较小，水功能区纳污能力采用一维水质模型进行计算。

$$M=31.5\left[C_s-C_0\exp\left(-kL/u\right)\right]\exp\left(kx/u\right)Q_r \tag{5-1}$$

式中，M 为污染物纳污能力（t/a）；C_s为水功能区下断面水质目标控制因子浓度（mg/L）；C_0为水功能区上断面水质目标控制因子浓度（mg/L）；k 为污染物综合降解系数（1/s）；L 为水功能区长度（m）；x 为排污口下游断面距水功能区下断面纵向距离（m）；u 为设计流量下的平均流速（m/s）；Q_r为设计流量（m^3/s）。

（一）初始断面浓度

初始断面背景浓度（C_0）取上游河段水质目标值作为本河段初始断面背景浓度，即上一个水功能区的水质目标值是下一个水功能区的初始断面背景浓度值 C_0。若计算河段为河源段，则取源头水水质浓度作为该河源段初始断面背景浓度。在计算纳污能力时，C_s取值主要在上述标准范围内，综合考虑与其相邻的上、下游功能区的相互关系及功能区重要程度确定，并以不降低现状水质为原则。

（二）污染物综合降解系数 K 的确定

污染物综合降解系数主要采用《松花江流域水资源综合规划》（2012–2030 年）成果，本研究还在松花江干流的典型区域开展了部分试验，作为污染物综合降解系数取值的参考。

（三）设计流量 Q_r的确定

根据《全国水资源综合规划技术细则》（2002 年）的要求，采用长系列枯水期（12 月、1 月、2 月、3 月）75%保证率流量作为设计流量。集中式饮用水源区，采用 95%保证率最枯月平均流量作为设计流量。

纳污能力的计算系列选取 1956～2005 年，为了能反映近期的流域社会经济和水资源条件，同时具备较好的资料收集条件，现状水平年选用 2005 年。本研究建立的流域水资源配置 ROWAS 模型模拟了不同计算单元和供水水源之间的供用水关系，建立了水功能区和计算单元之间的关系，可以输出各个水功能区在不同的水量调度方案下的长系列断面水量过程，进而可以计算各个功能区不同频率下的设计流量。

五、污染负荷控制模型

考虑松花江流域非点源污染主要集中在汛期，水量相对丰沛，水功能区水质不达标的时段主要出现在枯季。因此，污染控制模拟主要考虑点源污染的控制，通过分析不同类别的污染控制技术的效果和特点，建立以污染负荷削减最大和经济投入最低为目标的优化控制模型。

（一）点源污染控制技术

1. 污水处理厂及其配套管网建设

松花江流域污水集中处理面临如下突出问题：一是区域污水收集管网仍不完善；二是污水处理厂的服务范围较小。考虑到松花江流域污染源众多，环境容量有限，应根据水功能区的纳污能力和水质要求，加大城镇污水处理厂及配套管网基础能力建设，减少生活污水及污染物的入河量；应积极探索城镇污水处理厂的工艺改进，提高污水处理厂的尾水排放标准，实现一级A标准排放；提高城镇污废水综合治理水平。本研究依据松花江流域的基本特点，确定污水集中处理厂的COD和氨氮去除效率2015水平年分别为50%和30%，2020水平年分别为70%和60%，尾水排放标准COD和氨氮2015水平年分别为60 mg/L和15 mg/L，2020水平年分别为50 mg/L和6.5 mg/L。

2. 工业企业废水的达标排放

工业污染源的分散治理有利于回用设施的建设，加强对企业超标排污的监管力度，结合企业清洁生产、工艺改造，强化工业废水处理，削减工业废水及污染物排放量，实现废水达标排放与零排放。根据点源排污口（包括污水处理厂、生产型企业）性质与排放方式（如排入水体、排入下水道）的不同，所采用的污染物排放标准体系也有所差异（表5-1）。

3. 其他污染治理措施

主要包括产业结构调整、生态隔离带的建设及管理等措施。

综上，根据点源排污口（包括污水处理厂、生产型企业）性质与排放方式（如排入水体、排入下水道）的不同，所采用的污染物排放标准体系也有所差异，本研究根据松花江流域情况，确定不同计算单元的COD和氨氮的达标浓度控制指标，综合平均，2015水平年取300 mg/L和25 mg/L，2020水平年取100 mg/L和15 mg/L（表5-1）。

表5-1 松花江流域污染物排放标准及其水质浓度

<table>
<tr><th>标准名称</th><th>标准内容</th><th>COD浓度（mg/L）</th><th>氨氮浓度（mg/L）</th><th>备注</th></tr>
<tr><td>《污水排入城镇下水道水质标准》（GB/T 31962—2015）</td><td>—</td><td>500</td><td>45</td><td>按A、B级规定</td></tr>
<tr><td rowspan="5">《污水综合排放标准》（GB 8978—1996）</td><td>医药原料药、染料、石油化工工业</td><td>—</td><td>15</td><td rowspan="5">一级标准[1]</td></tr>
<tr><td>黄磷工业</td><td>—</td><td>10</td></tr>
<tr><td>其他（除医药原料、染料、石化工业及黄磷工业外）</td><td>—</td><td>15</td></tr>
<tr><td>城镇二级污水处理厂</td><td>60</td><td>—</td></tr>
<tr><td>其他（除城镇二级污水处理厂外）</td><td>100</td><td>—</td></tr>
</table>

续表

标准名称	标准内容	COD 浓度（mg/L）	氨氮浓度（mg/L）	备注
《污水综合排放标准》（GB 8978—1996）	医药原料药、染料、石油化工工业	—	50	二级标准[2]
	黄磷工业	—	20	
	其他（除医药原料、染料、石化工业及黄磷工业外）	—	25	
	城镇二级污水处理厂	120	—	
	其他（除城镇二级污水处理厂外）	150	—	
《污水综合排放标准》（GB 8978—1996）	医药原料药、染料、石油化工工业	—	—	三级标准[3]
	黄磷工业	—	20	
	其他（除医药原料、染料、石化工业及黄磷工业外）	—	—	
	城镇二级污水处理厂	—	—	
	其他（除城镇二级污水处理厂外）	500	—	
《城镇污水处理厂污染物排放标准》（GB 18918—2002）	—	50	5（8）[8]	一级 A 标准[4]
		60	8（15）[8]	一级 B 标准[5]
		100	25（30）[8]	二级标准[6]
		120	—	三级标准[7]

注：1 为《地表水环境质量标准》（GB 3838—2002）Ⅲ类水域（划定的饮用水水源保护区和游泳区除外）和《海水水质标准》（GB 3097—1997）中Ⅱ类海域的污水执行一级标准。

2 为《地表水环境质量标准》（GB 3838—2002）中Ⅳ类、Ⅴ类水域和《海水水质标准》（GB 3097—1997）中Ⅲ类海域的污水执行二级标准。

3 为设置二级污水处理厂的城镇排水系统的污水执行三级标准。

4 一级 A 标准是城镇污水处理厂出水作为回用水的基本要求。当污水处理厂出水引入稀释能力较小的河湖作为城镇景观用水和一般回用水等用途时，执行一级标准的 A 标准。

5 城镇污水处理厂出水排入《地表水环境质量标准》（GB 3838—2002）地表水Ⅲ类功能水域（划定的饮用水水源保护区和游泳区除外）、《海水水质标准》（GB 3097—1997）海水Ⅱ类功能水域和湖、库等封闭或半封闭水域时，执行一级 B 标准。

6 城镇污水处理厂出水排入《地表水环境质量标准》（GB 3838—2002）地表水Ⅳ类、Ⅴ类功能水域或《海水水质标准》（GB 3097—1997）海水Ⅲ类、Ⅳ类功能海域，执行二级标准。

7 非重点控制流域和非水源保护区的建制镇的污水处理厂，根据当地经济条件和水污染控制要求，采用一级强化处理工艺时，执行三级标准。但必须预留二级处理设施的位置，分期达到二级标准。按去除率指标执行，当进水 COD 大于 350 mg/L 时，去除率应大于 60%。

8 括号外数值为水温>12℃时的控制指标，括号内数值为水温≤12℃时的控制指标

（二）点源控制措施优选

本研究构建了点源污染调控措施优化模型。该模型主要基于成本效益分析原理，通过定量分析计算水污染防治方式措施的成本与收益，在投资约束下给出污染削减的最优措施

组合。本研究既考虑污染源的源头产生量的削减，也包括污染物末端治理措施的削减，还考虑到其他管理与工程措施实现的削减。模型假定各项措施成本和对污染物的削减相互之间没有影响。在 COD 和 NH_3-N 指标分别优化的基础上，最优投资取各优化单元投资最大者，并汇总到整个流域层面。模型的目标函数和约束条件如下：

目标函数为
$$\text{Max}\ (W1_{i,k,t}+W2_{i,k,t}+W3_{i,k,t}) \tag{5-2}$$

约束条件为
$$C1_{i,k,t}\times W1_{i,k,t}+C2_{i,k,t}\times W2_{i,k,t}+C3_{i,k,t}\times W3_{i,k,t}\leqslant \text{GDP}_{i,t}\times 1.5\times 10^{-2}$$
$$W1_{i,k,t}+W2_{i,k,t}+W3_{i,k,t}\leqslant \text{PG}_{i,k,t}-\frac{\text{WG}_{i,k,t}}{K_{i,k,t}}$$
$$W1_{i,k,t}\leqslant \text{LW1}_{i,k,t}$$
$$W2_{i,k,t}\leqslant \text{LW2}_{i,k,t}$$
$$W1_{i,k,t}\geqslant 0$$
$$W2_{i,k,t}\geqslant 0$$
$$W3_{i,k,t}\geqslant 0$$
$$\text{WG}_{i,k,t}=\text{Min}\ (M_{i,k.t},\ \text{CPT}_{i,k,t})$$

式中，$W1_{i,k,t}$为 i 单元 t 时间企业达标排放实现的 k 污染物削减量（t/a）；$W2_{i,k,t}$为 i 单元 t 时间污水处理厂实现的 k 污染物削减量（t/a）；$W3_{i,k,t}$为 i 单元 t 时间以其他方式进一步削减实现的 k 污染物削减量（t/a）；$\text{LW1}_{i,k,t}$为 i 单元 t 时间企业达标排放最大可实现的 k 污染物削减量（t/a）；$\text{LW2}_{i,k,t}$为 i 单元 t 时间污水处理厂最大可实现的 k 污染物削减量（t/a）；$C1_{i,k,t}$为 i 单元 t 时间污水集中处理方式实现单位 k 污染物的削减成本（万元/t）；$C2_{i,k,t}$为 i 单元 t 时间污染源达标分散治理方式实现的单位 k 污染物的削减成本（万元/t）；$C3_{i,k,t}$为 i 单元 t 时间以其他方式进一步削减实现的单位 k 污染物的削减成本（万元/t）；$\text{GDP}_{i,t}$为 i 单元 t时间的 GDP 总量（万元）；$K_{i,k,t}$为 i 单元 t 时间 k 污染物的入河系数；$\text{PG}_{i,k,t}$为 i 单元 t 时间 k 污染物的产生量（t/a）；$\text{WG}_{i,k,t}$为 i 单元 t 时间 k 污染物的入河控制量目标（t/a）；$\text{CPT}_{i,k,t}$为 i 单元 t 时间 k 污染物的水功能区纳污能力（t/a）；$M_{i,k.t}$为 i 单元 k 污染物 t 时间的入河量（t/a）。

第二节　需水预测及污染预测

一、社会经济发展与需水

（一）社会经济发展预测

1. 人口与城镇化进程

松花江流域 2006 年总人口为 5772 万人，预计到 2020 年将达到 6093 万人，比 2006 年增加 321 万人。在人口增长的同时，城镇化进程加快发展。2006 年松花江的城镇化率为 60%，城镇化率较全国平均水平高出 5 个百分点。到 2020 年，全流域城镇人口将增长至

4245 万人，同时城镇化率将达到 70%，农村人口将减少 453 万人。

2. 国民经济发展指标预测

松花江流域是我国老工业基地，自然资源丰富、工业基础良好、交通便利，是我国工业的摇篮，在我国国民经济发展中具有重要的地位。但自改革开放以来，由于各种历史原因的影响，与我国东部地区相比，经济发展较缓，党中央国务院提出了"振兴东北老工业基地"的战略决策，从我国区域经济布局和战略调整来看，东北地区迎来了一次难得的发展机遇，目前处于产业结构调整进程中。可以预见，在今后相当长的时期内，该地区经济将会进入持续稳定、高效发展的阶段。

松花江流域水土资源条件相对较好，但耕地灌溉率目前还不高；水稻种植经济效益高，农民有生产积极性，对确保我国粮食安全具有重要作用；其出产优质大米，市场前景好。预计在 2030 年之前，水田灌溉面积仍将有较大的发展，但因水资源日趋紧缺条件的限制，发展速度将会逐步放慢。旱田灌溉面积将基本保持稳定，菜田灌溉面积随着人民生活水平提高有可能持续增长。根据《松花江流域水资源综合规划》（2012—2030 年）预测，松花江流域 2020 年灌溉面积将增长至 6361 万亩，净增加灌溉面积 2071 万亩。

（二）需水预测方案

经济社会的发展、产业结构的调整、用水水平的提高、节水政策的落实和生态环境保护目标的变化等诸多因素导致经济社会对水的需求可能有较大的差异。根据对现状用水效率的分析，结合未来技术发展和经济社会发展的影响，分析各流域主要需水定额指标变化（表 5-2）。

表 5-2　松花江流域主要需水定额指标变化表

分区	城镇生活（L/d）			农村生活（L/d）			水田（m^3/亩）P=75%			水浇地（m^3/亩）P=75%		
	2006 年	2015 年	2020 年	2006 年	2015 年	2020 年	2006 年	2015 年	2020 年	2006 年	2015 年	2020 年
嫩江	121	145	150	65	72	79	923	854	794	225	217	207
西流松花江	113	145	151	76	75	74	747	705	665	182	180	175
松花江干流	115	140	149	59	70	81	660	607	577	188	176	166
小计	116	143	150	65	74	79	745	710	660	212	203	197
分区	工业（m^3/万元）			三次产业（m^3/万元）			建筑业（m^3/万元）			林果地（m^3/亩）		
	2006 年	2015 年	2020 年	2006 年	2015 年	2020 年	2006 年	2015 年	2020 年	2006 年	2015 年	2020 年
嫩江	149	81	61	13.0	11.2	8.3	13.9	14.8	9.0	128	169	161
西流松花江	166	92	62	8.4	7.0	6.0	19.1	7.1	4.1	0	144	140
松花江干流	220	128	78	18.0	12.7	5.7	22.8	17.3	9.3	104	144	141
小计	172	132	66	13.7	10.2	6.2	19.7	12.0	6.7	112	151	147

根据经济社会发展和用水定额指标，预测未来松花江流域一般节水模式下的水量需求

（表5-3）。

表5-3　未来松花江流域一般节水模式下的水量需求增长预测　　单位：亿 m^3

水平年	水资源二级分区	城镇			农村			合计
		生活	工业	生态	生活	农业	生态	
2006	嫩江	3.11	25.34	0.45	2.08	85.41	1.96	118.35
	西流松花江	3.37	18.78	0.42	1.42	46.81	0.00	70.80
	松花江干流	5.82	24.32	0.55	2.90	101.00	0.00	134.59
	合计	12.30	68.44	1.42	6.40	233.22	1.96	323.74
2015	嫩江	4.94	31.56	0.70	2.18	128.30	5.79	173.47
	西流松花江	5.74	23.88	0.73	1.49	50.83	0.45	83.12
	松花江干流	8.71	31.52	0.86	3.05	116.42	0.00	160.56
	合计	19.39	86.96	2.29	6.72	295.55	6.24	417.15
2020	嫩江	6.12	35.12	0.87	2.20	144.48	10.34	199.13
	西流松花江	7.02	26.57	0.90	1.47	53.80	0.45	90.21
	松花江干流	10.44	34.77	1.06	2.91	121.36	0.00	170.54
	合计	23.58	96.46	2.83	6.58	319.64	10.79	459.88

注：农业为多年平均需水量，工业需水中包含三次产业与建筑业需水

根据正常发展需求预测，未来松花江流域一般节水模式下水量需求在2015水平年和2020水平年将分别达到417.15亿 m^3 和459.88亿 m^3，分别比现状增加93.4亿 m^3 和136.14亿 m^3。该需水量可以作为需水量预测的基本方案。

二、污染负荷预测

（一）点源污染负荷预测方法

本研究开发建立了松花江流域点源污染负荷产生入河量预测模型，其基本公式如下：

$$M_{i,k,t}=D_{i,k,t}\times K_{i,k,t} \tag{5-3}$$

$$D_{i,k,t}=\mathrm{WP}_{i,k,t}+\mathrm{SP}_{i,k,t} \tag{5-4}$$

$$\mathrm{WP}_{i,k,t}=(\mathrm{WDP}_{i,t}-\mathrm{RDP}_{i,t})\times\mathrm{CW}_{i,k,t}\times10^{-2}+(\mathrm{WIP}_{i,t}-\mathrm{RIP}_{i,t})\times\mathrm{CW}_{i,k,t}\times10^{-2} \tag{5-5}$$

$$\mathrm{CW}_{i,k,t}=\min\left(\mathrm{CS}_{i,k,t},\ \frac{(\mathrm{WDP}_{i,t}\times\mathrm{PDP}_{i,k,t}+\mathrm{WIP}_{i,t}\times\mathrm{PIP}_{i,k,t})(1-L_k\times10^{-2})}{\mathrm{WDP}_{i,t}+\mathrm{WIP}_{i,t}}\right) \tag{5-6}$$

$$\mathrm{SP}_{i,k,t}=(\mathrm{QDP}_{i,t}-\mathrm{WDP}_{i,k,t})\times\mathrm{PDP}_{i,k,t}+(\mathrm{QIP}_{i,t}-\mathrm{WIP}_{i,k,t})\times\mathrm{PIP}_{i,k,t} \tag{5-7}$$

式中，$M_{i,k,t}$为 i 单元 k 污染物 t 时间的入河量（t/a）；$D_{i,k,t}$为 i 单元 k 污染物 t 时间的排放量（t/a）；$K_{i,k,t}$为 i 单元 t 时间 k 污染物的入河系数；$\mathrm{WP}_{i,k,t}$为 i 单元 t 时间的污水处理厂 k 污染物的排放量（t/a）；$\mathrm{SP}_{i,k,t}$为 i 单元 t 时间的污染源 k 污染物的直接排放量（t/a）；$\mathrm{WDP}_{i,t}$为 i 单元 t 时间的污水处理厂生活污水处理量（万 m^3/a）；$\mathrm{RDP}_{i,t}$为 i 单元 t 时间的

污水处理厂生活污水处理后回用量（万 m^3/a）；$CW_{i,k,t}$为 i 单元 t 时间的污水处理厂 k 污染物的尾水排放浓度（mg/L）；$WIP_{i,t}$为 i 单元 t 时间的污水处理厂工业废水处理量（万 m^3/a）；$RIP_{i,t}$为 i 单元 t 时间的污水处理厂工业废水处理后回用量（万 m^3/a）；$PDP_{i,k,t}$为 i 单元 t 时间生活污水 k 污染物的产生浓度（mg/L）；$PIP_{i,k,t}$ i 单元 t 时间工业废水 k 污染物的产生浓度（mg/L）；L_k 为污水处理厂 k 污染物的去除率（%）；$QDP_{i,t}$为 i 单元 t 时间的生活污水排放量（万 m^3/a）；$QIP_{i,t}$为 i 单元 t 时间的工业废水排放量（万 m^3/a）；$CS_{i,k,t}$为 i 单元污水处理厂 t 时间 k 污染物的排放量（mg/L）。

按照上述计算方法，在一般节水模式下的需水增长条件中，考虑未来污水处理能力进一步增强，全流域点源污染负荷在 2015 年和 2020 年 COD 排放总量分别为 86.7 万 t 和 42.1 万 t，是现状 COD 排放量的 0.8 倍和 0.4 倍；氨氮排放总量分别为 7.8 万 t 和 5.3 万 t，是现状氨氮排放量的 1.0 倍和 0.7 倍。松花江流域四级区嵌套行政区各单元的计算结果汇总得出的不同行政区 COD 和氨氮的排放量预测的汇总结果见表 5-4。可以看出，哈尔滨市、吉林市、长春市、齐齐哈尔市、牡丹江市和佳木斯市等沿江大城市是松花江流域点源污染的主要来源。

表 5-4　不同行政区 COD 和氨氮的排放量预测结果　　单位：t

行政区	COD		氨氮		行政区	COD		氨氮	
	2015 年	2020 年	2015 年	2020 年		2015 年	2020 年	2015 年	2020 年
白城市	16 337	9 013	1 930	1 359	七台河市	15 255	6 706	1 731	1 022
白山市	5 629	3 140	748	582	齐齐哈尔市	44 496	20 116	5 413	3 290
长春市	74 296	46 907	8 968	6 845	双鸭山市	16 872	8 252	2 292	1 603
大庆市	245 256	97 983	6 198	3 584	四平市	3 067	1 805	324	263
大兴安岭地区	766	301	79	38	松原市	27 005	13 913	2 691	1 815
抚顺市	116	102	14	14	绥化市	33 691	15 851	4 549	2 691
哈尔滨市	121 133	66 333	18 295	12 792	通化市	12 006	6 454	1 965	1 533
鹤岗市	16 884	8 349	2 220	1 323	通辽市	379	269	42	38
黑河市	9 040	4 092	1 392	960	锡林郭勒盟	0	0	0	0
呼伦贝尔市	7 681	4 646	984	720	兴安盟	10 707	5 639	1 036	743
吉林市	75 132	34 624	5 066	3 333	延边朝鲜族自治州	11 409	5 122	658	519
佳木斯市	40 656	21 071	2 163	1 512	伊春市	29 446	13 258	4 620	3 259
辽源市	2 229	1 401	276	259	合计	866 646	421 073	78 497	53 178
牡丹江市	47 158	25 726	4 843	3 081					

（二）非点源污染负荷预测

随着点源污染控制能力的提高，非点源污染的严重性逐渐显现出来。相对于点源污染而言，非点源污染具有发生随机、来源和排放地点不固定和污染负荷时空变化幅度大等特点，因此，非点源污染的监测、控制和处理困难而复杂，近年来越来越受到关注。我国的非点源污染研究起步较晚，加之长期以来未得到足够的重视，缺乏系统、可靠的基础资料，难以普及推广国外的一些大型分布式机理模型。而应用统计分析方法建立的以污染物输出为目标的经验关系模型，由于模型简单，数据要求相对较低，在我国应用非常广泛。

非点源污染负荷预测研究思路如图 5-6 所示。

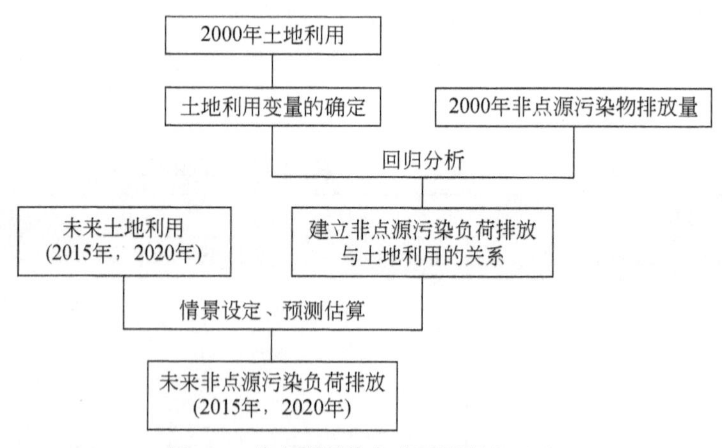

图 5-6　非点源污染负荷预测研究思路

本研究的主要依据是以 2000 年松花江流域各地级市农业总产值等经济数据和非点源污染物［总氮（TN）、总磷（TP）和 COD］排放量为基准，建立土地利用与非点源污染负荷排放关系，通过预测未来水平年松花江流域土地利用（灌区面积）变化分析非点源污染负荷排放。

选择了 3 个土地利用变量，并模拟其与非点源污染负荷排放的线性关系，最后选择合适的变量进行回归分析。设置的变量如下：$X1$ = 灌区面积；$X2$ = 灌区面积/粮食产量；$X3$ = 灌区面积/农业总产值。在判定一个线性回归直线的拟合度的好坏时，R^2 系数是一个重要的判定指标。从公式可以得到，判定系数等于回归平方和在总平方和中所占的比例，即 R^2 体现了回归模型所能解释的因变量变异性的百分比。如果 $R^2 = 0.775$，则说明变量 Y 的变异中有 77.5% 是由变量 X 引起的；当 $R^2 = 1$ 时，表示所有的观测点全部落在回归直线上；当 $R^2 = 0$ 时，表示自变量与因变量无线性关系。通过比较，$X1$ 与非点源污染负荷排放的线性关系最好，因此，确定灌区面积为土地利用变量。

选择土地利用变量后，通过回归分析，建立土地利用变量与非点源污染负荷排放之间的关系，预测未来不同水平年非点源污染负荷排放（表 5-5）。

表 5-5　松花江流域非点源污染负荷排放情况　　单位：万 t

行政区	2015 年			2020 年		
	TN	TP	COD	TN	TP	COD
呼伦贝尔市	12.75	3.14	36.74	14.04	3.46	40.46
兴安盟	9.05	2.23	26.07	10.03	2.47	28.91
通辽市	0.40	0.10	1.15	0.40	0.10	1.16
大庆市	6.00	1.48	17.28	6.42	1.58	18.51
大兴安岭地区	0.37	0.09	1.07	0.39	0.10	1.14
哈尔滨市	24.10	5.93	69.44	24.91	6.13	71.78
鹤岗市	6.22	1.53	17.91	7.13	1.76	20.55
黑河市	1.26	0.31	3.62	1.31	0.32	3.78
锡林郭勒盟	0	0	0	0	0	0
佳木斯市	13.74	3.38	39.57	15.39	3.79	44.34
牡丹江市	2.11	0.52	6.09	2.26	0.56	6.51
七台河市	0.85	0.21	2.46	0.90	0.22	2.60
齐齐哈尔市	16.07	3.95	46.29	16.99	4.18	48.94
双鸭山市	8.27	2.04	23.83	9.17	2.25	26.40
绥化市	21.25	5.23	61.21	22.52	5.54	64.88
伊春市	6.20	1.52	17.85	6.32	1.55	18.20
长春市	14.32	3.52	41.26	16.80	4.13	48.40
吉林市	8.34	2.05	24.04	8.20	2.02	23.61
四平市	5.45	1.34	15.70	5.55	1.36	15.98
辽源市	4.28	1.05	12.33	4.38	1.08	12.61
通化市	1.90	0.47	5.48	1.90	0.47	5.48
白山市	2.38	0.92	10.73	3.94	0.97	11.35
松原市	6.78	1.67	19.53	7.44	1.83	21.42
白城市	8.99	2.21	25.91	10.69	2.63	30.79
延边朝鲜族自治州	3.68	0.91	10.62	3.72	0.91	10.71
抚顺市	0.89	0.22	2.56	0.89	0.22	2.56
合计	185.65	46.02	538.74	201.69	49.63	581.07

第三节　流域水质水量总量控制方案

一、方案设置

松花江流域的水资源开发利用具有典型的多目标特性。由于流域的水土资源、光热资源比较丰富，作为国家级粮食生产基地，农业用水会有较大增长。而东北地区属于老工业基地，未来工业发展和调整也与水资源配置布局密切相关。所以，在经济用水方面存在地区和行业部门之间的竞争。在河道内经济用水方面，西流松花江和嫩江的水力发电在东北电网中具有重要的调峰作用，而松花江干流的航运也需要得到一定限度的保障。从流域生态维持和保护角度分析，松花江流域有多个国家级湿地，目前已不能在自然条件下维持平衡，需要一定规模的人工补水。考虑到未来流域开发强度大，社会经济耗水总量占地表水水资源量的比例增长较快，由此带来的松花江干流的生态和航运问题比较突出，因此，需要进一步分析社会经济耗水对生态环境用水及河道内航运用水的影响。此外，松花江流域还承担未来向更为缺水的辽河流域调水的任务，不同线路工程的规模也需要通过综合分析确定。图 5-7 给出了松花江流域水资源开发利用总体目标和各项分目标。

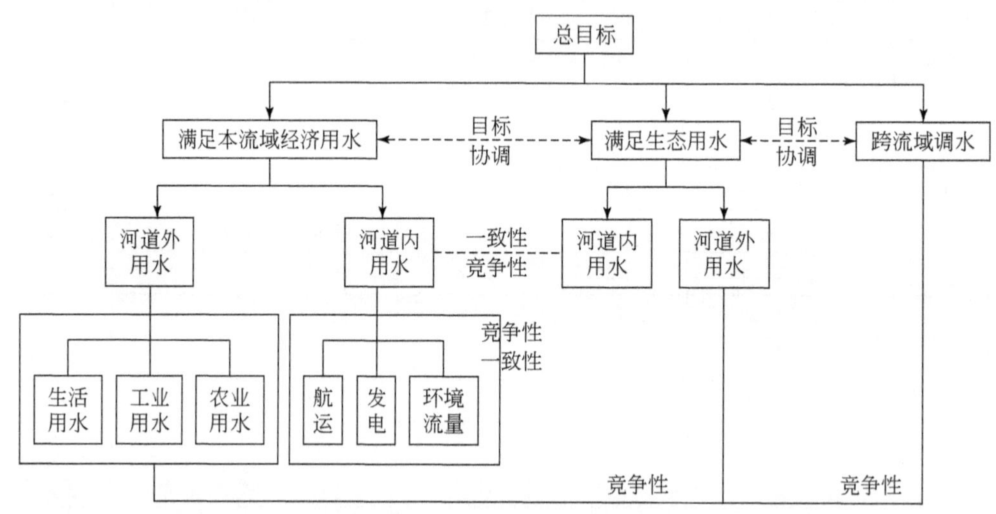

图 5-7　松花江流域水资源开发利用总体目标和各项分目标

根据水质水量联合调控模型体系，总量控制方案主要通过不同层次的方案设置分析水质水量联合调控的总量控制指标。方案设置分为水量调控设置和污染负荷调控设置两种途径，水量调控方案设置思路如下：①水量基本方案。一般节水模式下水量需求增长、主要工程按现有调度规则运行的水量配置调控方案。②强化节水方案。全流域整体强化节水降低总需水量，工程调度采用现有调度规则。③水量优化方案。考虑纳污能力计算和污废水排放结果，对污染负荷优化控制后水功能区仍不能达标的区域，采取进一步的需水控制，同时考虑调整相关地表工程运行调度增加河道水量、提高水功能区纳污能力的方案。所有水量方案设置中水利工程建设均采用已有规划成果。

对污染负荷控制，采用如下设置思路：①治污基本方案。以现状污水排放浓度及污水处理强度确定污水治理和污染控制强度。②治污理想方案。考虑水功能区达标要求，不考虑经济约束条件，提出污染负荷削减方案。③治污优化方案。考虑水功能区达标目标，同时兼顾经济可行性，提出经济约束性条件控制下优化得出的污染负荷控制方案。水量调控方案与污染负荷控制方案之间形成多重组合，通过水量调控方案为污染控制情景提供污水排放总量、断面水量过程及水功能区纳污能力动态计算结果，根据方案之间的组合可行性形成水质水量联合调控方案集，进而得出水质水量联合优化调控方案。水质水量联合优化调控方案设置思路如图 5-8 所示。各方案之间的递进设置及反馈关系如图 5-9 所示。

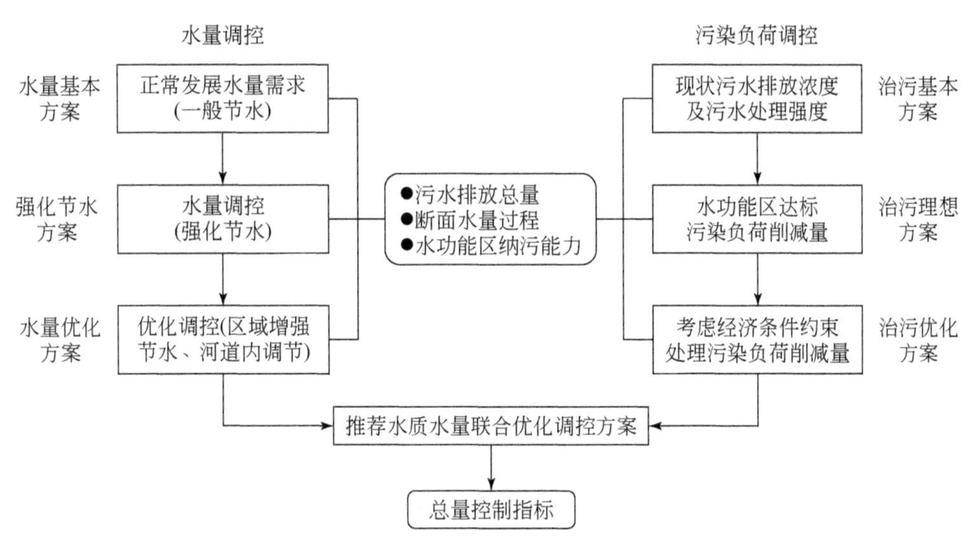

图 5-8　水质水量联合优化调控方案设置

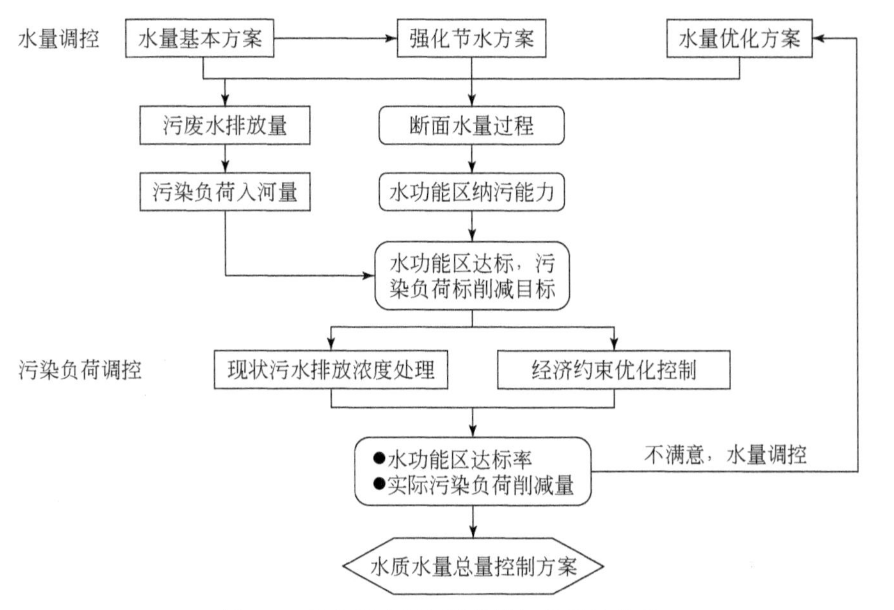

图 5-9　各方案之间的递进设置及反馈关系

根据松花江流域未来经济发展和生态环境保护的需求，松花江流域水质水量联合优化调控方案设置中涉及的主要影响因素如下：

（一）社会经济发展与节水模式

本部分代表了区域生活和生产的用水水平预测。其中又包含农业灌区发展、区域工业布局及节水投入等因素。以水资源综合规划基本方案为基础，通过采用强化节水措施得出强化节水方案。通过对强化节水方案的污染排放控制和纳污能力超标分析，进一步提出强化节水方案基础上的水量优化方案，实现对污染超标地区用水的进一步控制和下泄流量的优化调节。

水量基本方案见表5-3。考虑在一般节水模式基础上加强产业结构调整和节约用水力度，控制需求过快增长，形成强化节水方案，至2020年需水量相比，水量基本方案降低44.3亿m^3，为415.52亿m^3，比2006年增加91.78亿m^3。强化节水方案中松花江流域水量需求分布见表5-6。

表5-6　强化节水方案中松花江流域水量需求分布　　单位：亿m^3

水平年	分区	需水量						
		城镇			农村			合计
		生活	工业	生态	生活	农业	生态	
	合计	23.58	96.46	2.83	6.58	319.64	10.79	459.88
2015	嫩江	4.51	28.81	0.64	1.99	117.08	5.28	158.31
	西流松花江	5.17	21.52	0.65	1.35	45.80	0.40	74.89
	松花江干流	7.79	28.19	0.77	2.72	104.13	0.00	143.60
	合计	17.47	78.52	2.06	6.06	267.01	5.68	376.80
2020	嫩江	5.58	32.05	0.79	2.00	131.85	9.43	181.70
	西流松花江	6.33	23.94	0.81	1.32	48.48	0.40	81.29
	松花江干流	9.34	31.10	0.95	2.60	108.54	0.00	152.53
	合计	21.25	87.09	2.55	5.92	288.87	9.83	415.51

（二）河道内用水主要目标

河道内用水主要包括生态保护、航运和发电三项目标。生态保护目标，包括确定河道内生态用水需求。河道内生态保护目标包括主要断面不同季节的生态过流要求，设置嫩江的尼尔基和大赉、西流松花江的扶余及松花江干流的哈尔滨4个断面。河道外生态用水目标主要为重要湿地生态补水及城市河湖补水等。另外，部分地区水土保持等也有生态补水需求，将其归入农村生态用户的需水。

水力发电目标，包括主要电厂发电调度和下游城镇供水、农业供水之间的优先序设置。发电和供水存在明显矛盾的工程主要有丰满和尼尔基两个调蓄能力强且存在供水功能的干流控制性水库。其他综合利用水库因功能划分明确或工程调蓄能力弱，不同调度方式差异不显著，不足以影响全流域的分析结果，为减少方案设置的复杂性不在模拟中进行分析。

航运目标，包括通航时段和通航期保证流量及航运和不同用户供水的优先顺序。目前主要是以哈尔滨断面作为航运目标进行分析，通航期为5～10月。通航期内航运目标可以和断面的生态环境过流目标相结合。

根据上述方案设置目标，对河道内各种需求进行汇总后，得出几个主要控制性断面过流要求（表5-7）。

表5-7 控制性断面及过流要求目标

分区	断面名称	控制目标	控制流量（m^3/s）	保证率（%）
嫩江	尼尔基水库	生态、环境、发电	50	90
	嫩江大赉断面	生态、环境	100	90
西流松花江	扶余断面	生态、环境	100	90
	丰满水库断面	发电、生态、环境	5月为350外，其他月为150	90
松花江干流	哈尔滨断面	航运、生态、环境	5～11月为550；12～4月为350（90%）	80

（三）工程规划目标

松花江流域涉及三十多个大型规划水库，不同的规划工程建设方案将形成极为庞大的方案集，新建工程的建设顺序也会构成不同的情景方案设置。此外，区域地下水开采规模、污水处理再利用程度和本地中小型工程供水能力等也可以通过参数设置反映未来不同的供水工程状况，从而形成方案集。考虑流域层面的工程规划重要性和不确定性，本研究直接采用松花江流域水资源综合规划推荐供水方案设定的工程规划建设。

（四）跨流域调水工程的方案设置，包括调入和调出两类工程

方案设置包括设计调水规模和建设时间。现状和规划的主要跨流域调水工程的水量调配规模见表5-8。

表5-8 松花江流域现状和规划的主要跨流域调水工程的水量调配规模

跨流域调水工程	性质	调入/调出流域	建设状况	调入调出水量		
				2005年	2015年	2020年
海兰河引水	调出	西流松花江	已建	0.3	0.3	0.3
引松入挠	调出	松花江干流	已建/扩建	2.85	2.85	4
引浑入通	调入	西流松花江	规划	0	1.2	1.2
红旗河引水	调入	西流松花江	规划	0	0	0.15
吉林中部城市群引水	调出	西流松花江	规划	0	3	4
绰尔河引水	调出	嫩江	规划	0	4	4
引呼济嫩	调入	嫩江	规划	0	0	18

续表

跨流域调水工程	性质	调入/调出流域	建设状况	调入调出水量		
				2005 年	2015 年	2020 年
调入合计	—	—	—	0	1.2	19.35
调出合计	—	—	—	3.15	10.15	12.3

注：吉林省中部城市群调出水量为供入辽河流域部分水量

根据上述方案设置原则，以水量基本方案和强化节水方案为基础，提出水量调控各方案的设置条件（表 5-9）。

表 5-9　水量调控各方案的设置条件

方案	编号	分类调控措施					
		水量调度				节水	调水
		尼尔基水库	丰满水库	重点支流水库	引水工程		
水量基本方案	B	现状水调	现状水调	供水优先，无最小下泄量	供水优先	现状节水需水预测	规划方案
强化节水方案	W	水调优先	水调优先	供水优先，无最小下泄量	供水优先	强化节水	规划方案
水量优化方案	R	水调优先	水调优先	枯季最低控泄	枯季限制引水	强化节水提高循环用水	2020 年考虑“引呼济嫩”

注：引水工程限制引水后，缺口水量由地下水补充供给

考虑不同策略污染控制措施，松花江流域水质调控方案构成见表 5-10。其中，治污基本方案（E1）考虑了污水处理厂建设所带来的入河污染物削减；治污理想方案（E2）综合考虑了所有技术可能的措施，满足水体纳污能力的要求；治污优化方案（E3）在所有技术可能措施的基础上，结合成本特点和治理资金约束，通过优化分析，得出不同计算单元经济可行的污染治理措施组合。

表 5-10　松花江流域水质调控方案构成

水质方案	编号	水质调控措施			
		技术性特征			经济性特征
		排放浓度	污水处理	其他措施	
治污基本方案	E1	现状浓度	污水处理	无	不考虑
治污理想方案	E2	浓度控制	污水处理	有	不考虑
治污优化方案	E3	浓度控制优化	污水处理优化	有	考虑

根据对水量调控和污染控制的不同方案组合，得到全流域水质水量联合调控组合方案（表 5-11）。其中，每个方案包括 2015 年和 2020 年两个规划水平年，水量基本方案还包括以 2006 年为基准的现状水平年。

表 5-11　松花江流域水质水量联合调控组合方案

方案	编号	水量基本方案	强化节水方案	水量优化方案
		B	W	R
治污基本方案	E1	BE1	WE1	RE1
治污理想方案	E2	BE2	WE2	RE2
治污优化方案	E3	BE3	WE3	RE3

二、水量基本方案与强化节水方案结果

（一）水量供需平衡结果

考虑系统运行的情景设置，对水量基本方案和强化节水方案采用水资源调控模型进行计算（表 5-12）。计算中大型水利工程均参照其原有供水方式进行调度计算，不受松花江干流河道内需水要求影响。模拟模型以月为调节计算时段，不考虑水量的月内分配，因而对河道内用水需求的计算结果偏乐观。

表 5-12　水量供需平衡结果

方案编号	分区	需水	供水							缺水	
			合计	城镇生活	农村生活	工业	农业	城镇生态	农村生态	总计	其中农业
B06	嫩江	118.34	113.56	3.11	2.08	23.03	83.44	0.45	1.44	4.78	1.97
	西流松花江	70.79	68.77	3.37	1.41	18.77	44.80	0.42	0.00	2.02	2.01
	松花江干流	134.57	134.19	5.78	2.90	24.26	100.69	0.55	0.00	0.38	0.31
	合计	323.72	316.52	12.26	6.39	66.06	228.93	1.42	1.44	7.21	4.29
B15	嫩江	173.47	161.70	4.94	2.18	29.47	120.95	0.70	3.46	11.77	7.34
	西流松花江	83.11	79.20	5.68	1.49	23.75	47.14	0.73	0.41	3.91	3.68
	松花江干流	160.56	160.35	8.71	3.05	31.38	116.35	0.86	0.00	0.21	0.07
	合计	417.14	401.25	19.33	6.72	84.60	284.44	2.29	3.87	15.88	11.10
B20	嫩江	199.12	189.23	6.10	2.19	33.30	141.92	0.87	4.86	9.89	2.56
	西流松花江	90.21	88.92	7.02	1.47	26.50	52.59	0.90	0.44	1.29	1.22
	松花江干流	170.53	169.89	10.43	2.91	34.71	120.77	1.06	0.00	0.64	0.58
	合计	459.86	448.04	23.55	6.57	94.51	315.28	2.83	5.30	11.82	4.36
W15	嫩江	158.31	155.60	4.51	1.99	28.14	116.90	0.64	3.42	2.71	0.18
	西流松花江	74.88	74.51	5.17	1.35	21.51	45.52	0.65	0.31	0.37	0.27
	松花江干流	143.60	143.60	7.79	2.72	28.19	104.13	0.77	0.00	0.00	0.00
	合计	376.80	373.71	17.47	6.06	77.84	266.55	2.06	3.73	3.08	0.46

续表

方案编号	分区	需水	供水							缺水	
			合计	城镇生活	农村生活	工业	农业	城镇生态	农村生态	总计	其中农业
W20	嫩江	181.71	175.85	5.58	2.00	30.70	131.69	0.79	5.08	5.85	0.15
	西流松花江	81.28	81.05	6.33	1.32	23.94	48.25	0.81	0.40	0.23	0.23
	松花江干流	152.53	152.53	9.34	2.60	31.10	108.54	0.95	0.00	0.00	0.00
	合计	415.53	409.43	21.25	5.92	85.74	288.48	2.55	5.48	6.08	0.38

根据供需平衡结果可以看出，在基本方案需水条件下，未来的供需平衡基本能够满足，缺水量为12亿~16亿m^3，缺水率为3%左右。采用强化节水方案后，未来缺水量降低至3亿~6亿m^3，缺水率为1%左右。从缺水的区域分布看，主要存在于嫩江流域的农业灌溉用水，说明随着未来灌溉面积的快速发展，嫩江流域将出现相对较为明显的水量供需压力，需要增强水量综合调控，同时考虑跨流域调水补给。在强化节水方案基础上考虑对水功能区超标的单元进行进一步的水量需求抑制，到2020水平年需水可在强化节水方案基础上进一步减少接近4亿m^3，缺水量进一步减少。

（二）主要断面水量过程

根据对水量基本方案和强化节水方案用水条件下的供用耗排水量关系，可以得出各个主要控制断面的水量过程（表5-13）。

表5-13　水量基本方案与强化节水方案松花江流域主要控制断面流量对比

单位：m^3/s

主要控制断面	方案编号	2006年			2015年			2020年		
		多年平均流量	最小多年平均流量	90%多年平均流量	多年平均流量	最小多年平均流量	90%多年平均流量	多年平均流量	最小多年平均流量	90%多年平均流量
尼尔基	B	319	120	169	317	113	161	316	112	160
	W	—	—	—	320	114	239	317	113	161
中部引嫩	B	492	170	242	400	132	179	386	129	174
	W	—	—	—	413	133	226	398	130	176
江桥	B	654	190	289	551	127	215	524	118	198
	W	—	—	—	564	132	248	536	122	203
大赉	B	704	199	307	567	129	214	538	120	201
	W	—	—	—	584	135	224	551	122	204
丰满	B	365	169	236	346	158	210	358	160	228
	W	—	—	—	355	161	264	362	163	230
扶余	B	399	151	230	352	111	177	319	95	155
	W	—	—	—	369	115	203	342	101	170

续表

主要控制断面	方案编号	2006 年			2015 年			2020 年		
		多年平均流量	最小多年平均流量	90% 多年平均流量	多年平均流量	最小多年平均流量	90% 多年平均流量	多年平均流量	最小多年平均流量	90% 多年平均流量
三岔河	B	1103	405	589	919	282	437	857	248	394
	W	—	—	—	955	310	467	893	272	422
哈尔滨	B	1168	397	617	966	258	441	900	225	402
	W	—	—	—	1005	291	491	941	255	439
通河	B	1682	597	863	1447	410	665	1390	391	636
	W	—	—	—	1499	452	573	1439	428	663
长江屯	B	265	88	108	260	84	104	260	83	102
	W	—	—	—	263	86	110	262	85	104
依兰	B	1702	595	860	1467	408	670	1409	388	641
	W	—	—	—	1518	450	744	1458	425	666
佳木斯	B	1949	677	977	1676	462	751	1619	440	720
	W	—	—	—	1731	502	797	1671	477	745
松花江出口	B	1978	678	983	1711	471	765	1651	447	729
	W	—	—	—	1765	510	800	1702	482	756

从水量基本方案与强化节水方案河道主要断面过流状况对比可以看出，在采用强化节水方案之后，主要河道断面多年平均流量、最小多年平均流量和90%多年平均流量过程大部分有所提升。并且，最小多年平均流量提升幅度大于多年平均流量的提升幅度，说明在节水减排条件下，问题比较严重的枯季纳污能力和河道水质可以得到较大改善。

为进一步分析节水对环境容量较低的枯季水量过程的影响，将水量基本方案与强化节水方案的松花江流域主要控制断面90%月流量过程列出，见表5-14。

表 5-14　2020 年水量基本方案与强化节水方案松花江流域主要控制断面 90% 月流量过程

单位：m^3/s

主要控制断面	方案编号	1月	2月	3月	4月	5月	6月	7月	8月	9月	10月	11月	12月	90%多年平均流量
尼尔基	B	1	0	0	71	260	302	385	399	190	258	49	5	160
	W	2	0	2	71	260	289	382	401	191	256	50	6	161
中部引嫩	B	1	0	0	87	274	307	409	460	227	280	40	3	174
	W	1	0	0	88	274	297	414	463	229	278	41	3	176
江桥	B	1	1	2	107	235	325	452	543	328	319	62	6	198
	W	2	1	2	108	263	332	460	546	339	318	61	8	203
大赉	B	1	1	3	107	231	306	438	512	342	328	68	76	201
	W	2	2	3	107	260	294	435	516	349	337	70	76	204
丰满	B	154	156	192	287	320	257	218	420	207	186	179	155	228
	W	155	156	197	287	323	261	218	419	209	195	180	157	230

续表

主要控制断面	方案编号	1月	2月	3月	4月	5月	6月	7月	8月	9月	10月	11月	12月	90%多年平均流量
扶余	B	125	121	171	320	163	0	142	171	200	170	160	122	155
	W	131	127	181	322	187	0	173	218	217	191	164	128	170
三岔河	B	146	132	217	474	441	308	624	764	639	521	252	210	394
	W	152	139	225	482	506	393	652	836	658	546	254	219	422
哈尔滨	B	127	102	195	512	389	332	684	847	630	545	266	193	402
	W	137	112	207	523	469	416	751	932	665	580	267	204	439
通河	B	136	116	237	863	526	770	1083	1486	986	827	371	234	636
	W	145	127	251	872	620	795	1087	1562	1033	829	380	252	663
长江屯	B	6	6	7	123	168	164	267	291	116	42	27	10	102
	W	5	6	7	125	176	168	271	295	118	43	28	11	104
依兰	B	135	115	237	869	521	769	1088	1534	986	829	372	232	641
	W	144	126	251	880	616	792	1094	1599	1033	827	378	250	666
佳木斯	B	153	136	261	962	596	871	1325	1709	1049	911	407	261	720
	W	160	143	269	974	686	895	1362	1755	1098	910	418	275	745
松花江出口	B	156	139	269	965	603	894	1346	1721	1068	920	410	264	729
	W	163	146	276	990	692	917	1387	1775	1113	918	421	277	756

从上述90%月流量过程可以看出，未来用水增加后，主要控制断面90%月流量均较现状有所减少。但强化节水方案对尼尔基以下河道外引水较多的控制断面枯季水量具有较大的提高作用。

（三）水功能区纳污能力

按照上述水量配置方案，经过流域水量调控模拟模型的计算，提取各功能区节点枯季（11～2月）75%流量可得到不同水功能区的设计流量，进而得到不同水平年的水功能区纳污能力，作为污染控制指标。根据供需平衡结果得出河道内各水功能区控制断面水量过程，对枯水期流量进行排频分析，按照水功能区纳污能力计算规范，分析得出各水功能区纳污能力，按照三级分区控制断面进行汇总后得出各主要控制断面水功能区纳污能力。

表5-15为2015年与2020年松花江流域水量基本方案和强化节水方案条件下水资源三级分区控制断面的COD和氨氮纳污能力计算结果。

表5-15 2015年与2020年松花江流域水量基本方案和强化节水方案条件下水资源三级分区控制断面的COD和氨氮纳污能力计算结果 单位：t

三级分区	COD				氨氮			
	水量基本方案		强化节水方案		水量基本方案		强化节水方案	
	B15	B20	W15	W20	B15	B20	W15	W20
尼尔基以上	628	776	400	742	41	54	19	51
尼尔基至江桥	64 026	64 645	67 199	72 661	5 263	5 311	5 522	5 963

续表

三级分区	COD				氨氮			
	水量基本方案		强化节水方案		水量基本方案		强化节水方案	
	B15	B20	W15	W20	B15	B20	W15	W20
江桥以下	14 807	14 991	14 934	15 443	890	905	892	896
丰满以上	3 700	3 363	4 102	3 522	196	177	222	185
丰满以下	95 347	92 945	95 112	98 967	7 237	7 036	7 218	7 388
三岔河至哈尔滨	121 808	114 883	123 944	119 074	9 173	8 646	9 326	8 965
哈尔滨至通河	66 011	62 367	67 124	62 630	3 213	3 034	3 266	3 030
牡丹江	5 193	5 469	5 057	4 855	230	240	216	216
佳木斯以下	45 593	42 461	45 946	43 379	3 080	2 872	3 106	2 938
通河至佳木斯干流区间	141 990	133 000	143 537	136 523	10 953	10 258	11 074	10 522
全流域	559 103	534 900	567 355	557 796	40 276	38 533	40 861	40 154

（四）点源污染负荷入河量

考虑水量基本方案各行业用水状况，得出各计算单元点源污染负荷产生量，其分布见表5-16。

表 5-16　水量基本方案下各计算单元点源污染负荷产生量　　单位：t

行政区	COD		氨氮		行政区	COD		氨氮	
	2015 年	2020 年	2015 年	2020 年		2015 年	2020 年	2015 年	2020 年
白城市	36 574	50 252	3 363	4 508	七台河市	29 897	34 205	2 864	3 353
白山市	12 817	14 664	1 241	1 437	齐齐哈尔市	73 111	80 434	8 313	9 158
长春市	144 908	172 185	14 708	17 509	双鸭山市	32 184	37 847	3 537	4 173
大庆市	532 176	569 691	10 282	11 028	四平市	6 904	8 946	585	821
大兴安岭地区	1 097	917	121	96	松原市	58 072	68 523	4 704	5 637
抚顺市	212	293	22	32	绥化市	64 094	77 621	6 958	8 365
哈尔滨市	227 969	253 450	28 527	31 978	通化市	26 174	29 686	3 190	3 786
鹤岗市	33 904	40 067	3 583	4 241	通辽市	594	754	73	90
黑河市	18 480	20 382	2 168	2 424	锡林郭勒盟	0	0	0	0
呼伦贝尔市	17 649	20 451	1 731	2 034	兴安盟	28 162	34 006	1 944	2 382
吉林市	151 178	172 934	8 758	9 862	延边朝鲜族自治州	26 876	29 538	1 088	1 349
佳木斯市	62 823	66 527	3 308	3 867	伊春市	57 026	66 791	7 060	8 361
辽源市	5 081	7 157	458	662	合计	1 726 861	1 941 426	125 986	145 154
牡丹江市	78 899	84 105	7 400	8 001					

本研究通过对各水平年水功能区的入河污染物量与相应的纳污能力进行比较确定入河控制量。对保护区、保留区及水质较好、用水矛盾不突出的缓冲区采用现状污染污染负荷入河量作为入河控制量；对需要改善水质的保护区及水质较差或存在用水水质矛盾的缓冲区与开发利用区，将模型计算的纳污能力作为污染负荷入河控制量。基于功能区污染负荷入河控制量和削减量，利用污染物入河系数推求得到水功能区相应陆域污染源的排放控制量和削减量。

在考虑现状排污浓度与污水处理水平条件下，水量基本方案与强化节水方案的污染负荷入河控制量、产生量、实际入河量及排放削减量汇总结果如表 5-17 和表 5-18 所示。

表 5-17　水量基本方案与强化节水方案下 COD 入河量与削减量指标　　单位：万 t

方案编号	水平年	纳污能力	入河应控制量	产生量	实际消减排放量	实际入河量	未削减排放量
BE1	2015	55.9	16.0	172.7	86.0	53.0	58.6
	2020	53.5	14.7	194.1	152.0	25.6	16.4
WE1	2015	56.7	16.0	160.1	97.0	37.8	35.2
	2020	55.8	14.9	177.5	149.4	16.7	2.1
BE3	2015	55.9	16.0	172.7	129.0	26.3	15.6
	2020	53.5	14.7	194.1	164.8	17.2	3.6
WE3	2015	56.7	16.0	160.1	120.6	23.7	11.6
	2020	55.8	14.9	177.5	149.4	16.4	2.0

注：BEI 为水量基本方案与治污基本方案；WEI 为强化节水方案与治污基本方案；BE2 为水量基本方案与考虑经济约束的多种措施方案（污水处理和工业废水达标治理等）；WE2 为强化节水方案与考虑经济约束的多种措施方案（污水处理和工业废水达标治理等）。下同

表 5-18　水量基本方案与强化节水方案下氨氮入河量与削减量指标　　单位：万 t

方案编号	水平年	纳污能力	入河应控制量	产生量	实际削减排放量	实际入河量	未削减排放量
BE1	2015	4.0	1.3	12.6	4.7	3.9	5.1
	2020	3.9	1.2	14.5	9.2	2.6	2.8
WE1	2015	4.1	1.3	11.4	4.3	3.5	4.3
	2020	4.0	1.2	13.1	8.3	2.4	2.3
BE3	2015	4.0	1.3	12.6	8.1	2.1	1.7
	2020	3.9	1.2	14.5	11.4	1.4	0.5
WE3	2015	4.1	1.3	11.4	7.3	1.9	1.4
	2020	4.0	1.2	13.1	9.6	1.3	0.2

从上述结果可以看出，随着节水与污染防治水平的提高，污染负荷入河量呈下降趋势。从空间分布上看，沿江的大城市是松花江流域点源污染的主要来源，包括哈尔滨市、吉林市、长春市、齐齐哈尔市、牡丹江市和佳木斯市等城市。这些城市的 COD 及氨氮入河总量为全流域的 45% ~58%，是点源污染控制的重点区域，如图 5-10 和图 5-11 所示。

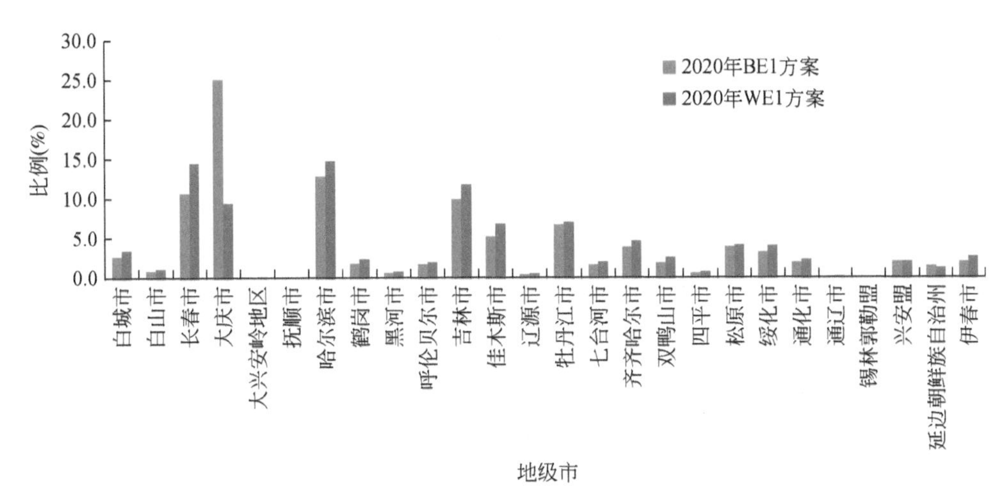

图 5-10　2020 年各水量方案条件下各地级市 COD 入河量所占比例

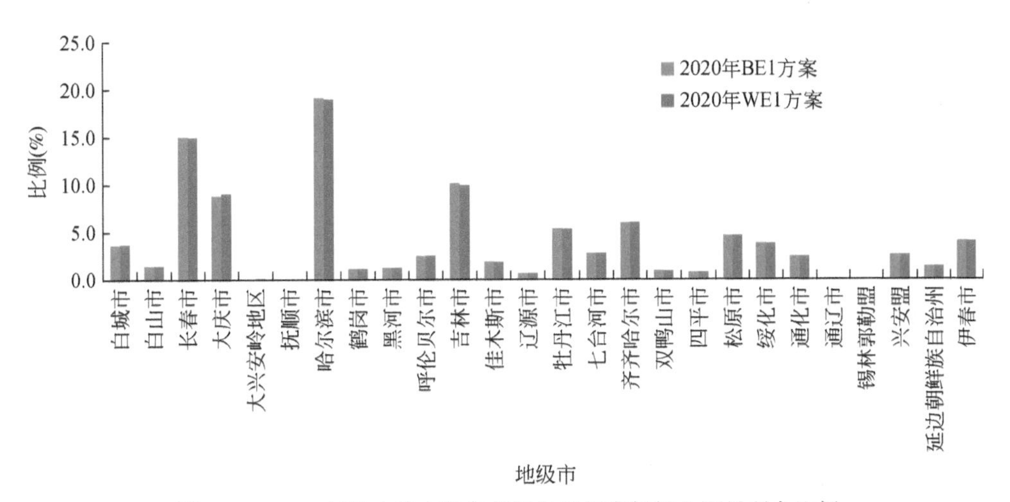

图 5-11　2020 年各水量方案条件下各地级市氨氮入河量所占比例

三、水质水量优化调控方案

（一）水量优化方案需水总量调整

根据强化节水方案断面过流量和对应的污染负荷入河排放结果，对水功能区超标的区域进行水量调控，对重点地级市的城镇生活和生产用水进行削减，同时对所在水功能区上游存在的控制性工程枯季泄流进行调控，形成水量优化调控方案。

根据强化节水方案的计算结果，对比采用经济约束优化调控后的入河排污量控制目标，对水功能区不达标河段的计算单元进行分析（表 5-19 和表 5-20）。可以看出，COD 不能实现达标的单元主要分布在松花江三岔河口以下计算单元，氨氮不能实现达标的计算单元分布更为广泛。

表 5-19　强化节水方案 COD 未实现削减量的单元

一级区名称	二级分区名称	三级分区名称	四级分区名称	城市名称	四级套地级市编号	产生量(t)		未实现削减量(t)		未实现削减量占产生量比例(%)	
						2015 年	2020 年	2015 年	2020 年	2015 年	2020 年
松花江	松花江(三岔河口以下)	牡丹江	莲花水库以上	延边朝鲜族自治州	81	23 077.4	25 300.3	12 415.3	7 656.7	53.8	30.3
	松花江(三岔河口以下)	牡丹江	莲花水库以下	牡丹江市	85	3 375.3	3 431.8	1 696.2	424.1	50.3	12.4
	松花江(三岔河口以下)	牡丹江	莲花水库以上	牡丹江市	82	67 808.3	71 949.4	31 503.4	9 613.2	46.5	13.4
	松花江(三岔河口以下)	哈尔滨至通河	呼兰河	黑河市	76	535.3	505.2	246.3	22.8	46.0	4.5
	松花江(三岔河口以下)	三岔口至哈尔滨	拉林河	吉林市	65	31 763.6	37 037	13 919.7	2 282.6	43.8	6.2
	松花江(三岔河口以下)	通河至佳木斯干流	汤旺河	佳木斯市	90	4 436.5	4 297.3	1 795	467.9	40.5	10.9
	嫩江	尼尔基以上	甘河	呼伦贝尔市	4	5 311.5	6 127.3	2 000	0	37.7	0.0
	松花江(三岔河口以下)	佳木斯以下	佳木斯以下	双鸭山市	98	28 789.5	33 848.1	10 359.3	0	36.0	0.0
	嫩江	江桥以下	肇兰新河	哈尔滨市	44	242.6	250.4	83.3	0	34.3	0.0
	松花江(三岔河口以下)	佳木斯以下	梧桐河	鹤岗市	95	27 738.9	33 088.9	7 844	0	28.3	0.0
	嫩江	尼尔基至江桥	尼尔基至塔哈	齐齐哈尔市	14	1 764.9	1 990.6	458	0	26.0	0.0
	松花江(三岔河口以下)	通河至佳木斯干流	依兰至佳木斯	哈尔滨市	92	270.5	247.9	68.1	0	25.2	0.0
	松花江(三岔河口以下)	通河至佳木斯干流	倭肯河	哈尔滨市	86	420.1	382.4	96.8	0	23.0	0.0
	松花江(三岔河口以下)	牡丹江	莲花水库以下	哈尔滨市	83	1 619.8	1 632.9	370.2	0	22.9	0.0
	西流松花江	丰满以上	辉发河	通化市	51	23 588.3	26 747.9	5 267.6	0	22.3	0.0
	嫩江	尼尔基至江桥	雅鲁河	齐齐哈尔市	21	1 548	1 940.9	342.9	0	22.2	0.0
	西流松花江	丰满以下	饮马河	长春市	58	21 554.6	27 555.7	4 760.2	0	22.1	0.0
	嫩江	江桥以下	白沙滩至三岔河	白城市	46	5 406.7	6 935.6	1 106.6	0	20.5	0.0
	松花江(三岔河口以下)	牡丹江	莲花水库以下	七台河市	84	211.6	224.4	40.1	0	19.0	0.0
	西流松花江	丰满以上	丰满以上区间	白山市	53	11 557.7	13 215.2	2 144.9	0	18.6	0.0
	松花江(三岔河口以下)	三岔口至哈尔滨	拉林河	长春市	64	14 299.6	17 324.4	2 461.8	0	17.2	0.0
	嫩江	尼尔基至江桥	阿伦河	齐齐哈尔市	16	77.1	93.9	10.6	0	13.7	0.0

续表

一级区名称	二级分区名称	三级分区名称	四级分区名称	城市名称	四级套地级市编号	产生量(t)		未实现削减量(t)		未实现削减量占产生量比例(%)	
						2015 年	2020 年	2015 年	2020 年	2015 年	2020 年
松花江	松花江(三岔河口以下)	通河至佳木斯干流	依兰至佳木斯	佳木斯市	94	41 420.5	43 508.3	5 400	0	13.0	0.0
	西流松花江	丰满以上	辉发河	吉林市	49	27 763	35 037.1	3 451.2	0	12.4	0.0
	西流松花江	丰满以上	丰满以上	吉林市	52	21 222.2	24 820.4	2 580.3	0	12.2	0.0
	松花江(三岔河口以下)	哈尔滨至通河	呼兰河	伊春市	75	11 448.8	12 550.1	1 359.8	0	11.9	0.0
	松花江(三岔河口以下)	通河至佳木斯干流	倭肯河	七台河市	88	26 819.2	30 974.7	3 099.5	0	11.6	0.0
	西流松花江	丰满以下	伊通河	四平市	56	6 237.2	8 318.9	672.5	0	10.8	0.0
	嫩江	尼尔基以上	固固河水库以上	黑河市	2	130	153.2	11.7	0	9.0	0.0
	松花江(三岔河口以下)	通河至佳木斯干流	通河至依兰	哈尔滨市	91	2 395.8	2 418.2	205.8	0	8.6	0.0
	嫩江	江桥以下	霍林河	兴安盟	35	4 129	6 132.6	220.6	0	5.3	0.0
	嫩江	江桥以下	乌裕尔河	绥化市	30	43.6	43.6	1.9	0	4.4	0.0

表 5-20　强化节水方案氨氮未实现削减量的单元

一级区名称	二级分区名称	三级分区名称	四级分区名称	城市名称	四级套地级市编号	产生量(t)		未实现削减量(t)		未实现削减量占产生量比例(%)	
						2015 年	2020 年	2015 年	2020 年	2015 年	2020 年
松花江	松花江(三岔河口以下)	哈尔滨至通河	呼兰河	黑河市	76	69.5	65.4	42.7	18.9	61.4	28.9
	松花江(三岔河口以下)	牡丹江	莲花水库以下	牡丹江市	85	328.1	338.2	193.2	85.5	58.9	25.3
	松花江(三岔河口以下)	牡丹江	莲花水库以上	牡丹江市	82	6 340.6	6 831.2	3 589	1 750	56.6	25.6
	嫩江	尼尔基至江桥	尼尔基至塔哈	呼伦贝尔市	13	16.7	21.9	8.8	4.6	52.7	21.0
	嫩江	江桥以下	肇兰新河	哈尔滨市	44	30.1	31.2	15.6	2.6	51.8	8.3
	嫩江	尼尔基以上	甘河	呼伦贝尔市	4	719.1	828.8	360.3	114.2	50.1	13.8
	嫩江	江桥以下	白沙滩至三岔河	白城市	46	528.4	691.1	246.5	83.4	46.7	12.1
	松花江(三岔河口以下)	通河至佳木斯干流	依兰至佳木斯	哈尔滨市	92	32.5	29.5	15.1	0	46.5	0.0
	西流松花江	丰满以上	辉发河	通化市	51	2 875	3 410.8	1 305.4	642.8	45.4	18.8
	松花江(三岔河口以下)	通河至佳木斯干流	倭肯河	哈尔滨市	86	51.4	46.6	22.7	0	44.2	0.0
	西流松花江	丰满以上	丰满以上	白山市	53	1 118.9	1 294.6	482.3	187.1	43.1	14.5
	松花江(三岔河口以下)	牡丹江	莲花水库以下	七台河市	84	27.3	28.9	11.5	0	42.1	0.0
	松花江(三岔河口以下)	佳木斯以下	佳木斯以下	双鸭山市	98	3 163.1	3 732.4	1 316.1	426.5	41.6	11.4
	嫩江	尼尔基以上	固固河水库以上	黑河市	2	17.2	20.3	6.8	0	39.5	0.0
	松花江(三岔河口以下)	三岔口至哈尔滨	拉林河	长春市	64	1 717.8	2 059.3	649.5	0	37.8	0.0
	松花江(三岔河口以下)	通河至佳木斯干流	倭肯河	七台河市	88	2 542.8	2 989.8	912.7	0	35.9	0.0
	松花江(三岔河口以下)	牡丹江	莲花水库以下	哈尔滨市	83	166.7	162.2	59.4	0	35.6	0.0
	西流松花江	丰满以下	饮马河	长春市	58	2 085.5	2 706.5	742.2	29.4	35.6	1.1
	松花江(三岔河口以下)	通河至佳木斯干流	通河至依兰	哈尔滨市	91	202.6	194.8	66.8	0	33.0	0.0
	嫩江	尼尔基至江桥	尼尔基至塔哈	齐齐哈尔市	14	259.3	292.1	83.4	0	32.2	0.0
	嫩江	尼尔基至江桥	雅鲁河	齐齐哈尔市	21	216.4	269.6	65.6	0	30.3	0.0
	松花江(三岔河口以下)	通河至佳木斯干流	依兰至佳木斯	佳木斯市	94	1 750.9	2 087	502.5	590.4	28.7	28.3

续表

一级区名称	二级分区名称	三级分区名称	四级分区名称	城市名称	四级套地级市编号	产生量(t)		未实现削减量(t)		未实现削减量占产生量比例(%)	
						2015 年	2020 年	2015 年	2020 年	2015 年	2020 年
松花江	嫩江	尼尔基以上	固固河水库至尼尔基水库	黑河市	7	465.8	527.2	121.7	0	26.1	0.0
	松花江(三岔河口以下)	哈尔滨至通河	呼兰河	齐齐哈尔市	74	43.1	48.8	11	0	25.5	0.0
	嫩江	江桥以下	白沙滩至三岔河	大庆市	47	109.6	109.5	27.2	0	24.8	0.0
	嫩江	尼尔基至江桥	阿伦河	齐齐哈尔市	16	10.4	12.7	2.5	0	24.0	0.0
	嫩江	尼尔基至江桥	诺敏河	呼伦贝尔市	11	175.7	206	41.4	0	23.6	0.0
	松花江(三岔河口以下)	哈尔滨至通河	阿什河	哈尔滨市	72	1 793.7	1 921.1	390	0	21.7	0.0
	西流松花江	丰满以下	伊通河	长春市	55	9 147	10 567.9	1 788.3	0	19.6	0.0
	松花江(三岔河口以下)	通河至佳木斯干流	汤旺河	佳木斯市	90	103.9	103.7	19.3	0	18.6	0.0
	嫩江	江桥以下	洮儿河	白城市	33	2 043.2	2 846.9	359.1	0	17.6	0.0
	松花江(三岔河口以下)	哈尔滨至通河	呼兰河	哈尔滨市	73	1 006.6	1 053.6	154.3	0	15.3	0.0
	嫩江	尼尔基至江桥	音河	呼伦贝尔市	17	20	35	2.9	0	14.5	0.0
	嫩江	尼尔基至江桥	绰尔河	呼伦贝尔市	22	55.2	63.6	5	0	9.1	0.0
	嫩江	尼尔基至江桥	绰尔河	齐齐哈尔市	24	15.2	15.9	1.3	0	8.6	0.0
	嫩江	江桥以下	乌裕尔河	黑河市	29	972.1	1 077.5	53.6	0	5.5	0.0
	嫩江	尼尔基至江桥	塔哈至江桥	齐齐哈尔市	26	5 046.4	5 500.7	96.3	0	1.9	0.0
	嫩江	尼尔基以上	固固河水库至尼尔基水库	呼伦贝尔市	5	112.7	129.4	0.8	0	0.7	0.0

从污染排放控制结果看，氨氮指标比 COD 更难控制。因此，在强化节水方案基础上，以污染负荷调控目标为基础，根据达标需求进一步削减需水量，同时调整工程调度方案，增加枯季径流。

松花江流域污染负荷超标主要出现在枯水期，而农业灌溉用水主要存在于 5 ~ 9 月的丰水季节，因此，用水调控以点源污染负荷的削减控制为主，同时对农业用水中的非灌溉用水进行适当调整。以各个区域调控目标为用水参照，考虑上下游关系着重对上游地区用水进行调整，减少河道下游地区污染负荷入河量的同时，增加河道过水量。

根据各计算单元削减情况制定各区域污染调控要求，在强化节水方案基础上进行调整得出水量优化方案需水总量。各方案需水总量对比见表 5-21。

表 5-21　各方案需水总量对比表　　单位：m^3/s

方案名称	方案编号	水平年	嫩江	西流松花江	松花江干流	合计
水量基本方案	B	2005	118.34	70.79	134.58	323.71
	B	2015	173.47	83.11	160.56	417.14
	B	2020	199.11	90.21	170.54	459.86
强化节水方案	W	2015	158.31	74.89	143.6	376.8
	W	2020	181.71	81.29	152.53	415.53
水量优化方案	R	2015	156.57	74.89	139.83	371.29
	R	2020	181.15	81.29	149.53	411.97

通过对比纳污能力削减需水总量之后的水量优化方案结果可以看出，需水量调整主要针对强化节水方案中排污超标比较严重的区域设置。因此，对全流域需水总量削减比例低于污染负荷削减比例。

（二）水量优化方案供需平衡与断面过流状况

根据水量优化方案，采用水资源配置模型计算需水总量后，水量供需平衡结果见表 5-22。根据供需平衡结果可以看出，采用水量优化方案，增强河道内水量调控，加大枯季控制性工程泄流量，未来缺水量降低至 5 亿 ~ 8 亿 m^3，缺水率降至 2% 以下，缺水量进一步减少，缺水主要集中在农村生态用户。

表 5-22　水量优化方案供需平衡结果　　单位：亿 m^3

水平年	分区	总需水	总供水							缺水	
			合计	城镇生活	农村生活	工业	农业	城镇生态	农村生态	总计	其中农业
2015	嫩江	156.6	152.1	4.4	2.0	26.6	115.1	0.6	3.4	4.4	1.4
	西流松花江	74.9	74.3	5.2	1.3	21.5	45.2	0.7	0.4	0.6	0.6
	松花江干流	139.8	139.5	7.7	2.7	25.3	103.0	0.8	0.0	0.3	0.1
	合计	371.3	365.9	17.3	6.1	73.4	263.3	2.1	3.8	5.3	2.1

续表

水平年	分区	总需水	总供水							缺水	
			合计	城镇生活	农村生活	工业	农业	城镇生态	农村生态	总计	其中农业
2020	嫩江	181.2	174.5	5.6	2.0	30.5	130.5	0.8	5.1	6.7	0.9
	西流松花江	81.3	80.5	6.3	1.3	23.9	47.8	0.8	0.4	0.7	0.7
	松花江干流	149.5	149.2	9.3	2.6	28.8	107.6	0.9	0.0	0.2	0.1
	合计	412.0	404.2	21.1	5.9	83.3	285.9	2.6	5.5	7.6	1.7

根据对水量优化方案的水量配置，可以得到主要控制断面的水量过程。为分析水量优化方案对河道过流的影响，选择哈尔滨、扶余、大赉和松花江出口控制断面进行重点分析。各方案主要控制断面多年平均过流量对比见表5-23。

表5-23　各方案主要控制断面多年平均过流量对比　　单位：m^3/s

方案	水平年	哈尔滨	扶余	大赉	松花江出口
B	2015	966	352	567	1711
	2020	900	319	538	1651
W	2015	1005	369	584	1765
	2020	941	342	551	1702
R	2015	1010	371	586	1774
	2020	977	344	585	1739

从表5-23可以看出，采用水量优化方案后，各主要控制断面的多年平均过流量均有一定提高，2020年提高幅度略高于2015年。

水量优化方案下松花江流域主要控制断面过流状况统计见表5-24。

表5-24　水量优化方案松花江流域主要控制断面过流状况统计表　　单位：m^3/s

主要控制断面	2015年			2020年		
	多年平均流量	最小多年平均流量	90%多年平均流量	多年平均流量	最小多年平均流量	90%多年平均流量
尼尔基	321	114	162	355	130	215
中部引嫩	415	134	180	432	148	222
江桥	565	131	219	571	139	244
大赉	586	135	217	585	140	246
丰满	358	163	226	365	164	232
扶余	371	118	195	344	104	173
三岔河	959	312	458	929	293	466
哈尔滨	1010	295	468	977	276	481
通河	1509	459	717	1478	452	706
长江屯	265	88	107	264	87	106

续表

主要控制断面	2015 年			2020 年		
	多年平均流量	最小多年平均流量	90% 多年平均流量	多年平均流量	最小多年平均流量	90% 多年平均流量
依兰	1529	458	719	1496	449	707
佳木斯	1741	510	804	1708	500	784
松花江出口	1774	518	818	1739	505	793

为分析水量优化方案枯水期流量状况，列出 2020 水平年水量优化方案下各主要控制断面的 90% 月流量过程（表 5-25）。2020 水平年水量优化方案大赉、哈尔滨、扶余和松花江出口控制断面的 90% 月流量过程对比如图 5-12 所示。

表 5-25　2020 年水量优化方案主要控制断面 90% 月流量过程　　单位：m^3/s

主要控制断面	1 月	2 月	3 月	4 月	5 月	6 月	7 月	8 月	9 月	10 月	11 月	12 月	90% 多年平均流量
尼尔基	60	45	48	168	745	688	615	778	418	426	75	82	346
中部引嫩	56	41	45	181	519	583	748	997	547	468	87	82	363
江桥	53	39	42	195	594	707	1114	1436	797	586	134	73	481
大赉	2	2	6	24	246	446	985	1359	717	483	54	28	363
丰满	286	305	348	396	479	530	322	504	283	252	269	271	354
扶余	220	235	286	397	304	196	327	417	291	220	221	211	277
三岔河	219	235	288	416	517	621	1304	1738	1018	697	273	235	630
哈尔滨	201	206	269	489	504	623	1399	1851	1062	722	286	226	653
通河	209	209	272	665	541	719	1554	2194	1280	912	373	253	765
长江屯	11	6	18	236	245	336	544	810	346	144	96	26	235
依兰	218	214	289	898	784	1056	2089	2990	1618	1051	467	277	996
佳木斯	231	225	307	1032	868	1242	2424	3575	1922	1259	540	300	1160
松花江出口	226	220	299	1044	839	1246	2386	3577	1930	1274	541	295	1157

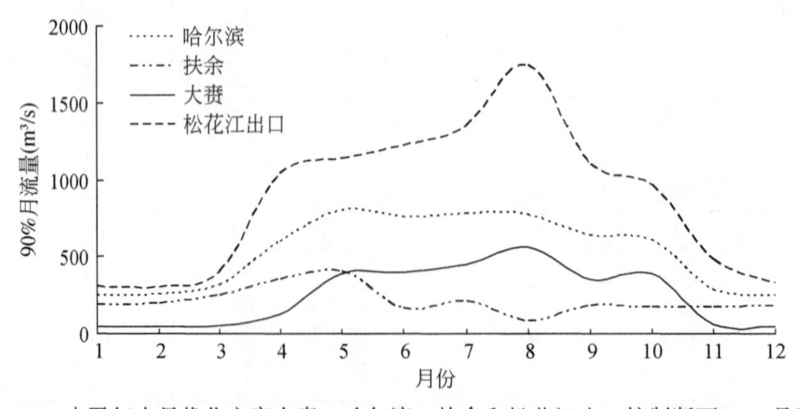

图 5-12　2020 水平年水量优化方案大赉、哈尔滨、扶余和松花江出口控制断面 90% 月流量过程

通过对水量优化方案的水量配置，可以得到各水量调控方案主要控制断面枯季（11～2月）75%多年平均流量对比过程见表5-26。可以看出，水量优化方案河道内枯季径流相对于水量基本方案和强化节水方案有所增大。

表5-26　各水量调控方案枯季（11～2月）75%多年平均流量对比　单位：m^3/s

主要控制断面	B			W		R	
	2005年	2015年	2020年	2015年	2020年	2015年	2020年
尼尔基	60	43	47	53	58	52	65
中部引嫩	56	34	39	48	43	58	67
江桥	86	42	49	49	56	65	77
大赉	114	53	54	65	76	99	101
丰满	204	196	199	198	203	211	211
扶余	196	175	165	175	173	189	186
三岔河	286	235	218	235	226	240	233
哈尔滨	273	220	196	249	273	272	262
通河	313	269	244	275	256	281	265
长江屯	13	10	9	10	9	14	18
依兰	314	268	243	274	254	280	263
佳木斯	337	296	265	298	278	299	277
松花江出口	338	300	269	301	282	300	279

由于水量优化方案河道内枯季径流增加，纳污能力相对于水量基本方案和强化节水方案有所增大，COD和氨氮的纳污能力计算结果见表5-27。其中，COD的纳污能力在2020水平年分别比水量基本方案和强化节水方案增加2.6万t和0.3万t；氨氮的纳污能力在2020水平年分别比水量基本方案和强化节水方案增加0.17万t和0.08万t。

表5-27　水量优化方案COD和氨氮纳污能力值　单位：t

三级分区	COD		氨氮	
	2015年	2020年	2015年	2020年
尼尔基以上	4 618.5	4 345.6	263.3	249.0
尼尔基至江桥	98 816.6	96 936.1	7 467.4	7 292.5
江桥以下	65 463.9	61 660.4	3 158.2	2 959.9
丰满以上	46 754.6	44 093.5	3 143.2	2 966.7
丰满以下	15 373.9	15 471.0	916.0	905.4

续表

三级分区	COD		氨氮	
	2015 年	2020 年	2015 年	2020 年
三岔口至哈尔滨	5 069.9	7 776.6	218.5	331.8
哈尔滨至通河	411.8	697.6	19.9	46.5
牡丹江	70 961.1	76 099.9	5 857.0	6 277.7
通河至佳木斯干流区间	123 718.1	117 593.0	9 263.2	8 772.0
佳木斯以下	143 181.7	135 843.7	11 047.7	10 437.3
全流域	574 370.1	560 517.4	41 354.4	40 238.8

（三）污染负荷削减控制成本分析

在对松花江流域水污染治理投资成本调查分析的基础上，统计得到流域各计算单元所对应的单位污水处理量的成本，进一步换算成 COD 或氨氮单位削减量的成本。流域各计算单元对应的单位 COD 削减控制成本如图 5-13 所示。对大部分地区，污水集中处理的成本明显低于工业废水达标治理，松花江流域 99 个计算单元 COD 平均处理成本分别为 0.60 万元/t 和 0.37 万元/t，这主要是规模经济效益所导致。相对而言，其他削减措施单位处理量的成本较高，流域 99 个计算单元平均为 1.11 万元/t。

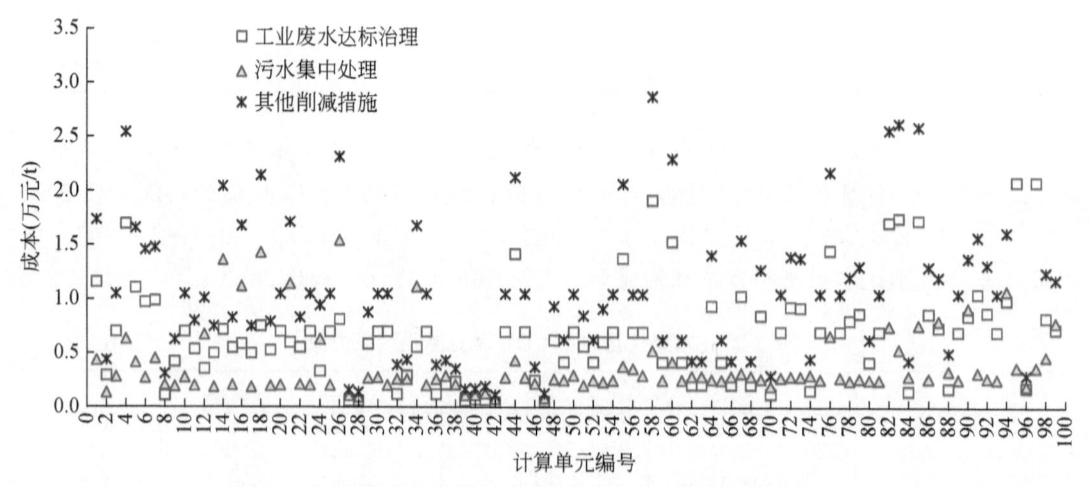

图 5-13　流域各计算单元对应的单位 COD 削减控制成本比较

据根据国家统计局数据，2008 年我国环境污染治理投资总额达 4490.3 亿元，比 2000 年增长 3.4 倍，占 GDP 的比例为 1.49%，其中，水污染治理投资不足一半。本研究设置 2015 年和 2020 年 GDP 的 0.5% 和 0.8% 为不同四级区嵌套地级市单元水污染治理投资的约束条件。在该经济目标条件及水量治污优化方案条件下，经济可实现的松花江流域四级区嵌套地级市的 COD 和氨氮污染负荷削减量见表 5-28 和表 5-29。

表 5-28 水质治污理想方案与治污优化方案下 COD 入河量与超标量

方案	水平年	治污理想方案（E2）			治污优化方案（E3）			
		实现削减量（万 t）	总入河量（万 t）	入河超标量（万 t）	实现削减量（万 t）	总入河量（万 t）	入河超标量（万 t）	削减实现率（%）
B	2015	144.7	16.0	0.0	129.0	26.3	10.3	89.1
	2020	168.4	14.7	0.0	164.8	17.2	2.5	97.9
W	2015	132.2	16.0	0.0	120.6	23.7	7.7	91.2
	2020	151.5	14.9	0.0	149.4	16.4	1.5	98.6
R	2015	129.1	16.2	0.0	120.0	22.1	5.9	93.0
	2020	148.8	15.1	0.0	148.1	15.6	0.5	99.5

表 5-29 水质治污理想方案与治污优化方案氨氮入河量与超标量

方案	水平年	治污理想方案（E2）			治污优化方案（E3）			
		实现削减量（万 t）	总入河量（万 t）	入河超标量（万 t）	实现削减量（万 t）	总入河量（万 t）	入河超标量（万 t）	削减实现率（%）
B	2015	9.8	1.3	0.0	8.1	2.1	0.8	82.7
	2020	12.0	1.2	0.0	11.4	1.4	0.2	95.0
W	2015	8.6	1.3	0.0	7.3	1.9	0.6	84.9
	2020	10.6	1.2	0.0	9.6	1.3	0.1	90.6
R	2015	8.4	1.3	0.0	7.2	1.9	0.6	85.7
	2020	10.4	1.2	0.0	10.1	1.3	0.1	97.1

汇总结果表明，强化节水方案条件下，2015 年和 2020 年松花江流域经济可实现的 COD 污染负荷削减量分别为 120.6 万 t 和 148.1 万 t，分别为满足松花江流域治污理想方案条件下要求 COD 污染负荷削减量的 91.2% 和 98.6%；2015 年和 2020 年松花江流域治污优化方案条件下要求氨氮污染负荷削减量分别为 7.3 万 t 和 9.6 万 t，分别为满足松花江流域治污理想方案条件下要求氨氮污染负荷削减量的 84.1 % 和 91.2%。

汇总结果表明，水量优化方案条件下，2015 年和 2020 年松花江流域经济可实现的 COD 污染负荷削减量分别为 120.0 万 t 和 148.1 万 t，分别为满足松花江流域治污理想方案条件下要求 COD 污染负荷削减量的 93.0% 和 99.5%；2015 年和 2020 年松花江流域治污理想方案条件下要求氨氮污染负荷削减量分别为 7.2 万 t 和 10.1 万 t，分别为满足松花江流域治污理想方案条件下要求氨氮污染负荷削减量的 85.0% 和 97.2%。

从治理结构上看，松花江流域水量优化方案考虑污染控制经济约束条件，COD 和氨氮污染负荷的削减除了企业废水达标治理和建设集中污水处理厂等方式外，还应注重产业结构调整及过程控制等其他污染防治措施的综合运用，以实现有限治理资金的最大化效益，如图 5-14 和图 5-15 所示。

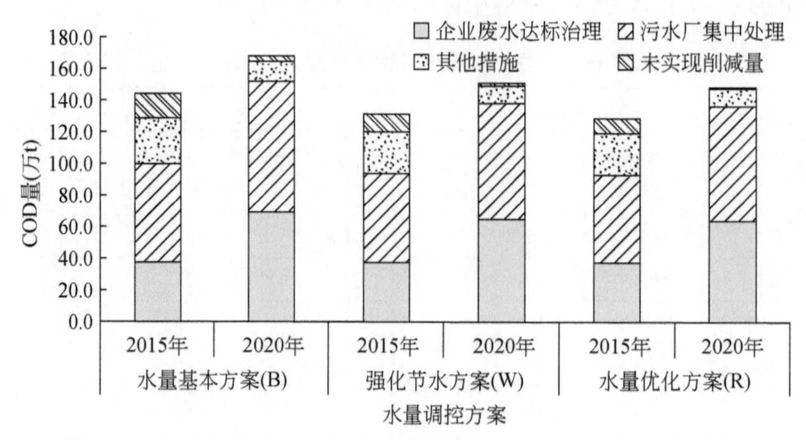

图 5-14　松花江流域 COD 污染负荷优化削减结构（考虑经济约束）

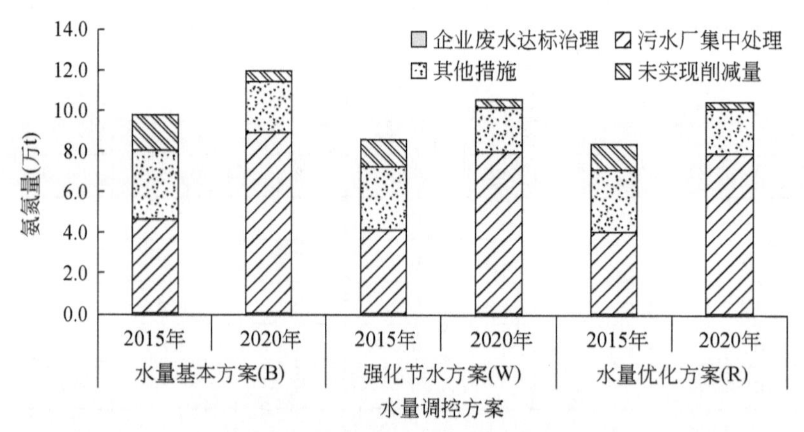

图 5-15　松花江流域氨氮污染负荷优化削减结构（考虑经济约束）

根据水量与污染负荷调控相互反馈分析，污染负荷超标且难以调控的区域主要存在于部分支流上游。松花江干流水量相对充沛，水质达标状况比较理想。污染控制难度较大的区域包括牡丹江、伊通河、辉发河及阿什河等支流地区。

（四）主要控制工程调控手段与作用

水量优化方案与强化节水方案最大的区别在于增加了水量调控手段。对上游存在大型水库的水功能区，通过加大枯季下泄水量提高枯季河道纳污能力。加大枯季下泄水量的标准根据水库库容调节系数、供水量、来水量和水功能区污染负荷超标状况分析后综合确定。可以对强化节水方案下不达标水功能区进行水量调控工程（表 5-30）。综合强化节水方案水功能区不达标状况和工程供水需求，通过试算提出各控制工程的枯季控泄流量。

表 5-30 调控工程控泄要求及其对应水功能区

水库	所在水资源分区	对应水功能区	控泄流量（m^3/s）
库漠屯	固固河水库至尼尔基水库区间	嫩江黑蒙缓冲区 1	5.2
柳家屯	甘河	嫩江尼尔基水库调水水源保护区	4.3
尼尔基水库	甘河	嫩江黑蒙缓冲区 2	26.5
神指峡	诺敏河	毕拉河鄂伦春农业用水区	2.5
毕拉河口	诺敏河	毕拉河鄂伦春旗源头保护区	3.2
晓奇	诺敏河	格尼河阿荣旗农业用水区	0.6
太平湖	尼尔基至塔江区间	嫩江富裕县农业用水区	0.5
新北	音河	音河阿荣旗农业用水区	0.8
音河水库	音河	音河甘南县农业用水、饮用水源区	0.4
扬旗山	雅鲁河	雅鲁河扎兰屯市农业用水区	0.6
阿木牛	雅鲁河	雅鲁河扎兰屯市农业用水区	0.5
萨马街	雅鲁河	雅鲁河齐齐哈尔市保留区	0.7
南引水库	白沙滩至三岔河区间	嫩江泰来县保留区	0.2
白云花	霍林河	霍林河霍林河市工业用水区	0.8
四湖沟	丰满以上	辉发河清原源头水保护区	5.5
大迫子	辉发河	三统河辉南县饮用水源、工业用水、农业用水、渔业用水区	1.0
海龙	辉发河	莲河东丰县饮用水源区	0.8
石头口门	饮马河	饮马河长春市饮用水源、渔业用水区	1.0
北安	乌裕尔河、双阳河	乌裕尔河北安市农业用水区	0.8
亮甲山	拉林河	细鳞河舒兰市农业用水、过渡区	0.4
西泉眼	阿什河	阿什河阿城市保留区	1.0
东方红	呼兰河	通肯河望奎县保留区	0.6
七峰	莲花水库以上	海浪河海林市保留区	2.2
林海	莲花水库以上	海浪河海林市保留区	2.5
二道沟	莲花水库以下	牡丹江依兰县保留区	9.8
长江屯	莲花水库以下	牡丹江依兰县保留区	11.2
小鹤立河	梧桐河	梧桐河鹤岗市农业用水、渔业用水区	0.3
关门嘴子	梧桐河	梧桐河鹤岗市农业用水、渔业用水区	4.5
寒葱沟	佳木斯以下区间	安邦河双鸭山市饮用水源、工业用水区	0.4

（五）水功能区达标情况

根据本书构建的 WEP 分布式水文模型，以松花江流域 319 个水功能区为计算单元进行水质模拟，并在此基础上完成污染源产生量和入河量，以及污染物在河道中的迁移、转化模拟，分析不同社会经济状况下的不同控制断面的水质状况。不同方案下松花江流域水功能区达标情况见表5-31。

表5-31　不同方案下松花江流域水功能区达标情况　　单位：%

水质水量调控方案		COD			氨氮		
		2005年	2015年	2020年	2005年	2015年	2020年
B	E1	51.1	77.7	78.4	33.9	69.9	70.2
	E2	54.9	81.5	81.5	41.4	76.5	77.1
	E3	53.9	80.3	79.9	38.9	73.0	73.7
W	E1	—	79.9	78.7	—	71.5	70.5
	E2	—	82.1	80.9	—	77.1	76.5
	E3	—	80.9	80.3	—	74.9	74.3
R	E1	—	82.1	81.2	—	73.7	71.8
	E2	—	83.7	82.8	—	79.3	78.1
	E3	—	82.8	82.1	—	77.1	75.9

从表5-31中可以看出，采取水污染控制措施后，水功能区达标率明显增加。不达标转为达标的区域主要是存在较好调控能力的支流区域及现状污水处理率较低区域，在采用水量调控和污染负荷治理强化措施后可以实现水功能区达标。

四、总量控制指标

（一）用水总量控制

根据强化节水方案的供水量结果对各控制断面以上的计算单元用水累积相加得出各区域用水总量控制指标（表5-32）。

表5-32　用水总量控制指标　　单位：亿 m^3

控制断面	节点以上资源量		用水控制量			
			2015年		2020年	
	平均	95%	城市	农村	城市	农村
尼尔基	117.84	56.93	0.93	2.78	1.12	2.95
中部引嫩	196.94	85.58	1.87	22.89	2.29	24.08
江桥	267.36	101.69	12.16	44.57	14.38	46.81
大赉	392.28	147.36	31.70	120.48	36.88	137.65
丰满	43.29	17.67	2.87	12.53	3.30	12.32

续表

控制断面	节点以上资源量		用水控制量			
	平均	95%	2015 年		2020 年	
			城市	农村	城市	农村
扶余	192.32	95.86	27.34	46.92	31.08	49.48
三岔河	584.60	243.22	59.04	167.39	67.96	187.13
哈尔滨	633.94	265.79	70.03	194.75	80.84	217.14
通河	738.78	307.53	74.91	235.07	86.51	255.31
长江屯	857.54	365.59	81.12	240.92	93.67	261.31
依兰	931.90	402.43	82.82	249.08	95.62	269.85
佳木斯	962.62	412.74	89.30	254.30	102.78	276.06
松花江出口	992.17	425.96	92.82	273.15	107.01	297.38

松花江流域水资源量为 992 亿 m^3，其中，95% 特枯年份为 426 亿 m^3，2015 年城市和农村用水控制量分别为 93 亿 m^3 和 273 亿 m^3，2020 年城市和农村用水控制量分别为 107 亿 m^3 和 297 亿 m^3。各个节点的资源量、用水控制量及水资源开发利用程度如图 5-16 所示。

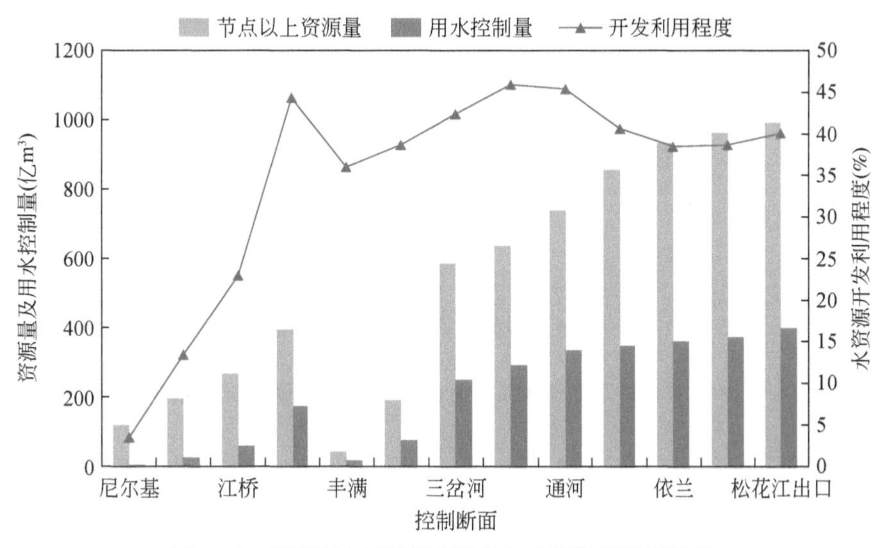

图 5-16 断面用水累积控制指标与水资源开发利用率

（二）污染负荷入河控制

经过计算，得到松花江流域在不同水量调控方案条件下各四级区嵌套地级市计算单元汇总得到的 COD 和氨氮污染负荷纳污能力与入河控制量指标分别如图 5-17 和图 5-18 所示。在水量优化方案条件下，考虑经济约束条件下的治污优化方案，COD 入河控制量分别为22.1万t和15.6万t。2015年和2020年考虑经济约束条件下的治污优化方案，氨氮入河控制量分别为1.9万t和1.3万t。水量优化方案下各计算单元COD和氨氮污染负荷入河控制量指标见表5-33。

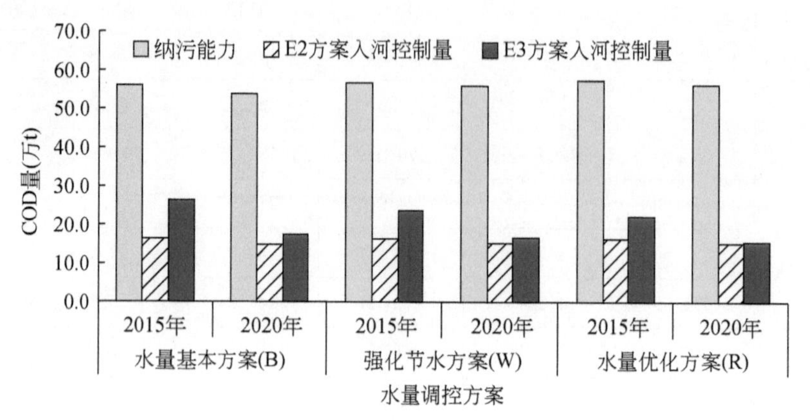

图5-17　松花江流域COD污染负荷纳污能力与入河控制量

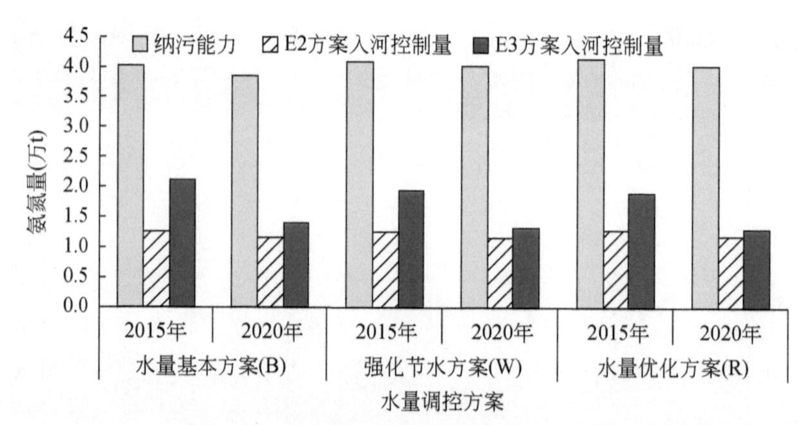

图5-18　松花江流域氨氮污染负荷纳污能力与入河控制量

表5-33　水量优化方案下各计算单元COD和氨氮污染负荷入河控制量指标

单位：万t

行政区	COD				氨氮			
	治污理想方案RE2		治污优化方案RE3		治污理想方案RE2		治污优化方案RE3	
	2015年	2020年	2015年	2020年	2015年	2020年	2015年	2020年
白城市	3 080	2 884	3 787	2 884	138	115	560	156
白山市	574	554	1 927	554	43	41	347	159
长春市	4 294	5 138	7 452	5 138	289	325	1 985	325
大庆市	0	0	0	0	0	0	18	0

续表

行政区	COD				氨氮			
	治污理想方案 RE2		治污优化方案 RE3		治污理想方案 RE2		治污优化方案 RE3	
	2015 年	2020 年	2015 年	2020 年	2015 年	2020 年	2015 年	2020 年
大兴安岭地区	324	292	324	292	15	15	15	15
抚顺市	0	0	0	0	0	0	0	0
哈尔滨市	39 337	35 436	40 425	35 436	4 142	3 697	4 564	3 699
鹤岗市	4 631	3 870	7 471	3 870	235	192	235	192
黑河市	2 016	2 114	2 153	2 129	148	173	233	182
呼伦贝尔市	2 441	2 263	3 802	2 263	173	183	484	247
吉林市	31 755	28 711	42 752	28 711	2 670	2 408	2 670	2 408
佳木斯市	21 065	18 746	21 937	18 898	508	457	608	587
辽源市	1 423	1 235	1 423	1 235	70	61	70	61
牡丹江市	4 366	6 774	22 306	9 104	179	277	1 655	897
七台河市	952	805	2 818	805	61	51	709	51
齐齐哈尔市	12 153	11 316	12 491	11 316	1 668	1 533	1 743	1 533
双鸭山市	1 058	1 037	6 900	1 037	77	75	270	138
四平市	0	0	486	0	0	0	0	0
松原市	13 721	12 349	13 721	12 349	971	873	971	873
绥化市	6 993	5 982	6 994	5 982	467	399	467	399
通化市	1 462	1 428	4 893	1 428	114	111	609	314
通辽市	71	89	71	89	4	5	4	5
锡林郭勒盟	0	0	0	0	0	0	0	0
兴安盟	2 324	2 033	2 394	2 033	202	171	202	171
延边朝鲜族自治州	704	1 003	6 427	3 124	40	55	40	55
伊春市	7 591	7 074	8 243	7 074	536	501	536	501
合计	162 335	151 133	221 197	155 751	12 750	11 718	18 995	12 968

（三）耗排水及污废水处理控制

表 5-34 给出了 13 个关键控制断面 2015 年和 2020 年的城市和农村耗水总量、污废水排放控制量（包括排水量、污水处理量、污废水利用量）。该结果为用水总量和用水效率双重目标控制下各个控制断面以上的用水户应达到的排水控制目标。同时按照污染负荷控

制目标下各断面以上用水户污水处理应达到的强度。

表 5-34 松花江流域 13 个控制断面 2015 年和 2020 年耗排水及污废水处理控制指标

单位：亿 m³

控制断面	耗水				污废水排放控制					
	2015 年		2020 年		2015 年			2020 年		
	城市	农村	城市	农村	排水量	污水处理量	利用量	排水量	污水处理量	利用量
尼尔基	0.37	2.05	0.44	2.21	0.37	0.22	0.02	0.43	0.37	0.09
中部引嫩	0.66	14.60	0.80	15.79	0.76	0.44	0.04	0.89	0.78	0.28
江桥	2.37	29.21	2.87	31.22	4.69	2.59	0.30	5.31	4.66	1.35
大赉	13.00	89.11	14.68	104.90	12.77	7.21	1.52	14.22	12.29	4.97
丰满	1.16	9.01	1.30	8.65	1.77	1.08	0.11	1.99	1.73	0.43
扶余	8.23	31.00	9.14	32.26	16.82	10.25	2.20	18.59	16.18	6.26
三岔河	21.23	120.12	23.82	137.16	29.59	17.46	3.72	32.81	28.47	11.23
哈尔滨	26.58	139.24	30.04	158.29	35.81	21.02	4.08	39.88	34.49	12.74
通河	28.77	167.29	32.52	184.44	38.85	22.66	4.24	43.28	37.40	13.82
长江屯	29.79	170.71	33.69	187.96	42.69	24.76	4.45	47.58	41.18	14.76
依兰	30.59	176.23	34.55	193.61	43.75	25.34	4.61	48.76	42.20	15.25
佳木斯	31.81	179.52	35.86	197.54	47.69	27.46	4.83	53.00	45.90	16.17
松花江出口	33.17	191.87	36.93	209.67	49.91	28.72	4.95	55.58	48.14	16.97

根据各个控制断面 2015 年和 2020 年水量优化方案多年平均过流量，考虑水量浓度要求计算出多年平均条件下断面水环境对污染负荷的总容量（表 5-35）。该结果为多年平均流量下的断面纳污能力大于水功能区 75% 保证率下的设计纳污能力。该结果为控制断面以上区域面源污染负荷可以排入河流的最大容量和控制目标。

表 5-35 污染负荷排放断面控制指标

单位：t

控制断面	2015 年污染负荷		2020 年污染负荷	
	COD	氨氮	COD	氨氮
尼尔基	214 681	9 201	182 120	7 805
中部引嫩	244 215	8 395	205 362	7 059
江桥	469 098	23 455	409 968	20 498
大赉	326 161	13 978	277 596	11 897
丰满	161 937	3 737	163 987	3 784

续表

控制断面	2015 年污染负荷		2020 年污染负荷	
	COD	氨氮	COD	氨氮
扶余	228 201	11 998	217 800	11 451
三岔河	532 564	18 564	474 617	16 544
哈尔滨	571 748	19 603	511 041	17 521
通河	983 923	49 196	906 660	45 333
长江屯	233 366	9 335	231 001	9 240
依兰	880 249	37 725	823 405	35 289
佳木斯	1 405 717	70 286	1 319 782	65 989
松花江出口	995 592	42 668	938 748	40 232

第四节　水质水量总量控制方案效果评估

一、水资源开发利用的可持续效应

水质水量联合调控是以水资源可持续利用为主线，以保护水生态与环境为前提，以节水型社会建设为重点，以提高水资源利用效率和效益及水资源调配能力为着力点，通过严格控制经济社会活动的用水总量，抑制对水资源的过度开发；通过合理安排生活、生产和生态用水、增强对水资源面向水量水质双重效益最大化的统筹调配。

以上述调控目标为基础采用水质水量联合调控方案，制定以节水为中心的水量需求控制方案、以污染控制措施优化组合为中心的污染负荷调控方案、以水功能区断面达标为中心的水质水量过程调控方案，形成源头节水减排、工程调配、水量区域合理分配、水体纳污能力优化分配的水质水量联合调控措施。通过联合调控提出的用水耗水总量控制方案可以保证松花江流域整体水资源开发利用不超过流域水资源承载能力，入河污染物排放量不超过流域水环境容量，使得松花江流域水资源的可持续利用能力得到显著增强。合理的水资源配置和污染控制方案既保障了经济社会发展对水资源的需要，同时也满足了生态环境保护对水资源的要求。

模型根据在水量水质两方面的总量控制目标，按照以水资源分区和水功能区的逐层合理划分，将用水耗水总量、污染负荷入河控制与削减量合理地分配到各个流域和行政分区。通过对各个控制断面的用水量控制，对已经超过用水量的区域实行严格的用水需求管理控制，可以将各区域的本地水资源消耗量控制在其水资源可利用的范围内。对污染严重的区域，在未来用水量增加等对河流水环境不利条件下，通过节水、工程调控和污染负荷的优化控制提高水功能区达标率，改善河流水质状况。

通过用水总量调控，在严格执行节水标准的基础上进行水资源合理配置，满足适当合理的用水需求增长，同时通过新建扩建工程的建设提高水资源供给保障能力，部分区域水资源短缺的状况将得到全面缓解，未来供水保障程度得到显著提高。按照水量优化方案，松花江流域国民经济用水在正常年份能够达到供需平衡，中等干旱年基本实现供需平衡，特殊干旱年有水源应对措施，通过采取非常应对措施，抗旱能力得到显著提高，能够把干旱和缺水造成的损失降到最低程度。

按照资源节约、环境友好型社会建设的要求，采取强化节水措施努力提高松花江流域水资源的利用效率和用水效益，以缓解水资源紧缺的矛盾和对水资源环境的巨大压力。按照水量优化方案，松花江水资源利用效率和用水效益得到显著提高，农业用水定额有所下降，工业万元增加值用水量大幅降低，全区灌溉水利用系数提高至 0.62 以上，城市供水管网漏损率降低至 11% 以内，工业用水重复利用率提高至 82% 以上。

通过建设一批节水工程、水源调蓄工程和跨流域或区域调水工程等增强水量调控能力，可逐步落实用水总量控制方案，松嫩平原和三江平原等重要粮食生产基地的用水需求基本得到保障，水资源配置格局及供水保障体系能够满足“东北老工业基地振兴战略”的需要。通过基于水量调控的模型调算得出的治污优化方案中，地表水与地下水、河道外与河道内、跨流域或区域之间的水资源配置状况更为合理，有助于促进区域协调发展。

二、污染治理投入及效果分析

通过多层次情景结果分析可以看出，采用水量优化调控尽量减少用水和增大河道纳污能力后，仍需采用最严格并经济可行的污染控制措施优化组合。不同的治污措施具有不同的效果。通过水量优化方案和污染优化控制方案结果可以看出，污水处理可以实现 COD 和氨氮污染负荷削减量在 2015 年分别为 55.2 万 t 和 4.1 万 t，2020 年分别为 73.1 万 t 和 7.9 万 t；除了污水处理措施以外，通过排放浓度控制措施减少 COD 和氨氮污染负荷削减量 2015 年分别为 38.3 万 t 和 147t，2020 年分别为 64.3 万 t 和 169t；通过产业结构调整等源头减排和其他措施减少 COD 和氨氮污染负荷削减量 2015 年分别为 26.5 万 t 和 10.7t，2020 年分别为 3.0 万 t 和 2.2 万 t。

点源污染调控措施优化模型结果表明，在水量优化调控方案条件下，如考虑不同单元的经济约束，2015 年和 2020 年松花江流域 COD 污染治理所需年投资分别为 47.6 亿元和 53.0 亿元；2015 年和 2020 年松花江流域氨氮污染治理所需年投资分别为 52.2 亿元和 63.9 亿元。2015 年和 2020 年松花江流域 COD 和氨氮联合污染治理所需年投资分别为 58.2 亿元和 72.9 亿元，占当年 GDP 的 0.3% 左右。RE3 方案下不同四级区嵌套地级市 COD 和氨氮联合污染治理投资占 GDP 的比例如图 5-19 所示。

2015 年和 2020 年松花江流域氨氮满足水质水量联合优化调控方案治理所需投资分别为 58.2 亿元和 72.9 亿元（表 5-36）。

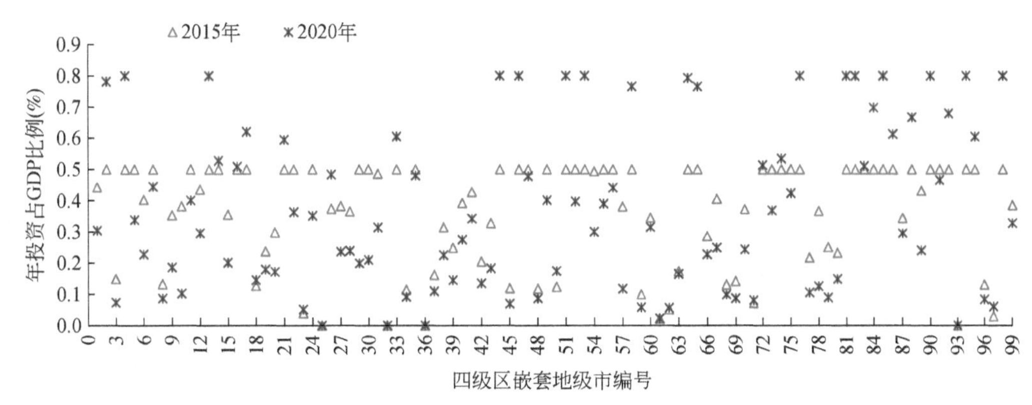

图 5-19　RE3 方案下不同四级区嵌套地级市 COD 和氨氮联合污染治理投资占 GDP 的比例

表 5-36　松花江流域水污染治理所需投资及其占 GDP 的比例（RE3 方案）

分类		治污优化方案（RE3）	
		2015 年	2020 年
年投资量（亿元）	COD	47.6	53.0
	氨氮	52.2	63.9
	COD 和氨氮	58.2	72.9
年投资占 GDP 比例（%）	COD	0.24	0.20
	氨氮	0.27	0.24
	COD 和氨氮	0.30	0.27

随着松花江流域经济实力整体增强，不同单元所能承担的水污染治理投资明显增加，不能达到水功能区水质目标的单元数量呈明显减少趋势。例如，水量优化方案条件下，2015～2020 年，COD 和氨氮联合不能满足水功能区水质目标要求的四级区嵌套地级市单元数量从 46 个减少至 13 个，流域水污染得到一定限度的控制（表 5-37）。

表 5-37　松花江流域不能满足水功能区水质目标的单元数量

方案	水平年	不能满足单元数量（个）			满足水质单元数所占比例（%）		
		COD	氨氮	COD 和氨氮	COD	氨氮	COD 和氨氮
B	2015	40	40	50	59.6	59.6	49.5
	2020	8	14	17	91.9	85.9	82.8
W	2015	32	38	47	67.7	61.6	52.5
	2020	6	9	12	93.9	90.9	87.9
R	2015	32	37	46	67.7	62.6	53.5
	2020	5	11	13	94.9	88.9	86.9

水量优化调控相对强化节水方案而言，未实现的 COD 污染负荷削减量 2015 年和 2020 年分别减少了 2.6 万 t 和 1.4 万 t，未实现削减量占产生量的比例减少了 1.5 个百分点和 0.8 个百分点；未实现的氨氮污染负荷削减量 2015 年和 2020 年分别减少了 0.1 万 t 和 0.05 万 t，未实现削减量占产生量的比例减少了 2.1 个百分点和 2.7 个百分点，通过水质

水量联合调控取得显著的经济与环境效益。

三、重点区域、流域水环境治理效果

通过水量和水污染控制的逐层情景设置分析，可以深入分析不同区域、流域的水环境变化趋势特征，剖析水文水资源条件变化、污染产生源、污染结构特征对不同区域、流域水污染的贡献，分析不同的水量调控手段、水污染控制措施及水质水量联合调控等手段对区域实现水功能区达标的敏感性。通过分析水污染的空间区域分布，实现区域环境治理的有效应对，为“一河一策”水污染防治策略奠定技术基础。

分析水质水量联合优化调控方案结果可以看出，在流域污染控制策略上，2015 年以提高现状水质较差的主要支流水质状况为目标，安肇新河、伊通河、洮儿河、辉发河和牡丹江是控制重点，其中，前三个流域 COD 污染负荷削减量分别为 1. 59 万 t、3. 07 万 t 和 1. 17 万 t，占全流域总污染负荷削减量的 51. 6%、10. 0% 和 3. 8%，氨氮污染负荷削减量分别为 3798 t、2804 t 和 1094 t，占全流域总污染负荷削减量的 19. 1% 和 14. 1% 和 5. 5%；按照行政区分析，大庆市、长春市、哈尔滨市、吉林市和绥化市是全流域污染负荷削减的重点地区，COD 污染负荷削减量占全流域总污染负荷削减量的 77. 2%，氨氮污染负荷削减量占 62. 7%。2020 年安肇新河、伊通河、牡丹江、辉发河和拉林河污染负荷削减量较大，前三位 COD 污染负荷削减量分别为 6. 42 万 t、1. 69 万 t 和 0. 77 万 t，占全流域总污染负荷削减量的 64. 1%、16. 9% 和 7. 7%，氨氮污染负荷削减量分别为 2228 t、2707 t 和 757 t，占全流域总污染负荷削减量的 16. 7%、20. 3% 和 5. 7%；按照行政区分析，大庆市、长春市、牡丹江市、白城市和双鸭山市是全流域污染负荷削减的重点地区，COD 污染负荷削减量分别为 6. 41 t、2. 20 t、0. 80 t、0. 39 t 和 0. 36 t，占全流域总污染负荷削减量的 90% 以上，氨氮污染负荷削减量分别为 2312 t、3630 t、516 t 和 808 t 和 97 t，占全流域总污染负荷削减量的 50% 以上。三级分区及行政区污染负荷削减量汇总情况如图 5-20 ~ 图 5-22 所示。

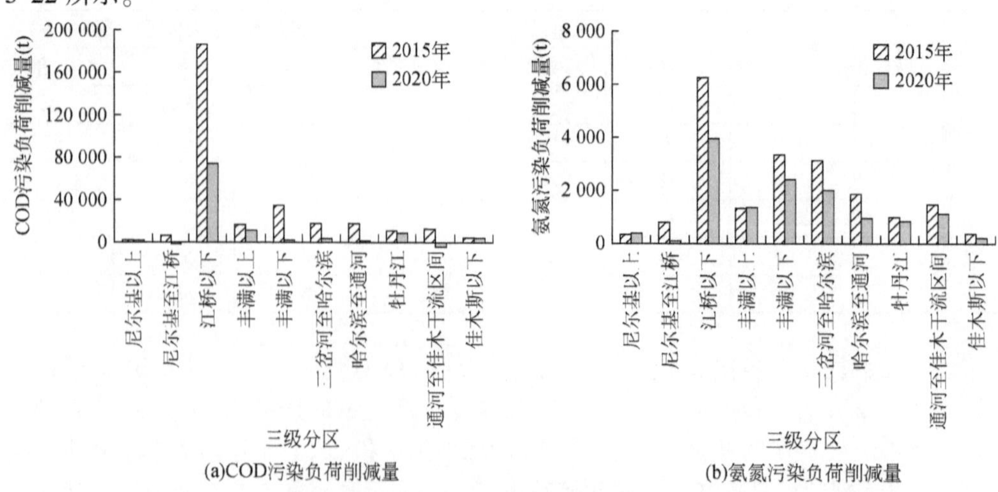

图 5-20　三级分区污染负荷削减量汇总

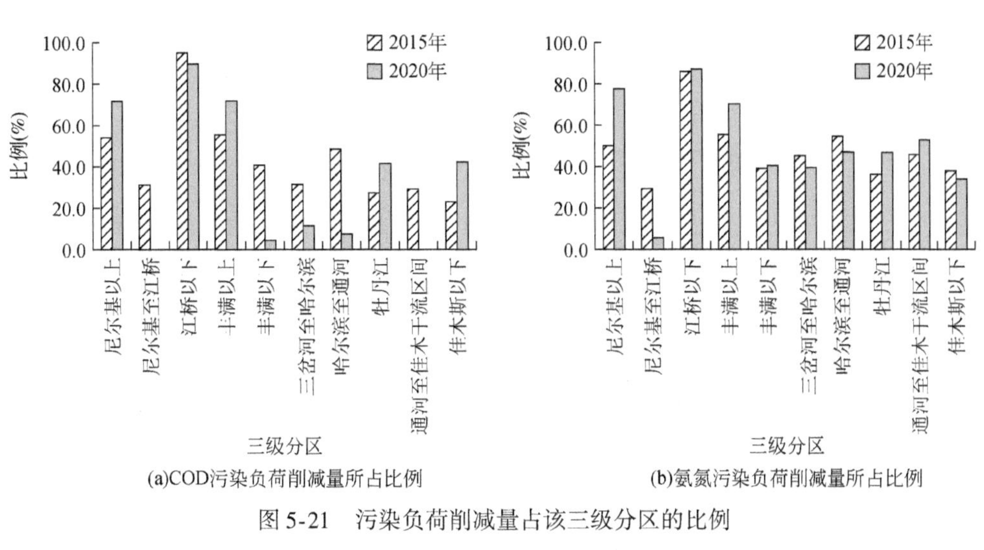

(a)COD污染负荷削减量所占比例　　(b)氨氮污染负荷削减量所占比例

图 5-21　污染负荷削减量占该三级分区的比例

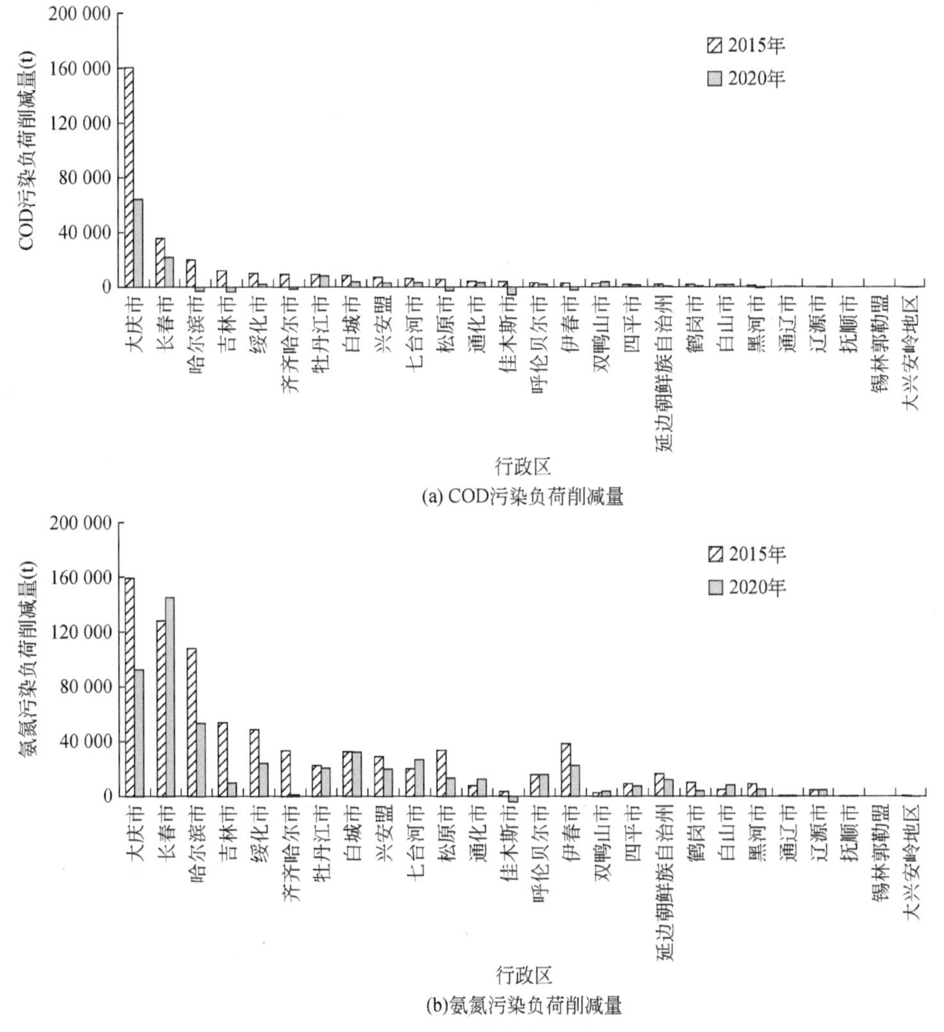

(a) COD污染负荷削减量

(b)氨氮污染负荷削减量

图 5-22　行政区污染负荷削减量汇总

四、生态效应分析

考虑方案调控指标、生态环境保护要求、水资源开发利用现状及潜力和未来经济社会发展需求，统筹协调了人与自然、河道内生态环境需水量标准，并按其进行水资源的合理配置，从而有效减少地下水超采，显著改善生态环境状况，恢复河流和地下水系统的自然和生态功能。

通过模型多次反馈提出的优化调控方案有效降低了点源和非点源污染负荷进入河湖水体的数量，水环境质量可以得到很大程度的提高，全部功能区实现水质达标。根据方案结果，松花江流域内再生水利用率大幅提高，有利于提高城镇生态供水安全保障程度，促进城镇经济社会发展。水量优化方案提出的枯季最小控泄流量有利于河流的生态修复，促进了水体自我调节功能的恢复和增强，使河湖水生态系统得到明显改善。

通过用水总量调控实现不同水源到用户之间的合理配置。通过强化节水并抑制水环境恶化地区的水需求，同时通过新增地表供水和再生水回用促进地下水压采，到2020年实现全区地下水不超采的目标，地下水超采状况得到有效控制，地下水合理的生态水位得以正常维持，生态功能得到恢复，安全供水的储备能力显著提高。

河道内各控制断面生态环境需水得到满足。其中，最有效的控制点嫩江尼尔基以下至河口江段、西流松花江扶余断面和松花江干流哈尔滨断面频率为90%下泄流量分别可以达到50 m^3/s、100 m^3/s和250 m^3/s，均达到生态流量指标要求。城镇生态环境水资源配置量比现状大幅提高，城市绿化率显著提高，极大地改善了城乡人居环境，有利于生态文明建设战略目标的实现。

第五节　小　　结

一、总量调控策略

本章以研究水质水量整体调控为目标，涉及对水量过程、水质过程的联合分析。模型中包括对水量需求、污染负荷产生的预测，对水量过程的模拟，对污染控制措施的优化组合，对水功能区水质达标状况的分析。各个模型模块之间数据交互形成整体，通过方案设置和多层次反馈实现对水质水量联合调控的模拟分析。通过对流域水质水量总量控制分析，为全流域未来污染控制管理提供技术支撑，提出面向水污染控制的水质水量调控措施，从技术与管理层面支持松花江流域总体污染负荷控制，实现松花江流域水环境质量全面改善。

二、用水与排污总量指标

在用水总量控制方面，全流域2015年城市和农村用水控制总量分别为93亿m^3和

273 亿 m^3,2020 年分别为 107 亿 m^3和 297 亿 m^3，全流域水资源开发利用程度控制在 37% 和 41% 以内。全流域耗水控制目标 2015 年和 2020 年分别为 225 亿 m^3和 247 亿 m^3，污废水排放总量控制目标分别为 50 亿 m^3和 56 亿 m^3。空间布局上，2015 年重点控制嫩江中下游区域农业用水，保证嫩江出口断面最低多年平均流量达到 135 m^3/s 以上，枯水期（11 ~ 2 月）75% 保证率月过流量达到 100 m^3/s 以上；2020 年重点控制松花江干流沿线及支流用水，同时增强丰满断面与尼尔基断面针对河道枯季过流的水量调控，加快落实“引呼济嫩”跨流域调水工程，保证哈尔滨断面最小多年平均流量达到 255 m^3/s 以上，90% 保证率月过流量达到 300 m^3/s 以上。

三、纳污能力与水功能区达标率

根据水量优化方案的各水功能区断面多年平均水量过流过程，按照各断面总过流水量过程和功能区目标推算水量污染负荷控制总量，COD 全流域纳污能力在 2015 年和 2020 年分别为 57. 4 万 t 和 56. 1 万 t，氨氮全流域纳污能力分别为 4. 1 万 t 和 4. 0 万 t。

根据方案分析结果，现状污染控制措施强度下，松花江流域水功能区 COD 和氨氮达标率在 2015 年和 2020 年均为 78% 和 70% 。在采用水量优化调控和考虑经济约束的污染负荷控制措施进一步削减排放量后，COD 和氨氮达标率在 2015 年分别为 83% 和 77% ，2020 年分别为 83% 和 76% 。

四、水量与污染负荷调控措施

以总量控制目标为基础采用水质水量联合调控方案制定以节水为中心的水量需求控制方案、以污染控制措施优化组合为中心的污染负荷调控方案、以水功能区断面达标为中心的水质水量过程调控方案，形成源头节水减排、工程调配、水量区域合理分配、水体纳污能力优化分配的水质水量联合调控措施。

在污染负荷调控方面，在通过水功能区达标分析后提出经济能力可承受的污染负荷控制方案。在采用水量优化调控尽量减少用水和增大河道纳污能力后，仍需采用最严格并经济可行的污染控制措施优化组合，2015 年和 2020 年松花江流域经济可行的 COD 污染负荷削减量分别为 120. 0 万 t 和 148. 1 万 t，氨氮污染负荷削减量分别为 7. 2 万 t 和 10. 1 万 t。为了实现全流域既定的达标目标，2015 年和 2020 年污水处理率最低应达到 58% 和 87% ，COD 和氨氮污染负荷削减量 2015 年分别为 55. 2 万 t 和 4. 1 万 t，2020 年分别为 73. 1 万 t 和 7. 9 万 t；除了污水处理措施以外，还应通过排放浓度控制措施减少 COD 和氨氮污染负荷 2015 年分别为 38. 3 万 t 和 147t，2020 年分别为 64. 3 万 t 和 169t；通过产业结构调整等源头减排和其他措施实现 2015 年和 2020 年 COD 污染负荷削减量分别为 26. 5 万 t 和 10. 7t，氨氮污染负荷削减量分别为 3. 0 万 t 和 2. 2 万 t。

针对水功能区达标的水量调控方案主要包括流域整体节水措施、重点区域用水结构调整、骨干工程调度方案调整、重要蓄水工程下泄流量控制与引水工程枯季引水控制、跨流域调水工程建设规划。主要的污染控制手段是落实多过程污染控制措施，以陆地为重点、以水体为目标，以源头减排为根本，结合过程控制和末端治理，依据流域水功能区的要求，从流域尺度角度落实“源头减排—过程控制—末端治理”多过程的污染控制体系，并对高污染敏感区域、重点污染行业的污染进行有效削减和管制。考虑污染控制经济约束时，COD 污染负荷削减以达标排放控制和污水处理方式为主，氨氮污染负荷削减以污水处理方式为主。

第六章 农田面源污染水质水量联合调控技术及工程示范

松花江流域是我国重要的商品粮基地，来自农业生产和农村生活的污染是最主要的面源污染，对松辽流域水环境污染的贡献率相当大。松花江流域面源污染中氮、磷排放主要来自农业化肥和畜禽养殖业，面源排氮量、排磷量来自农用化肥的贡献率达到58%和55%，控制大型灌区农业面源污染对改善松花江水质具有显著的意义。

针对灌区农田面源污染，开展了农田面源污染水质水量联合调控技术及工程示范研究。选择松花江流域具有代表性的前郭灌区，系统地开展了面源污染背景调查，在水质水量调控试验的基础上，通过产量对比和面源污染评价，提出了在源头（农田）控制污染物产生量，利用生态沟渠沿程及末端湿地联合削减面源污染物入河量的综合水质水量调控技术。结合技术研究成果，开展工程示范。

第一节 松花江流域农田面源污染分析

随着点源污染控制能力的提高，面源污染的严重性逐渐显现出来。相对于点源污染而言，面源污染具有发生随机、来源和排放地点不固定和污染负荷时空变化幅度大等特点，因此，面源污染的监测、控制和处理困难而复杂，近年来越来越受到关注。

一、面源污染特征和来源分析

松花江流域中下游是国家商品粮基地，化肥施用过量、农药流失及农膜的使用加剧了水质的污染。农村基础设施薄弱，污水和垃圾处理能力低，禽畜粪尿和生活污染也是重要的面源污染来源。现状条件下松花江流域面源污染的特征主要包括：

（1）一般农作物对氮肥的利用率为35%左右，65%通过挥发、雨淋、渗漏而损失，随地表径流流失率为20%；一般农作物对磷肥的利用率为20%左右，随地表径流流失率为15%。氮肥和磷肥施用比例过大，导致作物对氮、磷的利用率降低，大量养分随地表径流进入水体。

（2）农药污染面积大、影响范围广、危害严重，加之农药管理不善和过度使用，约有70%的农药散落到环境中。农药施用于果园和农田后，少部分进入大气环境，剩余部分残留在植物表面和土壤表层。如遇降雨，残留在植物表面及土壤表层的农药随地表径流进入水体，直接影响水体的水质。

(3) 农田固体废弃物主要包括地膜和秸秆。地膜覆盖栽培在带来显著经济效益的同时，也使耕地遭到严重的残膜污染。残膜主要成分为聚烯烃类化合物，自然条件下极难降解。农作物光合作用产物的一半左右存在于秸秆中，因此，农业生产的秸秆量相当惊人。对秸秆的处置方法不当会造成环境污染。另外，水土流失也会带来一定的面源污染。

(4) 松花江流域许多农村生活污水管道基本都没有建成，农村生活污水与禽畜粪尿未经任何处理直接排放，遇到降雨冲刷，随雨水汇流到江河湖库，造成水环境的严重污染。人粪尿和农村生活垃圾也是面源污染的重要来源。

化肥、畜禽粪尿和生活污染是面源污染的主要来源，以吉林省松原市为例，图 6-1 为松原市 2000 年、2005 年及 2008 年面源污染排放情况。三者对 TN 和 TP 的累积贡献率达 90% 以上，而且三者所占比例相当，三大污染源均占污染总负荷的 1/3 左右。

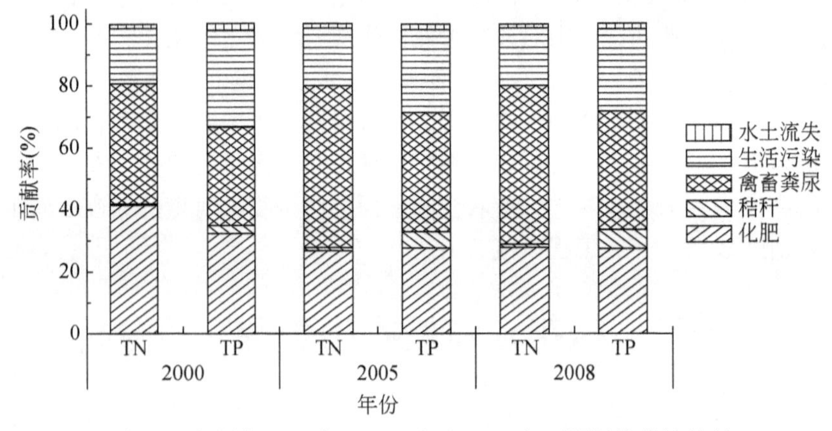

图 6-1　松原市 2000 年、2005 年和 2008 年面源污染排放情况

二、化肥施用情况

化肥污染是我国面临的重大环境污染问题之一，化肥有效利用率只有约 30%，未利用部分随农田退水进入江河，导致水体污染。2003 年松花江流域仅氮肥、磷肥施用量已达到 80 万 t，平均折纯施用量为 274 kg/hm^2，远高于发达国家所设置的防治农业环境污染的化肥安全施用强度的上限（225 kg/hm^2）；农牧业面源污染导致的 COD 排放量已经达到 13 万 t，占流域污染排放总负荷的 41%；同时，农药施用量已经超过 0.46 万 t，且呈现逐年上升的趋势。以 2005 年为例，松花江流域各地级市化肥施用量见表 6-1。

表 6-1　松花江流域化肥施用情况　　单位：t

行政区	化肥施用量（实物量）	化肥折纯施用量			
		氮肥	磷肥	钾肥	复合肥
呼伦贝尔市（非全部包含松花江流域）	134 206	—	—	—	—
兴安盟	104 401	—	—	—	—

续表

行政区	化肥施用量（实物量）	化肥折纯施用量			
		氮肥	磷肥	钾肥	复合肥
通辽市（非全部包含松花江流域）	259 739	—	—	—	—
大庆市	226 833	37 814	17 518	6 862	29 847
大兴安岭地区	8 970	1 941	1 233	462	921
哈尔滨市（包括农垦总局）	1 393 367	245 204	137 049	80 410	157 681
鹤岗市	53 600	7 084	3 939	3 165	2 915
黑河市	145 193	18 672	22 317	8 051	15 031
鸡西市	78 314	13 583	10 472	3 055	7 098
佳木斯市	248 803	42 209	26 524	14 116	27 940
牡丹江市	132 583	20 856	9 658	6 275	23 914
七台河市	51 039	9 365	6 835	2 980	4 728
齐齐哈尔市	506 194	74 101	37 457	21 778	65 168
双鸭山市	87 938	12 980	8 881	4 649	13 477
绥化市	585 111	86 237	51 869	22 485	68 075
伊春市	36 979	5 091	3 816	2 476	2 957
长春市	847 333	460 270	108 483	—	—
吉林市	415 545	221 722	29 640	—	—
四平市	481 864	219 739	33 303	—	—
辽源市	123 971	63 274	13 337	—	—
通化市	220 758	143 963	18 096		
白山市	27 031	14 249	1 345	—	—
松原市	549 301	270 895	125 686	—	—
白城市	302 427	151 330	46 814	—	—
延边朝鲜族自治州	91 723	47 928	11 129	—	—
抚顺市（非全部包含松花江流域）	85 000	16 000	3 000	3 000	6 000

三、水田面积变化趋势

东北地区是我国重要的商品粮基地，松花江流域水田面积占灌溉面积的60%以上，随着黑龙江省“千亿斤粮食基地建设”和吉林省《增产百亿斤商品粮能力建设总体规划》的实施，未来水平年松花江流域的灌溉面积和水田面积将进一步呈明显增加趋势。表6-2

为松花江流域2010年、2015年和2020年灌溉面积和水田面积的统计和预测情况。

表6-2　松花江流域2010年、2015年和2020年灌溉面积和水田比例情况表

行政区	2010年			2015年			2020年		
	灌溉面积（万亩）	水田面积（万亩）	比例（%）	灌溉面积万亩	水田面积（万亩）	比例（%）	灌溉面积（万亩）	水田面积（万亩）	比例(%)
呼伦贝尔市	341.0	63.0	18.5	379.5	77.27	20.36	418.0	93.00	22.25
兴安盟	480.0	130.0	27.1	538.6	164.54	30.55	597.3	203.15	34.01
通辽市	2.4	0.0	0.0	2.4	0.00	0.00	2.4	0.00	0.00
大庆市	331.7	113.7	34.3	357.0	115.06	32.23	382.4	115.36	30.17
大兴安岭地区	2.1	0.0	1.4	2.2	0.03	1.14	2.3	0.02	0.85
哈尔滨市	693.2	567.6	81.9	717.4	583.33	81.32	741.5	598.77	80.75
鹤岗市	315.5	262.6	83.2	370.0	313.61	84.75	424.6	366.29	86.26
黑河市	71.7	56.3	78.5	74.9	58.68	78.40	78.0	61.06	78.25
鸡西市	505.3	483.6	95.7	622.3	598.53	96.19	739.3	714.55	96.66
佳木斯市	719.2	651.7	90.6	817.7	740.95	90.62	916.1	841.72	90.62
牡丹江市	117.3	65.2	55.6	125.9	70.22	55.79	134.4	75.24	55.97
七台河市	48.0	28.3	59.0	50.8	30.57	60.15	53.7	32.93	61.35
齐齐哈尔市	901.5	291.5	32.3	956.4	328.22	34.32	1011.2	367.18	36.31
双鸭山市	439.3	384.5	87.5	492.4	426.89	86.69	545.5	468.46	85.87
绥化市	594.5	364.5	61.3	632.4	381.63	60.35	670.3	398.04	59.38
伊春市	36.2	30.5	84.3	36.9	31.10	84.32	37.6	30.59	84.32
长春市	352.4	231.8	65.8	426.2	294.02	68.99	500.0	361.02	72.21
吉林市	252.8	208.7	82.6	248.4	211.77	85.27	243.9	214.65	87.99
四平市	31.9	16.7	52.5	32.4	16.96	52.26	33.0	17.19	52.08
辽源市	24.9	17.3	69.6	25.5	17.68	69.38	26.1	18.03	69.19
通化市	113.3	104.4	92.1	113.3	104.37	92.10	113.3	104.37	92.10
白山市	4.8	1.8	36.9	5.1	1.78	35.13	5.3	1.78	33.33
松原市	364.5	145.0	39.8	403.5	177.37	43.95	442.6	212.96	48.12
白城市	434.6	244.6	56.3	535.3	329.18	61.49	636.1	424.29	66.70
延边朝鲜族自治州	108.7	85.8	79.0	109.7	85.63	78.09	110.7	85.42	77.20
抚顺市	5.3	5.3	99.6	5.3	5.26	99.62	5.3	5.26	99.62
合计	7292.1	4554.4	62.5	8081.5	5164.7	63.9	8870.9	5811.3	65.5

注：比例为水田面积占灌溉面积的比例

从表6-2可以看出，松花江流域2010年灌溉面积为7292.1万亩，其中，水田面积为4554.4万亩。2015年灌溉面积增加至8081.5万亩，相对于2010年增加10.8%；其中，水田面积增加至5164.7万亩，相对于2010年增加13.4%。2020年灌溉面积进一步增加至8870.9万亩，相对于2010年增加了21.7%；其中，水田面积增加至5811.3万亩，相对于2010年增加了27.6%。松花江流域水田面积占灌溉面积的比例也从2010年的62.5%增加至2015年的63.9%和2020年的65.5%。

随着松花江流域灌溉面积和水田面积的持续增加，未来伴随产生的面源污染也将明显增加。

四、水田面源污染情况

我国的面源污染研究起步较晚，加之长期以来未得到足够的重视，缺乏系统、可靠的基础资料，难以普及推广国外的一些大型分布式机理模型。而应用统计分析方法建立的以污染物输出为目标的经验关系模型比较简单，数据要求相对较低，因而在我国应用非常广泛。

土地利用方式是影响面源污染的关键性因素。土地利用方式影响着诸如化学物质输入输出、径流、土壤、植被类型、地形地貌和耕作方式等因素，即影响面源污染的排放，所以是建立面源污染模型的重要参数。当流域内自然气候条件差异较小时，降雨特性相似，各水源区的面源污染负荷主要取决于土地利用情况。因此，可以根据有限的实测资料，建立面源污染排放量与土地利用之间的定量关系，结合实际情况对未来面源污染进行预测。表6-3为水田灌溉未来水平年污染物产生量预测结果。

表6-3 水田灌溉未来水平年污染物产生量预测结果 单位：t

行政区	2010年			2015年			2020年		
	TN	TP	COD	TN	TP	COD	TN	TP	COD
呼伦贝尔市	7 056	1 736	20 328	8 655	2 129	24 934	10 416	2 563	30 008
兴安盟	7 280	1 791	20 973	9 214	2 267	26 546	11 376	2 799	32 775
通辽市	0	0	0	0	0	0	0	0	0
大庆市	6 368	1 567	18 345	6 443	1 585	18 563	6 460	1 589	18 611
大兴安岭地区	17	4	48	14	3	41	11	3	32
哈尔滨市	63 574	15 641	183 154	65 333	16 074	188 222	67 062	16 499	193 202
鹤岗市	14 705	3 618	42 364	17 562	4 321	50 596	20 512	5 047	59 095
黑河市	3 153	776	9 082	3 286	808	9 467	3 419	841	9 851
鸡西市	27 083	6 663	78 024	33 518	8 246	96 563	40 015	9 845	115 281
佳木斯市	36 496	8 979	105 143	41 493	10 209	119 540	46 490	11 438	133 937
牡丹江市	3 653	899	10 525	3 932	968	11 329	4 214	1 037	12 139
七台河市	1 583	390	4 562	1 712	421	4 932	1 844	454	5 313
齐齐哈尔市	16 321	4 015	47 020	18 380	4 522	52 953	20 562	5 059	59 238
双鸭山市	21 529	5 297	62 025	23 906	5 882	68 872	26 234	6 454	75 578

续表

行政区	2010年			2015年			2020年		
	TN	TP	COD	TN	TP	COD	TN	TP	COD
绥化市	40 823	10 044	117 608	42 742	10 516	123 139	44 581	10 968	128 434
伊春市	17 077	4 202	49 199	17 417	4 285	50 176	17 756	4 369	51 154
长春市	25 959	6 387	74 788	32 931	8 102	94 872	40 434	9 948	116 489
吉林市	23 369	5 749	67 324	23 718	5 835	68 331	24 041	5 915	69 260
四平市	9 363	2 304	26 975	9 495	2 336	27 356	9 626	2 368	27 733
辽源市	9 705	2 388	27 959	9 901	2 436	28 526	10 097	2 484	29 088
通化市	5 845	1 438	16 838	5 845	1 438	16 838	5 845	1 438	16 838
白山市	997	1 063	12 450	2 781	1 073	12 569	4 378	1 077	12 614
松原市	8 122	1 998	23 400	9 933	2 444	28 616	11 926	2 934	34 358
白城市	13 696	3 370	39 457	18 434	4 535	53 107	23 760	5 846	68 452
延边朝鲜族自治州	9 612	2 365	27 691	9 590	2 360	27 630	9 567	2 354	27 562
抚顺市	2 946	725	8 486	2 946	725	8 486	2 946	725	8 486
合计	37 6332	93 409	1 093 768	419 181	103 520	1 212 204	463 572	114 054	1 335 528

第二节　典型示范灌区概况

前郭灌区位于吉林省西部松嫩平原，是有着几十年历史的大型灌区。它始建于1943年，灌区面积为192.08万亩，灌溉面积为46万亩，灌区年产水稻3亿kg，水稻产量占全省水稻产量的1/15。前郭灌区是松嫩平原典型的大型灌区，以其为典型建立农业污染水质水量联合管理示范区，开展水质水量联合调控机制和技术研究，对防治松花江水污染、保障水质安全十分重要。其水资源的优化配置方式、污染物及营养物的迁移规律和下游苏打盐碱湖泊水体的生物净化技术等，对松嫩平原拟建的大型灌区工程具有重要的指导意义。

一、自然概况

前郭灌区（124°00′E～125°02′E，45°00′N～45°28′N）位于吉林省松原市前郭县，西流松花江左岸，灌区以西流松花江为灌溉水源，灌区东西长度为116 km，南北最大宽度为60 km，面积为192.08万亩。灌区内河道长度为70 km，河道比降为1/6000～1/6500。

西流松花江从前郭灌区东面流过，从吉拉吐乡入境，经由前郭镇、毛都站镇，在平凤乡十家户村三岔河口与嫩江汇合。根据西流松花江出口扶余水文站点历年资料，西流松花江年平均径流量为485 m^3/s，平均水位为131.14 m，5～8月平均最大径流量为2900 m^3/s，月平均最小径流量为160 m^3/s，月平均最高水位为132.95 m，月平均最低水位为129.98 m。

西流松花江水位的高低直接影响抽水站及泵抽水能力的发挥。从历年扶余水文站点资料分析，年内江水特枯月份多为 5 月，此时恰逢灌区（水稻泡田期）用水量比较大的季节，为保证前郭灌区水稻泡田期用水，每遇特枯水年份，西流松花江上游丰满发电站都特别为前郭灌区加大放流，满足灌溉抽水需要。

灌区地处吉林省西部寒温带大陆性半干旱季风气候区，冬季严寒干燥，长达半年之久；春季蒸发量大，温度低，多风沙；夏季炎热，时间短；秋季天高气爽，日温差大。多年境内平均降水量为 447.07 mm，由东南向西北递减。降水年内分配不均匀，冬季降水量甚少，春季随之逐渐增多，夏季降水量最多，其中，水田主要生长期的降水量占年降水量的 78%。降水年际变化较大，年最大降水量是最小降水量的 2 倍左右，而且有连续数年多雨、连续数年少雨的情况。最大年降水量为 614.4 mm（1959 年），最小年降水量为 243.2 mm（1982 年）。

灌区内多年平均蒸发量为 871 mm，蒸发量由东南向西北递增。年内最大蒸发量发生在 5 ~ 6 月，两个月蒸发量占年蒸发量的 34%，11 ~ 次年 3 月蒸发量最小，占年蒸发量的 11% 左右。全年日照时数在 2823.9 h 左右，日照百分率为 65%。日照时数在年内的分配以3 ~ 8月为最多，占年日照时数的 56%。年平均气温在 4.7℃ 左右，极端最高气温为 36.9℃，极端最低气温为−36.1℃。全年无霜期为 130 ~ 140 d，年平均风速为 2.30 m/s，风向为西北偏北风。

前郭灌区自东南向西北倾斜，地形是半月形。地势变化为东南高、西北低。灌区内地势平坦，海拔为 131.0 ~ 138.0 m，地面坡降为 1/7000，灌区东临西流松花江，南、西、北由台地和阶地环绕，台地海拔一般为 170.0 ~ 240.0 m，河阶海拔为 134.0 ~ 160.0 m，为低洼河阶泛滥地。

灌区地貌类型为冲积湖平原和河谷冲积平原，自上而下依次为新近系含水层、中新代地层和第四系含水层。根据吉林石油集团有限责任公司勘察设计院勘测室的报告，灌区地质构造岩土种类不多，整个灌区自然地面以下不同类型的岩土分布比较规律，自然地面以下 0.00 ~ 5.50 m 为粉质黏土，5.00 ~ 13.00 m 为粉砂或细砂，13.00 ~ 15.20 m 为中砂夹砾石。前郭灌区正处河漫滩阶地，由于河流波动泥沙淤积，土壤质地变化较复杂，按农业区划土壤分类标准划分灌区地表土壤类别及分布情况见表 6-4。

表 6-4　按农业区划土壤分类标准划分灌区地表土壤类别及分布表

土壤类别	面积（万亩）	占总面积（%）	分布
黑钙土	47.19	24.57	五泄干以东，刘家围子、姜家围子地区
草甸土	55.67	28.99	遍布灌区各地
盐碱土	5.92	3.08	呈复区分布于各类土壤中
沼泽土	38.05	19.81	南部岗下及四家子西北
泥炭土	6.90	3.59	多分布于莲花泡
风沙土	11.86	6.17	二灌区及沿江地带

续表

土壤类别	面积（万亩）	占总面积（%）	分布
冲积土	7.36	3.83	沿江低平地带
水稻土	19.13	9.96	现有水田地区
合计	192.08	100	—

二、社会经济与灌溉情况

灌区内有12个乡镇、8个国有农林牧场、138个行政村，总人口为29.35万人，其中，农业人口为19.94万人，农户为46 491户，农业劳动力为50 224个。总土地面积为192.08万亩，总耕地面积为59.88万亩，居民及其他占地面积为24.18万亩，河道、湖、塘面积为14.15万亩，其他面积为93.87万亩，其中，可开垦面积为46万亩。灌区现有水田面积为56万亩，产量为590kg/亩。

经过多年来节水续建配套项目的建设，灌区的灌溉及管理水平有了较大提高，目前灌区建筑物有614座，工程配套率为76%，完好率为82%，灌溉水利用系数由0.413提高至0.58，水田有效灌溉面积为56万亩。但灌区内仍有较大部分工程需要配套建设及维修，干、支渠大部分渠段渗漏严重需要衬砌，田间测水设施普遍缺乏，排水渠道无防护工程设施，受冻融破坏较严重。

三、农田污染现状调查

2009年和2010年水稻生育期内，在前郭灌区达里巴乡、前营子村、四家子村、红光农场、韩家店村和莲花泡农场等多个地点对化肥施用情况进行了调查，化肥施用量统计结果见表6-5，灌区氮肥施用量（折合为纯氮）普遍为156～277 kg/hm^2，平均施用量为216 kg/hm^2,灌区平均化肥施用量约为全国平均水平的1.8倍。

表6-5　灌区化肥施用量统计结果

时间	生育期	施用量（kg/hm^2）	化肥种类
5月20～29日	底肥	100～250	尿素：（含氮量46%）
		200～250	磷酸二铵
		50～250	硫酸钾
6月1日～8日	返青肥	75～100	尿素
6月20日～7月1日	分蘖初期肥	100～135	尿素
7月1日～7月15日	分蘖盛期肥	50～100	尿素
7月20日～8月5日	抽穗肥	50～100	尿素

前郭灌区绝大部分退水经由引松泄干进入承泄区，图 6-3 为 2009 年水稻生育期内引松泄干出口主要面源污染物（NH_3-N、TN 和 COD）浓度过程和入河量过程。表 6-6 比较了 2009 年和 2010 年水稻生育期内引松泄干排水总量及主要面源污染物入河总量。调查资料显示，灌区排水主要由稻田渗流排水、灌溉渠道弃水和稻田地表排水三部分组成。尽管灌溉渠道弃水影响面源污染物的浓度及过程，但实际上对污染物入河总量的影响并不十分显著，而稻田地表排水和稻田渗流排水则直接影响农田面源污染物入河的水质和水量过程。水稻生育初期（分蘖盛期前），由于施用化肥，稻田地表排水中维持较高的浓度，而在渗漏的过程中，由于土壤吸附和植物吸收等各种物理、化学与生物过程，排入末级排水沟时，水质浓度已经大为削减，同时由于土壤渗流过程，在时间上也存在一定的滞后性。

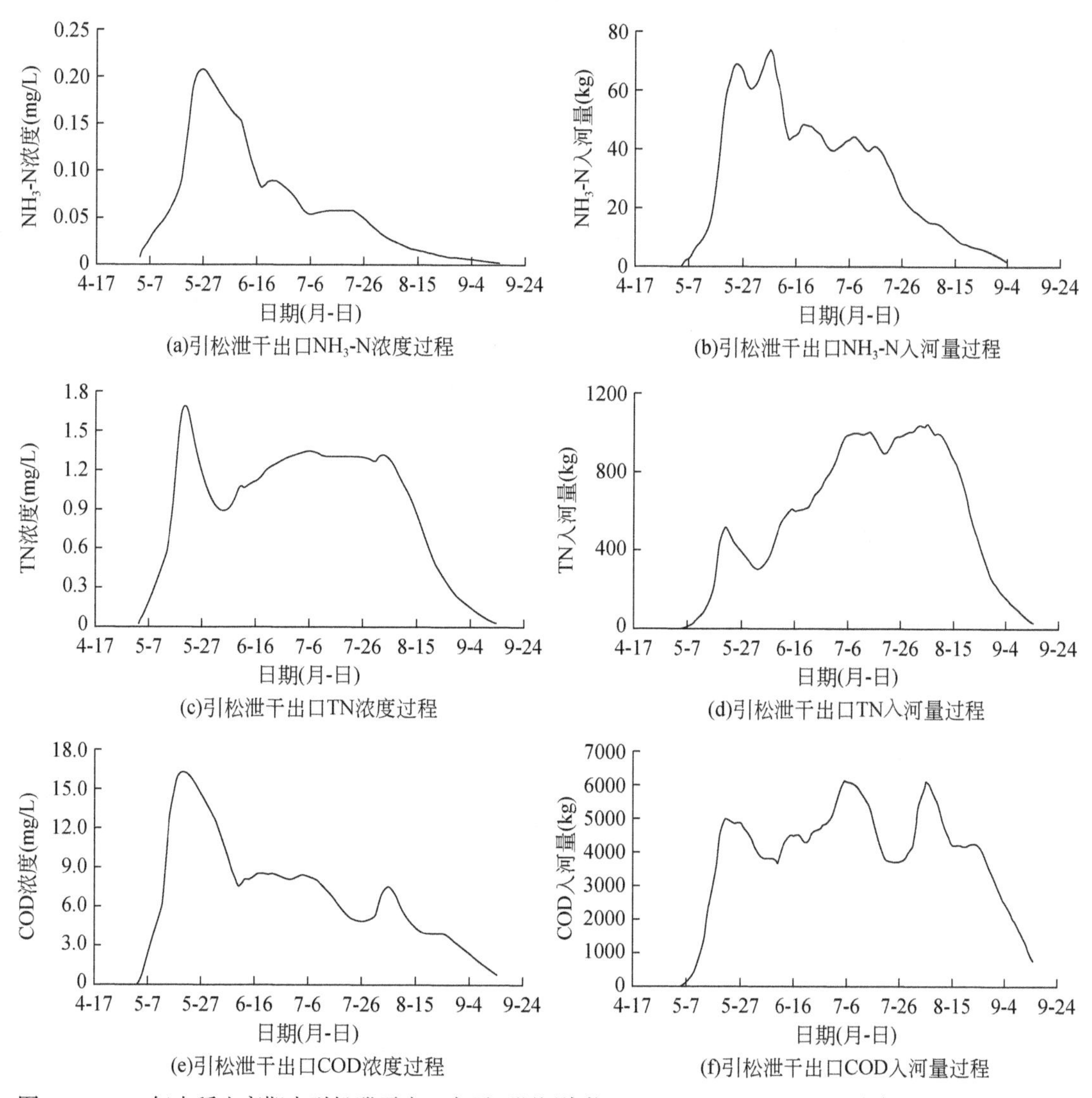

图 6-2　2009 年水稻生育期内引松泄干出口主要面源污染物（NH_3-N、TN 和 COD）浓度过程和入河量过程

这一时段内，稻田地表排水为主要的面源污染源。水稻生育后期，由于稻田地表排水中化肥浓度已经显著降低，稻田渗流排水中污染物逐渐进入排水系统，此时稻田渗流排水对污染物起主要贡献作用。对 NH_3-N、NO_3^-、PO_4^{3-} 和 COD 等主要面源污染物，稻田地表排水所形成的污染负荷占总负荷的比例分别为 0.75、0.08、0.55 和 0.59。

表 6-6　2009 年和 2010 年水稻生育期内引松泄干排水总量及主要面源污染物入河总量

污染物类型	NH_3-N（t）	TN（t）	TP（t）	COD（t）	排水量（亿 m^3）
2009 年	5.077	92.562	26.845	637.764	1.30
2010 年	10.833	95.987	44.867	1288.575	1.35

第三节　调控模式研究

一、研究思路

农田面源污染水质水量调控技术研究思路如图 6-3 所示，在系统调查灌区灌溉排水、化肥农药施用、面源污染现状的基础上，开展节水高产条件下的水肥优化调控模式试验，系统地监测灌区面源污染迁移、转化及汇流过程，掌握主要面源污染物的迁移、转化及汇集规律，建立灌区面源污染水质水量过程演算模型。

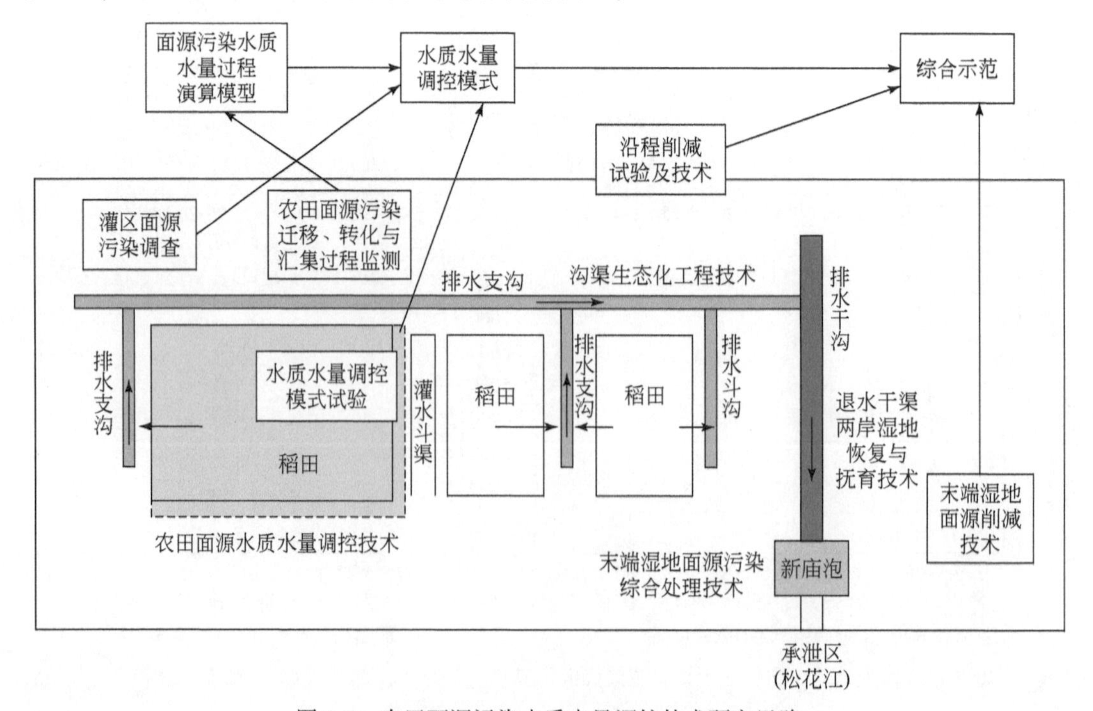

图 6-3　农田面源污染水质水量调控技术研究思路

在灌区面源污染迁移、转化与汇集规律监测及机理分析的基础上，构建从源头（农田）控制面源污染物产生量，通过生物沟渠及末端湿地削减污染物入河量的综合水质水量调控技术体系。

（1）对不同的水质水量过程开展田间试验，分析和比较各种水质水量方案情况下的作物产量及面源污染输入量，提出保证农业产量情况下，最大限度削减面源污染的田间水质水量调控技术，从面源污染源头减少面源污染物输入量。

（2）开展试验研究沟渠式生物处理系统、芦苇湿地生态系统对主要农田污染物的截流、净化效果，掌握沟渠式生态系统对农业退水污染的净化机制和主要制约因素，提出沟渠式生态系统、芦苇湿地生态系统沿程削减面源污染的技术体系。

（3）研究末端湿地植物原生质中主要生长元素对水环境的响应关系，测定水体中浮游生物量、湿地系统与灌区输入面源污染物的响应关系。确定水体生物生产力及对农田面源污染物（TN、TP）的动态移出能力。总结试验成果，形成保证水质安全的湿地生态系统设计标准。对田间源头控制、沿程生态沟渠系统和末端湿地系统进行技术集成，开展示范。

二、田间水质水量调控模式研究

（一）农田面源污染水质水量调控试验方案

为了开展松花江流域农田面源污染控制及示范区建设，2009 年 3 月研究人员进行了现场考察，对前郭灌区水稻灌溉制度，化肥、农药施用情况，灌区用水管理水平和灌区盐碱地特性等方面开展了调查工作。在此基础上，制定了农田面源污染水质水量调控试验方案。

2009 年农田面源污染水质水量调控试验方案设计了包括两组灌水、两组施肥量和两组施肥方式的 8 组试验组合，以及不施肥试验和当地施肥灌水情况的对比试验，共 9 组试验。具体情况见表 6-7。

表 6-7　2009 年农田面源污染水质水量调控试验方案

试验方案	灌水处理	施肥处理	施肥比例
试验 1#	当地的浅-湿间歇灌溉模式	常规施肥量	80% 基肥，20% 追肥
试验 2#	当地的浅-湿间歇灌溉模式	80% 常规施肥量	80% 基肥，20% 追肥
试验 3#	当地的浅-湿间歇灌溉模式	常规施肥量	60% 基肥，40% 追肥
试验 4#	当地的浅-湿间歇灌溉模式	80% 常规施肥量	60% 基肥，40% 追肥
试验 5#	80% 常规灌水量	常规施肥量	80% 基肥，20% 追肥
试验 6#	80% 常规灌水量	80% 常规施肥量	80% 基肥，20% 追肥
试验 7#	80% 常规灌水量	常规施肥量	60% 基肥，40% 追肥
试验 8#	80% 常规灌水量	80% 常规施肥量	60% 基肥，40% 追肥
试验 9#	80% 常规灌水量	不施肥（对照）	—

2010 年继续在 9 个试验小区内安排不同水平的施肥、灌水试验研究。根据 2009 年的试验成果，试验设计进行了调整：一方面对 2009 年田间试验所确定的水质水量调控试验方案进行检验；另一方面，进一步通过试验研究水质水量调控的潜力。2010 年农田面源污染水质水量调控试验方案见表 6-8。

表 6-8　2010 年农田面源污染水质水量调控试验方案

试验方案	灌水处理	施肥处理	备注
试验 1#	常规灌水量	常规施肥量	水质水量调控方案检验
试验 2#	常规灌水量	80% 常规施肥量	水质水量调控方案检验
试验 3#	80% 常规灌水量	常规施肥量	水质水量调控方案检验
试验 4#	80% 常规灌水量	80% 常规施肥量	水质水量调控方案检验
试验 5#	80% 常规灌水量	70% 常规施肥量	水质水量调控方案检验
试验 6#	70% 常规灌水量	常规施肥量	水质水量调控潜力分析
试验 7#	70% 常规灌水量	80% 常规施肥量	水质水量调控潜力分析
试验 8#	60% 常规灌水量	70% 常规施肥量	水质水量调控潜力分析
试验 9#	常规灌水量	不施肥	对照

2009 年 4 ~5 月完成了试验准备工作，在 9 个试验小区及试验稻田完成了水量与水质检查装置的布设、试验小区改造工作和实验室建设工作。在水稻整个生育期（5 ~10 月）开展了水质水量过程的监测工作，完成了水稻灌区水均衡过程（降雨、灌水、腾发和渗透等过程）及水质过程（NH_3-N、NO_3^-、TN、COD、PO_4^{3-}、TP、Ca^{2+}、Mg^{2+}、Cl^-、CO_3^{2-}、HCO_3^-、pH 和电导率等多项指标），以及作物生长过程和排水过程的测试工作。2010 年 5 月 20 日水稻开始泡田，各项试验工作也相继展开，2010 年 10 月全面完成农田面源污染水质水量调控试验。

（二）田间水利用效率及田间引、排水量试验

根据 2009 年和 2010 年灌区排水调查结果，由于灌溉管理方面的原因，灌溉引水量的相当部分退水进入排水系统，进而影响排水系统的水质过程。

选择典型斗渠，在水稻生育期内观测了 2 次灌水过程（分蘖前期灌水和抽穗期灌水）的水量平衡，测定典型斗渠的引水量及田间实际灌水和排水量之间的比例关系，试验在二干渠 7 支渠控制的斗渠内进行，试验如图 6-4 所示。

（1）对斗渠，测定引水流速，记录放水及停水时间，测量断面尺寸，进而确定斗渠实际引水量；

（2）观察灌水前后田间水层变化并测量斗渠实际控制灌溉面积，计算实际田间引入灌水量；

（3）测定两条斗沟的灌水前后排水沟水位，估计排水沟储水量变化，并且测量排水沟流速及排水时间过程，测定排水量；

（4）测定腾发量及渗漏量。

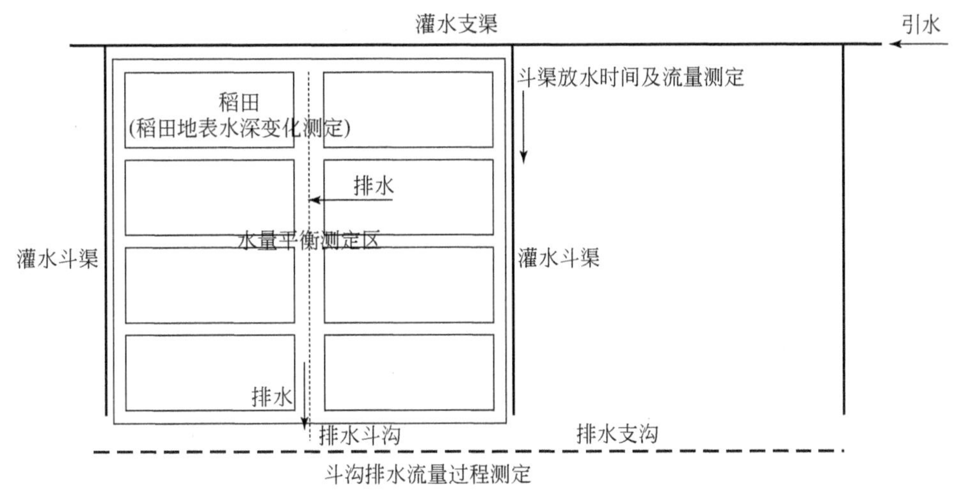

图6-4　斗渠控制面积灌、排水量调查示意图

(三) 水稻生育期稻田水质过程监测

在小区进行不同水质水量调控试验的同时，也对灌区现状灌溉、施肥条件下的田间水质水量过程进行了监测。

在灌区二干渠6支渠控制区域内选择典型田块，测定稻田地表水及土壤水质。水样采样点位置及现场水质测定试验如图6-5所示，水样采集采用梅花布点法进行采样，田中设5个采样点，采集混合水样。稻田两侧分别为农田进水渠道和退水渠道，各设一个采样点。根据稻田灌溉周期和降雨径流发生期进行采样。采用50 mL医用注射器，不扰动土层小心抽取各采样点表层水样，水样经定量滤纸过滤后注入500 mL塑料瓶中。土样采集采用“S”形布点法，在稻田中央共设置10个采样点，并标号，采集混合土样，采集土层深度分别为0～15 cm、15～30 cm、30～45 cm、45～60 cm的土样，不同土层深度的土样都分开装袋，防止混在一起。同时贴上标签，标明采样点、采样时间、土层深度及土壤耕龄。监测项目及方法见表6-9。

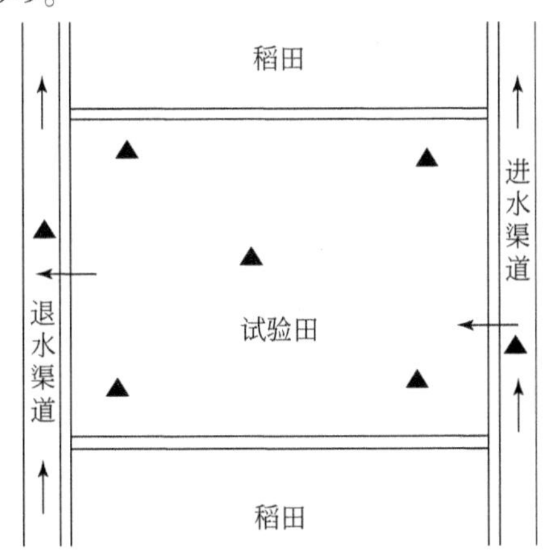

图6-5　水样采样点布置及现场水质测定试验

表 6-9　监测项目及方法

监测项目	监测指标	监测方法
常规气象资料	日温度、湿度、风速、大气压、降水、水面蒸发	从气象部门获得
水质	基本理化性质（pH、温度、溶解氧、电导率）	pH 计和溶解氧仪等便携式仪器
	总氮测定	碱性过硫酸钾消解紫外分光光度法（HJ 636—2012）
	硝态氮测定	紫外分光光度法（HJ/T346—2007）
	氨氮测定	纳氏计剂分光光度法（HJ 535—2009）
	总溶解性磷	碱性过硫酸钾-钼锑抗比色法
	溶解性活性磷	钼锑抗比色法
	碱化度指标（钠、钾、钙、镁、铁、铝）	Z—2000 原子吸收分光光度计原子吸收法
土壤	土壤阳离子交换量测定	乙酸钠-火焰光度法
	粒径测定	比重法
	土壤元素分析（氮、磷、钠、钾、钙、镁、铁和铝等）	电感耦合等离子体原子发射光谱仪
	硝态氮	还原蒸馏法-紫外分光光度法
	土壤蒙脱石含量	吸蓝法

（四）不同水质水量调控试验方案下的产量分析

表 6-10 为 2009 年和 2010 年各试验方案试验处理及产量。各试验方案相对产量（小区产量/稻田产量）介于 0.66～0.97。

表 6-10　2009 年和 2010 年各试验方案试验处理及产量

2009 年			2010 年		
试验方案	产量（kg/hm^2）	相对产量	试验方案	产量（kg/hm^2）	相对产量
试验 1#	8 500.5	0.93	试验 1#	11 618.4	1.00
试验 2#	9 141.3	1.00	试验 2#	10 755.4	0.93
试验 3#	8 622.6	0.94	试验 3#	10 742.7	0.92
试验 4#	8 786.5	0.96	试验 4#	9 716.2	0.84
试验 5#	8 075.9	0.88	试验 5#	8 299.3	0.71
试验 6#	8 863.4	0.97	试验 6#	9 781.0	0.84
试验 7#	8 121.4	0.89	试验 7#	9 190.1	0.79
试验 8#	8 458.1	0.93	试验 8#	7 877.3	0.68
试验 9#	6 068.3	0.66	试验 9#	6 175.5	0.53

根据试验设计，可以得出一些趋势性的结论：

（1）化肥的施用及灌水量均影响作物产量，不施肥情况下的产量仅为当地常规化肥施用方式下产量的 68.9%。根据调查，2009 年当地常规水稻化肥施用量如下：氮肥为 410 kg/hm^2（尿素，含氮量 46%），磷肥和钾肥为 200 kg/ hm^2，试验小区常规施肥量基本等同于稻田施肥量。

（2）2009 年试验资料显示，对灌水量和施肥量相同、施肥方式不同的处理，80% 基肥、20% 追肥的处理产量均小于 60% 基肥、40% 追肥的处理情况下的产量（试验 2#>试验 1#，试验 4#>试验 3#，试验 6#>试验 5#，试验 8#>试验 7#）。

（3）需要指出，灌水量减少 20% 并不等同于耗水量减少 20%，但是仍然可以看出，常规灌水量情况下，化肥施用量减少，产量并没有明显的变化；而常规灌水量减少后，施肥量减小，则产量有明显的降幅。

（4）在前郭灌区，水稻生育期，一般进行 4 ~ 5 次施肥，泡田期施用基肥，返青期、分蘖初期、分蘖盛期和和抽穗期分别进行追肥。根据当地的生产经验，一定数量的分蘖数是保证产量的重要因素，从施肥时间和施肥量也可以看出这一点。这也解释了为什么 60% 基肥、40% 追肥的处理产量普遍要高于 80% 基肥、20% 追肥的处理产量。

就 2009 年的试验资料而言，在灌水量不变的情况下，减少 20% 化肥施用量并不会对产量造成显著的影响。9 组试验中，常规灌水量、80% 常规施肥量、60% 基肥、40% 追肥处理为最优处理方式。2010 年的试验资料则表明，进一步控制化肥施用量和灌水量，对产量的影响更为显著。

（五）不同田间试验方案下的产污潜力分析

图6-6（a）~图6-6（d）分别为 2009 年不同试验方案下稻田地表水中 NH_3-N 浓度、TN 浓度、TP 浓度及 COD 浓度变化过程的比较。2009 年水稻生育期不同试验方案下 NH_3-N、TN、TP、COD 平均浓度的比较见表 6-11。

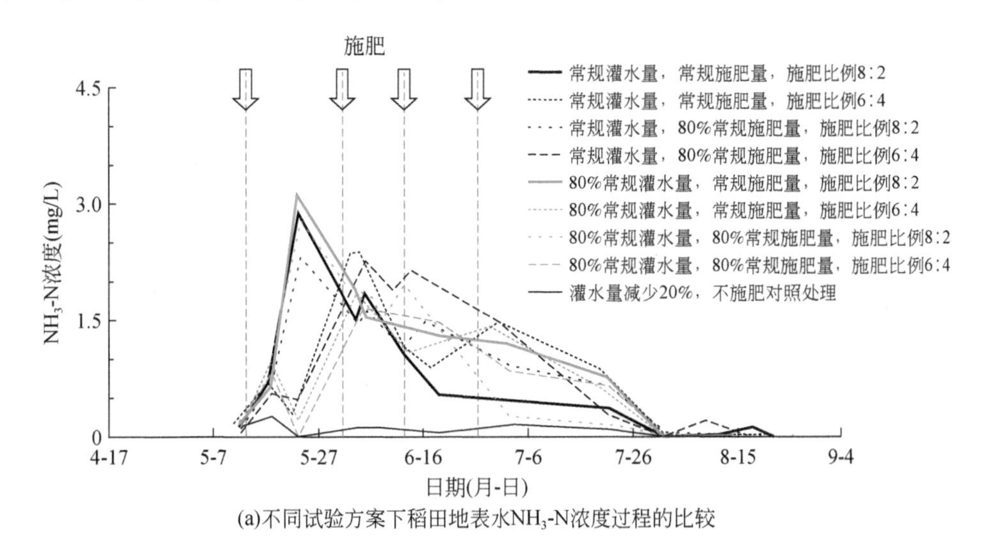

(a)不同试验方案下稻田地表水NH_3-N浓度过程的比较

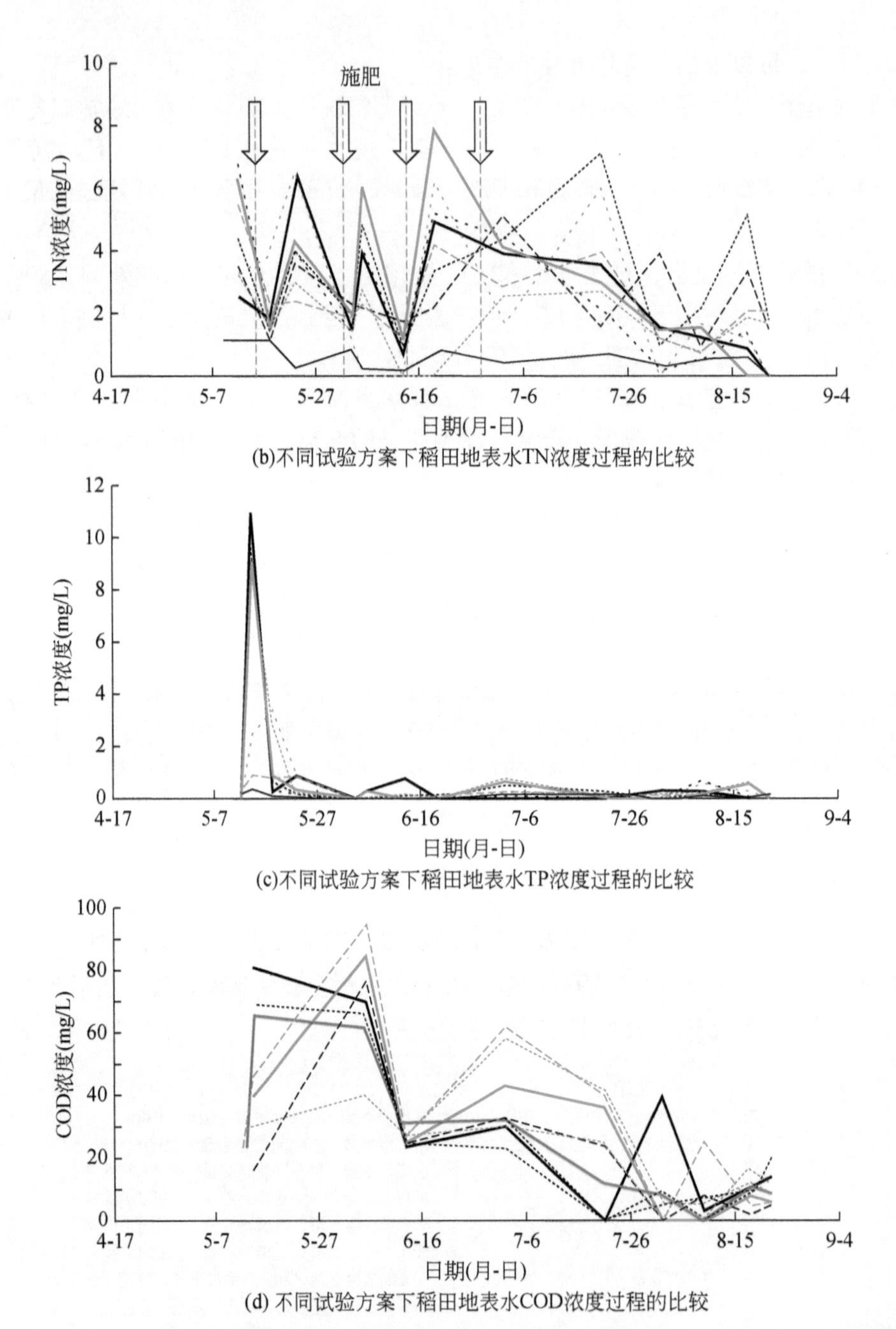

(b)不同试验方案下稻田地表水TN浓度过程的比较

(c)不同试验方案下稻田地表水TP浓度过程的比较

(d) 不同试验方案下稻田地表水COD浓度过程的比较

图 6-6 2009 年不同试验方案下稻田地表水中 NH_3-N 浓度、TN 浓度、TP 浓度及 COD 浓度变化过程比较

表 6-11 2009 年水稻生育期不同试验方案下 NH_3-N、TN、TP、COD 平均浓度的比较

试验方案	施肥处理	灌水处理	NH_3-N 平均浓度（mg/L）	TN 平均浓度（mg/L）	TP 平均浓度（mg/L）	COD 平均浓度（mg/L）
试验 1#	常规施肥量	常规灌水量	0.73	2.58	1	27

续表

试验方案	施肥处理	灌水处理	NH_3-N 平均浓度（mg/L）	TN 平均浓度（mg/L）	TP 平均浓度（mg/L）	COD 平均浓度（mg/L）
试验 2#	常规施肥量	常规灌水量	0.769	3.25	0.7	20
试验 3#	常规施肥量	常规灌水量	0.594	2.51	0.8	15
试验 4#	80% 常规施肥量	常规灌水量	0.754	2.54	0.9	19
试验 5#	常规施肥量	80% 常规灌水量	0.707	3.03	1	24
试验 6#	80% 施肥量	80% 常规灌水量	0.635	2.75	1	24
试验 7#	常规施肥量	80% 常规灌水量	0.745	3.50	0.6	18
试验 8#	80% 常规施肥量	80% 常规灌水量	0.674	3.49	0.3	33
试验 9#	不施肥	常规灌水量	0.201	0.73	0.1	19

稻田表层水 NH_3-N 平均浓度在施肥后的一段时间出现峰值，并随后呈现衰减趋势，不同水质水量模式情况下的稻田地表水 NH_3-N 平均浓度过程仅在量值上表现出差异，然而 TN 平均浓度的变化规律则表现出显著的不同。常规施肥量的 4 个试验小区地表水中 NH_3-N、TN、TP 平均浓度分别为0.69 mg/L、2.91 mg/L、0.85 mg/L，而80% 常规施肥量的 4 个试验小区，NH_3-N、TN、TP 平均浓度分别为 0.71 mg/L、3.01 mg/L、0.73 mg/L；减少施肥量后，NH_3-N、TN、TP 平均浓度下降 2.6%、13.5%、9.7%。不同试验方案下 COD 平均浓度的变化并没有显著的差异。

图 6-7 和图 6-8 分别比较了不同试验方案下土壤垂直剖面不同深度位置的 TN 浓度及 TP 浓度分布变化过程。

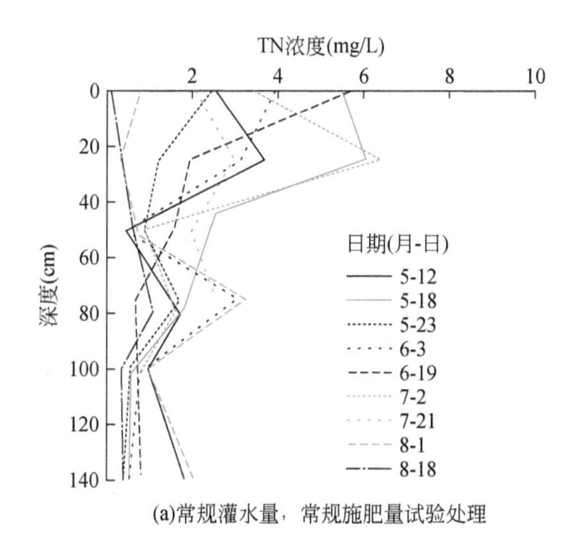

(a)常规灌水量，常规施肥量试验处理

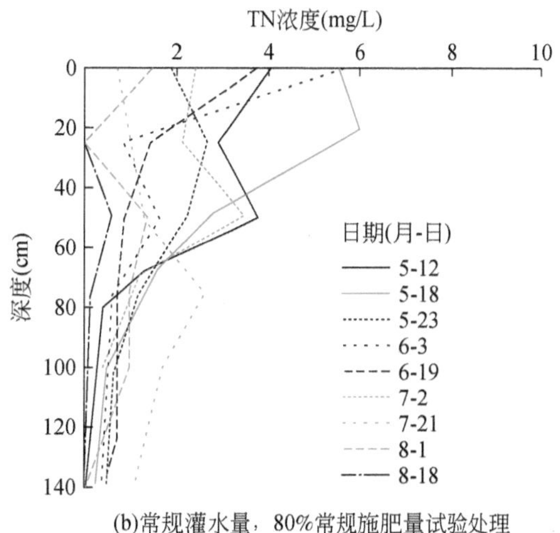

(b)常规灌水量，80%常规施肥量试验处理

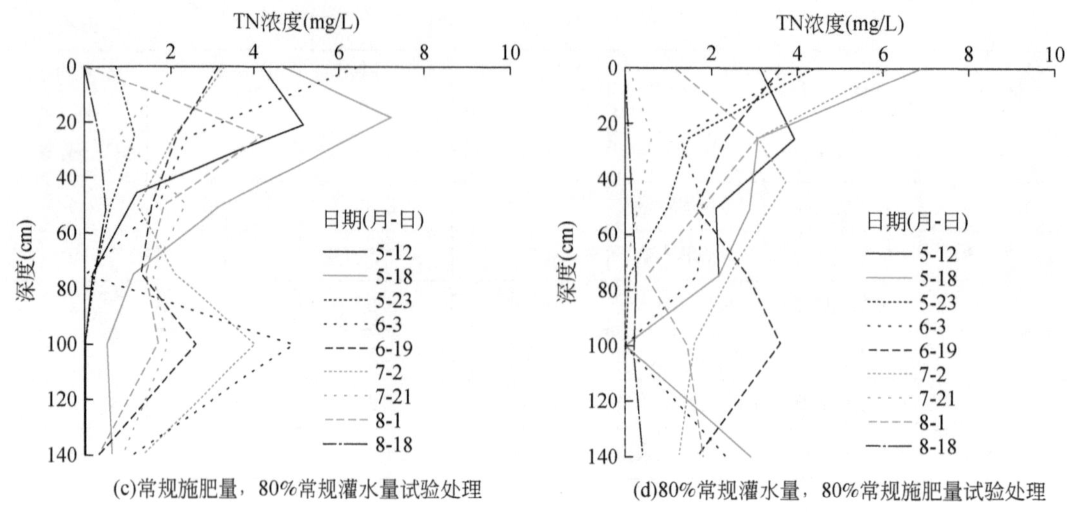

(c)常规施肥量，80%常规灌水量试验处理

(d)80%常规灌水量，80%常规施肥量试验处理

图 6-7　不同试验方案下土壤垂直剖面不同深度位置的 TN 浓度分布变化过程比较

TN 浓度在土壤垂直剖面 75 cm 深度和 140 cm 深度处都有较大的变化幅度，表明各种试验方案下，TN 可通过渗流排水，进入排水系统形成面源污染。比较各处土壤垂直剖面 75 cm 深度和 140 cm 深度处 TN 浓度的变化幅度可以看出，常规灌水量处理渗流排水中 TN 浓度大于 80% 常规灌水量处理（常规灌水量处理比 80% 常规灌水量处理的 TN 浓度值多 1. 12 kg/hm^2），常规施肥量处理进入地下水的 TN 浓度大于 80% 常规施肥量处理（0. 55 kg/hm^2），80% 基肥、20% 追肥进入地下水的 TN 浓度大于 60% 基肥、40% 追肥处理的 TN 浓度（0. 4 kg/hm^2）。

各种试验方案处理下，磷酸盐都有向下迁移的过程，但是迁移量很小，这是因为土壤颗粒对磷具有较强的吸附性，进入土壤的磷素大部分被土壤颗粒吸附，所以，土壤溶液中的溶解态磷（TP）浓度较低，这也导致了 TP 向下迁移的量很小，也正是磷素易被土壤颗粒吸附的特性，使得田间的磷素在施磷量不太大的情况下淋失量很小，灌水量越大（田间

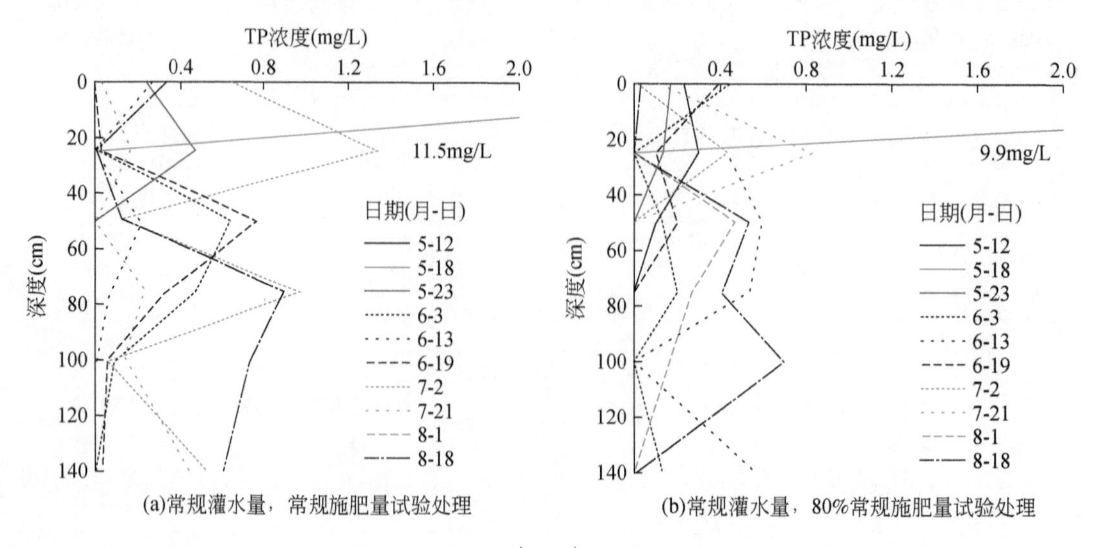

(a)常规灌水量，常规施肥量试验处理

(b)常规灌水量，80%常规施肥量试验处理

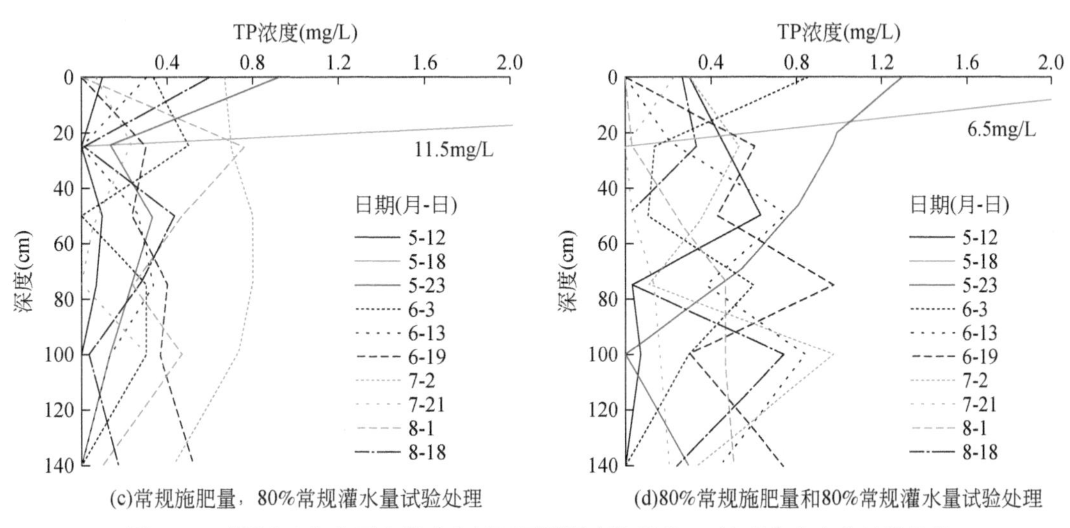

(c)常规施肥量，80%常规灌水量试验处理

(d)80%常规施肥量和80%常规灌水量试验处理

图 6-8 不同试验方案下土壤垂直剖面不同深度位置的 TP 浓度分布变化过程比较

水位越高)，则土壤向下渗流量越大，磷素淋失量越大（例如，常规灌水量处理比 80% 灌水量处理 TP 的淋失量大 14.7%）；施肥量越大，则土壤吸附的磷素总量越大，那么在反复的吸附–解吸过程中向下迁移的磷素量也越大（常规施肥处理比 80% 常规施肥处理多 29.7%）；施肥越不均匀，则达到吸附平衡时土壤溶液中的磷酸盐浓度越大，那么，随渗漏水淋失或者向下扩散的磷素量也越大。

（六）田间水质水量调控方案分析

综合考虑产量、面源污染潜力、灌区现状施肥和灌溉方式，推荐采用施肥量较现状情况减少 20%、分蘖前期减少一次灌水的水质水量优化调控方案，将分蘖后稻田淹水深度由现状的 10 cm 控制在 8 cm。以 2009 年为例，推荐水质水量调控模式如图 6-9 所示。

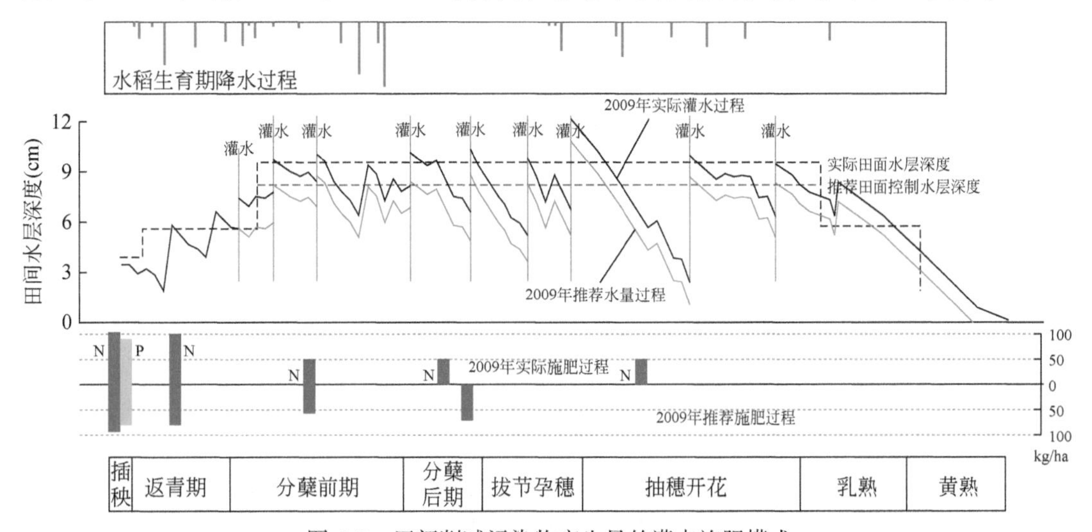

图 6-9 田间削减污染物产生量的灌水施肥模式

稻田田间氮肥和磷肥施肥量在水稻生育期分别控制在 200 kg/hm^2 和 120 kg/hm^2，在水稻泡田期、返青期、分蘖前期及分蘖后期分四次施肥。田间灌水采用浅水间歇灌溉模式，通过控制稻田水层深度削减田间面源污染。

三、生态沟渠系统沿程削减模式研究

农田退水支沟是水田区面源污染的主要汇集地，也是面源污染的重要削减地，其削减作用主要体现在：①土壤黏土矿物的吸附作用；②水生动植物的吸收、移出作用；③沉降、分解作用。

同时，输排水渠系也构成了灌区特有的生态系统。退水中营养盐浓度相对较高，为藻类生长提供了必要条件；藻类的生长为小型鱼类特别是水鸟、水禽的被食性鱼类提供了生存环境；退水渠道两侧及田间湿地也为水鸟、水禽提供了栖息、繁衍空间。灌区内鱼翔浅底、鸟飞田间的优美生态景观比比皆是。保护灌区生态环境，对减少营养盐入河量具有重要意义。

前郭灌区排水干沟有 11 条，长为 164.53 km；支沟有 104 条，长为 330.09 km，对削减农业污染水体具有重要作用。但由于多年来建设资金不足和建设理念落后等原因，灌区配套建设重输水渠道建设而轻排水渠道维护，使退水渠道得不到有效防护，在冻融和水力劈裂等作用下，滑坡、坍塌、淤积现象十分普遍，破损严重，渠型不整，影响退水、输水、削减污染物的能力。

因此，灌区退水渠道应满足如下要求：

（1）保持渠型稳定，尤其具有抗冻融滑坡、劈裂、坍塌的能力。

（2）保持水-土生态系统联系，尤其提供土壤黏土矿物吸附退水中农业污染物的能力。

（3）保持水岸生态系统基本功能的完整性和有效性，尤其提供挺水植物生存、生长环境。

（4）保持退水渠水岸生境的多样性，尤其是增强空间异质性程度，为被食性鱼类提供生存与繁衍空间。

示范工程采用混凝土材料和土工合成材料仿拟自然水岸树木根系，保护水岸的稳定，施工简捷，造价低廉，恢复生态。主要构造如图 6-11 所示。

（1）钢筋混凝土挂钩桩：仿拟垂直树桩，用打桩方式打入水岸地下。采用 C20 ~ C30 混凝土制成截面为方形或圆形，桩长度根据防护需要高度具体确定，一般为 1.0 ~ 2.0 m；桩的顶端预埋钢筋挂钩，用来钩挂仿拟树木须根系的土工格栅网。

（2）高强度土工格栅网，仿拟树木须根系，土工格栅的孔格尺寸为 30 ~ 40 mm，强度为 30 N/m 以上。

（3）反滤用无纺布，用于防止水岸土壤随水流流失。

（4）碎石生态保护层，将粒径 40 mm 左右的碎石填充到土工格栅与无纺布中间，起到防冲刷、保护水岸稳定的作用，同时构成水生动植物生长栖息空间。

（5）在水上碎石生态保护层上面，采用粒径为 20～30 mm 的无砂生态混凝土封顶，并在上面覆土，种植挺水植物。沟渠式人工湿地处理系统示意图如图 6-10 所示。

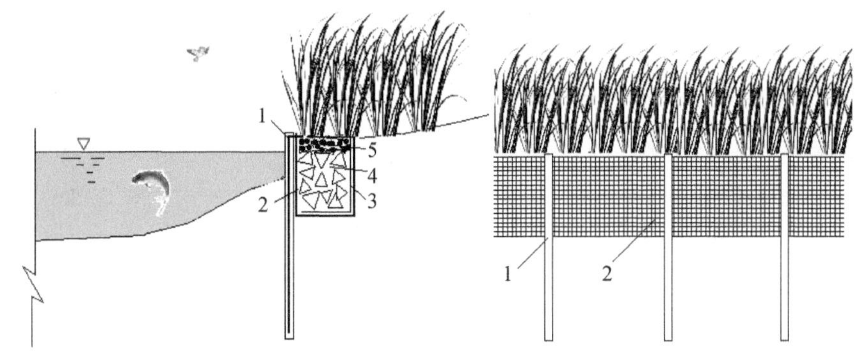

图 6-10　沟渠式人工湿地处理系统示意图

注：图中的 1～5 分别对应“主要构造”中的（1）～（5）

在入口断面和出口断面设置了水质观测断面，对水稻生育期内主要农田面源污染物在生态沟渠内的迁移、转化过程进行了监测。

图 6-11 比较了水稻生育期内面源污染沿程削减试验区主要面源污染负荷进口浓度过程和出口浓度过程，表 6-12 比较了水稻生育期内沿程面源污染削减实验区主要面源污染负荷进口和出口的平均浓度。

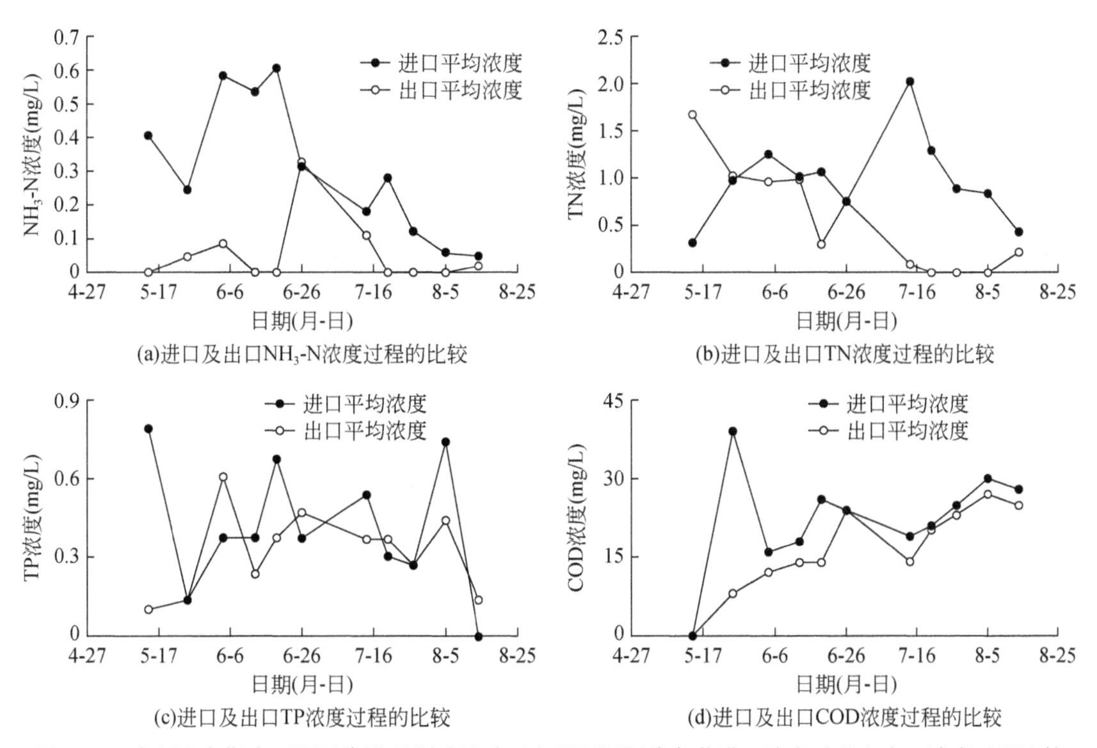

图 6-11　水稻生育期内面源污染沿程削减试验区主要面源污染负荷进口浓度过程和出口浓度过程比较

表 6-12　水稻生育期内面源污染沿程削减试验区主要面源污染负荷进口和出口的平均浓度

污染物	NH_3-N	TN	TP	COD
进口平均浓度（mg/L）	0.31	0.98	0.41	22.4
出口平均浓度（mg/L）	0.06	0.54	0.32	16.5
平均削减率（%）	80.6	44.9	21.9	26.3

前郭灌区主要包括干沟、支沟和斗沟三级排水系统，末级排水沟（斗沟）深度为1.2～1.5 m，底宽普遍在0.5 m左右，灌区有支沟104条，总长为330.09 km，排水支沟长普遍为2.5～4.5 km，底宽为1.5～2.5 m，排水干沟有11条，总长为164.53 km，排水总干即引松泄干（长为53.85 km）。在支沟内进行的利用沿程生态化渠系技术削减面源污染试验结果表明，在2.5 km的长度上，NH_3-N平均削减率为80.6%，TN的平均削减率为44.9%，TP和COD的平均削减率则分别为21.9%和26.3%。而对比条件下（灌区一般情况），排水沟道的平均削减率分别为44.3%（NH_3-N）、29.7%（TN）、14.8%（TP）及18.8%（COD）。对比灌区一般情况，沿程污染物削减能力分别提高1.82倍（NH_3-N）、1.51倍（TN）、1.48倍（TP）和1.40倍（COD）。

第四节　示范工程建设

一、示范区建设思路

农田面源污染水质水量调控示范区建设总体思路及内容如图6-12所示。针对农田（水

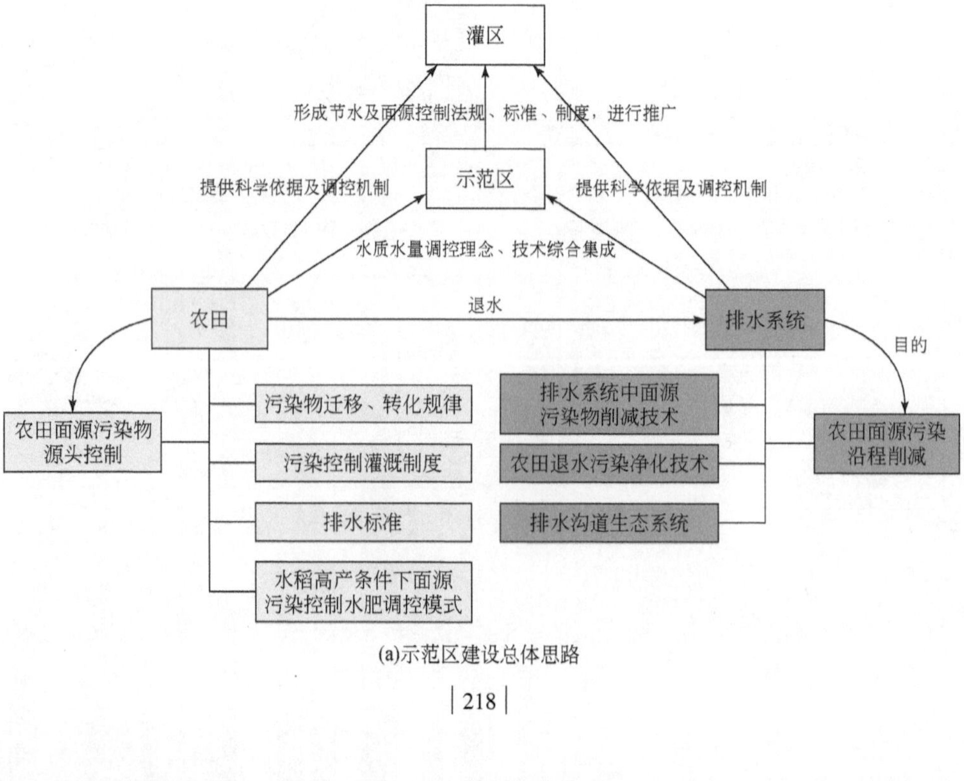

(a)示范区建设总体思路

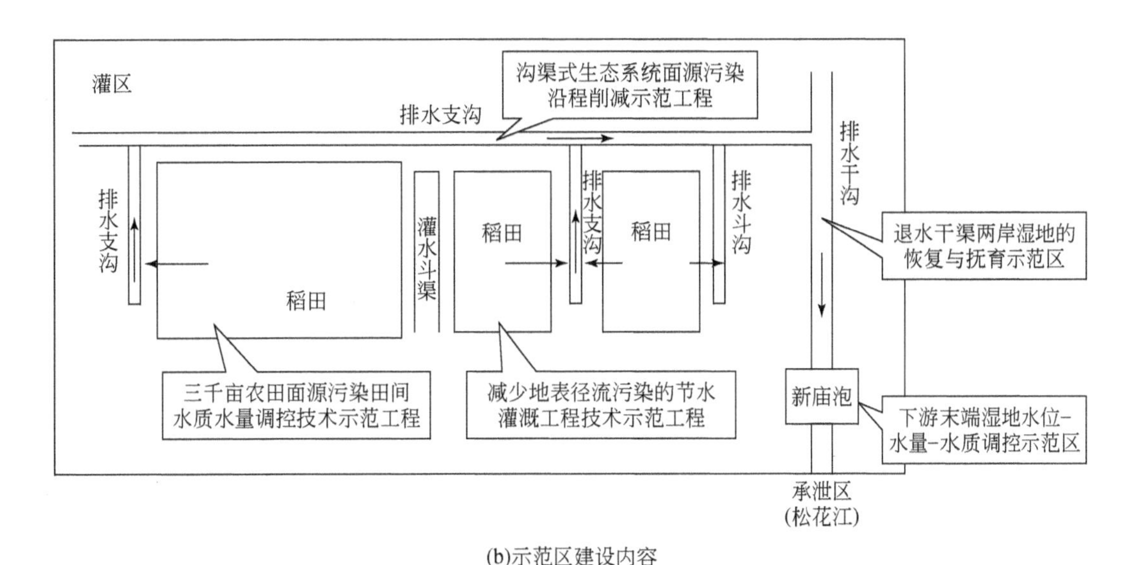

(b)示范区建设内容

图 6-12　农田面源污染水质水量调控示范区建设总体思路及内容

稻)，通过合理的灌溉制度，以及农业化肥施用方式和农田管理方式的结合，进行农田面源污染物的源头控制；针对排水系统，通过农田退水净化技术及生态系统，进行面源污染物沿程削减，在示范区内进行各种技术的综合集成与示范。农田和排水系统中的各项研究结果和示范成果为灌区范围内污染控制技术的推广及制度、法规与政策的制定提供样板和依据。

通过开展不同水质水量调控方案的试验研究，确定灌区最优水质水量调控模式，保证作物产量的情况下，最大幅度地削减农田面源污染排放量，从源头控制农田面源污染。农田面源污染物在各级排水系统迁移过程中，采用沿程生态化沟渠污染控制技术及末端湿地面源污染削减技术，进一步控制入河水体中的面源污染浓度与入河量，通过各种面源污染控制技术的集成，较现状情况削减主要农田面源污染负荷（TN、TP、COD）排放量 20% 以上。

二、田间水质水量调控技术示范

在示范区宣传和推广以基本不减少水稻产量、满足作物最佳需水量为前提条件的控制污染灌溉制度、控制污染水肥调控模式。在 2008～2009 年开展的农田面源污染背景调查与迁移、转化规律研究，防止农田面源污染的水肥优化调控技术研究的基础上，掌握灌区农田面源污染变化规律，提出了用水量减少、肥料利用率提高、经济与环境效益最优的水肥调控技术，并通过扩大示范面积，将研究成果推广落实到示范区农户。田间水质水量调控示范区示范工程布置如图 6-13 所示。

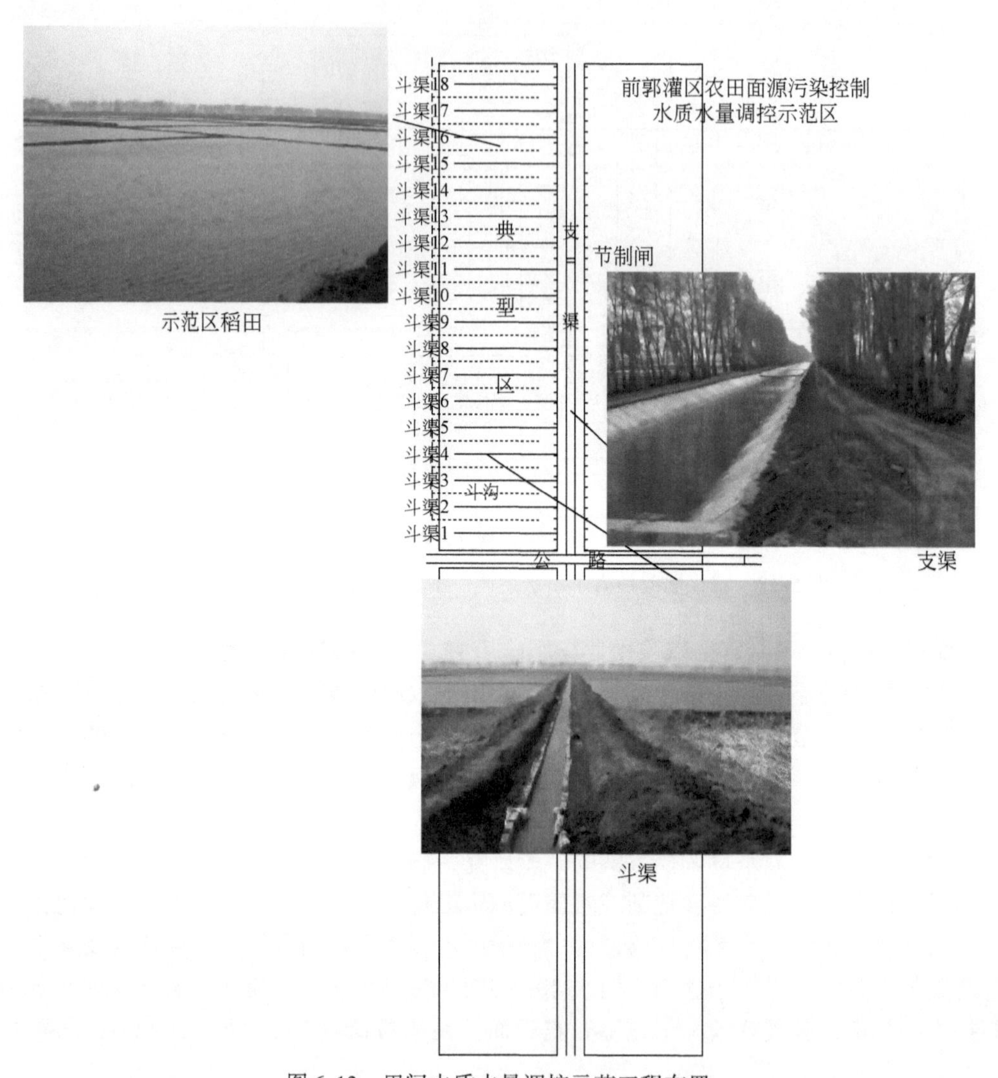

图 6-13　田间水质水量调控示范工程布置

为配合示范工程顺利开展，吉林省有关部门积极争取国家资金实行节水灌溉工程，并承诺将前郭灌区节水配套改造工程作为依托工程，提供 2700 万元作为配套资金。在吉林省水利厅的支持和资助下，结合前郭灌区节水配套改造项目建设，在前郭灌区开展了较大规模的节水灌溉减污工程，重点对选定的红光农场示范区进行了规范化的节水改造与农田面源污染水质水量调控工程示范：

（1）完善前期工作。吉林省水利厅以吉水技［2009］608 号文，批复了包括研究示范区的前郭灌区续建配套和节水改造工程项目；吉林省发展和改革委员会、水利厅以吉发改投资联［2009］689 号文，为前郭灌区安排灌区续建配套和节水改造工程资金 3500 万元，主要用于渠道防渗护砌及建筑物配套改造，辐射面积为 9.69 万亩。

（2）落实工程建设内容。示范工程布置在灌区 4 支渠的四斗渠、九斗渠控制的面积上，项目主要建设内容为支渠、斗渠、农渠的渠道衬砌，以及与渠道配套的相应渠系建筑物。田间水质水量调控示范工程建设内容见表 6-13。

表 6-13 田间水质水量调控示范工程建设内容

序号	建、构筑名称	单位	数量（个）
一	水闸工程	—	11
1	单孔进水闸 1.0×1.0	座	4
2	单孔进水闸 1.2×1.2	座	2
3	双孔进水闸 1.0×1.0×2	座	2
4	节制闸 1.0×1.0	座	1
5	节制闸 1.2×1.2	座	1
6	节制闸 1.2×1.5	座	1
7	农门	座	280
8	2 支渠闸出口消力池改造	座	1
二	桥	—	5
1	农道桥 8×5.6	座	4
2	农道桥 32×5.6	座	1
三	渠道衬砌	—	60 080
1	2 支渠衬砌工程	m	10 175
2	2 支渠四斗–八斗	m	16 670
3	农渠衬砌	m	30 310
合计	—	—	296

示范的主要工程技术措施包括：

（1）输水支渠的防渗护砌。对示范区的支渠、斗渠采用复合防渗膜–改性聚丙烯纤维混凝土板防护方式，其中，复合防渗膜为两步一膜，单位面积质量为 300 g/m^2，改性聚丙烯纤维混凝土板采用现浇方式。由于采用了改性聚丙烯纤维混凝土，抗折强度提高了 30%，抗冲击强度增加了 100%，可减少混凝土板厚度，综合节省工程造价 10% 左右。

（2）输水斗渠的防渗护砌。对进入示范田块的农渠，采用复合防渗膜–混凝土“U”形槽及塑胶板护砌方式，混凝土“U”形槽为预制，厚度为 5 cm。

2010 年水稻生育期内检测了示范区与灌区一般情况对照区内的水质和水量的变化过程。水稻生育期内示范区稻田地表水主要农田面源污染物浓度与灌区一般情况主要农田面源污染物浓度过程比较如图 6-14 所示。

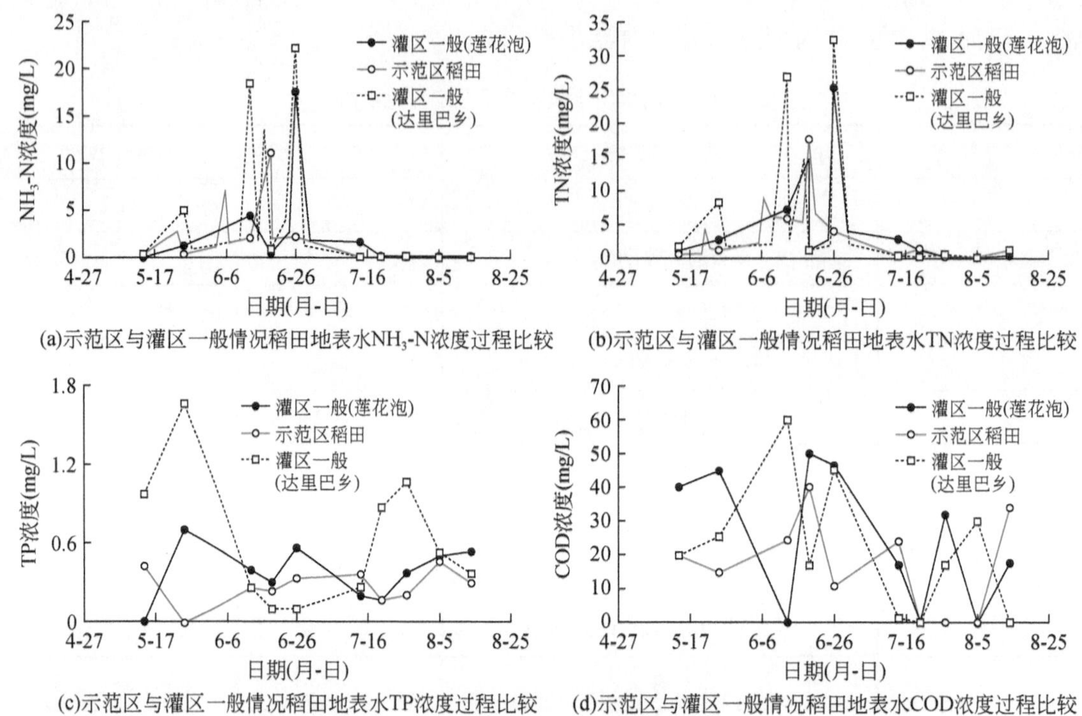

图 6-14　水稻生育期内示范区稻田地表水主要农田面源污染负荷浓度与灌区一般情况主要农田面源污染负荷浓度过程比较

表 6-14　示范区与灌区一般情况水稻生育期主要稻田地表水农田面源污染负荷平均浓度

农田面源污染负荷	NH_3-N（mg/L）	TN（mg/L）	TP（mg/L）	COD（mg/L）
示范区	1.15	1.96	0.27	16.3
灌区一般（莲花泡）	1.87	2.55	0.37	24.8
灌区一般（达里巴乡）	2.34	3.37	0.46	21.5
平均削减率（%）	45.3	33.7	34.9	29.5

三、沟渠式生态系统面源污染沿程削减示范

试验示范地点位于前郭灌区 2 干渠 7 支渠控制区内，长度为 1 km，已完成施工。这种以仿拟自然水岸树木根保护退水渠道水岸稳定的技术方式已经申报国家专利，吉林省水利厅有关部门同意在 2011 年适当时间对该技术方式进行单项技术鉴定，以便在全省灌区进行推广；同时这种技术方式也适用于小河流、湖泊水岸治理，在开展的“十二五”水专项专题项目中，也采用了该技术方式。

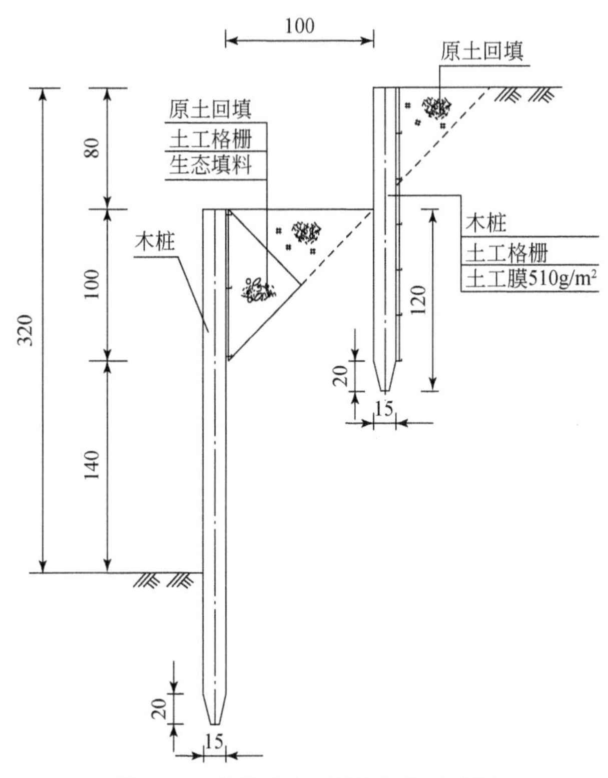

图 6-15　沟渠式人工湿地结构示意图

示范工程施工的具体技术方法为：

(1) 沿水岸岸线，每间隔 1.0 ~ 1.5 m，采用打桩和预埋等方式，将混凝土桩打入水岸边，露出高度一般比水面高出 200 ~ 500 mm。

(2) 在混凝土桩后挖沟，宽度为 0.5 m，深度根据防护要求确定，一般为 0.5 ~ 1.0 m。

(3) 将土工格栅挂在混凝土桩预设的钢筋挂钩上，并沿土沟呈“U”形展开。

(4) 将无纺布展开并铺设在沟底和相对背水侧的沟壁上。

(5) 将碎石块填满土工格栅形成的“U”形沟槽内。

(6) 用粒径为 20 ~ 30 mm 的无砂混凝土封盖碎石顶端，凝固后覆盖可耕作土壤，并栽种芦苇等挺水植物。

进口水质与出口水质监测对比结果表明，沿程削减技术对 TN 的平均削减率约为 45%，而对 TP 和 COD 的平均削减率则分别为 21.9% 和 26.3%。

四、退水干渠两岸湿地的恢复与抚育示范

前郭灌区排水干渠（引松泄干）总长为 53.8 km，宽为 50 m，平均水深为 2.5 m。始建于 1976 年，1984 年建成。原用于将西流松花江水引入查干湖，后改为前郭灌区退水干

渠。多年的年均退水量为 1.31 亿 m^3，占前郭灌区退水总量的 70% 以上。退水渠道两岸生长着以芦苇、香蒲为主的水生植物带，渠道下游两侧还有大片的芦苇湿地，末端为新庙泡湿地，面积约为 35 km^2。

前郭灌区农田面源污染的程度，直接影响引松泄干的水质、退水干渠两岸湿地的恢复与抚育，对沿程削减农田退水中的污染物、营养盐具有重要作用。引松泄干末段水质的改善，体现出对灌区面源污染的控制与治理效果。

引松泄干的水位、水量，除了在灌溉期间受灌区退水影响外，下游的新庙泡湿地水位对引松泄干有直接影响，在某种意义上，引松泄干也是下游新庙泡湿地的延伸。

引松泄干下游是对灌区农田面源污染退水进行生态化治理的示范工程区之一。其关键技术，是科学调控渠道内的水位、水量，提供良好的水生动、植物生境，保护和扩大引松泄干沿岸及两侧的芦苇湿地面积，增强水生生物的净化、利用、移出能力。

示范工程采取了如下措施：

（1）提高引松泄干水位，扩大挺水植物区面积，增加水生植物吸收、转化灌区退水面源污染物的能力。经过与下游查干湖国家级自然保护区管理局协商，将引松泄干末端的节制闸的控制水位由 130.5 m 提高至 131.0 m。提高运行水位后，引松泄干沿程水位都有不同程度的提高，两岸缓坡地带被水淹没，湿地面积增加。按引松泄干比降为 1∶12 800、两岸缓坡平均宽为 10 m 计算，相当于增加芦苇湿地面积：

$$S=L\times B$$

式中，L 为影响长度，$L=0.5\times 12\,800/1=6400$ m；B 为影响宽度，$B=10\times 2=20$ m，则增加芦苇面积 $S=6400\times 20=128\,000$ m^2，即仅渠道内就增加芦苇湿地面积约为 13 hm^2，排水渠道的水生态系统基本功能得到较大改善，在很大程度上提高了削减污染负荷、利用营养盐的能力。

（2）在引松泄干内实施禁渔措施。在引松泄干内形成由营养盐–浮游生物–鱼类构成的良性生态系统，提高鱼类摄食浮游生物、转移利用营养盐的能力，在吉林省渔业局的大力支持下，对引松泄干下达了三年禁渔令，有效地保护并抚育了引松泄干内的鱼类生长，增加了营养盐的转化、利用能力。

五、下游末端湿地水位–水量–水质调控示范

前郭灌区排水干渠（引松泄干）末端，为面积达 35 km^2 的新庙泡，其平均水深为 1.5 m，蓄水量约为 5500 万 m^3；新庙泡出口处设有节制闸（川头闸），可通过抬高水闸堰顶高程来调控新庙泡的水位–水量。周边挺水植物（芦苇、香蒲）茂盛，沉水植物（菹草）面积几乎占水面面积的 60% 以上。

新庙泡是前郭灌区排水干渠的末端和农田污染水体的汇集区。在新庙泡采用工程–生物–生态结合方式，联合调控新庙泡乃至排水干渠（引松泄干）的水量水质，是本研究的重点示范项目之一。

具体示范调控技术措施包括：

（1）抬高运行水位，增加芦苇湿地面积。在吉林查干湖国家级自然保护区管理局、新庙泡渔场的支持下，在新庙泡出口的川头闸采取了提高运行水位的水量水质调控的简易措施，将原来的运行水位由 130.5 m 提高至 131.0 m。这项措施获得了明显效果，在排水干渠进入新庙泡的入口附近新形成了 300 hm^2 的芦苇湿地，大大提高了新庙泡削减农田污染物、营养盐的能力，同时也提高了排水干渠水位，增加了干渠两侧的有效湿地面积。

（2）水位提高后的水岸防护。为保障这项调控手段的实施，保护水位提高后新庙泡水岸的稳定，新庙泡渔场还投入资金 384.2 万元，对 5 处因水位发生变化而受到影响的水岸进行护岸处理。末端湿地水岸防护工程建设内容见表 6-15。

表 6-15　末端湿地水岸防护工程建设内容　　单位：m

序号	工程名称	长度	长度
1	骆驼岗子至高家屯段块石护岸	80	86.0
2	莲花岛至十三家户段块石护岸	200	67.9
3	妙因寺屯至庙东屯段块石护岸	3 400	93.4
4	二龙山至地房子屯段块石护岸	2 800	76.9
5	庙东大坝块石护岸	300	60.0
合计		29 654	384.2

六、调控效果第三方监测

为系统监测示范区及前郭灌区在采取水质水量调控示范工程措施前后的效果，在前郭灌区排水干渠、下游新庙泡湿地设立水质监测点，位置分别在示范区下游 2.5 km 排水干渠、排水干渠出口（新庙泡湿地进口）、新庙泡湿地出口、辛甸泡。其中，部分取样点为吉林省水环境监测中心固定监测点。

在实施了水质水量调控示范工程措施后，排水干渠水质应当有明显好转，下游湿地水质应当达到如下要求：

$$\text{TN} \leqslant 1.5 \text{ mg/L}$$

$$\text{TP} \leqslant 0.1 \text{ mg/L}$$

$$\text{COD} \leqslant 28 \text{ mg/L}$$

自 2009 年至 2010 年 12 月，第三方监测排水干渠（引松泄干）出口标志性污染负荷浓度逐月变化趋势如图 6-16 所示；第三方监测排水干渠末端湿地标志性污染负荷浓度逐月变化趋势如图 6-17 所示。

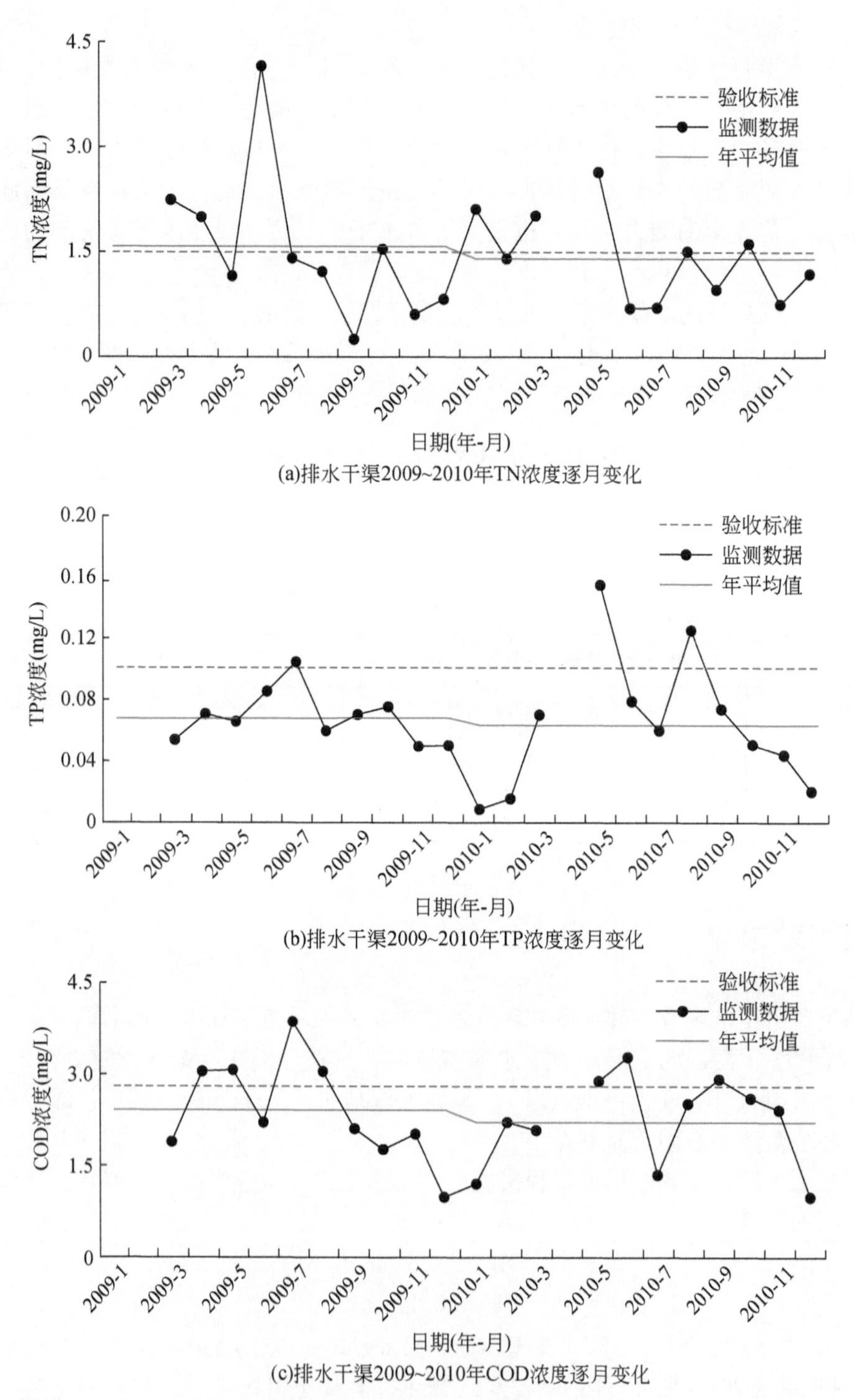

(a)排水干渠2009~2010年TN浓度逐月变化

(b)排水干渠2009~2010年TP浓度逐月变化

(c)排水干渠2009~2010年COD浓度逐月变化

图 6-16　第三方监测排水干渠（引松泄干）出口标志性污染负荷浓度逐月变化趋势

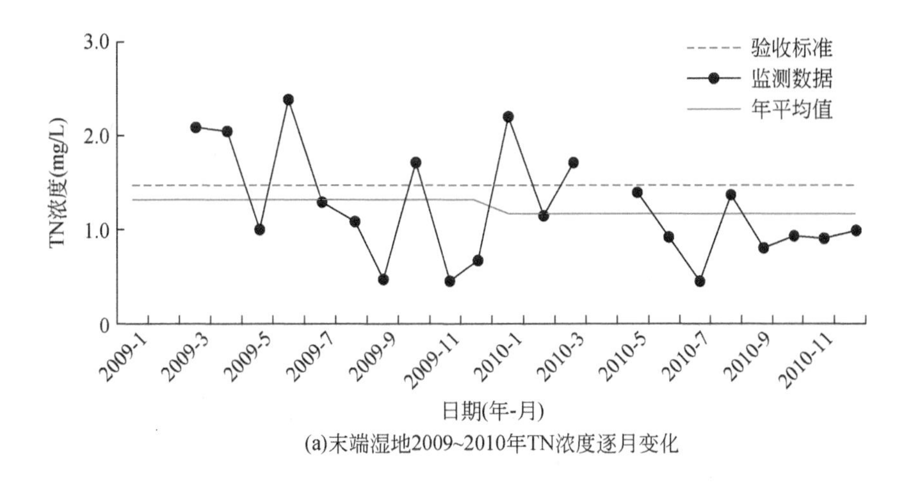

(a)末端湿地2009~2010年TN浓度逐月变化

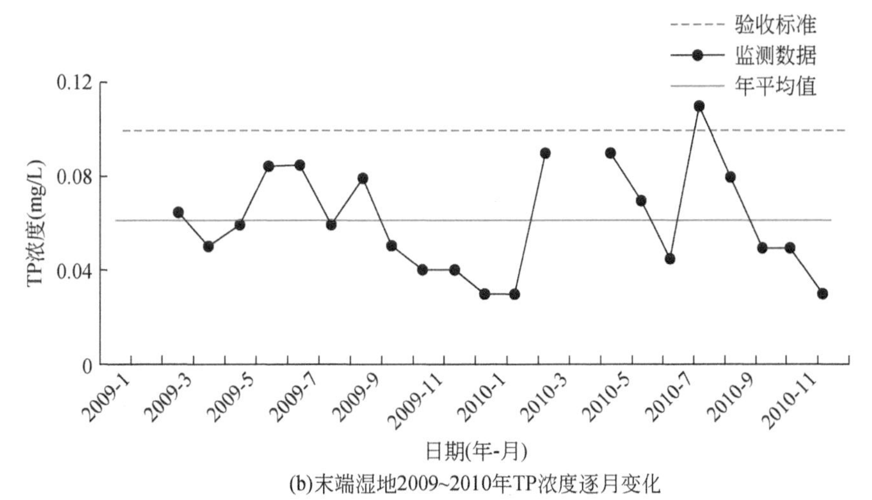

(b)末端湿地2009~2010年TP浓度逐月变化

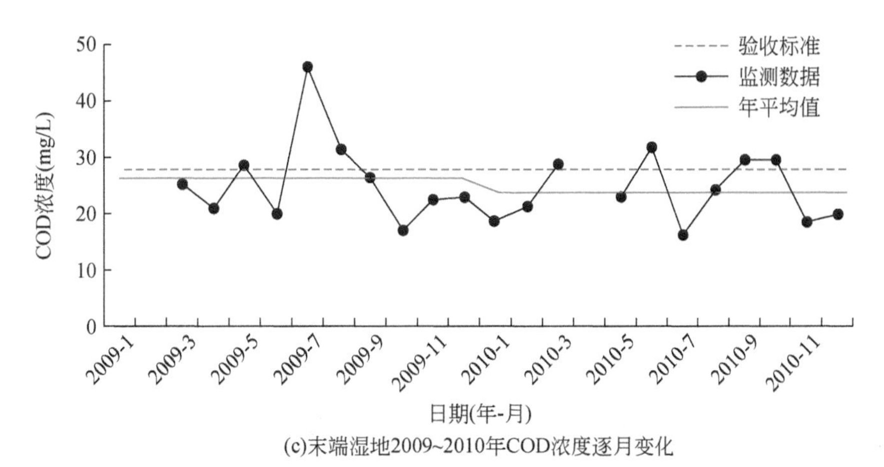

(c)末端湿地2009~2010年COD浓度逐月变化

图 6-17　第三方监测排水干渠末端湿地标志性污染负荷浓度逐月变化趋势

表 6-16 农田面源污染水质水量调控综合效果表

监测区间	排水干渠（引松泄干）			末端湿地（新庙泡）		
污染负荷	TN	COD	TP	TN	COD	TP
验收标准（mg/L）	1.5	28	0.1	1.5	28	0.1
2009 年平均值（mg/L）	1.55	24.12	0.07	1.35	26.25	0.06
2010 年平均值（mg/L）	1.42	22.38	0.06	1.19	23.95	0.06
较上年减少（%）	8.3	7.2	6.4	11.6	8.7	0.2
年低于标准（%）	5.3	20.1	35.9	20.5	14.5	38.6

实施包括下述技术的松花江农田面源污染水质水量调控与工程示范：①农田面源污染水质水量调控技术示范；②减少地表汇流污染的节水减污灌溉工程技术示范；③沟渠式人工湿地处理系统示范；④退水干渠两岸湿地的恢复与抚育示范；⑤下游末端湿地（新庙泡）的水位-水量-水质调控示范。

表 6-17 农田面源污染水质水量调控技术各环节调控效果

实施地点	主要水质水量调控措施	平均浓度削减率（%）	
农田	节水改造、续建配套工程措施与农田水肥耦合技术综合应用	NH_3-N	45.3
		TN	33.7
		TP	34.9
		COD	29.5
沿程	利用土壤黏土矿物的吸附作用，水生动植物的吸收、移出作用，沉降、分解作用，构建沟渠式生态系统	NH_3-N	80.6
		TN	44.9
		TP	21.9
		COD	26.3
末端	增大退水湿地面积及水生植物面积	NH_3-N	—
		TN	11.6
		TP	—
		COD	8.7

示范区的入河地表水质得到较明显改善。表 6-16、表 6-17 的结果表明：

（1）研究考核的各项面源污染负荷的浓度均得到不同程度的削减，年际之间呈下降趋势。

（2）到 2010 年底，各项水质考核参数均达到验收标准要求。

第五节 松花江流域农田面源污染调控效果预测

随着人们对面源污染问题的关注及污染控制技术的逐步推广，松花江流域污染将得到有效控制。结合前郭灌区示范区的农田面源污染源头控制、沟渠式生态系统面源污染沿程削减及末端湿地处理的综合水质水量调控技术体系研究成果，根据松花江流域水田面积变化，预测了松花江流域2015年和2020年的面源污染物排放情况，分析了调控技术控制的效果。

一、松花江流域农田面源污染预测

松花江流域农田灌区发展为我国粮食安全做出了重要的贡献，同时也付出了巨大的水资源、水环境和水生态代价，农田面源污染已成为松花江水环境的主要污染来源之一。

国务院通过的《全国新增1000亿斤粮食生产能力规划（2009－2020年）》中，吉林省、黑龙江省承担着150多亿千克的粮食增产任务，占全国新增粮食的1/3。其中，通过的《吉林省增产百亿斤商品粮能力建设总体规划》，计划用五年左右时间，投资260亿元，建设十大工程和29个项目，使吉林省粮食生产能力提高50亿kg以上；《黑龙江省千亿斤粮食生产能力战略工程规划》的目标是到2012年增产粮食116.5亿kg，粮食生产能力达到500亿kg，商品粮达350亿kg以上。吉林省、黑龙江省规划新增水田面积近1000万亩，使水田总面积达到5600万亩。水田规模的大发展，将给松花江水污染治理带来更大的压力。

如果仍然按照目前的农田管理和农村用水模式，预计2020年农田面源污染中TN、TP和COD入河量将分别达到46.4万t、11.4万t和133.6万t，比现状分别增加8.72万t、2.06万t和24.18万t。农业规模尤其是水田灌溉面积的大幅扩张和粗放的管理方式，将给松花江水环境带来较大的影响。

二、农田污染源头控制对面源污染的影响

预测实施田间控制措施后面源污染负荷削减量见表6-18，各类面源污染负荷的削减率见表6-19。

表6-18　实施田间控制措施后面源污染负荷削减量　　单位：t

行政区	2015年			2020年		
	TN	TP	COD	TN	TP	COD
呼伦贝尔市	583	144	1 681	1 755	447	4 426
兴安盟	621	153	1 789	1 917	488	4 834
通辽市	0	0	0	0	0	0
大庆市	434	107	1 251	1 089	277	2 745
大兴安岭地区	1	0	3	2	0	5
哈尔滨市	4 403	1 083	12 686	11 300	2 879	28 497
鹤岗市	1 184	291	3 410	3 456	881	8 716
黑河市	221	54	638	576	147	1 453

续表

行政区	2015 年			2020 年		
	TN	TP	COD	TN	TP	COD
鸡西市	2 259	556	6 508	6 742	1 718	17 004
佳木斯市	2 797	688	8 057	7 834	1 996	19 756
牡丹江市	265	65	764	710	181	1 791
七台河市	115	28	332	311	79	784
齐齐哈尔市	1 239	305	3 569	3 465	883	8 738
双鸭山市	1 611	396	4 642	4 420	1 126	11 148
绥化市	2 881	709	8 300	7 512	1 914	18 944
伊春市	1 174	289	3 382	2 992	762	7 545
长春市	2 220	546	6 394	6 813	1 736	17 182
吉林市	1 599	393	4 606	4 051	1 032	10 216
四平市	640	157	1 844	1 622	413	4 091
辽源市	667	164	1 923	1 701	433	4 291
通化市	394	97	1 135	985	251	2 484
白山市	187	72	847	738	188	1 861
松原市	669	165	1 929	2 009	512	5 068
白城市	1 242	306	3 579	4 004	1 020	10 097
延边朝鲜族自治州	646	159	1 862	1 612	411	4 065
抚顺市	199	49	572	496	126	1 252
合计	28 251	6 976	81 703	78 112	19 900	196 993

表 6-19　实施田间控制措施后面源污染负荷削减率　　单位:%

年份	污染负荷占面源污染负荷总量比例			污染负荷占农田面源污染负荷比例		
	TN	TP	COD	TN	TP	COD
2015	1. 43	1. 48	1. 25	6. 69	6. 93	5. 86
2020	3. 65	3. 78	3. 19	16. 85	17. 45	14. 75

三、沟渠式生态系统面源污染沿程削减措施对面源污染的影响

根据示范区研究结果，沟渠式生态系统面源污染沿程削减措施对 TN 的平均削减率约为45%，对 TP 和 COD 的平均削减率则分别为21. 9%和26. 3%。2020 年 50%的农田灌溉退水采用农田面源污染综合调控技术情况下，预测得到实施沟渠式生态系统面源污染沿程削减措施后面源污染负荷的削减量见表 6-20，面源污染负荷削减率见表 6-21。

表 6-20 实施沟渠式生态系统面源污染沿程削减措施后面源污染负荷削减量 单位：t

行政区	2015 年			2020 年		
	TN	TP	COD	TN	TP	COD
呼伦贝尔市	726	87	1 234	2 256	270	3 817
兴安盟	773	92	1 314	2 413	288	4 094
通辽市	0	0	0	0	0	0
大庆市	541	65	919	1 380	165	2 338
大兴安岭地区	1	0	2	3	0	4
哈尔滨市	5 484	655	9 316	13 036	1 552	22 380
鹤岗市	1 474	176	2 504	3 944	469	6 782
黑河市	276	33	469	668	80	1 146
鸡西市	2 813	336	4 780	7 537	896	12 998
佳木斯市	3 483	416	5 917	8 863	1 054	15 259
牡丹江市	330	39	561	859	102	1 465
七台河市	144	17	244	372	44	635
齐齐哈尔市	1 543	184	2 621	4 343	519	7 373
双鸭山市	2 007	240	3 409	5 049	601	8 680
绥化市	3 588	428	6 095	9 027	1 077	15 410
伊春市	1 462	175	2 484	3 427	408	5 890
长春市	2 764	330	4 696	7 991	952	13 687
吉林市	1 991	238	3 382	4 607	548	7 926
四平市	797	95	1 354	1 976	236	3 367
辽源市	831	99	1 412	2 007	239	3 435
通化市	491	59	833	1 111	132	1 913
白山市	233	44	622	930	111	1 577
松原市	834	100	1 416	2 466	294	4 197
白城市	1 547	185	2 629	4 745	566	8 116
延边朝鲜族自治州	805	96	1 368	1 873	223	3 212
抚顺市	247	30	420	552	66	952
合计	33 114	3 975	56 532	85 383	10 169	14 6400

表 6-21 实施沟渠式生态系统面源污染沿程削减措施后面源污染负荷削减率 单位:%

年份	污染负荷占面源污染负荷总量比例			污染负荷占农田面源污染负荷比例		
	TN	TP	COD	TN	TP	COD
2015	1. 82	0. 88	1. 07	9. 00	4. 38	5. 26
2020	4. 43	2. 15	2. 62	23. 72	11. 57	13. 76

注：该削减率是在实施田间控制措施后进一步的削减率

四、污染控制措施对面源污染的影响

表6-22为采取田间控制措施和生态沟渠措施后对面源污染削减带来的影响，另外，根据示范区研究结果，末端湿地处理措施还会对污染物进行一定的削减。

表6-22　实施田间控制措施和生态沟渠措施后面源污染负荷削减量

项目	2015年			2020年		
	TN	TP	COD	TN	TP	COD
采取田间控制措施（万t）	2.81	0.69	8.11	7.81	1.99	19.70
采取生态沟渠措施（万t）	3.51	0.42	6.00	9.14	1.09	15.66
面源污染负荷削减总量（万t）	6.32	1.11	14.11	16.95	3.08	35.36
占水田面源污染负荷比例（%）	15.1	10.8	11.6	36.6	27.0	26.5
占面源污染负荷总量比例（%）	3.0	2.1	2.3	7.9	5.6	5.7

注：增加量均是与2010年比较结果

通过对面源污染控制的效果分析可知，本研究提出的生态手段可有效削减农田面源污染负荷。若在全流域全面推广该项技术，2015年松花江流域TN、TP和COD污染负荷削减量分别为6.32万t、1.11万t和14.11万t，占农田面源污染负荷的15.1%、10.8%和11.6%，综合削减率为12%；2020年TN、TP和COD污染负荷削减量分别为16.95万t、3.08万t和35.36万t，分别占农田面源污染负荷的36.6%、27.0%和26.5%，综合削减率为30%。

考虑到农田面源污染控制技术推广的难度，2020年按照50%的农田灌溉退水采用农田面源污染水质水量联合调控技术分析，TN、TP和COD污染负荷削减量分别为8.48万t、1.54万t和17.68万t，分别占农田面源污染负荷的18%、14%和13%，综合削减率为15%。

第六节　小　　结

本章以前郭灌区为典型，对松花江流域农田灌区面源污染开展了系统的调查，于2009年和2010年开展了系统的农田面源污染水质水量调控试验，与面源污染迁移、转化、汇集规律监测及面源污染机理模拟研究，形成了系统的农田面源污染水质水量调控技术模型。在此基础上，进行了农田面源污染水质水量调控技术、沟渠式生态系统面源污染沿程削减技术及末端湿地削减技术综合示范。

通过对不同灌水、施肥方式情况下的产量、污染过程的比较，以及灌区现状施肥灌水方式的总结比较，提出源头控制农田面源污染灌溉制度及施肥方式。对比分析表明，相比灌区现状灌溉施肥方式，减少TN、TP和COD排放量分别为33.7%、34.9%和29.5%。利用人工仿拟自然水岸树木根保护退水渠道水岸稳定技术削减沿程面源污染物浓度。示范区进口水质与出口水质监测对比表明，沟渠式生态系统面源污染沿程削减技术对 TN 的平均削减率约为 45%，而对 TP 和 COD 的平均削减率则分别为 21.9% 和 26.3%。在灌区退水出口开展面源污染末端湿地削减技术示范。采取提高运行水位的水量水质调控措施，将末端湿地运行水位提高 0.5 m。在排水干渠出口形成了 300 hm^2 的芦苇湿地，极大地提高了末端湿地削减农田面源污染负荷的能力，第三方监测结果表明，各项面源污染负荷的浓度均得到不同程度的削减。

考虑到农田面源污染控制技术推广的难度，2020 年按照 50% 的农田灌溉退水采用农田面源污染水质水量联合调控技术分析，TN、TP 和 COD 污染负荷削减量分别为 8.48 万 t、1.54 万 t 和 17.68 万 t，分别占农田面源污染负荷的 18%、14% 和 13%，综合削减率为 15%，可大部分抵消灌溉面积增长带来的污染负荷增加量。

第七章 松花江干流水库群面向突发性水污染事件应急调度技术及决策支持系统

目前，我国突发性水污染事件频发，近年来每年发生水污染事件近900起，平均每天2~3起，造成了重大的社会经济损失，甚至威胁了城市供水安全。松花江流域沿岸的吉林市、松原市和齐齐哈尔市等城市是东北地区重要的化工基地，容易造成突发性水污染事件。例如，2005年的松花江水污染事件和2010年的化工桶污染事件，严重影响了沿岸正常的生产和生活，造成了重大的经济损失和生态环境破坏。

为了提高应对突发性水污染事件的应急能力，充分发挥水利工程的调控作用和效果，本研究开展了松花江干流水库群面向突发性水污染事件的应急调度技术研究与决策支持系统的开发研究，具体研究内容包括：①应急调度目标与原则；②应急机制与补偿机制研究；③干流水库群联合调度模型；④干流水库群联合调度决策支持系统。

第一节 突发性水污染事件剖析

一、水污染事件概述

水污染事件指含有高浓度污染物的液体或者固体突然进入水体，使某一水域的水体遭受污染从而降低或失去使用功能并产生严重危害的现象。突发性水污染事件对人类健康及生命安全造成巨大威胁，其危害制约着生态平衡及社会经济的发展。突发性水污染事件主要是由水、陆交通事故，企业违规或事故排污，以及管道泄漏等造成的。近年来发生的部分重大突发性水污染事件案例见表7-1。

表7-1 近年来发生的部分重大突发性水污染事件案例

时间	事件	事件概况
1994.7	淮河水污染事件	1994年7月，淮河上游因突降暴雨而采取开闸泄洪的方式，将积蓄于上游一个冬春的2亿m^3水下泄。水经之处河水泛浊，河面上泡沫密布，鱼虾全无
2002.10	南盘江水污染事件	南盘江柴石滩以上河段发生严重的突发性水污染事件，造成上百吨鱼类死亡，下游柴石滩水库3亿m^3水体受到污染
2002.11	陕西延河污染事件	陕西省安塞区境内山体滑坡导致输油管断裂，50多吨原油流入延河干流

续表

时间	事件	事件概况
2003.12	“12.11”砒霜泄漏污染事件	广西壮族自治区金秀瑶族自治县一辆载有20 t砒霜的货车发生翻车事件，约7 t砒霜进入河道，约有600 kg砒霜泄漏
2003.12	“12.29”溢油事件	进港集装箱船“永安州1”轮与出港油轮“兴通油2”（载有2000 t 4号柴油）在广州伶仃水道13号、14号灯浮附近水域主航道发生碰撞，导致“兴通油2”轮右舷6#破损，溢油近100 t，水域受到严重污染
2004.2～2004.3	沱江“3.02”特大水污染事故	2004年2月底3月初，由于川化股份有限公司第二化肥厂事故排放，四川沱江遭受严重污染，沿岸80多万居民、上千家企业受到影响，内江断水26天，造成2.19亿元的经济损失
2004.6	龙川江楚雄段水污染事件	楚雄市龙川江发生严重镉污染事件，楚雄水文站点、智民桥和黑井等断面的总镉超标36.4倍。硫酸厂、海源锌业公司、滇东冶炼厂的入河污水是造成此次镉污染事件的主要污染源
2005.11	松花江重大水污染事件	2005年11月13日，中国石油吉林石化公司双苯厂苯胺二车间发生爆炸事故。事故产生的约100 t苯、苯胺和硝基苯等有机污染物流入松花江
2007.5	太湖蓝藻事件	2007年5月，太湖蓝藻暴发导致无锡市饮用水源被污染
2007.8	富春江污染事件	2007年8月，杭州富阳市①一辆汽车运输车发生翻车事故，部分汽油流入富春江
2008.7	一级备用水源污染事件	2008年7月，大雨将垃圾冲进尖岗水库，郑州市一级备用水源被污染
2010.7	松花江原料桶水污染事件	2010年7月28日，受洪水影响，吉林省吉林市永吉县新亚强化工厂7000多只装有三甲基一氯硅烷的原料桶（每只160～170 kg）被冲到河里

注：① 2014年12月13日，经国务院批准，撤销富阳市，设立杭州市富阳区。

二、突发性水污染事件分类与特点

（一）水污染事件分类

1. 水污染物分类及分布

通常认为水体因人类活动使某种物质介入而导致其化学、物理、生物或者放射性等方面特性改变，从而影响水的有效利用，危害人体健康，或者破坏生态环境，造成水质恶化的现象是水污染。可见，造成水污染事件的污染源，按照属性可分为物理性污染源、化学性污染源和生物性污染源。水污染物分类见表7-2。

表 7-2　水污染物分类

类型			主要污染物
化学性污染物	无机无毒物	微量元素	Fe、Cu、Zn、Ni、V、Co、Se、B 和 I 等
		酸、碱、盐污染物	HCl、SO^{2-}、HS^-和酸雨等
		硬度	Ca^{2+}、Mg^{2+}
	需氧无机物（有机无毒物）		碳水化合物、蛋白质、油酯、氨基酸和木质素等
	有毒物质	重金属	Hg、Cr、Cd、Pb 和 As 等
		非金属	F、CN^-、NO_2^-
		有机物	酚、苯、醛、有机磷农药、有机氯农药、多氯联苯、多环芳烃、芳香烃
	油类污染物		石油等
生物性污染物	营养性污染物		有机氮、有机磷化合物、NO_3^-、PO_4^{3+}和 NH_4^+等
	病原微生物		细菌、病毒、病虫卵、寄生虫、原生动物和藻类等
物理性污染物	固体污染物		溶解性固体、肢体、悬浮物、尘土和漂浮物等
	感官性污染物		H_2S、NH_3、胺、硫、醇、燃料、色素、肉眼可见物和泡沫等
	热污染		工业热水等
	放射性污染物		^{238}U、^{232}Th、^{226}Ra、^{90}Sr、^{137}Cs和^{289}Pu等

2. 突发性水污染事件分类

按照污染物的性质及经常发生的方式，突发性水污染事件可以分为四大类：①剧毒农药和有毒有害化学物质泄漏事故（如 DDT、乐果和氰化钾等）；②溢油事故（如油罐车泄漏和油船触礁等）；③非正常大量排放废水事故（如化工厂废水和矿业废水等）；④放射性污染事故（如放射性废料渗出）。

按照突发性水污染事件发生的水域可分为河流污染、湖泊污染、水库污染、河口污染和海洋污染等事件；按发生范围可分为整个水域（如整个水库）和局部水域（如河道岸边）污染事件。

（二）突发性水污染事件特点

突发性水污染事件主要由水、陆交通事故，企业排放和管道泄漏等造成，其特点表现为突发性、扩散性、长期性和危害性。

（1）不确定性。主要表现为：①发生时间和地点的不确定性；②事件水域性质的不确定性；③污染源的不确定性；④危害的不确定性。

（2）流域性。水体被污染后呈条带状，线路长，危害容易被放大。

（3）影响的长期性和处理的艰巨性。大型流域，由于水体容量大，处理难度相当大，很大程度上依靠水体的自净作用减缓危害，这对应急监测、应急措施的要求更高。

（4）应急主体不明确。许多突发性水污染事件不能被人们直接感知（如看到、闻到)，且污染物随流输移，造成“事件现场”的不断变化，在输移扩散的过程还可能因为各种水力因素的作用而产生脱离，出现多个污染区域。这直接造成了应急主体不明确。

三、污染物性质及危害

按照污染物的分类，对其主要性质和主要危害进行了分析，具体见表7-3和表7-4。

表7-3　污染物主要性质

类型				性质及特点
化学性污染物	无机污染物	无毒	酸碱盐类	易溶于水（如盐酸、硫酸、硝酸、磷酸、氢氟酸和高氯酸等）
		有毒	非金属	溶于水（如氰化钠、氰化钾等）；相对密度（水=1）大于1，微溶于水，溶于氢氧化钠水溶液（如三氧化二砷（砒霜）和五硫化二磷等）；相对密度（水=1）大于1，溶于苯、乙醚、二硫化碳、四氯化碳（如三氯化磷等）
			重金属	在水中不能被分解，与水中的其他毒素结合生成毒性更大的有机物
	有机污染物	无毒	需氧有机物质	易于被生物降解，向稳定的无机物转化
		有毒	易分解有机毒物	相对密度（水=1）大于1，不溶于水或微溶于水，溶于乙醇、乙醚等（如硝基苯、氯苯、苯胺类、酚类化合物和醌类化合物等）；相对密度（水=1）小于1，不溶于水或微溶于水，溶于乙醇和乙醚等（如苯、甲苯、乙苯、苯乙烯与丙烯腈等）
			难分解有机毒物	难降解（如有机氯农药和多氯联苯等）
	油类污染物			漂浮于水面，形成油膜

表7-4　污染物主要危害

类型				主要危害
化学性污染物	无机污染物	无毒	酸碱盐类	会使水体的pH发生变化，抑制或杀灭细菌和影响其他微生物的生长，妨碍水体的自净作用
		有毒	非金属	可通过饮水或食物链引起生物或人类急性和慢性中毒
			重金属	汞、镉、铬、铅和砷（五毒重金属），这些重金属污染水体，同时也污染水中生物
	有机污染物	无毒	需氧有机物质	需氧有机物使水中溶解氧大幅度下降
		有毒	易分解有机毒物	水体受污染后，会引起各种疾病（如血液病、癌症等），其对动植物和人体都有强烈的致癌和致肿作用
			难分解有机毒物	不易氧化、水解并难于生化分解；能毒死幼鱼和虾类，或在成鱼体内累积，使其繁殖力衰减，影响胚胎发育和鱼苗成活率
	油类污染物			进入水体后漂浮于水面，形成油膜，阻止水面复氧，妨碍浮游生物的光合作用，使水体自净能力下降，水质恶化

续表

类型		主要危害
生物性污染物	营养性污染物	易造成“富营养化”，对湖泊及流动缓慢的水体易造成危害
	病原微生物	生活污水、畜禽饲养场污水及制革、洗毛和医院等排放的废水
物理性污染物	固体污染物、感官性污染物、热污染	有机物的生化降解耗用水中溶解氧而导致水体缺氧；影响鱼类的生存和繁殖，加速某些细菌的繁殖，以及助长水草丛生等
	放射性污染物	可以附着在生物体表面，也可进入生物体蓄积起来，还可通过食物链对人产生内照射

第二节　松花江水污染风险识别与调控措施

一、风险识别

突发性水污染事件危险源（风险源）定义为“可能由泄漏、爆炸和火灾等原因导致危险物质破坏水环境质量的生产装置、设施、运输工具或场所”。可能造成突发性水污染事件的主要危险源分类见表 7-5。

表 7-5　突发性水污染事件主要危险源

分类	危险来源	危害物质
水上运输	船舶、码头	石油类、有毒有害化学物质
陆地运输	汽车	—
	火车	—
	石油管道	石油
固定源	油田、炼油厂	石油
	化学、药品企业	有毒有害化学物质
	燃料、纸浆厂	有机污染物
	金属冶炼厂	酸碱、重金属
	核设施	放射性物质
面源	农田、林地和果园等	农药、有机污染物

注：有毒有害化学物质指被列入《危险货物品名表》（GBl 2268—2012）《危险化学品名录（2015 版）》《国家危险废物名录（2016 版）》中的剧毒、强腐蚀性、强刺激性、放射性、致癌和致畸等物质

通过对松花江干流主要类型的风险源的调查分析，并根据风险源的类型、规模和可能的污染物进行了风险分级，将这些风险源分为高危、较高、一般和较低四种类型，研究区域内共有风险源 202 处（包括主要工业企业排污口、陆地交通和水上交通等），其中，西流松花江流域有风险源 97 处，嫩江流域有风险源 29 处，松花江干流流域有风险源 76 处。高危风险源有 27 处，较高危风险源有 60 处，一般风险源有 49 处，较低风险源有 66 处。

根据主要风险源的调查结果，考虑其集中程度和造成污染事件的可能性，划分出了六

个高危风险区：

（1）吉林市，主要潜在风险为以中国石油吉化公司为代表的化工企业。

（2）松原市，主要潜在风险为石油公司及相关企业。

（3）齐齐哈尔市，主要潜在风险为氧化塘等市政污水及因交通事故导致的污染等。

（4）富拉尔基区，主要潜在风险为黑龙江黑化集团有限公司与热电厂。

（5）哈尔滨市，主要潜在风险为交通和市政排污等。

（6）佳木斯市，主要潜在风险为化工厂和造纸厂等。

二、保护目标调查与分析

根据保护目标的类型，可分为水源地（取水口）、水功能区和重要断面等。通过调查分析，松花江干流共有水源地35处，一级水功能区20个，二级水功能区32个，重要的省界、国界、水文和城市等断面11个。

其中，重要断面主要包括省界和国界等断面，松花江干流重要断面包括：

（1）省界断面。主要包括石桥，出吉林断面；下岱吉，入黑龙江断面。

（2）国界断面。主要包括同江，松花江汇入黑龙江断面。

（3）其他重要断面。主要包括水文站点或城市控制断面（如吉林、松原下、哈尔滨、佳木斯、齐齐哈尔、江桥、扶余和大赉等）。

当突发性水污染事件发生时，不同类型的保护目标的级别是不一样的，根据保护目标的重要程度可以进行如下分类：根据水的功能和用途分为城镇用水水源地（自来水厂水源地）、工业用水水源、农业用水、生态环境用水及航运等用水；根据供水规模、用水人口和灌溉面积等可将保护目标分成若干级别，本研究对这些保护目标进行了分级（表7-7）。

三、调控措施分析

根据不同污染物的特点及水利工程的特点和作用，将水利工程应对突发性水污染事件的作用或调蓄方法分为拦（蓄）、冲（泄）、引（排）和综合调控四种。

（一）拦（蓄）

拦（蓄）水流是水库的最基本功能，对受到污染的水体同样可以采用拦（蓄）的办法。该方法的适用情况包括以下几种：

（1）污染事件发生于水库的上游，并且水库不肩负重要供水任务时。

（2）水库拦（蓄）后可以短期通过物理或化学方法处理污染物时。

（3）可以通过引水渠道或滞洪区把污水引走时。

（4）水库下游河流出国境，但是水质严重超标将会引起或可能引起国际争端时。

代表污染物为有毒有机物（酚、苯、醇、醛、多环芳烃、芳香烃或有机农药等）、有毒无机物（氰化物、氟化物、硫化物或重金属等）及放射性物质。

（二）冲（泄）

当污染水体对水库相联系的供水、生态环境或社会经济造成重大影响或威胁，并且采取冲或排的策略不至于引起下游更大损失的，可以采取该方法。该方法的适用情况包括以下几种：

（1）水库肩负着重要城市的主要供水任务，并且下泄污染水体不至于对水库下游造成更大危害时。

（2）污染物对水库本身可能造成重大破坏而影响水库安全时。

（3）在洪水期水库蓄水超过最高洪水位时。

代表物质为无毒无机物（酸碱盐类）和无毒有机物（碳水化合物、蛋白质、油脂、氨基酸、木质素）等。

（三）引（排）

当水库的上下游都不能接纳污染物，即通过水库的拦（蓄）或冲（泄）都不能起到明显的效果，并且在污染团运移的过程中有大的蓄滞洪区或引排水工程等条件下，可以将污染物通过引（排）方式收集到蓄滞洪区等区域，便于集中处理污染物，而不至于造成更大损失。该方法的适用情况包括以下几种：

（1）对下游可能造成重大损失，其他调控措施都达不到很好效果，同时有通过引（排）措施而接纳污染物的水体或区域时。

（2）污染团中存在放射性或重金属或有机农药，可能对下游生活、灌溉及养殖等造成持续性（在动植物体内残留有害物质和“三致物质”）危害时。

代表物质为有机农药、放射性物质及可能对下游造成重大的、持续性危害的高浓度污染物等。

（四）综合调控

“调”是蓄和泄相结合，相机对水库进行拦和冲的调度，是水库调度的核心。根据不同的污染源类型及各种保护目标的分布和特点，进行多目标、变时空尺度的水库群联合调度是进行水污染应急的核心和关键手段之一。

该方法是最常用的方法，通过调整出库流量，改变污染物的运移扩散规律，配合其他方法对污染物进行吸附、打捞、化学或物理反应等处理，降低污染物的危害。主要适用于油类物质、生物性污染物及物理性污染物的固体物质、感官性污染物与热污染等。

根据突发性水污染事件的发生位置、污染物类型及影响程度可以启动不同的应急预案，本研究将应急预案分为四级，对应这些不同级别的应急预案应采用不同级别的调控措施，根据可以调控的工程或技术，将其分为四级。

（1）一级（特别重要）：蓄滞洪区、大中型城市引水工程，用以蓄引受污染水体。

（2）二级（重要）：大型水库，包括丰满、尼尔基、哈达山和大顶子山等水库，可以调整调度规则进行应急调度。

（3）三级（一般）：包括中小型水库、农业引提水工程（渠道）、闸和坝等。

（4）四级（不太重要）：塘坝、泡和沼等小型水利工程及其他非水利工程措施，包括设置拦污栅、投放吸附剂和打捞等。

第三节　松花江突发性水污染事件应急分级与应急措施

一、应急分级

根据可能的事件后果影响范围、地点及应急方式，不同部门有不同的分类标准：国务院颁布的《国家突发环境事件应急预案》将突发性环境事件分为四级；水利部颁布实施的《突发公共水事件水文应急测报预案》同样分为四级；水利部松辽水利委员会颁布的《松辽水利委员会应对重大突发性水污染事件应急预案》考虑到其自身管理的权限和特点将突发性水污染事件分为两级。本研究综合分析了这三个应急预案，将松花江流域应对突发性水污染事件的应急调度分为四级（表 7-6）。

表 7-6　松花江流域应对突发性水污染事件的应急调度分级

序号	类型	子类	项目	具体指标		优先级
				内容	条件	
1	水利工程运行安全（防洪安全）	水库	丰满水库	最大库容	109.88 亿 m^3	I_1
2			尼尔基水库	最大库容	86.11 亿 m^3	I_1
3			哈达山水库	最大库容	6.8 亿 m^3	I_1
4			大顶子山水库	最大库容	16.98 亿 m^3	I_1
5		蓄滞洪区	月亮泡蓄滞洪区	最大库容	13.01 亿 m^3	I_4
6				最大分洪流量	2 011 m^3/s	
7			胖头泡蓄滞洪区	最大库容	16.09 亿 m^3	I_4
8				最大分洪流量	4 806 m^3/s	
9		城市	哈尔滨市	设计洪峰流量	17 900 m^3/s	I_2
10			吉林市	设计洪峰流量	8 300 m^3/s	I_2
11			松原市	设计洪峰流量	7 500 m^3/s	I_2
12			齐齐哈尔市	设计洪峰流量	12 000 m^3/s	I_2
13			佳木斯市	设计洪峰流量	23 800 m^3/s	I_2
14		河段	嫩江干流	安全泄量	5 600～14 200 m^3/s	I_3
15			西流松花江丰满以下	安全泄量	5 500～6 000 m^3/s	I_3
16			松花江干流	安全泄量	11 600～20 930 m^3/s	I_3

续表

序号	类型	子类	项目	具体指标		优先级
				内容	条件	
17	饮水安全	城镇	尼尔基水库	影响时间	最小	$Ⅱ_2$
18			哈达山水库	影响时间	最小	$Ⅱ_2$
19			北引	影响时间	最小	$Ⅱ_2$
20			中引	影响时间	最小	$Ⅱ_2$
21			引松入长	影响时间	最小	$Ⅱ_1$
22			中部引水	影响时间	最小	$Ⅱ_1$
23			吉林市一水厂	影响时间	最小	$Ⅱ_1$
24			松原市西流松花江水源地	影响时间	最小	$Ⅱ_1$
25			四方台水源地	影响时间	最小	$Ⅱ_2$
26			朱顺屯水源地	影响时间	最小	$Ⅱ_2$
27	社会经济	发电	丰满水库	发电量	最大	$Ⅲ_1$
28			尼尔基水库	发电量	最大	$Ⅲ_1$
29			哈达山水库	发电量	最大	$Ⅲ_1$
30			大顶子山水库	发电量	最大	$Ⅲ_1$
31		工业	齐齐哈尔水源地	影响时间	最小	$Ⅲ_2$
32			大唐长山热电厂	影响时间	最小	$Ⅲ_2$
33			富拉尔基引水	影响时间	最小	$Ⅲ_2$
34		农业	江西灌区引水	影响时间	最小	$Ⅲ_3$
35			泰来县灌溉引水工程	影响时间	最小	$Ⅲ_3$
36	社会经济	农业	白沙滩灌区提水	影响时间	最小	$Ⅲ_3$
37			四方坨子灌区提水	影响时间	最小	$Ⅲ_3$
38			南引	影响时间	最小	$Ⅲ_3$
39			大安灌区	影响时间	最小	$Ⅲ_3$
40			塔虎城灌区	影响时间	最小	$Ⅲ_3$
41			前郭灌区提水	影响时间	最小	$Ⅲ_3$
42			松城灌区提水	影响时间	最小	$Ⅲ_3$
43			松沐灌区提水	影响时间	最小	$Ⅲ_3$
44			永舒灌区引水	影响时间	最小	$Ⅲ_3$
45			松江灌区	影响时间	最小	$Ⅲ_3$
46			幸福灌区	影响时间	最小	$Ⅲ_3$
47			悦来灌区	影响时间	最小	$Ⅲ_3$
48			江川灌区	影响时间	最小	$Ⅲ_3$
49			新河宫灌区	影响时间	最小	$Ⅲ_3$
50			引松补挠灌区	影响时间	最小	$Ⅲ_3$
51			普阳灌区	影响时间	最小	$Ⅲ_3$
52			中心灌区	影响时间	最小	$Ⅲ_3$
53			涝洲灌区	影响时间	最小	$Ⅲ_3$
54		航运	哈尔滨断面	最小通航要求	550 m^3/s	$Ⅲ_4$

续表

序号	类型	子类	项目	具体指标		优先级
				内容	条件	
55	生态环境	国界断面	同江断面	主要指标	满足水功能目标	$Ⅱ_1$
56		省界断面	石桥断面	主要指标	满足水功能目标	$Ⅳ_1$
57			下岱吉断面	主要指标	满足水功能目标	$Ⅳ_1$
58		其他水功能区		主要指标	满足水功能目标	$Ⅳ_2$

二、应急流程

突发性水污染事件的应急流程示意图如图 7-1 所示。

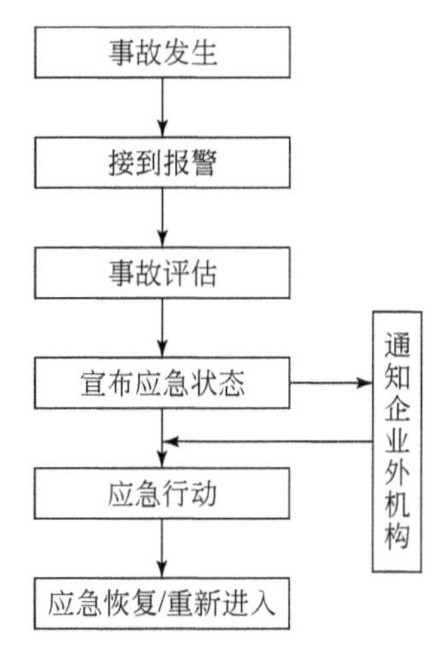

图 7-1　突发性水污染事件的应急流程示意图

三、常规应急处理方法

突发性水污染事件的应急处理方法有物理处理法和化学处理法等。物理处理法是将污染物（如燃油、未破损包装的有毒物质）清理及打捞出水或进行拦污隔离等，必要时可采用修筑丁坝、导流堤、拦河坝和围堰等工程措施，改变原来的主流方向和流场，防止污染向外扩散；化学处理法是在污染区域抛洒化学药剂，减轻和净化污染水域。常见的各类突发性水污染事件应急处理方法见表 7-7。

表 7-7 常见的各类突发性水污染事件应急处理方法

污染物	来源	处理方法
油类	石油的开采、炼制、储运、使用和加工过程	人工围栏、打捞；投加消油剂（如洁星 CS-Y17 溢油分散剂等）
镉	采矿、冶炼、电镀	弱碱性混凝处理
汞	贵金属冶炼、仪器仪表制造、食盐电解、化工、农药和塑料等工业废水	化学沉淀法、活性炭吸附法
砷	砷和含砷金属矿的开采、冶炼；以砷化物为原料的生产	石灰软化法、沸石吸附
氰化物	冶金、化工、电镀、焦化、石油炼制、石油化工、燃料、药品生产及化纤等工业废水	投加漂白粉、次氯酸钠处理；自来水厂使用反渗透装置处理
氨氮	人和动物的排泄物；医药原料、燃料和石油化工工业等	向水体撒布黏土和沸石粉等物质，使黏土矿物的胶体粒子吸附、凝聚固定水体的氨氮
有机磷农药	农药生产	微生物技术降解
苯	石油化工、染料、医药工业	少量泄漏时，投加粉末活性炭；大量泄漏时，构筑围堤、用泡沫覆盖以降低蒸汽危害；喷雾状水冷却、稀释，用防爆泵转移到槽车或专用收集器内集中处理
硝基苯类	石油化工	用沙土和蛭石等惰性材料吸附，大量泄漏时处理方法同苯
甲醛	石油化工	少量泄漏时，可用沙土等覆盖污染地面，向水体中投加粉末活性炭；大量泄漏时处理方法同苯
三氯甲苯	石油化工、消毒副产物	用沙土和蛭石等惰性材料吸附，大量泄漏时处理方法同苯
甲苯	石油化工	处理方法同苯
氯苯/二氯	苯石油加工	少量泄漏时，可用沙土等覆盖污染地面，向水体投加粉末活性炭；大量泄漏时处理方法同苯
二甲苯类	石油化工、焦化、杀虫剂、黏合剂、油漆的生产、医药工业	处理方法同苯
苯酚	石油化工、焦化、医药工业	少量泄露时，用干石灰等覆盖污染地面，向水体投加粉末活性炭；大量泄漏时收集后集中处理
大肠杆菌	医院和兽医院等医疗机构含病原体污水；传染病、结核病污水	自来水厂加氯消毒、紫外线消毒、臭氧消毒
藻类	富营养化水体	自来水厂可采用混凝气浮工艺结合过滤单元除藻

第四节　松花江干流水库群应对突发性水污染事件联合调度模型

一、应急调度目标与原则

（一）应急调度目标

应急调度目标可分为供水安全、经济损失最小、水环境保护目标或水功能区保护目标（包括跨界河流保护目标）、水利工程运行安全、濒危动植物生存环境保护五类。根据各种目标的分类和重要程度，确立了应急调度的目标集（表7-6）。

（二）应急调度原则

1. 基本原则

应急调度的总体原则包括及时性、可靠性、可操作性与适应性及多方案分析和比选等原则。

2. 调度规则

（1）水库调度。研究范围内的三座水库及在建的哈达山水库都按照已有的调度图或调度规则运行，本研究中对水库的调度采用既有的调度规则进行，具体见本节“四、水库调度运行规则”。同时考虑到当突发性水污染事件发生后，不管加大下泄流量还是减小下泄流量，通常都要改变原有的最优运行状态，因此，采用三种调度模式进行：①指定下泄流量，这种模式适合于要求给定断面达到某一流量状况；②优先保证供水；③优先保证发电。

（2）蓄滞洪区运用规则。蓄滞洪区的启用与运用规则遵循蓄滞洪区的运用办法，即当嫩江中下游发生重大突发性水污染事件，并且其他调控措施效果不明显，严重威胁松花江干流沿线及国际河流黑龙江的饮水安全与环境安全时，有必要启用月亮泡和胖头泡蓄滞洪区，把嫩江的污水引入蓄滞洪区并集中处理。利用的优先序是在满足启用条件时首先启用月亮泡蓄滞洪区，当月亮泡蓄滞洪区不能蓄积污水时再启用胖头泡蓄滞洪区。

（3）供水规则。主要指供水的优先序和满足条件。当突发性水污染事件发生时，污染团污染的水体对不同的取水工程和用水部门的危害是不同的。例如，有毒有害化学污染物发生时，受影响的生活和农业用水必须关闭，而对一般工业及发电和航运等不一定产生影响。因此，在进行调度时应该规定该污染事件是否会对某些行业的取水造成影响，此外，当进行水库调度加大放水时，水库上游及库区的用水部门或行业肯定会受到影响，因此，有必要规定用水的优先序，目的是尽量优先满足优先级高的行业（如生活用水）。

（4）河道过流调度规则。当水库调度时，下游各个断面对水量的需求是不同的（有的断面要求最小生态流量，有的要求航运流量，有的要求灌溉水量），因此，当这些目标不能同时满足时就存在优先序的问题，在进行应急调度时要对这些优先序进行设置。

二、调控机制

（一）水流传播规律

1. 河段划分

根据应急调度模型的实际需要，为了便于与松花江干流水动力学模型无缝衔接，把松花江干流研究区域分成了五段，各个河段的详细信息见表7-8。

表7-8　松花江干流研究区域划分

河段编号	河段名称	起点	终点	河长（m）	主要支流	控制断面
Ⅰ	丰满—哈达山	丰满水库大坝	哈达山水库大坝	267.5	饮马河	吉林、松花江
Ⅱ	哈达山—三岔河	哈达山水库大坝	三岔河口	367.5	—	扶余
Ⅲ	尼尔基—三岔河	尼尔基水库大坝	三岔河口	587.5	洮儿河	同盟、江桥、大赉
Ⅳ	三岔河—大顶子山	三岔河口	大顶子山大坝	385.0	拉林河	下岱吉、哈尔滨
Ⅴ	大顶子山—同江	大顶子山大坝	同江入黑龙江断面	530.0	牡丹江、汤旺河	通河、依兰、佳木斯

2. 调算结果

利用建立的松花江干流水动力学模型，对各个河段不同流量下的平均流速及传播时间进行调算，得到各个河段不同流量下的传播规律计算结果（表7-9）。

表7-9　各个河段不同流量下的传播规律计算结果

河段	控制断面	50 m^3/s		100 m^3/s		150 m^3/s		200 m^3/s		250 m^3/s	
		q（m/s）	T（d）	q（m/s）	T（d）	q（m/s）	T（d）	q（m/s）	T（d）	q（m/s）	T（d）
Ⅰ	吉林	0.22	1.30	0.47	0.62	0.61	0.47	0.71	0.41	0.79	0.37
	松花江	0.14	16.43	0.32	7.07	0.44	5.19	0.52	4.37	0.59	3.89
	哈达山大坝	0.14	21.38	0.32	9.35	0.44	6.87	0.52	5.78	0.59	5.15
Ⅱ	扶余	0.08	9.22	0.13	5.77	0.24	3.07	0.32	2.31	0.38	1.94
	松原	0.08	12.91	0.12	8.07	0.23	4.30	0.30	3.23	0.36	2.71
	三岔河	0.08	15.37	0.13	9.61	0.24	5.12	0.32	3.85	0.38	3.23
Ⅲ	齐齐哈尔	0.11	19.12	0.18	12.17	0.30	7.04	0.38	5.57	0.44	4.90
	富拉尔基	0.11	23.51	0.18	14.96	0.30	8.66	0.38	6.85	0.44	6.02
	江桥	0.14	26.06	0.21	17.54	0.33	11.19	0.40	9.10	0.45	8.10
	大赉	0.15	40.93	0.23	27.14	0.32	19.14	0.38	16.19	0.42	14.64
	三岔河	0.15	44.31	0.23	29.32	0.32	20.95	0.38	17.80	0.42	16.13

续表

河段	控制断面	50 m^3/s		100 m^3/s		150 m^3/s		200 m^3/s		250 m^3/s	
		q (m/s)	T (d)	q (m/s)	T (d)	q (m/s)	T (d)	q (m/s)	T (d)	q (m/s)	T (d)
Ⅳ	下岱吉	0.11	11.05	0.15	8.10	0.21	5.79	0.25	4.78	0.30	4.04
	哈尔滨	0.09	30.58	0.13	20.60	0.18	15.26	0.22	12.51	0.27	10.42
	大顶子山	0.09	36.37	0.13	24.31	0.18	18.06	0.22	14.81	0.26	12.30
Ⅴ	通河	0.08	26.40	0.10	21.12	0.13	16.35	0.20	10.42	0.26	8.14
	依兰	0.09	38.27	0.12	28.41	0.16	20.45	0.24	13.55	0.31	10.78
	佳木斯	0.08	54.86	0.12	39.10	0.17	27.00	0.24	18.60	0.31	14.76
	同江	0.08	92.28	0.12	63.22	0.18	41.80	0.25	29.98	0.31	23.73

河段	控制断面	300 m^3/s		350 m^3/s		400 m^3/s		450 m^3/s		500 m^3/s	
		q (m/s)	T (d)	q (m/s)	T (d)	q (m/s)	T (d)	q (m/s)	T (d)	q (m/s)	T (d)
Ⅰ	吉林	0.86	0.34	0.91	0.32	0.96	0.30	1.00	0.29	1.04	0.28
	松花江	0.64	3.57	0.68	3.34	0.72	3.16	0.76	3.02	0.79	2.91
	哈达山大坝	0.64	4.73	0.68	4.42	0.72	4.19	0.76	4.00	0.79	3.84
Ⅱ	扶余	0.43	1.71	0.47	1.56	0.51	1.44	0.54	1.36	0.57	1.29
	松原	0.41	2.39	0.45	2.18	0.48	2.02	0.51	1.90	0.54	1.80
	三岔河	0.43	2.85	0.47	2.59	0.51	2.41	0.54	2.26	0.57	2.15
Ⅲ	齐齐哈尔	0.48	4.46	0.52	4.15	0.55	3.91	0.58	3.72	0.60	3.57
	富拉尔基	0.48	5.49	0.52	5.10	0.55	4.81	0.58	4.58	0.60	4.39
	江桥	0.49	7.43	0.53	6.95	0.56	6.58	0.58	6.28	0.61	6.04
	大赉	0.46	13.58	0.49	12.80	0.51	12.20	0.53	11.71	0.55	11.31
	三岔河	0.45	14.98	0.48	14.13	0.50	13.48	0.53	12.94	0.54	12.51
Ⅳ	下岱吉	0.34	3.59	0.37	3.28	0.40	3.05	0.42	2.88	0.44	2.73
	哈尔滨	0.30	9.29	0.33	8.32	0.36	7.73	0.38	7.26	0.41	6.82
	大顶子山	0.09	36.37	0.13	24.31	0.18	18.06	0.22	14.81	0.26	12.30
Ⅴ	通河	0.08	26.40	0.10	21.12	0.13	16.35	0.20	10.42	0.26	8.14
	依兰	0.09	38.27	0.12	28.41	0.16	20.45	0.24	13.55	0.31	10.78
	佳木斯	0.08	54.86	0.12	39.10	0.17	27.00	0.24	18.60	0.31	14.76
	同江	0.08	92.28	0.12	63.22	0.18	41.80	0.25	29.98	0.31	23.73

河段	控制断面	600 m^3/s		700 m^3/s		800 m^3/s		900 m^3/s		1000 m^3/s	
		q (m/s)	T (d)	q (m/s)	T (d)	q (m/s)	T (d)	q (m/s)	T (d)	q (m/s)	T (d)
Ⅰ	吉林	1.10	0.26	1.15	0.25	1.20	0.24	1.24	0.23	1.28	0.23
	松花江	0.84	2.72	0.88	2.59	0.92	2.48	0.96	2.39	0.99	2.32
	哈达山大坝	0.84	3.60	0.88	3.42	0.92	3.28	0.96	3.16	0.99	3.07

续表

河段	控制断面	600 m³/s		700 m³/s		800 m³/s		900 m³/s		1000 m³/s	
		q (m/s)	T (d)	q (m/s)	T (d)	q (m/s)	T (d)	q (m/s)	T (d)	q (m/s)	T (d)
Ⅱ	扶余	0.62	1.18	0.67	1.11	0.70	1.05	0.74	1.00	0.76	0.97
	松原	0.58	1.66	0.62	1.55	0.66	1.47	0.69	1.40	0.72	1.35
	三岔河	0.62	1.97	0.67	1.85	0.70	1.75	0.74	1.67	0.76	1.61
Ⅲ	齐齐哈尔	0.64	3.33	0.68	3.15	0.71	3.01	0.74	2.90	0.76	2.80
	富拉尔基	0.64	4.09	0.68	3.88	0.71	3.70	0.74	3.56	0.76	3.45
	江桥	0.65	5.66	0.68	5.38	0.71	5.15	0.74	4.97	0.76	4.81
	大赉	0.58	10.67	0.61	10.19	0.63	9.81	0.66	9.49	0.67	9.23
	三岔河	0.58	11.81	0.60	11.28	0.63	10.86	0.65	10.52	0.66	10.23
Ⅳ	下岱吉	0.48	2.52	0.51	2.36	0.54	2.24	0.57	2.15	0.59	2.07
	哈尔滨	0.45	6.19	0.49	5.72	0.52	5.37	0.55	5.10	0.57	4.87
	大顶子山	0.45	7.28	0.48	6.72	0.51	6.30	0.54	5.97	0.57	5.71
Ⅴ	通河	0.48	4.37	0.52	4.04	0.56	3.80	0.59	3.60	0.61	3.44
	依兰	0.55	6.02	0.59	5.58	0.63	5.26	0.66	5.00	0.69	4.79
	佳木斯	0.55	8.19	0.60	7.59	0.64	7.15	0.67	6.79	0.70	6.50
	同江	0.56	13.08	0.61	12.13	0.64	11.41	0.68	10.84	0.71	10.38

河段	控制断面	1200 m³/s		1400 m³/s		1600 m³/s		1800 m³/s		2000 m³/s	
		q (m/s)	T (d)	q (m/s)	T (d)	q (m/s)	T (d)	q (m/s)	T (d)	q (m/s)	T (d)
Ⅰ	吉林	1.34	0.22	1.40	0.21	1.45	0.20	1.49	0.19	1.52	0.19
	松花江	1.04	2.20	1.08	2.11	1.12	2.04	1.16	1.98	1.19	1.93
	哈达山大坝	1.04	2.91	1.08	2.79	1.12	2.70	1.16	2.62	1.19	2.55
Ⅱ	扶余	0.82	0.91	0.86	0.86	0.89	0.82	0.93	0.80	0.96	0.77
	松原	0.76	1.27	0.80	1.20	0.84	1.15	0.87	1.11	0.90	1.08
	三岔河	0.82	1.51	0.86	1.43	0.89	1.37	0.93	1.33	0.96	1.29
Ⅲ	齐齐哈尔	0.81	2.66	0.84	2.54	0.87	2.45	0.90	2.37	0.93	2.31
	富拉尔基	0.81	3.27	0.84	3.12	0.87	3.01	0.90	2.92	0.93	2.84
	江桥	0.80	4.57	0.84	4.38	0.87	4.23	0.89	4.11	0.92	4.00
	大赉	0.71	8.80	0.73	8.47	0.76	8.21	0.78	7.98	0.80	7.80
	三岔河	0.70	9.76	0.72	9.40	0.75	9.11	0.77	8.87	0.79	8.66
Ⅳ	下岱吉	0.63	1.94	0.66	1.85	0.69	1.77	0.71	1.71	0.73	1.66
	哈尔滨	0.61	4.53	0.65	4.28	0.68	4.08	0.71	3.92	0.73	3.79
	大顶子山	0.61	5.30	0.65	5.00	0.68	4.77	0.71	4.58	0.73	4.42

续表

河段	控制断面	1200 m^3/s		1400 m^3/s		1600 m^3/s		1800 m^3/s		2000 m^3/s	
		q (m/s)	T (d)	q (m/s)	T (d)	q (m/s)	T (d)	q (m/s)	T (d)	q (m/s)	T (d)
V	通河	0.66	3.20	0.70	3.02	0.73	2.88	0.76	2.77	0.79	2.67
	依兰	0.74	4.46	0.78	4.22	0.82	4.03	0.85	3.88	0.88	3.75
	佳木斯	0.75	6.06	0.79	5.73	0.83	5.47	0.86	5.26	0.89	5.09
	同江	0.76	9.66	0.80	9.13	0.84	8.72	0.88	8.38	0.91	8.10

河段	控制断面	2500 m^3/s		3000 m^3/s		3500 m^3/s		4000 m^3/s		4500 m^3/s	
		q (m/s)	T (d)	q (m/s)	T (d)	q (m/s)	T (d)	q (m/s)	T (d)	q (m/s)	T (d)
Ⅰ	吉林	1.60	0.18	1.67	0.17	1.72	0.17	1.77	0.16	1.81	0.16
	松花江	1.25	1.83	1.30	1.76	1.35	1.70	1.39	1.65	1.42	1.61
	哈达山大坝	1.25	2.42	1.30	2.32	1.35	2.25	1.39	2.18	1.42	2.13
Ⅱ	扶余	1.02	0.72	1.07	0.69	1.11	0.66	1.15	0.64	1.18	0.63
	松原	0.96	1.01	1.00	0.97	1.04	0.93	1.08	0.90	1.11	0.88
	三岔河	1.02	1.21	1.07	1.15	1.11	1.11	1.15	1.07	1.18	1.04
Ⅲ	齐齐哈尔	0.98	2.19	1.02	2.10	1.06	2.02	1.09	1.96	1.12	1.92
	富拉尔基	0.98	2.69	1.02	2.58	1.06	2.49	1.09	2.42	1.12	2.36
	江桥	0.97	3.80	1.01	3.64	1.04	3.52	1.07	3.43	1.10	3.34
	大赉	0.84	7.43	0.87	7.15	0.90	6.93	0.92	6.75	0.94	6.60
	三岔河	0.82	8.25	0.86	7.95	0.88	7.71	0.91	7.51	0.93	7.34
Ⅳ	下岱吉	0.78	1.56	0.82	1.49	0.85	1.43	0.88	1.39	0.90	1.35
	哈尔滨	0.79	3.54	0.83	3.36	0.86	3.22	0.90	3.10	0.92	3.01
	大顶子山	0.79	4.12	0.83	3.91	0.87	3.74	0.90	3.61	0.93	3.50
V	通河	0.85	2.49	0.89	2.36	0.93	2.26	0.97	2.18	1.00	2.12
	依兰	0.94	3.51	0.99	3.33	1.03	3.20	1.07	3.09	1.10	3.00
	佳木斯	0.96	4.76	1.01	4.51	1.05	4.33	1.09	4.18	1.12	4.06
	同江	0.97	7.57	1.02	7.18	1.07	6.89	1.11	6.65	1.14	6.45

注：q 表示河段平均流速；T 表示传播时间，下同

3. 不同水流传播规律

通过对水动力学模型调算结果的分析，得到以下规律：

（1）水流的传播时间随流量的增大迅速减少，当达到某一阈值时趋于平稳。以西流松花江丰满—哈达山河段为例，当丰满水库下泄流量达到 300 m^3/s 以前，传播时间显著减少，当再加大下泄流量时传播时间缓慢减少，尤其是大于 1000 m^3/s 以上时，调控效果不明显，因此，可以选择 0 ~ 1000 m^3/s 的下泄流量对突发性水污染事件污染团进行调度。其

他河段也有类似规律，其中，松花江干流调控流量为 0 ~ 2000 m^3/s。

（2）突发性水污染事件发生时的流量超过一定值时，水库的调度效果不明显。从表中可以看出，当流量达到一定程度时，流量的增加对时间影响不大。也就是说，突发性水污染事件发生地点如果距离上游水库有一段距离，并且事发河段流量较大（嫩江和西流松花江超过 1000 m^3/s，松花江干流超过 2000 m^3/s）时，水库加大下泄流量很可能追不上污染团，即对污染团调控效果不明显。

（二）松花江干流水库群对河流水质调控规律

1. 调算结果

利用所建立的松花江干流水动力学模型，在水量模拟的基础上对松花江干流的水质变化规律进行了计算和分析，模拟采用水污染负荷为 10 t 计算，起始断面为丰满或尼尔基，模拟污染物为硝基苯，超标浓度为 0. 017 mg/L，采用的水文年份为 2007 年，不同流量下各个河段污染物传播时间、各个断面持续超标时间及峰值浓度结果见表 7-10 与表 7-11。

表 7-10　不同流量下嫩江流域各个河段污染物传播时间、各个断面持续超标时间及峰值浓度结果

时节	突发性水污染事件发生地流量（m^3/s）	西流松花江流量	衡量指标	尼尔基—三岔河河段					
				尼尔基	齐齐哈尔	富拉尔基	江桥	大赉	三岔河
年平均流量	197	正常	t_s（h）	0	210	268	392	702	774
			T（h）	34	160	174	196	240	246
			c_{max}（mg/L）	53. 2078	0. 1688	0. 1521	0. 1287	0. 0989	0. 0946
		增大20%	t_s（h）	0	210	268	392	702	774
			T（h）	34	160	174	196	240	246
			c_{max}（mg/L）	53. 2078	0. 1688	0. 1521	0. 1287	0. 0989	0. 0946
年际最小流量	44. 3	正常	t_s（h）	0	124	158	234	424	470
			T（h）	30	118	130	146	176	180
			c_{max}（mg/L）	138. 0123	0. 278	0. 2507	0. 2121	0. 0164	0. 0159
		增大20%	t_s（h）	0	124	158	234	424	470
			T（h）	30	118	130	146	176	180
			c_{max}（mg/L）	138. 0123	0. 278	0. 2507	0. 2121	0. 0164	0. 0159
年际最大流量	497	正常	t_s（h）	0	120	154	228	414	458
			T（h）	30	118	126	142	172	176
			c_{max}（mg/L）	32. 4023	0. 1316	0. 1186	0. 1003	0. 077	0. 0737
		增大20%	t_s（h）	0	120	154	228	414	458
			T（h）	30	118	126	142	172	176
			c_{max}（mg/L）	32. 4023	0. 1316	0. 1186	0. 1003	0. 077	0. 0737

续表

时节	突发性水污染事件发生地流量（m^3/s）	西流松花江流量	衡量指标	三岔河—大顶子山河段			大顶子山—同江河段			
				下岱吉	哈尔滨	大顶子山	通河	依兰	佳木斯	同江
年平均流量	197	正常	t_s（h）	346	422	506	550	608	670	812
			T（h）	138	146	150	154	158	162	166
			c_{max}（mg/L）	0.0546	0.0499	0.046	0.0443	0.0423	0.0404	0.037
		增大20%	t_s（h）	328	400	478	520	576	636	770
			T（h）	132	140	146	148	152	154	158
			c_{max}（mg/L）	0.0531	0.0486	0.0448	0.0431	0.0412	0.0394	0.0361
年际最小流量	44.3	正常	t_s（h）	536	652	776	844	934	1028	1240
			T（h）	184	194	206	210	214	220	230
			c_{max}（mg/L）	0.0671	0.0614	0.0566	0.0545	0.052	0.0497	0.0455
		增大20%	t_s（h）	486	592	706	768	850	934	1128
			T（h）	174	184	192	196	200	206	216
			c_{max}（mg/L）	0.0641	0.0586	0.0541	0.052	0.0497	0.0475	0.0435
年际最大流量	497	正常	t_s（h）	254	310	372	406	450	496	602
			T（h）	112	116	120	122	124	126	128
			c_{max}（mg/L）	0.0471	0.0431	0.0397	0.0382	0.0365	0.0349	0.0319
		增大20%	t_s（h）	250	306	368	400	444	490	594
			T（h）	112	116	118	122	124	124	128
			c_{max}（mg/L）	0.0468	0.0428	0.0395	0.038	0.0363	0.0347	0.0318

注：t_s表示起始超标时刻（h）；T表示持续超标时长（h）；c_{max}表示峰值浓度（mg/L），下表同

表 7-11　不同流量下西流松花江流域各个河段污染物传播时间、各个断面持续超标时间及峰值浓度结果

时节	突发性水污染事件发生地流量（m^3/s）	嫩江流量	衡量指标	丰满—哈达山段				哈达山—三岔河段		
				丰满	吉林	松花江	哈达山	扶余	松原	三岔河
年平均流量	363	正常	t_s（h）	0	4	76	110	140	156	162
			T（h）	26	44	90	100	106	108	110
			c_{max}（mg/L）	20.2384	0.2943	0.1008	0.0865	0.0784	0.0749	0.0737
		增大20%	t_s（h）	0	4	76	110	140	156	162
			T（h）	26	44	90	100	106	108	110
			c_{max}（mg/L）	20.2384	0.2943	0.1008	0.0865	0.0784	0.0749	0.0737

续表

时节	突发性水污染事件发生地流量（m^3/s）	嫩江流量	衡量指标	丰满—哈达山段				哈达山—三岔河段		
				丰满	吉林	松花江	哈达山	扶余	松原	三岔河
年际最小流量	216	正常	t_s（h）	0	6	114	162	204	228	236
			T（h）	30	54	112	126	134	138	140
			c_{max}（mg/L）	28.74	0.3464	0.12	0.103	0.0934	0.0892	0.0878
		增大20%	t_s（h）	0	6	114	162	204	228	236
			T（h）	30	54	112	126	134	138	140
			c_{max}（mg/L）	28.74	0.3464	0.12	0.103	0.0934	0.0892	0.0878
年际最大流量	718	正常	t_s（h）	0	4	52	76	96	108	112
			T（h）	24	34	72	80	86	88	88
			c_{max}（mg/L）	14.5707	0.2538	0.0856	0.0735	0.0666	0.0636	0.0626
		增大20%	t_s（h）	0	4	52	76	96	108	112
			T（h）	24	34	72	80	86	88	88
			c_{max}（mg/L）	14.5707	0.2538	0.0856	0.0735	0.0666	0.0636	0.0626

时节	突发性水污染事件发生地流量（m^3/s）	嫩江流量	衡量指标	三岔河—大顶子山河段			大顶子山—同江河段			
				下岱吉	哈尔滨	大顶子山	通河	依兰	佳木斯	同江
年平均流量	363	正常	t_s（h）	224	298	380	424	482	544	684
			T（h）	124	134	142	146	150	154	160
			c_{max}（mg/L）	0.0661	0.0583	0.0523	0.0498	0.047	0.0445	0.0401
		增大20%	t_s（h）	218	290	368	410	468	528	662
			T（h）	120	130	138	142	146	150	158
			c_{max}（mg/L）	0.0651	0.0574	0.0515	0.0491	0.0463	0.0438	0.0395
年际最小流量	216	正常	t_s（h）	350	464	588	654	742	836	1046
			T（h）	162	176	188	196	202	208	222
			c_{max}（mg/L）	0.0813	0.0717	0.0644	0.0613	0.0578	0.0548	0.0493
		增大20%	t_s（h）	340	452	572	638	724	814	1020
			T（h）	160	174	186	190	198	206	218
			c_{max}（mg/L）	0.0803	0.0708	0.0636	0.0605	0.0571	0.0541	0.0487
年际最大流量	718	正常	t_s（h）	164	218	280	312	356	402	506
			T（h）	100	108	112	116	118	120	126
			c_{max}（mg/L）	0.0571	0.0503	0.0452	0.043	0.0406	0.0384	0.0346
		增大20%	t_s（h）	158	212	272	304	346	390	492
			T（h）	98	106	110	114	116	120	124
			c_{max}（mg/L）	0.0563	0.0496	0.0446	0.0424	0.04	0.0379	0.0341

2. 规律分析

通过对水质计算结果的分析，可以得出以下规律：

（1）污染团的传播时间随着流量的增加而减少。当突发性水污染事件发生地流量越大时，污染团到达下游断面的时间会减小，也就是应急的处理时间缩短。同理，当加大上游水库的下泄流量时也可以加速污染团移动速度。

例如，突发性水污染事件发生地流量越大，到达同江断面的时间越小，流量为 718 m^3/s比流量为 216 m^3/s 时到达同江断面的时间减少 540 h，将近缩短一半时间。

（2）污染团的峰值浓度随着流量的增大而减小。从不同情景水质模拟计算的结果还可以看出，污染团到达下游断面时的峰值浓度会随着流量的增大而减小。

例如，在哈尔滨断面，突发性水污染事件发生地流量为 718 m^3/s 时的峰值浓度仅占流量为 216 m^3/s 时峰值浓度的 30%。

（3）污染团的影响时间随着流量的增大而减小。当突发性水污染事件发生地水流较大时，对下游的影响时间也会比小流量时减少。例如，在哈尔滨断面，突发性水污染事件发生地流量为 718 m^3/s 时的影响时间比流量为 216 m^3/s 时的影响时间减少 68 h。

（4）随着距离的增加，污染团对下游的影响时间增加，浓度峰值减小。在同一水文条件下，污染团随着运移距离的增加对下游断面的影响时间会增长，但峰值浓度会降低。

三、松花江干流水库群应急调度系统网络图

根据对松花江干流的主要水利工程、河网和取水口等的概化，完成了应急调度网络图的绘制（图 7-2）。该网络图包括 36 段河道、4 座控制性水库、5 座城市、2 个蓄滞洪区、6 个引水工程及若干城市取水口和排水口。

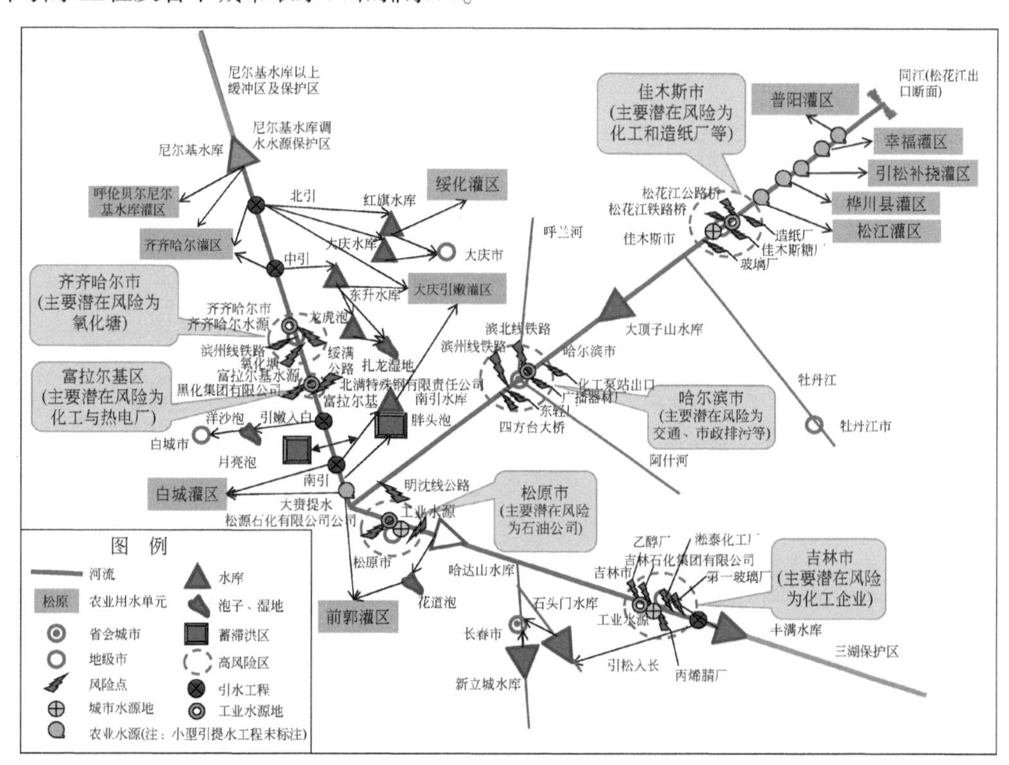

图 7-2　松花江干流水库群应急调度系统网络图

四、水库调度运行规则

（一）尼尔基水库

尼尔基水库以防洪、供水为主，并结合发电，在汛期控制水库水位不超过汛限水位运行。水库在满足防洪任务的前提下，兴利按如下原则调度运行。

1. 2010 年

尼尔基水库以防洪、供水为主，并结合发电，在汛期（6 月 21 日 ~ 8 月 25 日）控制水库水位不超过汛限水位运行。水库在满足防洪任务的前提下，兴利按如下原则调度运行，尼尔基水库库容–面积关系见表 7-12，2010 水平年调度线见表 7-13。

表 7-12　尼尔基水库库容–面积关系表

序号	水位（m）	库容（万 m^3）	面积（km^2）	序号	水位（m）	库容（万 m^3）	面积（km^2）
1	184	120	0. 62	20	203	175 170	224. 26
2	185	310	3. 58	21	204	198 810	248. 73
3	186	860	7. 71	22	205	224 810	271. 44
4	187	1 960	14. 75	23	206	252 970	291. 91
5	188	3 940	25. 30	24	207	283 180	312. 39
6	189	7 020	36. 59	25	208	315 410	332. 23
7	190	11 260	48. 66	26	209	349 580	351. 36
8	191	16 710	60. 36	27	210	385 620	369. 51
9	192	23 180	69. 30	28	211	423 600	390. 12
10	193	30 630	79. 68	29	212	463 660	411. 12
11	194	39 140	90. 73	30	213	505 840	432. 70
12	195	48 750	101. 64	31	214	550 270	455. 98
13	196	59 460	112. 51	32	215	596 890	476. 52
14	197	71 440	127. 34	33	216	645 630	498. 33
15	198	84 920	142. 38	34	217	696 720	523. 58
16	199	99 860	156. 50	35	218	750 520	552. 54
17	200	116 270	171. 80	36	219	807 191	580. 99
18	201	134 230	187. 58	37	220	866 820	611. 72
19	202	153 790	203. 65	—	—	—	—

表 7-13　尼尔基水库 2010 水平年调度线　　单位：m

月份	旬	0.5 倍保证出力线	0.7 倍保证出力线	加大出力线	月份	旬	0.5 倍保证出力线	0.7 倍保证出力线	加大出力线
1	上	203.26	207.08	212.85	7	上	202.04	206.83	211.20
1	中	202.76	206.71	212.50	7	中	203.02	206.63	211.87
1	下	202.24	206.32	212.23	7	下	204.50	206.80	211.87
2	上	201.66	206.25	211.95	8	上	204.97	208.16	212.37
2	中	201.04	206.12	211.67	8	中	205.55	208.46	212.37
2	下	200.36	206.02	211.38	8	下	205.64	208.36	213.88
3	上	199.60	205.56	211.08	9	上	205.72	208.28	214.25
3	中	198.74	205.06	210.77	9	中	205.73	208.22	214.55
3	下	197.74	204.54	210.35	9	下	205.67	208.51	214.75
4	上	196.85	204.75	209.85	10	上	204.85	208.53	214.50
4	中	197.65	205.18	209.31	10	中	205.01	208.70	214.08
4	下	198.29	205.18	209.28	10	下	205.05	208.75	213.41
5	上	199.27	205.50	208.97	11	上	204.99	208.73	213.22
5	中	200.05	205.71	209.73	11	中	204.79	208.61	213.11
5	下	200.02	205.55	209.67	11	下	204.57	208.47	212.84
6	上	200.39	205.64	208.64	12	上	204.27	208.11	212.63
6	中	200.72	206.44	209.02	12	中	203.96	207.75	212.41
6	下	201.48	206.81	209.59	12	下	203.63	207.37	212.18

（1）水库旬初水位在正常供水加大出力区。补偿供水期（4～9 月）按相应的综合供水目标放流，发电供水期（10～3 月）按保证出力的 1.4 倍运行。当水库水位达到正常蓄水位或汛限水位时，电站已按全部装机容量（250 MW）运行，此时，天然来水仍大于机组最大引用流量时，水库弃水。

（2）水库旬初水位在减少供水保证出力区。补偿供水期（4～9 月）按相应的综合供水目标放流，发电供水期（10～3 月）按保证出力运行。

（3）水库旬初水位在减少供水 0.7 倍保证出力区。补偿供水期（4～9 月）按相应的综合供水目标放流，发电供水期（10～3 月）按保证出力的 0.7 倍运行。

（4）水库旬初水位在减少供水 0.5 倍保证出力区。补偿供水期（4～9 月）按相应的综合供水目标放流，发电供水期（10～3 月）按保证出力的 0.5 倍运行。

（5）若水库水位已降至死水位（195 m）时，电站按水库允许放流发电，严禁将水库水位降至死水位（195 m）以下，以避免水库低水头运行造成的能量损失。尼尔基水库补偿供水期放流目标见表 7-14。

表 7-14　尼尔基水库补偿供水期放流目标　　单位：m^3/s

项目		旬	4月	5月	6月	7月	8月	9月
综合供水目标	正常供水加大出力区	上	165	414	400	611	328	195
		中	187	661	420	611	328	195
		下	160	661	390	611	328	195
	减少供水保证出力区	上	121	259	217	407	303	191
		中	143	352	237	407	303	191
		下	116	352	207	407	303	191
	减少供水 0.7 倍保证出力区	上	110	193	151	307	248	186
		中	132	220	171	307	248	186
		下	105	220	141	307	248	186
	减少供水 0.5 倍保证出力区	上	110	193	151	307	248	186
		中	132	220	171	307	248	186
		下	105	220	141	307	248	186

2. 2015 年

尼尔基水库 2015 水平年调度线见表 7-15。

表 7-15　尼尔基水库 2015 水平年调度线　　单位：m

月份	渔苇供水限制线	农业供水限制线	航运供水限制线	城镇供水限制线
1	212.18	210.93	207.31	202.19
2	211.77	210.49	206.77	201.35
3	211.35	210.03	206.21	200.43
4	210.91	209.56	205.6	199.4
5	208.92	207.73	204.06	198.74
6	208	205.43	202.8	198.49
7	212.67	211.14	206.4	198.49
8	209.12	207.35	204.65	196.32
9	211	209.19	205.04	198.55
10	211.54	210.27	206.43	200.93
11	212.67	211.42	207.91	203.18
12	212.53	211.3	207.76	202.86

（1）水库月初水位在渔苇供水限制线以上：补偿供水期按渔苇供水目标放流。若入库流量大于 1000 m^3/s，电站三台机组满发；发电供水期按保证出力的 1.2 倍运行。

（2）水库月初水位在农业供水限制线以上，渔苇供水限制线以下：补偿供水期按农业供水目标放流。若入库流量大于 1000 m^3/s，电站三台机组满发；发电供水期按保证出力运行。

（3）水库月初水位在航运供水限制线以上，农业供水限制线以下：补偿供水期按航运供水目标放流。若入库流量大于 1000 m^3/s，电站两台机组满发；发电供水期按保证出力运行。

（4）水库月初水位在城镇供水限制线以上，航运供水限制线以下：补偿供水期按城镇供水目标放流。若入库流量大于 1000 m^3/s，电站两台机组满发；发电供水期按保证出力的 0.7 倍运行。

（5）水库月初水位在城镇供水限制线以下：发电供水期按保证出力的 0.7 倍运行，特枯月份允许降至保证出力的 0.6 倍。

尼尔基水库 2015 水平年放流目标见表 7-16。

表 7-16　尼尔基水库 2015 水平年放流目标　　单位：m^3/s

供水目标	4 月	5 月	6 月	7 月	8 月	9 月
渔苇供水目标	306	899	725	661	268	174
农业供水目标	267	802	668	644	257	145
航运供水目标	186	575	502	536	250	144
城镇供水目标	169	272	255	260	170	143

（二）丰满水库

丰满水库位于吉林市丰满区的西流松花江上，控制流域面积为 4.25 万 km^2，总库容为 109.88 亿 m^3，兴利库容为 64.75 亿 m^3。丰满水库现行调度规则见表 7-17。

表 7-17　丰满水库现行调度规则

月份	s1	s2	s3	s4	s5	s6	s7	s8
1	246.7	249.3	259.0	261.0	263.0	264.4	264.4	264.4
2	245.9	247.8	256.9	258.8	260.8	262.7	264.4	264.4
3	244.8	245.6	254.1	255.5	257.6	259.6	261.3	263.5
4	244.0	244.0	252.3	253.6	255.4	257.1	258.9	261.0
5	246.1	248.2	256.0	256.8	257.7	258.5	258.9	259.0
6	246.0	248.0	257.2	258.0	258.3	258.4	258.5	258.6
7	246.4	248.9	257.2	258.2	258.4	258.5	258.6	258.7
8	249.0	254.0	258.2	258.5	258.6	258.7	258.8	258.9
9	250.4	256.8	261.0	261.2	261.4	261.6	261.8	262.0
10	250.2	256.4	262.0	262.5	262.7	262.8	262.9	263.0
11	249.3	254.4	261.7	263.2	263.5	263.5	263.5	263.5
12	247.3	251.5	260.5	262.3	263.5	263.5	263.5	263.5

续表

月份	s1	s2	s3	s4	s5	s6	s7	s8
控制条件单位（万 kW）	N（死水位～s1）下泄流量 161 m^3/s	N（s1～s2）= 10.7	N（s2～s3）= 16.60	N（s3～s4）=（出力随水位可变）	N（s4～s5）= 25	N（s5～s6）= 35	N（s6～s7）= 45	N（s7～s8）= 55.4

（三）哈达山水库

哈达山水库正常蓄水位为 140.5 m，死水位为 140.0 m，最低水位为 139.5 m，汛限水位为 140.3 m。哈达山水库一期库容非常有限，因此，不承担下游防洪任务，按照泄流能力进行泄流。溢流坝堰顶高程为 135 m，20 孔闸孔净宽为 280 m、单孔净宽为 14 m。设计洪水位为 142.21 m，相应泄洪量为 10 385 m^3/s；校核洪水位为 143.98 m，相应泄洪量为 14 762 m^3/s。水电站装机容量为 2.76 万 kW，保证出力为 5.1 MW，多年平均发电量为 1046 万 kW·h，装机利用达 3793 h。

1. 防洪调度运行方式

由于哈达山水利枢纽一期库容非常有限，不承担下游防洪任务。在主汛期当来水小于泄流能力时，按来水泄流；当来水大于泄流能力时，按照泄洪设备泄流能力进行泄流。

2. 兴利调度运行方式

水库的供水顺序，首先满足下游环境、生活、工业用水（松原市区、防病改水、油田），前郭灌区和东灌区直接供用户需水，再满足吉林省西部的各行业用水。

西部用水是通过渠首自流引水入泡子，供水顺序为有字泡、洪字泡、花道泡。花道泡供水顺序为生活用水、工业用水（乾安、通榆、长岭城镇及防病改水）、农业用水，最后是西部生态环境用水。

3. 防冰、防凌措施

（1）水库蓄水后冰情分析。水库蓄水运行后，上下游冰情将发生变化，主要表现为：①建库后河道水位抬高，水库横向过流断面增大，所以，一般水库只有库末行冰流速大，库区行冰流速很小，流冰不至于对挡水建筑物造成严重撞击；②建库后，水面面积增大，稳定封冰期冰面宽广，滩地水浅流速小，有利于岸冰的形成和增长；③水库蓄水后水深增大，成为水体热量的调节器，在冬季是热源。电站发电出库水温较高，水库下游一定长度内主河道不结冰，呈敞露水面，距坝址较远河段的冰情也有不同程度的减轻。

（2）减少流冰撞击与提高过冰能力的措施。主要包括：①适当疏通河道，用挖泥船将河道中易形成冰坝的浅滩挖掉，使河底保持一定的水深；②在河道封冰以前，适当增加出库流量，使下游形成高水位封江，从而增加冰盖下的过流能力，为春季文开江制造有利条件；③发生封河现象后，下泄适应冰盖下过流能力流量，不至于造成下游河道因出库流量变大而产生几封几开的局面；④加强对枢纽工程上下游河道水文、气象的监测和预报，合理进行水库调度，尽可能避免过冰，减小枢纽过冰压力，开江期尽可能减小出库流量，减小武开江的概率，降低和减弱冰凌危害；⑤当枢纽确需排冰时，为将浮冰排到下游，靠厂房侧和靠土坝侧分别有 1 个闸孔的工作闸门设计成带舌瓣闸门的弧门，其余 18 个闸孔的工作闸门均为普通弧门，带舌瓣闸门的弧门也可用来排漂。

（四）大顶子山水库

大顶子山航电枢纽位于松花江干流哈尔滨下游 46 km 处，北（左）岸属于呼兰县，南（右）岸属于宾县，枢纽坝址以上集水面积为 43.21 万 km^2。枢纽选定正常蓄水位为 116.00 m，死水位为 115.00 m，总库容为 16.98 亿 m^3，兴利库容为 3.0 亿 m^3，死库容为 6.00 亿 m^3。设计洪水位为 117.30 m，校核洪水位为 117.90 m。水电站装机容量为 66 MW，多年平均发电量为 3.5 亿 kW · h。船闸按Ⅲ级航道标准设计，上游设计最高通航水位为 116.05 m，上游设计最低通航水位为 115.00 m；下游设计最高通航水位为 115.90 m，下游设计最低通航水位为 108.50 m。

由于 116.00 m 的正常蓄水位方案，库区浸没较大，为了留有时间逐步解决浸没问题，枢纽工程分近、远两期运行，近期按正常蓄水位 116.00 m 规模建设，按 115.00 m、死水位 114.00 m 运行，远期待条件成熟后再蓄至 116.00 m。

大顶子山航电枢纽是低水头航电枢纽，以航运补水为主，电能计算采用无调节径流式水电站计算方法，水库在非航运期，基本维持正常蓄水位，按入流和泄流相同为计算原则，满足环境保护用水。

1. 调节计算原则

（1）起调水位从正常蓄水位起调。

（2）非航运期，水位维持正常蓄水位，调度方式是来多少放多少。

（3）航运期，来水小于 550 m^3/s，水库补水至 550 m^3/s；来水大于 550 m^3/s，蓄至正常蓄水位，利用放流扣除航运船闸用水后尽量发电。

（4）统计电能指标和保证率等一系列指标。

2. 电能计算方法

采用无调节径流式水电站计算方法。计算公式为

$$N_i = K \times H_i \times Q_i$$

$$E_i = N_i \times T$$

式中，K 为出力系数，取 8.35（9.8×0.878×0.97 = 8.35）；N_i为第 i 时段平均出力（kW）；H_i为日平均水头（m）（水头损失 Hs 取 0.3 m）；Q_i为发电流量（m^3/s）；E_i为日发电量（kW · h）；T 为出力时段长（h）。

五、应急调度模型

应急调度的对象为松花江干流的水库群，要充分利用水库的“蓄”和“泄”的功能，通过控制水库各种闸门的开关状态和开启程度及确定恰当的调控时间，并根据不同的污染物性质和应采取的措施进行合理调控，从而实现各种保护目标，或使得污染所造成的损失或危害达到最小。

（一）主要思想

首先，通过松花江干流系统网络图的建立，将参与应急调度的干流水利工程（水库、闸坝）、水源地、取水口、潜在突发水污染河段、支流及流域的蓄滞洪区、重要的控制性节点或断面等各类物理元素之间按照拓扑关系通过线段（干流河道）连接形成应急调度系统网络图；其次，利用制定的各种规则，根据不同污染物所采取的调度措施进行模拟调度；最后，通过综合评价模型对各方案的调度结果，优选出较优的方案作为推荐方案。

（二）应急调度流程

按照“预报—调度—后评估—滚动修正”的思路，初步建立了松花江干流水质水量应急调度模型框架（图 7-3）。“预报”是在每一个调度时段的初期，根据气象预报的信息、突发性水污染事件及常规污染信息，采用流域分布式水质水量耦合模拟模型，预报松花江干流河道的水动力学条件和进入河道的污染量，然后采用松花江干流水质水量耦合模拟模型，预报未来松花江干流任意节点的污染状况；“调度”是根据污染预报结果，综合松花

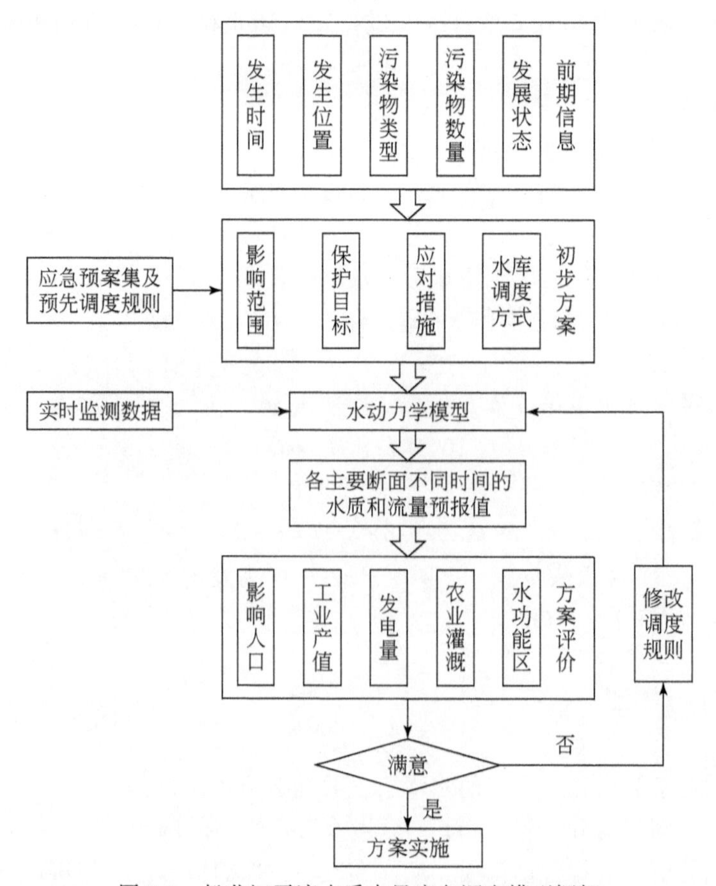

图 7-3　松花江干流水质水量应急调度模型框架

江干流水库群调度的目标，提出科学的调度方案；“后评估”是将提出的调度方案放回到松花江水质水量耦合模拟模型平台上进行仿真模拟，评估所提出的方案实施后对水库群下游江段及国际界河黑龙江可能带来的影响，以便对方案进行调整，提出科学合理的调度方案；“滚动修正”是在下一个调度时段，根据实时监测信息重新进行预报，对调度方案进行实时修正。

应急调度过程：

（1）通过实测信息与历史数据，给出或选定（某一频率下）丰满水库与尼尔基水库的入库流量过程。

（2）对丰满水库和尼尔基水库进行水库调度，并输出两个水库下泄流量过程，为水质水量模拟提供条件。

（3）对“丰满—哈达山”段西流松花江干流进行模拟得到哈达山水库入库流量过程。

（4）对哈达山水库进行单库水库调度，给出其下泄流量过程及各种调度结果。

（5）对“尼尔基水库—三岔河”“哈达山水库—三岔河”及“三岔河—大顶子山水库”三段河流进行水质水量模拟。

（6）对大顶子山水库进行电调，给出其下泄流量过程及其他调度结果。

（7）通过大顶子山水库的下泄流量过程，模拟“大顶子山—松花江干流出口”河段的水质与水量。

（8）通过对以上七个步骤的反复迭代和调算，给出最优的或推荐的应急调度方案。

六、模型验证与调试

（一）典型事件概况

2005 年 11 月 13 日，位于吉林省境内西流松花江段的中国吉林石化公司双苯厂苯胺二车间发生爆炸事故，导致约 100 t 含有苯和硝基苯的污水绕过了专用的污水处理通道，通过东 10 号线排污口直接进入了松花江，产生的污染带达 80 km，污染带顺松花江干流向下迁移，致使松花江下游沿岸的哈尔滨市、佳木斯市，以及松花江注入黑龙江后俄罗斯的哈巴罗夫斯克市等面临水危机。

（二）方案设置

根据各种调控措施及水库调度方式的组合，对“2005 年松花江水污染事件”设置了 19 种应急调度方案，包括事件的还原再现、加大下泄流量和减小下泄流量等措施及其组合（表 7-18）。此外，还设置了两个综合方案：

表 7-18　2005 年松花江水污染事件应急调度方案设置

方案	总体策略	说明	水库调度				削减污染物总量		
			丰满水库		大顶子山水库		松江大桥	吉江高速公路桥	102 国道桥
			下泄流量 (m^3/s)	时间 (d)	下泄流量 (m^3/s)	时间 (d)			
1	事件还原再现	对“2005 年松花江水污染事件”进行模拟	1000	11 月 16 日，11 月 24 日 ~ 11 月 30 日	约 800	12 月 6 日 ~ 11 日	无	无	无
2	未作处置	正常调度	正常	全时段	正常	—	无	无	无
3	加大下泄流量	丰满水库加大 1 日泄流	1000	11 月 13 日	正常	—	无	无	无
4		丰满水库加大 3 日泄流	1000	11 月 13 日 ~ 11 月 15 日	正常	—	无	无	无
5		丰满水库加大 1 日泄流	1500	11 月 13 日	正常	—	无	无	无
6		丰满水库加大 1 日泄流	2000	11 月 13 日	正常	—	无	无	无
7		丰满水库加大 1 日泄流	2500	11 月 13 日	正常	—	无	无	无
8		丰满水库加大 1 日泄流	3000	11 月 13 日	正常	—	无	无	无
9	减小下泄流量	仅减小下泄流量	300	1 日	正常	—	无	无	无
10			300	3 日	正常	—	无	无	无
11			200	1 日	正常	—	无	无	无
12			100	1 日	正常	—	无	无	无
13			0	1 日	正常	—	无	无	无
14		配合削减污染物总量	100	1 日	正常	—	10%	10%	无
15			100	1 日	正常	—	20%	20%	无
16			0	1 日	正常	—	10%	10%	无
17			0	1 日	正常	—	20%	20%	无

注：尼尔基水库正常调度，哈达山水库没有建成未考虑

方案 18：先减小丰满水库下泄流量，在下游采取拦截和吸附等措施削减污染物总量，后加大下泄流量稀释污染团。具体做法为：11 月 13 日 ~ 11 月 15 日丰满水库停止下泄 2d，而后加大下泄流量至 1000 m^3/s，最后恢复正常运行。

方案 19：假定哈达山水库建成，丰满水库和哈达山水库联合调度。具体做法为：丰满水库停止下泄 3d（11 月 13 日 ~ 11 月 15 日），而后加大下泄流量至 1000 m^3/s；哈达山水库当污染团接近哈达山水库时关闭其所有闸门，并在库区对污染物进行削减，而后当丰满水库的下泄流量接近哈达山水库时加大排泄量，使得污染团迅速下移。

（三）调度结果

1. 事件还原再现（方案 1）

“2005 年松花江水污染事件”发生后，丰满水库大约于 11 月 15 日开始加大下泄流量，于 11 月 16 日 8：00 前达到约 1000 m^3/s，此后恢复正常，然后在 11 月 24 日～11 月 30 日再次加大下泄流量至 1000 m^3/s 左右，哈达山水库未建成没有参与调度，尼尔基水库正常运行，其主要断面的流量过程如图 7-4 与图 7-5 所示。

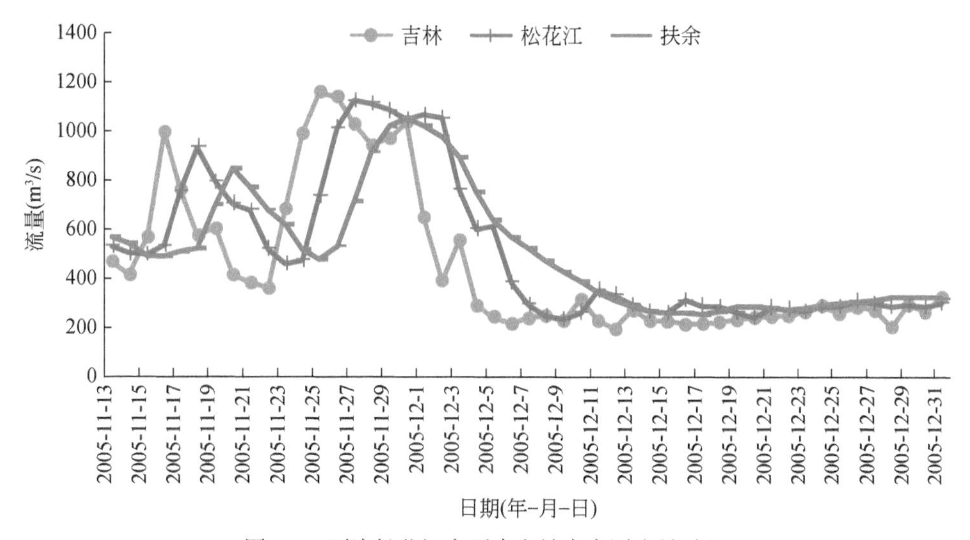

图 7-4　西流松花江主要水文站点实测流量过程

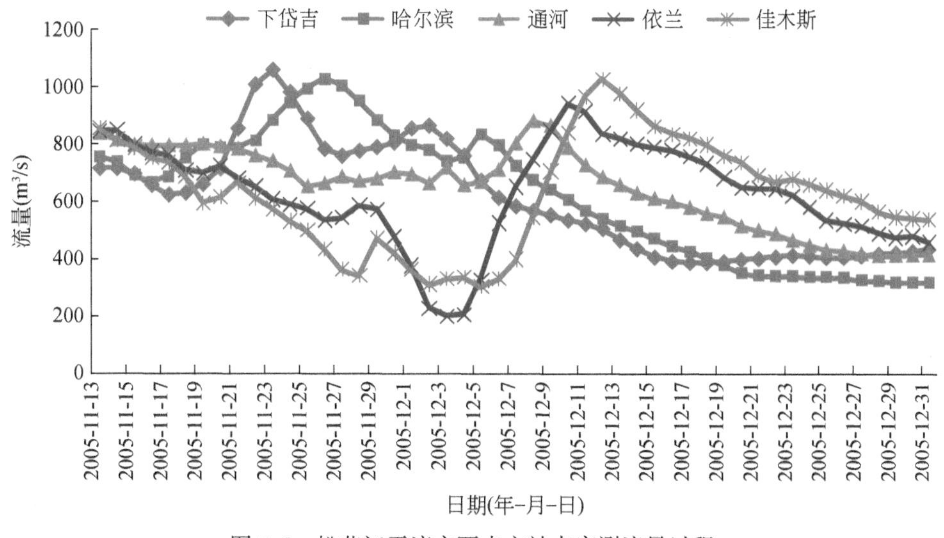

图 7-5　松花江干流主要水文站点实测流量过程

空间上，从“2005 年松花江水污染事件”发生地西流松花江吉林断面开始，到松花江干流出口同江断面为止，共取591个特征断面进行模拟，对污染物的浓度进行追踪。

时间上，从事件发生时开始计时，以2 h为时间步长，对污染物浓度的时间变化进行了追踪，共计模拟计算900 h。

为了表征硝基苯在河流中的危害程度及传播过程，现选取其中的吉林、松花江、扶余、下岱吉、哈尔滨、通河、依兰、同江八个特征断面进行了统计分析，其硝基苯浓度时间过程曲线如图7-6所示。

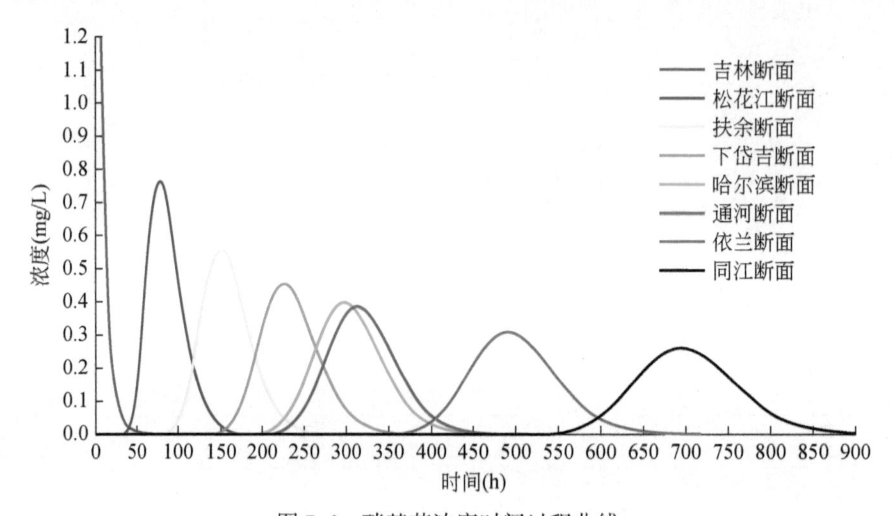

图7-6　硝基苯浓度时间过程曲线

由图7-6可以看出，硝基苯浓度在每个特征断面呈现波状起伏，即存在一个由低变高再由高变低的过程。并且硝基苯“浓度波”随着时间的迁移，逐渐从上游传播至下游。在传播过程中，特征污染物硝基苯存在弥散和转化等物理化学过程，其浓度峰值逐渐降低，但其影响时间变久。波形逐渐“变矮”和“变胖”。

针对国家对硝基苯浓度的限值（标准浓度为0.017 mg/L），根据模拟计算结果，对八个特征断面的硝基苯开始超标时刻、峰值时刻、峰值浓度、结束超标时刻和超标持续时间进行了统计，方案1调度结果见表7-19。

表7-19　方案1调度结果

断面编号	特征断面	开始超标时刻（h）	峰值		结束超标时刻（h）	超标持续时间（h）
			时刻（h）	浓度（mg/L）		
1	吉林	0	0（10s）	129.67	42	42
2	松花江	42	80	0.7642	154	112
3	扶余	96	152	0.5535	242	146
4	下岱吉	156	226	0.4525	330	174
5	哈尔滨	216	298	0.3954	410	194
6	通河	230	314	0.3855	428	198

续表

断面编号	特征断面	开始超标时刻（h）	峰值		结束超标时刻（h）	超标持续时间（h）
			时刻（h）	浓度（mg/L）		
7	依兰	386	492	0. 3079	626	240
8	同江	570	694	0. 2591	846	276

注：吉林断面为初始断面，其浓度初值为无限大，表中所列为污染发生 10s 后浓度

从表中可以看出，从上游至下游，“硝基苯浓度波”依次影响所到断面的硝基苯浓度。但其浓度峰值沿程逐渐下降，到哈尔滨断面为 0. 3954 mg/L，到同江断面为 0. 2591 mg/L；其超标持续时间逐渐加大，从吉林断面的 42 h 增大至同江断面的 276 h。说明此次水污染事件对下游影响时间是对上游的影响时间的 7 倍左右。

本研究将模型的运行结果与真实情况进行了对比分析，具体验证结果见第四章第四节“三、模型率定与验证”。

由于苯泄漏后经河流水体稀释，浓度的绝对值不大，计算的绝对误差都在 10 ~ 2 mg/L，相对误差一般都在 5% ~ 25%；从而较好地再现了松花江干流苯污染物质的输移过程。

2. 未作处置（方案 2）

“2005 年松花江水污染事件”发生后，丰满水库采取了加大下泄流量的调度方式，使得污染团迅速前进，从某种程度上缩短了对松花江沿岸生活、生产的影响时间。但是，这种调度方式的好坏一直存在争议。本研究假定没有加大下泄流量，对污染团的运移规律进行了模拟（表 7-20 与图 7-7）。

表 7-20　方案 2 调度结果

断面编号	特片断面	开始超标时刻（h）	峰值		结束超标时刻（h）	超标持续时间（h）
			时刻（h）	浓度（mg/L）		
1	吉林	0	0（10s）	124. 35	40	40
2	松花江	40	76	0. 7471	150	110
3	扶余	90	144	0. 542	234	144
4	下岱吉	150	218	0. 4433	318	168
5	哈尔滨	256	346	0. 4253	466	210
6	通河	392	500	0. 3537	638	246
7	依兰	456	570	0. 3314	714	258
8	同江	670	806	0. 2788	968	298

由表 7-20 可以看出，相对于真实情况，假如当时丰满水库没有加大下泄流量，则各个断面开始超标时刻会后延 0 ~ 56 h，超标持续时间将延长 2 ~ 14 h，污染物浓度的峰值总体较高。因此，“2005 年松花江水污染事件”的应急处置对减少各个断面的影响时间和污染物浓度都是有效果的。

3. 加大下泄流量

（1）方案 3。方案 3 是假定污染事件发生后，丰满水库增加下泄流量，即以 1000 m^3/s

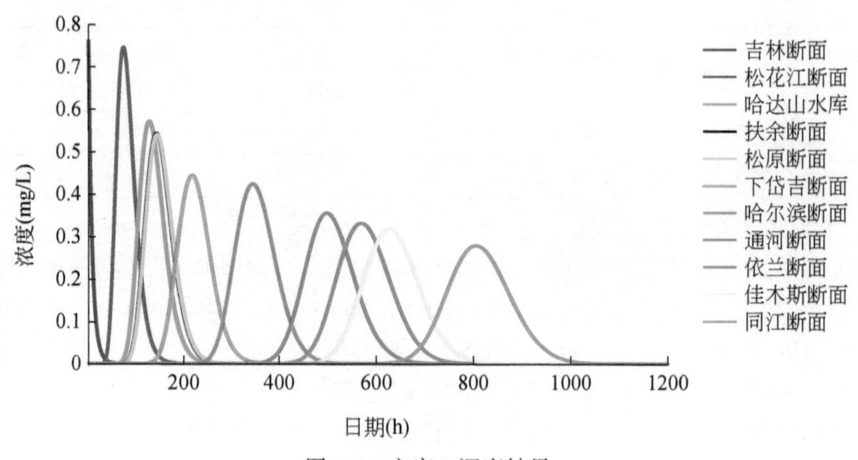

图 7-7　方案 2 调度结果

流量下泄 1d，其他条件不变，其调度结果见表 7-21。

表 7-21　方案 3 调度结果

断面编号	特征断面	开始超标时刻（h）	峰值		结束超标时刻（h）	超标持续时间（h）
			时刻（h）	浓度（mg/L）		
1	吉林	0	0（10s）	112.76	38	38
2	松花江	34	68	0.7119	138	104
3	扶余	80	132	0.5164	216	136
4	下岱吉	134	196	0.4221	292	158
5	哈尔滨	234	318	0.4081	434	200
6	通河	358	460	0.3397	592	234
7	依兰	416	526	0.3183	664	248
8	同江	614	742	0.2678	898	284

由表 7-21 可以看出，相对于方案 2，加大下泄流量后污染物的开始超标时刻明显提前，持续时间有所减少，污染物浓度降低，说明加大下泄流量能有效地增加污染团的移动速度和减少超标持续时间。

（2）方案 4。方案 4 是在污染事件发生后，丰满水库增大下泄流量，即以 1000 m^3/s 流量下泄 3d，目的是验证下泄时间对污染物运移规律的影响，调度结果见表 7-22。

表 7-22　方案 4 调度结果

断面编号	特征断面	开始超标时刻（h）	峰值		结束超标时刻（h）	超标持续时间（h）
			时刻（h）	浓度（mg/L）		
1	吉林	0	0（10s）	106.36	38	38
2	松花江	32	64	0.6917	132	100

续表

断面编号	特征断面	开始超标时刻（h）	峰值		结束超标时刻（h）	超标持续时间（h）
			时刻（h）	浓度（mg/L）		
3	扶余	76	124	0.5018	206	130
4	下岱吉	124	186	0.4101	278	154
5	哈尔滨	222	302	0.3986	416	194
6	通河	340	438	0.3314	566	226
7	依兰	394	500	0.3105	634	240
8	同江	582	706	0.2613	858	276

由表 7-22 可以看出，下泄时间由 1d 延长至 3d，从污染物的峰值浓度、污染物到达时间和超标持续时间上都有减小或缩短的效果，说明水利工程的持续时间越长越有利，这与污染团通过一个断面所需要的时间有关。但是，并非下泄时间越长越好，主要取决于污染物的性质及水库的社会和经济效益等综合因素。总体看来，水库的调度持续时间一般不超过 10d。

（3）方案 5 与方案 6。方案 5 是把丰满水库下泄流量由 1000 m^3/s 提高至 1500 m^3/s 和 2000 m^3/s，仍然下泄 1d，目的是得到流量对污染物运移规律的影响，调度结果见表 7-23 与表 7-24。

表 7-23　方案 5 调度结果

断面编号	特征断面	开始超标时刻（h）	峰值		结束超标时刻（h）	超标持续时间（h）
			时刻（h）	浓度（mg/L）		
1	吉林	0	0（10s）	110.46	38	38
2	松花江	34	68	0.7039	136	102
3	扶余	78	128	0.5113	212	134
4	下岱吉	130	192	0.4178	288	158
5	哈尔滨	230	314	0.4049	428	198
6	通河	352	452	0.3367	584	232
7	依兰	408	516	0.3155	652	244
8	同江	602	730	0.2655	884	282

表 7-24　方案 6 调度结果

断面编号	特征断面	开始超标时刻（h）	峰值		结束超标时刻（h）	超标持续时间（h）
			时刻（h）	浓度（mg/L）		
1	吉林	0	0（10s）	108.33	38	38
2	松花江	34	66	0.6981	134	100
3	扶余	76	126	0.5065	208	132

续表

断面编号	特征断面	开始超标时刻（h）	峰值		结束超标时刻（h）	超标持续时间（h）
			时刻（h）	浓度（mg/L）		
4	下岱吉	128	190	0.4138	282	154
5	哈尔滨	224	308	0.4018	422	198
6	通河	346	444	0.3339	574	228
7	依兰	402	508	0.313	644	242
8	同江	592	718	0.2633	870	278

4. 减小下泄流量

减小下泄流量的目的是为配合下游的拦蓄和综合处理，尽量减小污染物的扩散和影响，本次调算包括丰满水库下泄流量为 300 m^3/s（下泄 1d）、100 m^3/s 和 0 m^3/s 三种方案，其调算结果分别见表 7-25 ~ 表 7-27。

由表 7-25 ~ 表 7-27 可以看出，减小丰满水库的下泄流量对污染物到达时间、超标持续时间和峰值浓度影响都不大，这是因为减小下泄流量，对污染团没有任何影响，计算结果不同是因为误差所致。如果减小下泄流量再配合设置拦污栅进行层层拦截削减污染物，那么效果就会非常明显。

表 7-25　方案 9 调度结果

断面编号	特征断面	开始超标时刻（h）	峰值		结束超标时刻（h）	超标持续时间（h）
			时刻（h）	浓度（mg/L）		
1	吉林	0	0（10s）	125.42	40	40
2	松花江	40	76	0.7502	150	110
3	扶余	92	146	0.5447	234	142
4	下岱吉	150	218	0.4449	320	170
5	哈尔滨	258	348	0.4269	470	212
6	通河	396	504	0.3549	642	246
7	依兰	458	582	0.3287	718	260
8	同江	676	810	0.2798	974	298

表 7-26　方案 12 调度结果

断面编号	特征断面	开始超标时刻（h）	峰值		结束超标时刻（h）	超标持续时间（h）
			时刻（h）	浓度（mg/L）		
1	吉林	0	0（10s）	126.41	40	40
2	松花江	40	78	0.7524	150	110
3	扶余	92	148	0.5466	236	144
4	下岱吉	152	220	0.4468	322	170

续表

断面编号	特征断面	开始超标时刻（h）	峰值		结束超标时刻（h）	超标持续时间（h）
			时刻（h）	浓度（mg/L）		
5	哈尔滨	260	350	0.4282	472	212
6	通河	398	508	0.3559	646	248
7	依兰	462	578	0.3336	722	260
8	同江	680	816	0.2807	980	300

表 7-27　方案 13 调度结果

断面编号	特征断面	开始超标时刻（h）	峰值		结束超标时刻（h）	超标持续时间（h）
			时刻（h）	浓度（mg/L）		
1	吉林	0	0（10s）	128.49	42	42
2	松花江	42	78	0.7592	152	110
3	扶余	94	150	0.5512	240	146
4	下岱吉	156	224	0.4505	326	170
5	哈尔滨	264	356	0.4308	478	214
6	通河	404	514	0.3584	654	250
7	依兰	468	584	0.3357	732	264
8	同江	690	826	0.2825	992	302

5. 综合调度方案

（1）方案 18。方案 18 是先停止丰满水库泄流 2d，在吉林市布设三道防线进行拦截和削减处理，假定在松江大桥、吉江高速公路桥和 102 国道桥分别削减污染物 10%、10% 和 20%，然后再加大丰满水库的下泄流量进行冲刷和稀释，调度结果见表 7-28。

表 7-28　方案 18 调度结果

断面编号	特征断面	开始超标时刻（h）	峰值		结束超标时刻（h）	超标持续时间（h）
			时刻（h）	浓度（mg/L）		
1	吉林	0	0（10s）	124.46	40	40
2	松花江	40	76	0.5382	144	104
3	扶余	92	144	0.3904	228	136
4	下岱吉	190	264	0.3507	368	178
5	哈尔滨	260	346	0.3064	460	200
6	通河	398	500	0.2547	630	232
7	依兰	462	570	0.2387	706	244
8	同江	678	806	0.2008	958	280

由表 7-28 可以看出，当采取一系列综合措施后，污染物峰值浓度和超标持续时间都有明显减小，说明综合调控效果明显。

（2）方案 19。方案 19 是假定哈达山水库已经建成，丰满水库和哈达山水库联合调度，其调度结果见表 7-29。

表 7-29　方案 19 调度结果

断面编号	特征断面	开始超标时刻（h）	峰值		结束超标时刻（h）	超标持续时间（h）
			时刻（h）	浓度（mg/L）		
1	吉林	0	0（10s）	109.48	42	42
2	松花江	38	76	0.6579	152	114
3	扶余	90	144	0.4773	236	146
4	下岱吉	152	218	0.4183	314	162
5	哈尔滨	260	346	0.4013	462	202
6	通河	396	500	0.3337	632	236
7	依兰	460	574	0.3119	708	248
8	同江	676	808	0.2630	962	286

由表 7-29 可知，当哈达山水库建成后，通过哈达山水库与丰满水库联合调度，污染物峰值浓度和超标持续时间都有明显减小或缩短。

（四）方案分析及规律

通过以上分析和模拟得到如下规律：

1. 不同下泄流量和持续时间下的传播规律

当丰满水库下泄流量不同时，污染物的运移和传播规律有很大区别，这也为水力调控提供了可能性，图 7-8 和图 7-9 是不同方案下扶余断面和哈尔滨断面的污染物浓度过程。

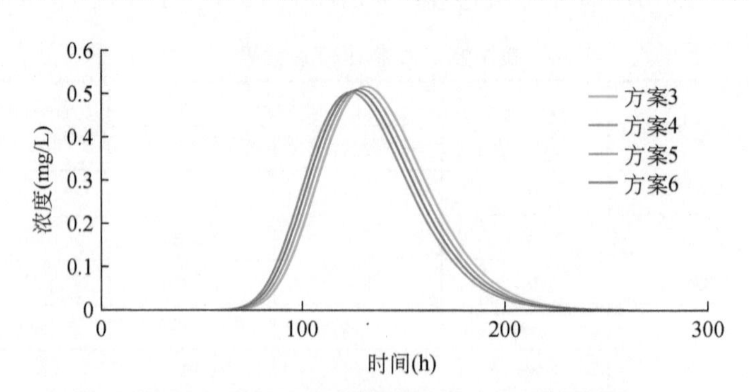

图 7-8　不同方案下扶余断面的污染物浓度过程

由图 7-8 和图 7-9 可以明显看出，随着下泄流量的增加，污染物到达时间有不同程度的缩短，污染物浓度峰值也有减小的趋势。此外，延长下泄时间也会加速污染物的传播，减小峰值浓度，效果比加大下泄流量还明显。例如，方案 4 比方案 3、方案 5 和方案 6 效果更好。

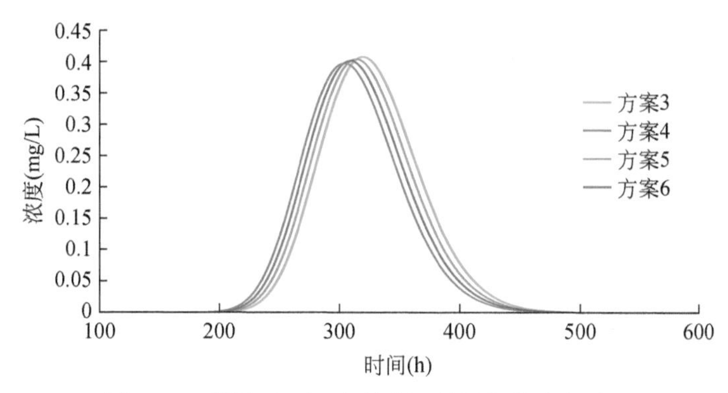

图 7-9　不同方案下哈尔滨断面的污染物浓度过程

2. 减小下泄流量

当以单纯地采取减小丰满水库下泄流量的方式进行调度时，基本没有效果。减小下泄流量时哈尔滨断面浓度变化曲线如图 7-10 所示。

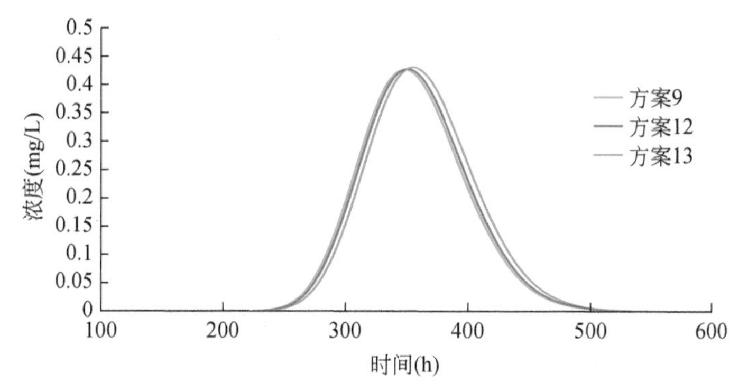

图 7-10　减小下泄流量时哈尔滨断面浓度变化曲线

3. 采取综合调控措施效果显著

综合对比各个方案，加大下泄流量优于不采取任何措施，进行污染物的削减配合减小下泄流量效果明显（图 7-11）。因此，“2005 年松花江水污染事件”的最佳处理方案是首

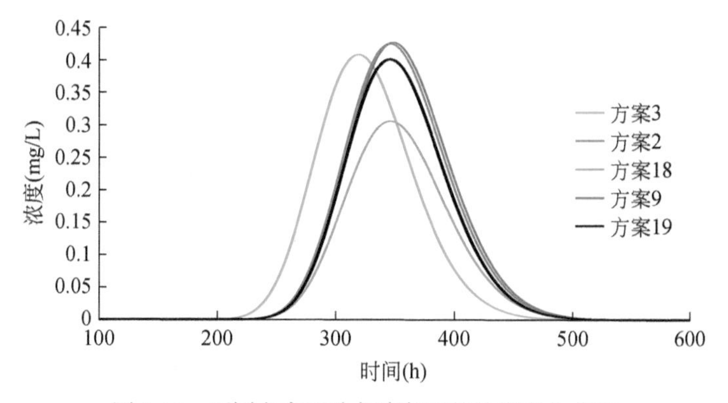

图 7-11　不同方案下哈尔滨断面的浓度变化曲线

先，停止丰满水库的下泄流量，并设立若干道拦截断面对污染物进行削减；其次，加大水库下泄流量进行冲刷，使得剩余污染物迅速下泄并可以进一步降低其浓度，增加污染物的削减量。

第五节　松花江水污染应急调度情景分析

一、典型事件与调度方案的设置

（一）典型事件选取

按照污染物是否溶于水及比水的轻重可以分为溶于水的、不溶于水的漂浮物（如石油类）与不溶于水的悬浮物和不溶于水的沉积物。本研究认为，这些污染物进入水体后全部服从水力学原理，即污染团到达下游各个断面的时间大致与水流到达时间相同，而污染物的浓度和影响时间仅对溶于水的污染物作要求。

选取齐齐哈尔市、吉林市、松原市、哈尔滨市和佳木斯市 5 个高危地点的五种代表污染物进行应急调度和模拟，以便得到各个地区污染物随水利调控的不同的传播规律。

（二）水文年和典型年选择

面向突发性水污染事件的应急调度属于短期调度，对时间尺度要求较高，需要研究河流主要断面和支流的逐日或更高的径流资料。本研究收集了 2005 ~ 2007 年的主要水文站点的实测逐日径流系列资料，按照水文频率来讲，2005 年为平水年（相当于 $P=50\%$），2006 年为偏枯年（相当于 $P=75\%$），2007 年为特枯年（相当于 $P=95\%$），为此，本研究选取 2005 年作为典型年进行调度和调算。

（三）计算分期及计算时段选择

典型年确定后，年内又可分为汛期和非汛期，考虑到东北河流有冰封期，以及汛期有主汛期，把一年分成五个时期分别进行调算，即冰封期（12 ~ 3 月）、非汛期及非冰封期（4 ~ 5 月及 10 ~ 11 月）、主汛期前（6 月）、主汛期（7 ~ 8 月）和主汛期后（9 月）。

考虑到松花江干流水流传播时间较长，计算时段不宜选取太细，而且水文测报基本以天为最小单位，因此，调度计算的时段选为天。

（四）调度方案的设置

根据以上典型事件、典型年和计算时段的划分，以及污染事件发生的地点和各种调控措施，本研究制定了五个事件的 25 种调度方案。典型事件和调度方案见表 7-30。

表 7-30 典型事件和调度方案

污染事件	方案	时间		方案说明	水库调度												月亮泡蓄滞洪区			污染事件发生地流量 (m^3/s)
					尼尔基水库			丰满水库			哈达山水库			大顶子山水库						
		季节	典型时间(月-日)		下泄流量 (m^3/s)	开始时间	结束时间	下泄流量 (m^3/s)	开始时间	结束时间	下泄流量 (m^3/s)	开始时间	结束时间	下泄流量 (m^3/s)	开始时间	结束时间	分洪流量 (m^3/s)	开始时间	结束时间	
齐齐哈尔市砷污染事件	1	枯季	4-7	正常调度	—	—	—	—	—	—	—	—	—	—	—	—	—	—	—	50
	2			加大下泄流量	500	4月7日10时	4月8日10时	—	—	—	—	—	—	—	—	—	—	—	—	50
	3			尼尔基水库与丰满水库联合调度	500	4月7日10时	4月8日10时	1000	4月15日8时	4月18日8时	—	—	—	—	—	—	—	—	—	50
	4			尼尔基水库与哈达山水库、大顶子山水库联合调度	500	4月7日10时	4月8日10时	—	—	—	1000	4月17日20时	4月20日20时	入流流量+500	4月24日14时	5月1日14时	—	—	—	50
	5	汛期	6-5	正常调度	—	—	—	—	—	—	—	—	—	—	—	—	—	—	—	800
	6			加大下泄流量	2000	6月5日10时	6月6日10时	—	—	—	—	—	—	—	—	—	—	—	—	800
	7			尼尔基水库正常调度并启用月亮泡蓄滞洪区	—	—	—	—	—	—	—	—	—	—	—	—	500	6月11日4时	6月15日4时	—
	8			尼尔基水库正常调度，启用月亮泡蓄滞洪区，丰满水库加大下泄流量	—	—	—	1600	6月7日4时	6月12日4时	—	—	—	—	—	—	500	6月11日4时	6月15日4时	—

续表

污染事件	方案	时间		方案说明	水库调度												月亮泡蓄滞洪区			污染事件发生地流量(m^3/s)
					尼尔基水库			丰满水库			哈达山水库			大顶子山水库						
		季节	典型时间(月-日)		下泄流量(m^3/s)	开始时间	结束时间	下泄流量(m^3/s)	开始时间	结束时间	下泄流量(m^3/s)	开始时间	结束时间	下泄流量(m^3/s)	开始时间	结束时间	分洪流量(m^3/s)	开始时间	结束时间	
吉林市氟化物污染事件	1	枯季	4-7	正常调度	—	—	—	—	—	—	—	—	—	—	—	—	—	—	—	346
	2			加大下泄流量	—	—	—	1000	4月7日10时	4月8日10时	—	—	—	—	—	—	—	—	—	346
	3			停止下泄流量，并且设置三道拦截防线，哈达山水库配合调蓄	—	—	—	0	4月7日10时	4月12日10时	0	4月11日5时	4月16日5时	—	—	—	—	—	—	346
	4	汛期	6-23	正常调度	—	—	—	—	—	—	—	—	—	—	—	—	—	—	—	1150
	5			丰满水库停止下泄流量，哈达山水库收纳污水	—	—	—	0	6月23日10时	6月28日10时	—	注1	—	—	—	—	—	—	—	1150
松原市丙烯腈污染事件	1	枯季	4-7	正常调度	—	—	—	—	—	—	—	—	—	—	—	—	—	—	—	439
	2			哈达山水库加大下泄流量	—	—	—	—	—	—	1000	4月7日10时	4月8日10时	—	—	—	—	—	—	439
	3	汛期	6-27	正常调度	—	—	—	—	—	—	—	—	—	—	—	—	—	—	—	980
	4			加大下泄流量	—	—	—	—	—	—	2000	4月7日10时	4月8日10时	—	—	—	—	—	—	980

续表

污染事件	方案	时间		方案说明	水库调度												月亮泡蓄滞洪区			污染事件发生地流量（m^3/s）
					尼尔基水库			丰满水库			哈达山水库			大顶子山水库						
		季节	典型时间（月-日）		下泄流量（m^3/s）	开始时间	结束时间	下泄流量（m^3/s）	开始时间	结束时间	下泄流量（m^3/s）	开始时间	结束时间	下泄流量（m^3/s）	开始时间	结束时间	分洪流量（m^3/s）	开始时间	结束时间	
哈尔滨市硫化磷污染事件	1	枯季	4-7	正常调度	—	—	—	—	—	—	—	—	—	—	—	—	—	—	—	600
	2			大顶子山水库进行拦蓄	—	—	—	—	—	—	—	—	—	注2	—	—	—	—	—	600
	3			哈达山水库加大下泄流量	—	—	—	—	—	—	2000	4月7日10时	4月8日10时	—	—	—	—	—	—	600
	4	汛期	6-6	正常调度	—	—	—	—	—	—	—	—	—	—	—	—	—	—	—	2000
佳木斯市农药污染事件	1	枯季	4-19	正常调度	—	—	—	—	—	—	—	—	—	—	—	—	—	—	—	1180
	2			大顶子山水库加大下泄流量	—	—	—	—	—	—	—	—	—	2000	4月19日10时	4月20日10时	—	—	—	1180
	3	汛期	6-11	正常调度	—	—	—	—	—	—	—	—	—	—	—	—	—	—	—	3020
	4	冰封期	1-17	正常调度	—	—	—	—	—	—	—	—	—	—	—	—	—	—	—	302

注：1. 污染事件发生后20h内开始泄空库容，假定泄掉一半，此后停止下泄，拦蓄污水，约有5亿库容，按1000 m^3/s 流量入库可以蓄水5d以上。

2. 污染事件发生后开始下泄流量，4月25日20时之前关闭闸门接纳污水并作其他处理

1. 事件一：齐齐哈尔市砷污染事件

（1）事件概述。假定齐齐哈尔市北方玻璃厂发生突发事件，100 t 原料沿排污口进入嫩江，砷严重超标（假定废水三价砷浓度为 2.2 mg/L）。方案 1 ~ 方案 4 为枯季，发生时间为 2005 年 4 月 7 日 8 时；方案 5 ~ 方案 8 为汛期，发生时间为 2005 年 6 月 5 日 8 时。

（2）方案设置。主要包含以下 8 种方案。

方案 1：污染事件发生后水库正常调度，污染事件发生地流量为 50 m^3/s。

方案 2：污染事件发生 2 h 后，尼尔基水库加大下泄流量至 500 m^3/s，起止时间为 4 月 7 日 10 时 ~4 月 8 日 10 时。

方案 3：尼尔基水库与丰满水库联合调度，尼尔基水库从 4 月 7 日 10 时 ~4 月 8 日 10 时加大下泄流量至 500 m^3/s，丰满水库从 4 月 15 日 8 时（预计该时刻丰满水库加大下泄洪峰可以与污染团汇合于三岔河） ~4 月 18 日 8 时加大下泄流量至 1000 m^3/s。

方案 4：尼尔基水库与哈达山水库、大顶子山水库联合调度，尼尔基水库从 4 月 7 日 10 时 ~4 月 8 日 10 时加大下泄流量至 500 m^3/s，哈达山水库（假定已经建成）从 4 月 17 日 20 时（预计该时刻哈达山水库加大下泄洪峰可以与污染团汇合于三岔河） ~4 月 20 日 20 时加大下泄流量至 1000 m^3/s，污染团抵达大顶子山水库时（4 月 24 日 14 时），其加大下泄流量（在入流流量的基础上增加 500 m^3/s 下泄流量）至 5 月 1 日 14 时截止（预计主要污染团的影响时间）。

方案 5：事件发生后水库正常调度，污染事件发生地流量为 800 m^3/s。

方案 6：污染事件发生 2 h 后，尼尔基水库加大下泄流量至 2000 m^3/s，起止时间为 4 月 5 日 10 时 ~4 月 6 日 10 时。

方案 7：污染事件发生后尼尔基水库正常调度，启用月亮泡蓄滞洪区，启用时间为 6 月 11 日 4 时（预计污染团到达时间） ~6 月 15 日 4 时，分洪流量为 500 m^3/s，约占嫩江总流量的 50%，大约削减 50% 的污染物。

方案 8：尼尔基水库正常调度，启用月亮泡蓄滞洪区，并配合丰满水库加大下泄流量压制嫩江水流汇入松花江，月亮泡蓄滞洪区启用时间为 6 月 11 日 4 时（预计污染团到达时间） ~6 月 15 日 4 时，分洪流量为 500 m^3/s，丰满水库加大下泄流量至 1600 m^3/s，起止时间为 6 月 7 日 4 时 ~6 月 12 日 4 时。

2. 事件二：吉林市氰化物污染事件

（1）事件概述。假定国电吉林热电厂违规排污，约 3 万 t 含有氰化物的污水排入西流松花江，假定氰化物浓度为 100 mg/L。方案 1 ~ 方案 3 为枯季，发生时间为 2005 年 4 月 7 日 8 时；方案 4 与方案 5 为汛期，发生时间为 2005 年 6 月 23 日 8 时。

（2）方案设置。主要包含以下 5 种方案。

方案 1：污染事件发生后水库正常调度，污染事件发生地流量为 346 m^3/s。

方案 2：污染事件发生 2 h 后，丰满水库加大下泄流量至 1000 m^3/s，起止时间为 4 月 7 日 10 时 ~4 月 8 日 10 时。

方案 3：污染事件发生 2 h 后开始停止丰满水库下泄流量至 4 月 12 日 10 时，并在松江大桥、九站浮桥及哈达山库区设立三道拦截防线，采取拦截和吸附等削减污染物的措施，为配合以上措施，哈达山水库（假定已建成）从 4 月 11 日 5 时（污染团到达时间）~4 月 12 日 5 时停止下泄流量。

方案 4：污染事件发生后水库正常调度，污染事件发生地流量为 1150 m^3/s。

方案 5：丰满水库与哈达山水库联合调度，丰满水库从 6 月 23 日 10 时~6 月 28 日 10 时停止下泄流量，哈达山水库（假定已经建成）在污染事件发生后开始加大下泄流量，腾空库容，6 月 25 日 20 时之前关闭闸门接纳污水并作其他化学处理。

3. 事件三：松原市丙烯腈污染事件

（1）事件概述。假定在松原市 203 国道的松花江大桥上发生交通事故，中国石油天然气股份有限公司前郭石化分公司运有剧毒槽车河边泄漏，20 t 丙烯腈进入西流松花江。方案 1 与方案 2 为枯季，发生时间为 2005 年 4 月 7 日 8 时；方案 3 与方案 4 为汛期，发生时间为 2005 年 6 月 27 日 8 时。

（2）方案设置。主要包含以下 4 种方案。

方案 1：污染事件发生后水库正常调度，污染事件发生地流量为 439 m^3/s。

方案 2：污染事件发生 2 h 后，哈达山水库加大下泄流量至 1000 m^3/s，起止时间为 4 月 7 日 10 时~4 月 8 日 10 时。

方案 3：污染事件发生后水库正常调度，污染事件发生地流量为 980 m^3/s。

方案 4：哈达山水库（假定已经建成）在污染事件发生后开始加大下泄流量，起止时间为 4 月 7 日 10 时~4 月 8 日 10 时。

4. 事件四：哈尔滨市硫化磷污染事件

（1）事件概述。假定一艘驳船火后沉没，83 t 五硫化二磷进入松花江干流，水厂被迫停止供水。方案 1~方案 3 为枯季，时间为 2005 年 4 月 7 日 8 时；方案 4 为汛期，时间为 2005 年 6 月 6 日 8 时。

（2）方案设置。主要包含以下 4 种方案。

方案 1：污染事件发生后水库正常调度，污染事件发生地流量为 600 m^3/s。

方案 2：污染事件发生后，大顶子山水库开始加大下泄流量约持续 20 h，大概腾空一半库容，此后停止下泄，开始拦蓄污水，并作进一步处理。

方案 3：污染事件发生 2 h 后哈达山水库开始加大下泄流量至 2000 m^3/s，起止时间为 4 月 7 日 10 时~4 月 8 日 10 时。

方案 4：污染事件发生后水库正常调度，污染事件发生地流量为 2000 m^3/s。

5. 事件五：佳木斯市农药污染事件

（1）事件概述。假定在省道佳抚线上，一辆货车失控撞倒，4 吨多农药 DDT 倒入松花江干流。

（2）方案设置。主要包含以下 4 种方案。

方案 1：枯季（2005 年 4 月 19 日 8 时），污染事件发生后水库正常调度，污染事件发生地流量为 1180 m^3/s。

方案 2：枯季（2005 年 4 月 19 日 8 时），污染事件发生 2 h 后，大顶子山水库加大下泄流量至 2000 m^3/s，持续 24 h（4 月 19 日 10 时~4 月 20 日 10 时）。

方案3：汛期（2005年6月11日8时），污染事件发生后水库正常调度，污染事件发生地流量为3020 m^3/s。

方案4：冰封期（2005年1月17日8时），污染事件发生后水库正常调度，污染事件发生地流量为302 m^3/s。

二、调算结果分析

利用本研究建立的应急调度模型和计算软件，根据不同时段调度策略和措施的不同，对以上各种事件进行调度计算。典型情景调度结果见表7-31。

（一）事件一：齐齐哈尔市砷污染事件

1. 方案分析

方案1：污染团到达三岔河口、哈尔滨和同江断面的时间大概为18.35d、24.54d和33.63d，由于污染事件发生在枯季，嫩江流量较小，污染团的到达时间和影响时间都较长。

方案2：假定污染事件发生2 h后，尼尔基水库加大下泄流量至500 m^3/s，经过调算，下泄流量大概在富拉尔基追上污染团，也就是污染事件发生后约4.39d，由于流量加大，污染团到达三岔河口、哈尔滨和同江断面的时间都有所提前，分别为12.51d、17.38d和26.62d，与方案1比较，分别提前了5.84d、7.16d和7.01d。

方案3：在尼尔基水库与丰满水库联合调度的情况下，加速了污染团在松花江上的移动速度，使得污染团对松花江沿线的影响时间减少，其峰值浓度也相应减小，其中，污染团到达哈尔滨和同江断面的时间比方案2提前了0.79d和1.32d。

方案4：在尼尔基水库与哈达山水库、大顶子山水库联合调度的情况下，由调度结果可以看出，在哈尔滨以前的结果与方案3相同，由于大顶子山水库的作用，污染团到达佳木斯和同江断面的时间都有所提前，分别提前了0.49d和0.6d。

方案5：假定污染事件发生在汛期（主汛期前），河道流量比较大，污染物随着水流会迅速向下游迁移，到达各个断面的时间及影响时间相对于枯季大大缩短，到达三岔河口、哈尔滨和同江断面的时间分别为7.58d、11.50d和19.74d，比方案1分别提前了10.77d、13.04d和13.89d。

方案6：污染事件发生2 h后，尼尔基水库加大下泄流量至2000 m^3/s，大概在通河断面前32 km处，追上了污染团，其后加速了污染团的移动，预计到达佳木斯和同江断面的时间比方案5分别提前了0.32d和0.52d。

方案7：污染事件发生后尼尔基水库正常调度，启用月亮泡蓄滞洪区，分洪流量为500 m^3/s（约占嫩江总流量的50%），总分洪量约为2亿m^3，大约削减50%的污染物，分洪拦蓄污染物不仅削减了污染物总量，也使污染团的移动速度受到了一定影响，到达三岔河口、哈尔滨和同江断面的时间分别比方案5增加了0.29d、0.9d和1.43d，同时各个断面污染物的峰值浓度降低且影响时间减少。

表 7-31 典型情景调度结果

污染事件	方案	污染团到达时间（d）																		
		吉林断面	松花江断面	哈达山断面	扶余断面	松原断面	三岔河断面	尼尔基断面	齐齐哈尔断面	富拉尔基断面	江桥断面	大赉断面	三岔河口断面	下岱吉断面	哈尔滨断面	大顶子山断面	通河断面	依兰断面	佳木斯断面	同江断面
齐齐哈尔市砷污染事件	1	—	—	—	—	—	—	—	0	4.39	6.94	16.54	18.35	20.87	24.54	25.26	28.28	29.48	30.82	33.63
	2	—	—	—	—	—	—	—	0	4.39	6.04	11.31	12.51	14.58	17.38	18.15	21.35	22.62	23.95	26.62
	3	—	—	—	—	—	—	—	0	4.39	6.04	11.31	12.51	14.28	16.59	17.28	20.30	21.45	22.63	25.30
	4	—	—	—	—	—	—	—	0	4.39	6.04	11.31	12.51	14.28	16.59	17.28	19.95	20.96	22.15	24.70
	5	—	—	—	—	—	—	—	0	0.69	2.14	6.55	7.58	9.29	11.50	12.13	14.80	15.88	17.07	19.74
	6	—	—	—	—	—	—	—	0	0.69	2.14	6.55	7.58	9.29	11.50	12.13	14.68	15.65	16.75	19.21
	7	—	—	—	—	—	—	—	0	0.69	2.14	6.63	7.86	9.80	12.40	13.08	15.96	17.11	18.36	21.17
	8	—	—	—	—	—	—	—	0	0.69	2.14	6.63	7.86	9.57	11.79	12.42	15.09	16.17	17.35	20.02
吉林市氟化物污染事件	1	0	3.02	4.00	5.36	5.90	6.26	—	—	—	—	—	6.26	8.78	12.45	13.38	17.17	18.57	20.01	23.02
	2	0	2.49	3.24	4.20	4.59	4.85	—	—	—	—	—	4.85	6.79	9.38	10.15	13.35	14.50	15.88	18.90
	3	0	3.02	4.00	—	—	—	—	—	—	—	—	—	—	—	—	—	—	—	—
	4	0	1.99	2.70	3.60	3.99	4.24	—	—	—	—	—	4.24	5.81	7.94	8.54	11.12	12.20	13.38	16.05
	5	0	1.99	2.70	—	—	—	—	—	—	—	—	—	—	—	—	—	—	—	—
松原市丙烯腈污染事件	1	—	—	—	—	0	0.36	—	—	—	—	—	0.36	3.10	6.23	7.15	10.95	12.29	13.89	17.49
	2	—	—	—	—	0	0.36	—	—	—	—	—	0.36	3.10	6.23	6.95	9.97	11.13	12.56	15.81
	3	—	—	—	—	0	0.26	—	—	—	—	—	0.26	1.92	4.05	4.63	7.13	8.21	9.39	12.06
	4	—	—	—	—	0	0.26	—	—	—	—	—	0.26	1.92	4.05	4.63	7.13	8.21	9.39	12.06
哈尔滨市硫化磷污染事件	1	—	—	—	—	—	—	—	—	—	—	—	—	—	0	1.09	5.13	6.39	7.90	10.72
	2	—	—	—	—	—	—	—	—	—	—	—	—	—	0.00	1.09	—	—	—	—
	3	—	—	—	—	—	—	—	—	—	—	—	—	—	0	1.09	5.13	6.39	7.90	10.72
	4	—	—	—	—	—	—	—	—	—	—	—	—	—	0	0.63	3.30	4.38	5.63	8.30
佳木斯市农药污染事件	1	—	—	—	—	—	—	—	—	—	—	—	—	—	—	—	—	—	0	3.60
	2	—	—	—	—	—	—	—	—	—	—	—	—	—	—	—	—	—	0	3.60
	3	—	—	—	—	—	—	—	—	—	—	—	—	—	—	—	—	—	0	2.67
	4	—	—	—	—	—	—	—	—	—	—	—	—	—	—	—	—	—	0	8.49

方案8：尼尔基水库正常调度，启用月亮泡蓄滞洪区，且丰满水库配合加大下泄流量压制嫩江水流汇入松花江干流。由表7-31可以看出，其调度结果与方案7类似，只不过丰满水库加大下泄流量使得松花江干流流量加大，剩余的污染团在水量的稀释和冲刷下运移速度与浓度又有明显降低，到达哈尔滨断面和同江断面的时间缩短了0.61d和1.15d。

2. 小结

调度时应尽量控制其影响范围，枯季应控制流量，采用拦截和投放药物措施，通过石灰水调节pH，同时投加适量聚合硫酸铁，在反应前预加氯氧化三价砷的方法（即把As^{3+}变为As^{5+}），来降低水体中砷的浓度；汛期由于水量大，难以调控，宜利用蓄滞洪区把部分污水引出去集中处理，以减小对下游的影响。

（二）事件二：吉林市氰化物污染事件

1. 结果分析

方案1：污染事件发生后在没有采取任何调度措施的情况下，污染团到达松原、哈尔滨和佳木斯断面的时间分别为5.90d、12.45d和20.01d，影响时间约为4.5d、5.58d和6.42d。

方案2：当污染事件发生2 h后，丰满水库加大下泄流量至1000 m^3/s，加速了污染物的移动速度，与方案1相比到达松原、哈尔滨和佳木斯断面的时间分别提前了1.31d、3.07d和4.13d。

方案3：丰满水库停止下泄流量（并严格控制饮马河和伊通河的下泄流量）及设置三道拦截防线进行拦截和吸附，同时哈达山水库配合调蓄，可以基本消除主要污染物的影响，避免污染团进入松花江干流，如果利用哈达山水库的灌溉引水工程，把部分污水引入泡子集中处理，效果将更加明显。

方案4：当污染事件发生在汛期时，由于河道水流较大，污染团到达各个断面的时间也大大缩短，如果不采取任何措施，污染团到达松原、哈尔滨和佳木斯断面的时间分别为3.99d、7.94d和13.38d，比枯季缩短了1.91d、4.51d和6.63d。

方案5：丰满水库与哈达山水库联合调度，并采取拦截和吸附等削减污染物的措施时，也可以把污染团拦截在哈达山水库以上区域，使得哈达山水库以下的西流松花江和松花江干流免受影响。

2. 小结

当在吉林市发生污染事件后，尤其是有毒有害物质时应减小丰满水库的下泄流量，并严格控制饮马河和伊通河的下泄水量，并充分利用吉林—哈达山沿线的交通桥梁和浮桥，尽量削减污染物，然后在哈达山水库采用拦和引等措施最终消除或基本清除污染物，保护西流松花江下游及松花江干流的生活、生产和生态安全。

（三）事件三：松原市丙烯腈污染事件

1. 结果分析

方案1：假定污染事件发生后水库正常调度，则到达哈尔滨和佳木斯断面的时间分别为6.23d和13.89d，影响时间约为5.42d和6.25d。

方案2：当污染事件发生2 h后，哈达山水库加大下泄流量至1000 m^3/s，污染物随水流移动速度加大，预计在哈尔滨断面下泄水流追上污染团，此后增加了其移动速度，预计到达佳木斯和同江断面的时间比方案1提前了1.33d和1.68d。

方案3：在汛期，污染事件发生后水库正常调度情况下，污染团到达哈尔滨和佳木斯断面的时间分别为4.05d和9.39d，比枯季大大缩短。

方案4：在汛期，采用加大哈达山水库下泄流量的情景下，下泄水流没能在松花江干流追上污染团，其污染团到达各个断面的时间与方案3相同。

2. 小结

当在松原市发生污染事件时，在枯季可以利用大顶子山水库和哈达山水库的联合调控，减小哈达山水库下泄流量，大顶子山水库接纳污染物，并配合其他削减污染物的措施，使得污染事件不影响国际河流黑龙江；如果发生在汛期，水流较大，大顶子山水库可调蓄库容有限，水库调度作用不明显，宜采用设置拦污栅等措施尽量减小污染物总量，并配合以水库的冲刷措施，减小污染物浓度。

（四）事件四：哈尔滨市硫化磷污染事件

1. 结果分析

方案1：在枯季，水库正常调度情况下，污染团到达佳木斯和同江断面的时间分别为7.90d和10.72d。

方案2：在枯季，采用大顶子山水库腾空库容、接纳污水的方案时，可以有效控制污染物的影响范围，并采取其他削减措施，可以达到比较理想的效果。

方案3：在枯季，污染事件发生2 h后哈达山水库开始加大下泄流量，下泄水流没能在境内追上污染团，调度没有效果。

方案4：在汛期，正常调度情况下，污染物到达佳木斯和同江断面的时间分别比枯季提前了2.27d和2.42d。

2. 小结

污染事件发生在哈尔滨市时，如果在枯季，应预先腾空大顶子山水库库容，并拦蓄污水，进行削减和综合处理，以减小污染物对大顶子山水库下游的佳木斯市及境外的影响；如果发生在汛期，由于松花江干流流量大，难以采用有效的水利调控措施，应采用水利调控配合综合削减措施的应对方案。

（五）事件五：佳木斯市农药污染事件

1. 方案设置

方案1：在枯季，水库正常调度情况下，到达同江断面的时间为3.60d。

方案2：在枯季，采用加大大顶子山水库下泄流量的措施时，下泄水流不可能追上污染团，调度没有任何作用。

方案3：在汛期，水库正常调度情况下，到达同江断面的时间为2.67d。

方案4：在冰封期，水库正常调度情况下，到达同江断面的时间为8.49d。

2. 小结

由于佳木斯断面距离同江断面较短，上下游没有可调控的水利工程，当汛期发生污染事件后，调控措施不明显，仅能采取设置拦污栅和投放各种吸附剂与处理剂的措施；在枯季可以考虑采用下游的灌区引提水设施，对部分污染物引排出去作集中处理；冰封期由于流量较小，并且有冰盖覆盖，宜采用设置层层断面进行破冰处理的方式。

第六节　松花江干流水库群联合调度预案

一、应急调度措施

（一）不同类型污染物应对措施

根据污染物的分类与对各种方案的总结，得到了不同类型污染物的水利调控措施，见表7-32。

表 7-32　不同类型污染物的水利调控措施

<table>
<tr><th colspan="4">类型</th><th>主要污染物</th><th>水利调控方式</th></tr>
<tr><td rowspan="7">化学性污染物</td><td rowspan="3">无机污染物</td><td>无毒</td><td>酸碱盐类</td><td>硫酸、硝酸、盐酸、磷酸、氢氧化钠（钙）、无机盐</td><td>通常利用加大水库下泄流量的方式，加速污染物的扩散和稀释</td></tr>
<tr><td rowspan="2">有毒</td><td>非金属</td><td>氰化物、氟化物、硫化物</td><td>在非汛期或汛期不影响防洪安全的前提下进行拦蓄，由于比水重、沉入水底，尽可能用防爆泵将水下的泄漏物进行收集，消除污染及安全隐患</td></tr>
<tr><td>重金属</td><td>汞、镉、铬、铅、铜、锌</td><td>拦蓄，石灰软化法、沸石吸附</td></tr>
<tr><td rowspan="3">有机污染物</td><td>无毒</td><td>需氧有机物</td><td>碳水化合物、蛋白质、油脂、氨基酸、木质素</td><td>浓度较低时可以通过加大下泄流量使水中污染物浓度降低；浓度较大时，拦截并集中处理</td></tr>
<tr><td rowspan="2">有毒</td><td>易分解有机毒物</td><td>酚、苯、醇、醛、多环芳烃、芳香烃</td><td>当苯泄漏进水体时，应立即构筑堤坝或使用围栏，切断受污染水体的流动，将苯液限制在一定范围内，然后再作必要处理。少量泄漏时，投加粉末活性炭；大量泄漏时，用泡沫搜盖以降低蒸汽危害或用喷雾状水冷却、稀释，用防爆泵转移至槽车或专用收集器内集中处理</td></tr>
<tr><td>难分解有机毒物</td><td>有机氯农药、多氯联苯和洗涤剂等；八种杀虫剂（艾氏剂、异狄氏剂、毒杀芬、氯丹、狄氏剂、七氯、灭蚁灵和DDT）、六氯苯、二氧芑和呋喃等工业化合物及其副产品</td><td>利用水库的调节作用减缓污染物的扩散，通过投放各种吸附材料去除</td></tr>
<tr><td colspan="3">油类污染物</td><td>石油及其制品</td><td>岸上拦防、水下堵捞和吸附</td></tr>
</table>

续表

类型		主要污染物	水利调控方式
生物性污染物	营养性污染物	有机氮、有机磷化合物、NO_3^-、PO_4^{3+}和NH_4^+等	通过水库调度调节水中 BOD 浓度
	病原微生物	细菌、病毒、病虫卵、寄生虫、原生动物和藻类等	浓度较低时可以通过加大下泄流量使水中污染物浓度降低；浓度较大时，拦截并集中处理
物理性污染物	固体污染物	溶解性固体、肢体、悬浮物、尘土和漂浮物等	浓度较低时可以通过加大下泄流量使水中污染物浓度降低；浓度较大时，拦截并集中处理
	感官性污染物	H_2S、NH_3、胺、硫、醇、燃料、色素、肉眼可见物和泡沫等	浓度较低时可以通过加大下泄流量使水中污染物浓度降低；浓度较大时，拦截并集中处理
	热污染	工业热水等	如果水温过高，可通过加大下泄流量的方式调节水温
	放射性污染物	^{238}U、^{232}Th、^{226}Ra、^{90}Sr、^{137}Cs和^{289}Pu等	放射性物质以打捞处理为主，水库调度以适合打捞等工作的开展

（二）不同地点调度措施

根据调控措施的不同及风险区域的划分，本研究给出了松花江干流不同区域的水利调控措施（表 7-33）。

表 7-33 松花江干流不同区域的水利调控措施

区域（风险区）	水库		引排水工程	蓄滞洪区	可以设置拦截断面的桥梁
	上游	下游			
丰满—哈达山（吉林市）	丰满水库	哈达山水库	引松入长、中部引水、哈达山水库引水	—	吉林市 12 座桥
哈达山—三岔河（松原市）	哈达山水库	大顶子山水库	前郭灌区提水	—	松原市 5 座桥
尼尔基—三岔河（齐齐哈尔市与富拉尔基区）	尼尔基水库	大顶子山水库	北引、中引、富拉尔基引水、白沙滩灌区提水、泰来县灌区引水、南引	月亮泡、胖头泡	5 座桥
三岔河—大顶子山（哈尔滨市）	哈达山水库与尼尔基水库	大顶子山水库	—	—	哈尔滨市 5 座桥
大顶子山—同江（佳木斯市）	大顶子山水库	—	佳木斯、桦川、鹤岗和肇源等农业引提水	—	佳木斯市 2 座桥

（三）不同时期调控特点及措施

年内的不同时期，水文特点存在显著差异，本研究总结了不同时期的水文特点及调度特点。

1. 非汛期的冰封期（12～3月）

冰封期河道流量较小，并且被冰所覆盖，极易对污染物进行筑坝拦截和打捞等操作，因此，在冰封期一般采用非水力措施，对污染物进行拦截和消除。

2. 非汛期的非冰封期（4～5月、10～11月）

非汛期水流较小，并且没有冰层覆盖，水库库容较小，一般不应采取水库放水冲的调度方式，而应减小水库下泄流量，并配合下游筑坝或沿桥设置拦截和吸附等防线，尽量减小污染物的影响范围，但是个别营养性污染物和感官性污染物及热污染物除外。

3. 汛期的主汛期前（6月）

在主汛期前水库为了拦蓄洪水，一般都腾空库容，降到汛限水位以下，河道内流量较大，为此，适宜采取污染事件发生地上游拦蓄洪水、下游腾空库容拦截污染物并集中处理的措施。

4. 汛期的主汛期（7～8月）

主汛期一般水库都承担防洪任务，水库经常需水到设计洪水位，为此，水库拦截洪水的能力有限，河道流量较大，受防洪安全的限制，不宜采取拦蓄污染物的策略，应以蓄引结合，并视情况采取启用蓄滞洪区引蓄污染物的措施。

5. 汛期的主汛期末（9月）

主汛期结束后，水库开始考虑拦蓄部分洪水，为枯季的供水和发电作准备，因此，可以充分利用水库蓄水，采取蓄排结合的方式，与下游的拦蓄相结合，对河道水力条件进行合理调度。

二、应急调度方案集

根据以上规律和措施，得到松花江干流面向突发性水污染事件的应急调度方案集，见表7-34。

三、应急调度预案

根据我国现存的应急预案分级标准及结合松花江流域面向突发性水污染事件的应急调度的实际情况，确定了应急调度预案的分级标准，共四级，见表7-35。

表 7-34（1） 松花江干流面向突发性水污染事件的应急调度方案集

区域（风险区）	时段		无毒无机物	有毒无机物		无毒有机物	有毒有机物	
			酸碱盐类	非金属	重金属	需氧有机物	易分解	难分解
丰满—哈达山（吉林市）	非汛期	冰封期	打捞与中和等措施	打捞和清理等措施	拦截和吸附	打捞和清理等措施	拦截和吸附	拦截和吸附
		非冰封期	加大丰满水库下泄流量	减小丰满水库下泄流量，在哈达山水库采取拦蓄和引排措施	减小丰满水库下泄流量，拦截和吸附污染物	浓度较低时加大下泄流量，高浓度时拦截和引排并集中处理	停止下泄流量，采用围堵和拦截的方式	停止下泄流量，采用围堵和拦截的方式
	汛期	主汛期前	加大丰满水库下泄流量	减小丰满水库下泄流量，在哈达山水库采取拦蓄和引排措施	在不影响防洪安全的前提下控制丰满水库下泄流量	加大下泄流量	在不影响防洪安全的前提下，减小下泄流量并拦蓄	在不影响防洪安全的前提下，减小下泄流量并拦蓄
		主汛期	加大丰满水库下泄流量	视情况采取丰满水库与哈达山水库蓄泄结合的方式	在不影响防洪安全的前提下控制丰满水库下泄流量	加大下泄流量	在不影响防洪安全的前提下，减小下泄流量并拦蓄	在不影响防洪安全的前提下，减小下泄流量并拦蓄
		主汛期后	加大丰满水库下泄流量	在不影响防洪安全的前提下拦蓄污染物	在不影响防洪安全的前提下控制丰满水库下泄流量	加大下泄流量	在不影响防洪安全的前提下，减小下泄流量并拦蓄	在不影响防洪安全的前提下，减小下泄流量并拦蓄
哈达山—三岔河（松原市）	非汛期	冰封期	打捞与中和等措施	打捞和清理等措施	拦截和吸附	打捞和清理等措施	拦截和吸附	拦截和吸附
		非冰封期	加大哈达山水库下泄流量	减小哈达山水库下泄流量，在大顶子山水库以上采取拦蓄和引排措施	减小哈达山水库下泄流量，在大顶子山水库以上采取拦蓄和引排措施	浓度较低时加大下泄流量，高浓度时拦截和引排并集中处理	停止下泄流量，采用围堵和拦截的方式	停止下泄流量，采用围堵和拦截的方式

续表

区域（风险区）	时段		无毒无机物	有毒无机物		无毒有机物	有毒有机物	
			酸碱盐类	非金属	重金属	需氧有机物	易分解	难分解
哈达山—三岔河（松原市）	汛期	主汛期前	加大哈达山水库下泄流量	哈达山水库蓄排结合，配合下游非水利措施的实施	不影响防洪安全的前提下控制哈达山水库下泄流量，并采取其他辅助措施	加大下泄流量	在不影响防洪安全的前提下，减小下泄流量并拦蓄	在不影响防洪安全的前提下，减小下泄流量并拦蓄
		主汛期	加大哈达山水库下泄流量	在不影响防洪安全的前提下减小下泄流量，控制污染物的扩散	不影响防洪安全的前提下控制哈达山水库下泄流量，并采取其他辅助措施	加大下泄量量	在不影响防洪安全的前提下，减小下泄流量并拦蓄	在不影响防洪安全的前提下，减小下泄流量并拦蓄
		主汛期后	加大哈达山水库下泄流量	在不影响防洪安全的前提下减小下泄流量，控制污染物的扩散	不影响防洪安全的前提下控制哈达山水库下泄流量，并采取其他辅助措施	加大下泄流量	在不影响防洪安全的前提下，减小下泄流量并拦蓄	在不影响防洪安全的前提下，减小下泄流量并拦蓄
尼尔基—三岔河（齐齐哈尔市与富拉尔基区）	非汛期	冰封期	打捞与中和等措施	打捞和清理等措施	拦截和吸附	打捞和清理等措施	拦截和吸附	拦截和吸附
		非冰封期	加大尼尔基水库下泄流量	减小尼尔基水库下泄流量	减小尼尔基水库下泄流量	浓度较低时加大下泄流量，高浓度时拦截和引排	停止下泄流量，采用围堵和拦截的方式	停止下泄流量，采用围堵和拦截的方式
	汛期	主汛期前	加大尼尔基水库下泄流量	尼尔基水库蓄排结合，配合污染物削减，并适时启用蓄滞洪区拦蓄污水	尼尔基水库蓄排结合，配合污染物削减，并适时启用蓄滞洪区拦蓄污水	加大下泄流量	在不影响防洪安全的前提下，减小下泄流量并拦蓄	在不影响防洪安全的前提下，减小下泄流量并拦蓄
		主汛期	加大尼尔基水库下泄流量	尼尔基水库蓄排结合，配合污染物削减，并适时启用蓄滞洪区拦蓄污水	尼尔基水库蓄排结合，配合污染物削减，并适时启用蓄滞洪区拦蓄污水	加大下泄流量	在不影响防洪安全的前提下，减小下泄流量并拦蓄	在不影响防洪安全的前提下，减小下泄流量并拦蓄
		主汛期后	加大尼尔基水库下泄流量	尼尔基水库蓄排结合，配合污染物削减，并适时启用蓄滞洪区拦蓄污水	尼尔基水库蓄排结合，配合污染物削减，并适时启用蓄滞洪区拦蓄污水	加大下泄流量	在不影响防洪安全的前提下，减小下泄流量并拦蓄	在不影响防洪安全的前提下，减小下泄流量并拦蓄

续表

区域（风险区）	时段		无毒无机物	有毒无机物		无毒有机物	有毒有机物	
			酸碱盐类	非金属	重金属	需氧有机物	易分解	难分解
三岔河—大顶子山（哈尔滨市）	非汛期	冰封期	打捞与中和等措施	打捞和清理等措施	拦截和吸附	打捞和清理等措施	拦截和吸附	拦截和吸附
		非冰封期	适时加大哈达山水库下泄流量	控制哈达山水库下泄流量，在大顶子山水库以上采取非水利措施	控制哈达山水库下泄流量，在大顶子山水库以上采取非水利措施	以冲为主	尽量减小嫩江和西流松花江入流，采用拦蓄的方式	尽量减小嫩江和西流松花江入流，采用拦蓄的方式
	汛期	主汛期前	一般不作处理	哈达山水库与大顶子山水库蓄排结合，控制污染物的扩散	哈达山水库与大顶子山水库蓄排结合，控制污染物的扩散	以冲为主	在不影响防洪安全的前提下，控制流量并拦蓄	在不影响防洪安全的前提下，控制流量并拦蓄
		主汛期	一般不作处理	哈达山水库与大顶子山水库蓄排结合，控制污染物的扩散	哈达山水库与大顶子山水库蓄排结合，控制污染物的扩散	以冲为主	在不影响防洪安全的前提下，控制流量并拦蓄	在不影响防洪安全的前提下，控制流量并拦蓄
		主汛期后	一般不作处理	哈达山水库与大顶子山水库蓄排结合，控制污染物的扩散	哈达山水库与大顶子山水库蓄排结合，控制污染物的扩散	以冲为主	在不影响防洪安全的前提下，控制流量并拦蓄	在不影响防洪安全的前提下，控制流量并拦蓄
大顶子山—同江（佳木斯市）	非汛期	冰封期	打捞与中和等措施	打捞和清理等措施	拦截和吸附	打捞和清理等措施	拦截和吸附	拦截和吸附
		非冰封期	加大大顶子山水库下泄流量	减小大顶子山水库下泄流量，并采取非水利措施	减小大顶子山水库下泄流量，并采取非水利措施	以冲为主	停止下泄流量，采用围堵和拦截的方式	停止下泄流量，采用围堵和拦截的方式
	汛期	主汛期前	一般不作处理	非水利措施	拦截，石灰软化法、沸石吸附	以冲为主	在不影响防洪安全的前提下，减小下泄流量并拦蓄	在不影响防洪安全的前提下，减小下泄流量并拦蓄
		主汛期	一般不作处理	非水利措施	拦截，石灰软化法、沸石吸附	以冲为主	在不影响防洪安全的前提下，减小下泄流量并拦蓄	在不影响防洪安全的前提下，减小下泄流量并拦蓄
		主汛期后	一般不作处理	非水利措施	拦截，石灰软化法、沸石吸附	以冲为主	在不影响防洪安全的前提下，减小下泄流量并拦蓄	在不影响防洪安全的前提下，减小下泄流量并拦蓄

表 7-34（2） 应急调度方案集

区域（风险区）	时段		油类污染物	生物性污染物		物量性污染物			
				营养性污染物	病原性微生物	固体污染物	感官性污染物	热污染	放射性污染物
丰满—哈达山（吉林市）	非汛期	冰封期	堵捞和吸附	打捞和引排相结合	打捞和引排相结合	打捞和拦截	打捞和拦截	不作处置	拦截和打捞
		非冰封期	控制下泄流量，拦截和吸附	加大丰满水库下泄流量	减小下泄流量，拦截和引排结合	浓度较低时冲，浓度高时拦蓄和打捞	控制下泄流量，拦截和引排	加大丰满水库下泄流量	减小丰满水库下泄流量，拦截和引排污染物
	汛期	主汛期前	在不影响防洪安全的前提下，减小下泄流量并拦蓄	以冲为主	在不影响防洪安全的前提下，减小下泄流量并拦蓄	以冲为主	在不影响防洪安全的前提下，减小下泄流量并拦蓄	加大丰满水库下泄流量	在不影响防洪安全的前提下，控制丰满水库下泄流量
		主汛期	在不影响防洪安全的前提下，减小下泄流量并拦蓄	以冲为主	在不影响防洪安全的前提下，减小下泄流量并拦蓄	以冲为主	在不影响防洪安全的前提下，减小下泄流量并拦蓄	加大丰满水库下泄流量	在不影响防洪安全的前提下，控制丰满水库下泄流量
		主汛期后	在不影响防洪安全的前提下，减小下泄流量并拦蓄	以冲为主	在不影响防洪安全的前提下，减小下泄流量并拦蓄	以冲为主	在不影响防洪安全的前提下，减小下泄流量并拦蓄	加大丰满水库下泄流量	在不影响防洪安全的前提下，控制丰满水库下泄流量

续表

区域（风险区）	时段		油类污染物	生物性污染物		物量性污染物			
				营养性污染物	病原性微生物	固体污染物	感官性污染物	热污染	放射性污染物
哈达山—三岔河（松原市）	非汛期	冰封期	堵捞和吸附	打捞和引排相结合	打捞和引排相结合	打捞和拦截	打捞和拦截	不作处置	拦截和打捞
		非冰封期	控制下泄流量，拦截和吸附	加大哈达山水库下泄流量	减小下泄流量，拦截和引排结合	浓度较低时冲，浓度高时拦蓄和打捞	控制下泄流量，拦截和引排	加大哈达山水库下泄流量	减小哈达山水库下泄流量，在大顶子山水库以上采取拦蓄和引排措施
	汛期	主汛期前	在不影响防洪安全的前提下，减小下泄流量并拦蓄	以冲为主	在不影响防洪安全的前提下，减小下泄流量并拦蓄	以冲为主	在不影响防洪安全的前提下，减小下泄流量并拦蓄	加大哈达山水库下泄流量	在不影响防洪安全的前提下，控制哈达山水库下泄流量，并采取其他辅助措施
		主汛期	在不影响防洪安全的前提下，减小下泄流量并拦蓄	以冲为主	在不影响防洪安全的前提下，减小下泄流量并拦蓄	以冲为主	在不影响防洪安全的前提下，减小下泄流量并拦蓄	加大哈达山水库下泄流量	在不影响防洪安全的前提下，控制哈达山水库下泄流量，并采取其他辅助措施
		主汛期后	在不影响防洪安全的前提下，减小下泄流量并拦蓄	以冲为主	在不影响防洪安全的前提下，减小下泄流量并拦蓄	以冲为主	在不影响防洪安全的前提下，减小下泄流量并拦蓄	加大哈达山水库下泄流量	在不影响防洪安全的前提下，控制哈达山水库下泄流量，并采取其他辅助措施

续表

区域（风险区）	时段		油类污染物	生物性污染物		物量性污染物			
				营养性污染物	病原性微生物	固体污染物	感官性污染物	热污染	放射性污染物
尼尔基—三岔河（齐齐哈尔市与富拉尔基区）	非汛期	冰封期	堵捞和吸附	打捞和引排相结合	打捞和引排相结合	打捞和拦截	打捞和拦截	不作处置	拦截和打捞
		非冰封期	控制下泄流量，拦截和吸附	加大尼尔基水库下泄流量	减小下泄流量，拦截和引排结合	浓度较低时冲，浓度高时拦蓄和打捞	控制下泄流量，拦截和引排	加大尼尔基水库下泄流量	减小尼尔基水库下泄流量
	汛期	主汛期前	在不影响防洪安全的前提下，减小下泄流量并拦蓄	以冲为主	在不影响防洪安全的前提下，减小下泄流量并拦蓄	以冲为主	在不影响防洪安全的前提下，减小下泄流量并拦蓄	加大尼尔基水库下泄流量	尼尔基水库蓄排结合，配合污染物削减，并适时启用蓄滞洪区拦蓄污水
		主汛期	在不影响防洪安全的前提下，减小下泄流量并拦蓄	以冲为主	在不影响防洪安全的前提下，减小下泄流量并拦蓄	以冲为主	在不影响防洪安全的前提下，减小下泄流量并拦蓄	加大尼尔基水库下泄流量	尼尔基水库蓄排结合，配合污染物削减，并适时启用蓄滞洪区拦蓄污水
		主汛期后	在不影响防洪安全的前提下，减小下泄流量并拦蓄	以冲为主	在不影响防洪安全的前提下，减小下泄流量并拦蓄	以冲为主	在不影响防洪安全的前提下，减小下泄流量并拦蓄	加大尼尔基水库下泄流量	尼尔基水库蓄排结合，配合污染物削减，并适时启用蓄滞洪区拦蓄污水

续表

区域（风险区）	时段		油类污染物	生物性污染物		物量性污染物			
				营养性污染物	病原性微生物	固体污染物	感官性污染物	热污染	放射性污染物
三岔河—大顶子山（哈尔滨市）	非汛期	冰封期	堵捞和吸附	打捞和引排相结合	打捞和引排相结合	打捞和拦截	打捞和拦截	不作处置	拦截和打捞
		非冰封期	控制下泄流量，拦截和吸附	适时加大哈达山水库下泄流量	减小下泄流量，拦截和引排结合	浓度较低时冲，浓度高时拦蓄和打捞	控制下泄流量，拦截和引排	适时加大哈达山水库下泄流量	控制哈达山水库下泄流量，在大顶子山水库以上采取非水利措施
	汛期	主汛期前	在不影响防洪安全的前提下，控制下泄流量并拦蓄	以冲为主	在不影响防洪安全的前提下，减小下泄流量并拦蓄	以冲为主	在不影响防洪安全的前提下，减小下泄流量并拦蓄	一般不作处置	哈达山水库与大顶子山水库蓄排结合，控制污染物的扩散
		主汛期	在不影响防洪安全的前提下，控制下泄流量并拦蓄	以冲为主	在不影响防洪安全的前提下，减小下泄流量并拦蓄	以冲为主	在不影响防洪安全的前提下，减小下泄流量并拦蓄	一般不作处置	哈达山水库与大顶子山水库蓄排结合，控制污染物的扩散
		主汛期后	在不影响防洪安全的前提下，控制下泄流量并拦蓄	以冲为主	在不影响防洪安全的前提下，减小下泄流量并拦蓄	以冲为主	在不影响防洪安全的前提下，减小下泄流量并拦蓄	一般不作处置	哈达山水库与大顶子山水库蓄排结合，控制污染物的扩散

续表

区域（风险区）	时段		油类污染物	生物性污染物		物量性污染物			
				营养性污染物	病原性微生物	固体污染物	感官性污染物	热污染	放射性污染物
大顶子山—同江（佳木斯市）	非汛期	冰封期	堵捞和吸附	打捞和引排相结合	打捞和引排相结合	打捞和拦截	打捞和拦截	不作处置	拦截和打捞
		非冰封期	控制下泄流量，拦截和吸附	加大大顶子山水库下泄流量	减小下泄流量，拦截和引排结合	浓度较低时冲，浓度高时拦蓄和打捞	控制下泄流量，拦截和引排	加大大顶子山水库下泄流量	减小大顶子山水库下泄流量，并采取非水利措施
	汛期	主汛期前	在不影响防洪安全的前提下，减小下泄流量并拦蓄	以冲为主	在不影响防洪安全的前提下，减小下泄流量并拦蓄	以冲为主	在不影响防洪安全的前提下，减小下泄流量并拦蓄	一般不作处置	拦截，石灰软化法、沸石吸附
		主汛期	在不影响防洪安全的前提下，减小下泄流量并拦蓄	以冲为主	在不影响防洪安全的前提下，减小下泄流量并拦蓄	以冲为主	在不影响防洪安全的前提下，减小下泄流量并拦蓄	一般不作处置	拦截，石灰软化法、沸石吸附
		主汛期后	在不影响防洪安全的前提下，减小下泄流量并拦蓄	以冲为主	在不影响防洪安全的前提下，减小下泄流量并拦蓄	以冲为主	在不影响防洪安全的前提下，减小下泄流量并拦蓄	一般不作处置	拦截，石灰软化法、沸石吸附

表 7-35　应急调度预案的分级标准

序号	项目		应急调度预案			
	内容	单位	Ⅰ级	Ⅱ级	Ⅲ级	Ⅳ级
1	死亡人口	个	≥30	≥10	≥3	>0
2	中毒或重伤	个	≥100	≥50	—	—
3	受影响人口	万人	≥5	≥1	—	—
4	影响范围		全流域	跨省级行政区	跨地级行政区	跨县级行政区
5	生态功能		严重丧失	部分丧失	—	—
6	濒危物种		严重污染	受到污染	—	—
7	社会经济活动		严重影响	较大影响	—	—
8	水源地		重要城市主要水源地	县级以上城镇集中供水水源	重要工业企业用水受到严重污染	灌溉用水受到污染
9	调度措施		需协调多个大型水利部门和其他部门工程及措施	需调动流域级或其他部门工程措施	需调动省内大型水利工程	需调度省内中小型水利工程
10	特别规定		国务院有关部门确定的特别重大突发性水污染事件	国务院有关部门确定的重大突发性水污染事件	水利部松辽水利委员会或省水主管部门确定的重大水污染事件	地区水主管部门确定的重大水污染事件

根据应急调度预案的分解，当进行应急调度时应采取不同的调度预案，通过对以上各种相关应急预案的分析，并结合松花江流域的实际情况，针对“不同类别和不同等级的突发事件应采取不同的调度措施”，给出具体响应如下：

（1）对Ⅳ级突发事件（一般严重），应启动Ⅳ级应急调度预案，该预案的实施仅限于省内各级政府和水利部门即可解决，仅限于动用各类水利工程，实施联合应急调度，加大或减少下泄流量、关停取供水量、拦蓄干流径流量和引排干流水量等措施。

（2）对Ⅲ级突发事件（较严重），应启动Ⅲ级应急调度预案，该预案的实施仍仅限于省内各级政府、水利部门、电力部门和环保部门、城建部门与卫生部门等即可解决，不仅需要动用省内的各类水利工程（包括蓄滞洪区，以下同），实施联合应急调度，加大或减少下泄流量、关停取供水量、拦蓄干流径流量和引排干流水量等措施；而且还要动用电力部门的水电工程及交通部门的航运枢纽等，实施联合应急调度，加大或减少蓄泄水量，以及环保部门、城建部门和卫生部门等相互配合与协调等。

（3）对Ⅱ级突发事件（严重），应启动Ⅱ级应急调度预案，该预案的实施需要涉及流域机构、流域内各级政府、水利部门、电力部门和环保部门、城建部门、卫生部门及公安部门等方可解决，不仅需要动用省内的各类水利工程、水电工程和航运枢纽等联合应急调度，加大或减少下泄流量、关停取供水量、拦蓄干流径流量、引排干流水量，以及环保部门、城建部门和卫生部门等相互配合与协调，而且还需要实施省外相关流域的各类水利工程、水电工程和航运枢纽与蓄滞洪区等联合调度及相关省份密切配合与协调等。

（4）对Ⅰ级突发事件，应启动Ⅰ级应急调度预案，该预案的实施不仅涉及流域机构、流域内各级政府、水利部门、电力部门和环保部门、城建部门、卫生部门和公安部门等，动用流域内的各类水利工程、水电工程和航运枢纽与蓄滞洪区等联合应急调度，加大或减少下泄流量、关停取供水量、拦蓄干流径流量、引排干流水量，以及环保部门、城建部门及卫生部门等相互配合与协调，而且还需要中央有关部委的支持和有关省区的援助。

第七节　松花江干流水库群联合调度决策支持系统

一、系统总体架构

决策支持系统共包括信息采集层、数据存储层、模型层（包括决策模型、评价与修正两个子层）及软件平台四个层次（图7-12）。

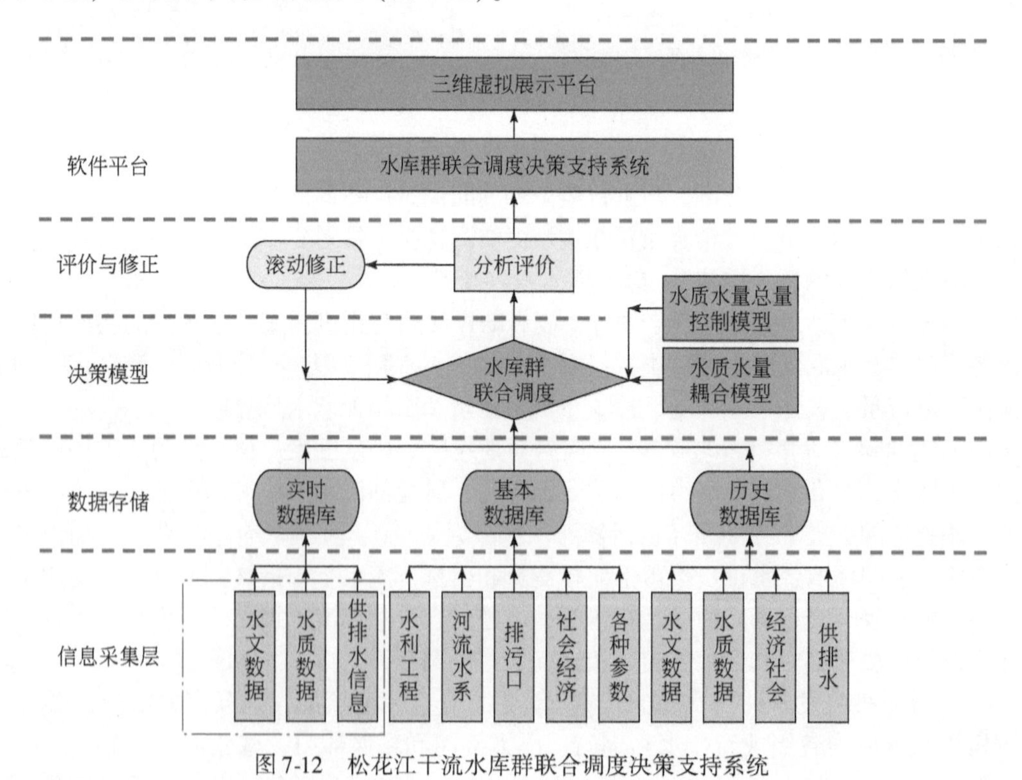

图7-12　松花江干流水库群联合调度决策支持系统

二、系统主要功能

（一）系统主要功能

决策支持系统主要功能包括信息管理、生成调度方案（推荐应急调度措施）、应急调度流程管理及三维展示与空间查询等功能模块，其主要功能结构如图 7-13 所示。

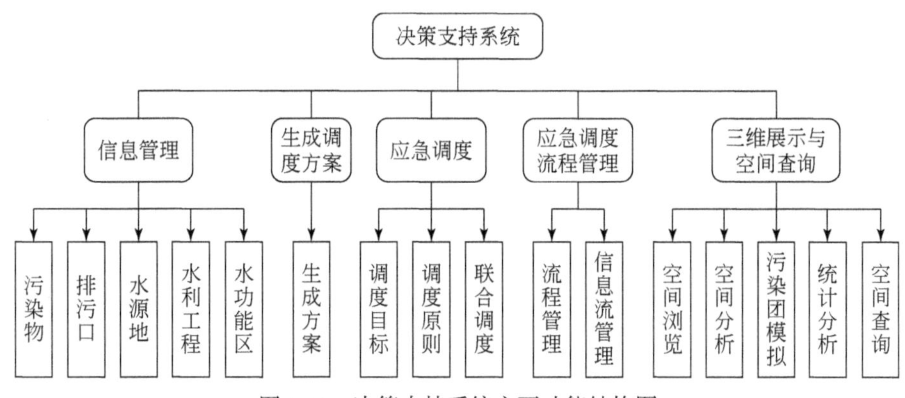

图 7-13　决策支持系统主要功能结构图

（二）主要功能介绍（以“2005 年松花江水污染事件”为例）

1. 信息查询与展示

突发性水污染事件发生后，通过系统查询功能，查到污染源信息、水文信息、水质信息、水利工程基本信息和工情信息、风险源基本信息及受影响范围与保护目标的基本信息等。查询方式包括数据库查询和三维 GIS 场景中的查询。

（1）污染源信息。可以查询突发性水污染事件发生地点为吉林市松花江大桥附近，时间为 2005 年 11 月 13 日，污染物质是苯和苯胺、硝基苯，污染量约为 100 t，发展状态为“已经进入河道”（图 7-14）。

（2）水文信息。通过系统，可以查询松花江干支流主要水文控制断面的流量过程和主要水库的流量基本特性指标。图 7-15 右边显示丰满、尼尔基、哈达山、大顶子山四座水库空间位置，左边通过选择可以显示每个水库的入流量、蓄水量、蓄水水位、发电量和下泄水量等信息。

（3）水质信息。通过系统，可以查询松花江干支流主要控制断面的水质信息，包括各个断面浓度变化曲线和污染物的运移趋势等（图 7-16）。

（4）水利工程基本信息和工情信息。可以查询水利工程的基本特征参数与运行状况的工情信息，包括（以水库为例）特征水位、特征库容、实时监测的库容、水位、入库流量和出库流量等信息。图 7-17 右边显示水库空间信息，左边可以查询每个水库具体信息。

（5）受影响范围和重点保护目标的基本信息。下游可能受影响的范围包括主要水源

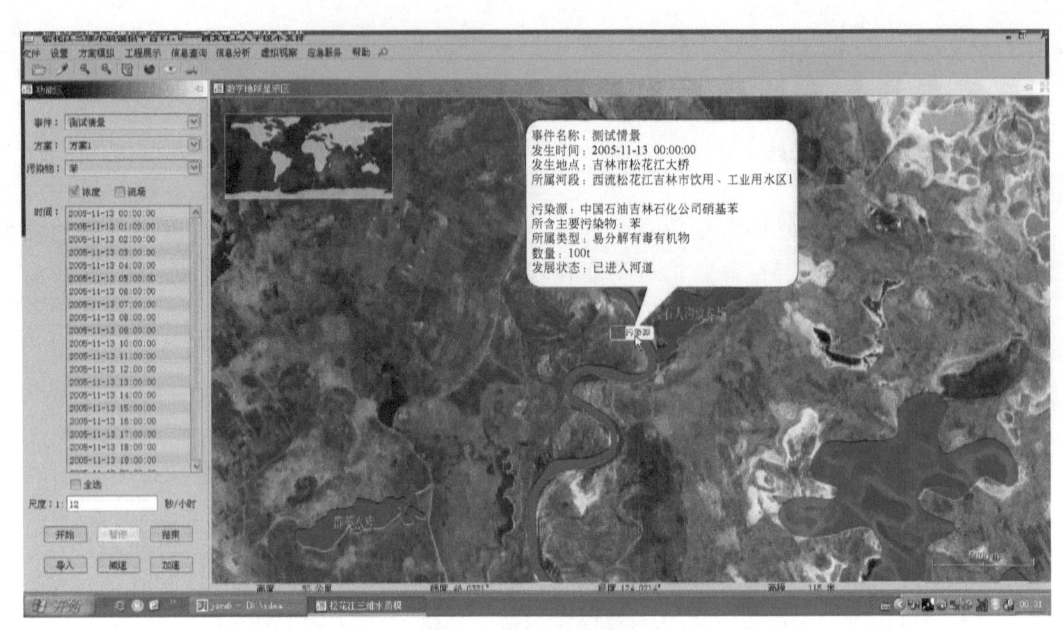

图 7-14　污染源信息

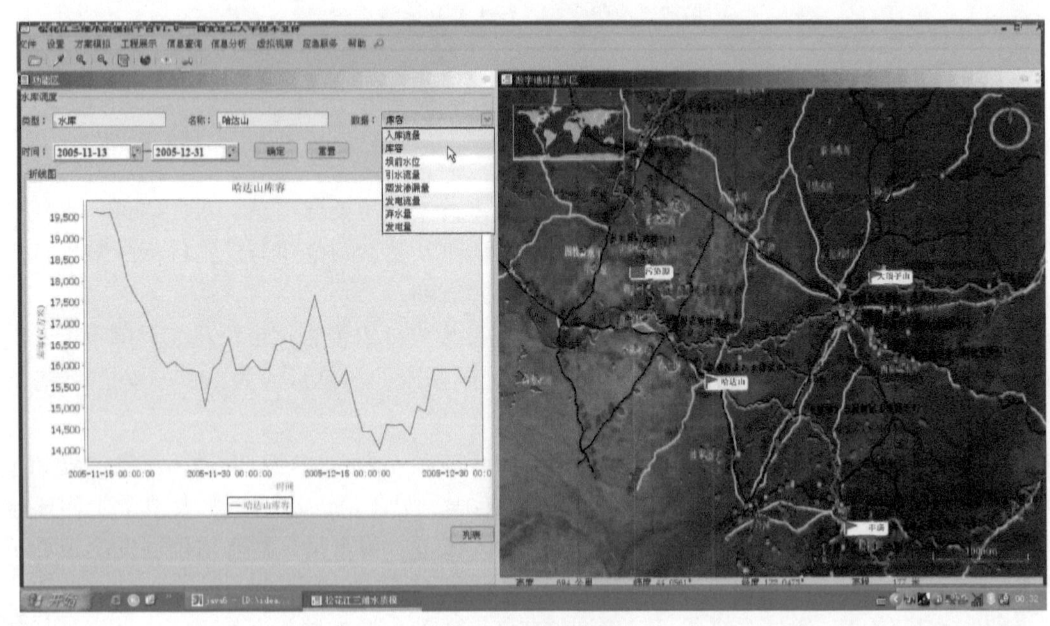

图 7-15　水库信息

地、引提水工程和水库等，重点保护目标包括重点水源地和重要引提水工程等。如图 7-18 所示，“2005 年松花江水污染事件”影响重点水源地包括吉林市一水厂和松原市西流松花江水源地等。

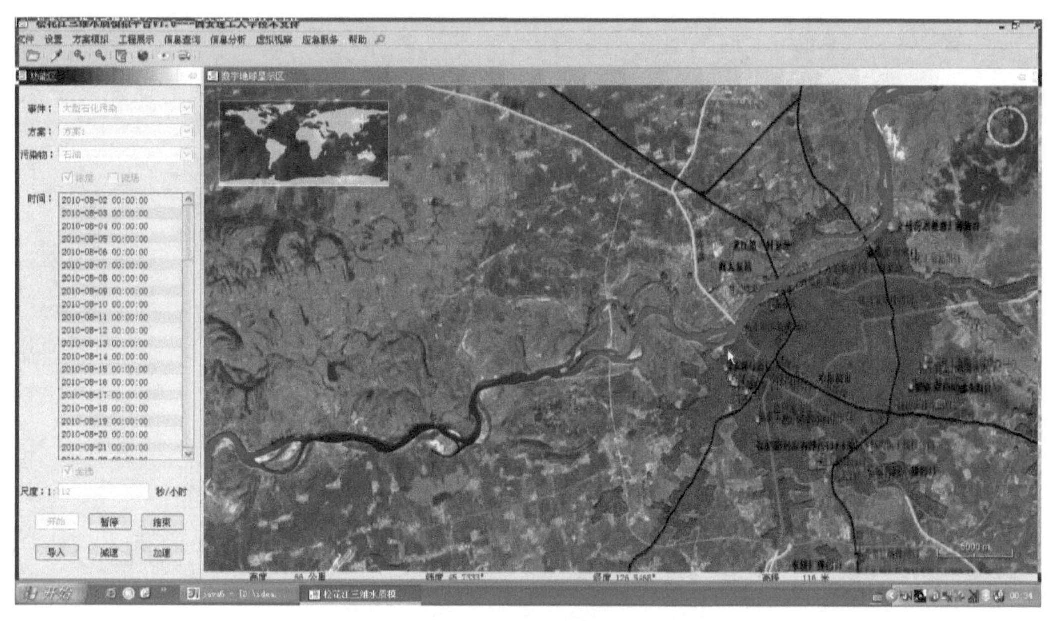

图 7-16　断面水质信息查询

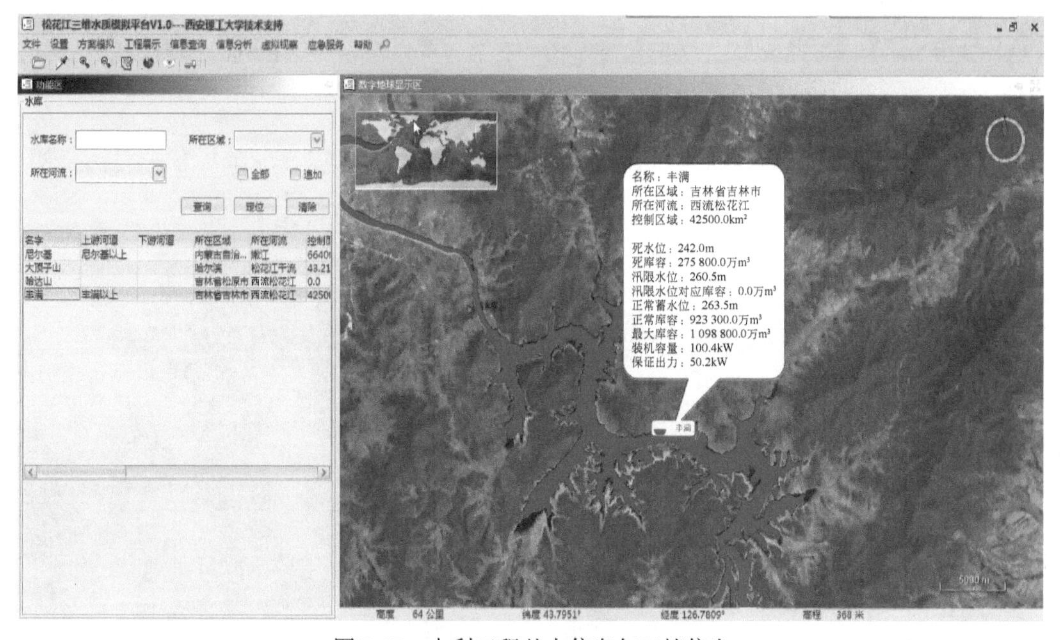

图 7-17　水利工程基本信息与工情信息

2. 水质水量模拟预测

突发性水污染事件发生后，可以通过本系统实现污染物运移规律的模拟与仿真，包括模拟采取和不采取污染控制措施情景下，污染团到达各个保护目标和断面的时间、离开时

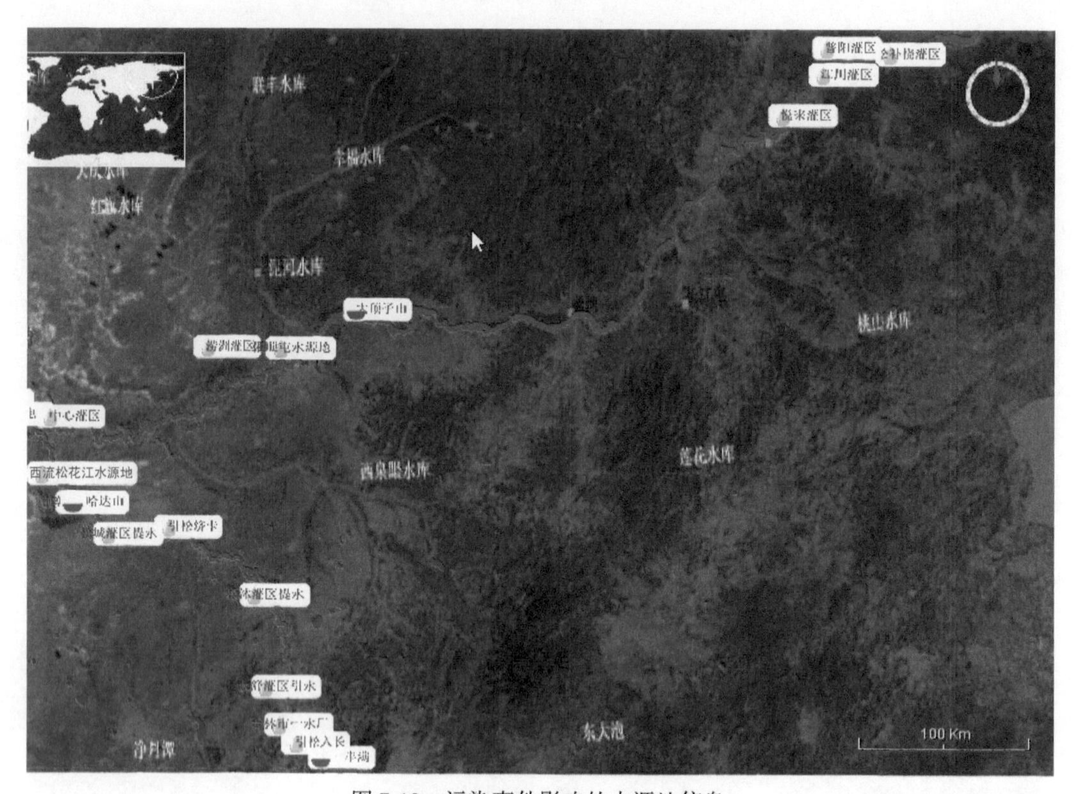

图 7-18　污染事件影响的水源地信息

间、水质浓度及水流变化过程，为应急管理提供依据。系统可以在三维场景中对污染团进行显示，图 7-19 是松原市取水口处污染团传播趋势模拟过程。

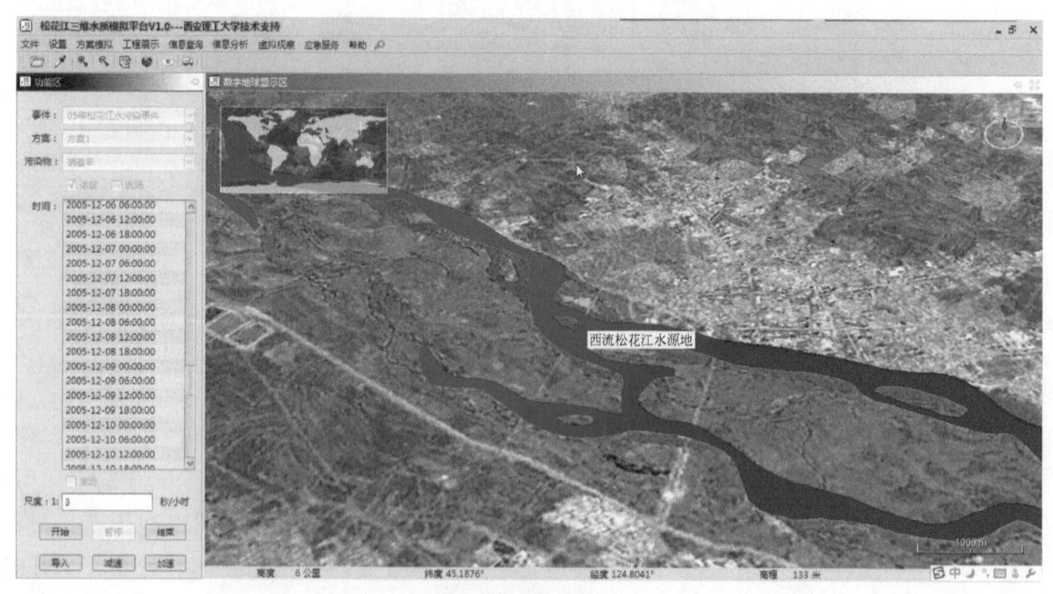

(a) 2005-12-06 04:00

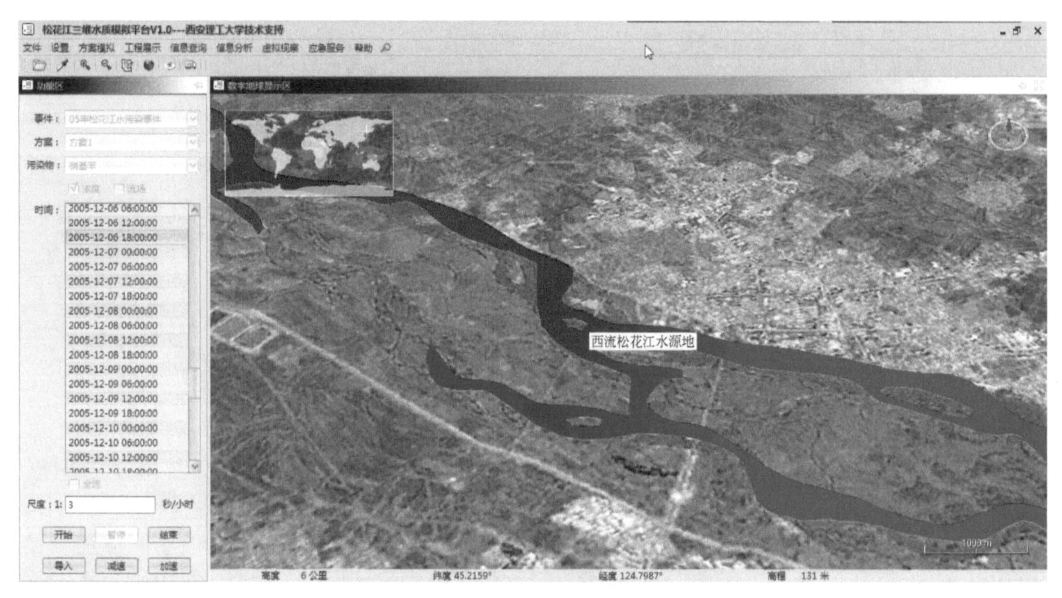

(b) 2005-12-07 00:00

图 7-19　松原市取水口处污染团传播趋势模拟过程

注：红色代表污染团

3. 辅助决策

（1）突发性水污染事件初评估。根据突发性水污染事件发生的基本信息，基于情景库，给出该污染事件的污染物主要特点及主要危害、可能受影响范围、重点保护目标与应对措施等信息，为制定应急调度方案提供依据。由图 7-20 可见，系统可以确定该污染事件的污染物具有有毒、难溶于水、比水轻的特点，以及主要来源信息。由图 7-21 与图 7-22 可见，该污染事件主要影响范围包括吉林市以下的西流松花江及松花江干流沿线的主要取水口和引提水工程，人口包括吉林市、松原市、哈尔滨市与佳木斯市约 575 万人，GDP 约 5 亿元；由图 7-23 可见，应对措施为"立即构筑堤坝或使用围栏，切断受污染水体的流动，将苯液限制在一定范围内，然后再作必要处理。少量泄漏时，投加粉末活性炭；大量泄漏时，用泡沫搜盖以降低蒸汽危害或用喷雾状水冷却、稀释，用防爆泵转移至槽车或专用收集器内集中处理。"考虑到其影响范围和危害程度建议启动 I 级应急预案。

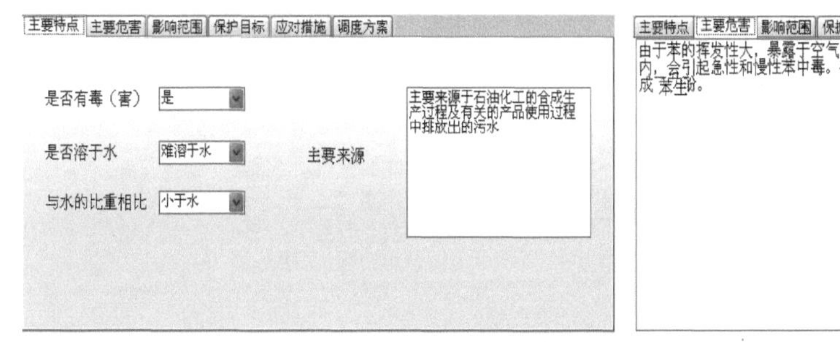

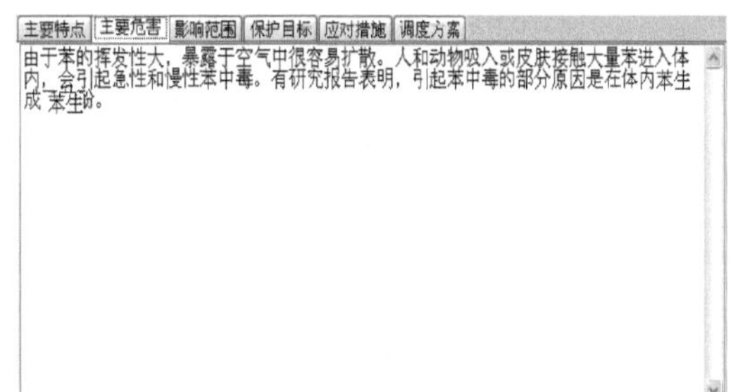

图 7-20　污染物的主要特点与主要危害

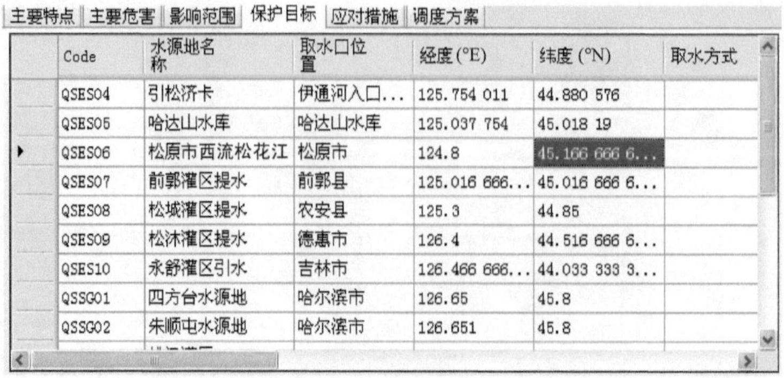

主要特点 | 主要危害 | 影响范围 | 保护目标 | 应对措施 | 调度方案

Code	水源地名称	取水口位置	经度(°E)	纬度(°N)	取水方式
QSES04	引松济卡	伊通河入口...	125.754 011	44.880 576	
QSES05	哈达山水库	哈达山水库	125.037 754	45.018 19	
QSES06	松原市西流松花江	松原市	124.8	45.166 666 6...	
QSES07	前郭灌区提水	前郭县	125.016 666...	45.016 666 6...	
QSES08	松城灌区提水	农安县	125.3	44.85	
QSES09	松沐灌区提水	德惠市	126.4	44.516 666 6...	
QSES10	永舒灌区引水	吉林市	126.466 666...	44.033 333 3...	
QSSG01	四方台水源地	哈尔滨市	126.65	45.8	
QSSG02	朱顺屯水源地	哈尔滨市	126.651	45.8	

图 7-21　可能受影响的重点保护目标

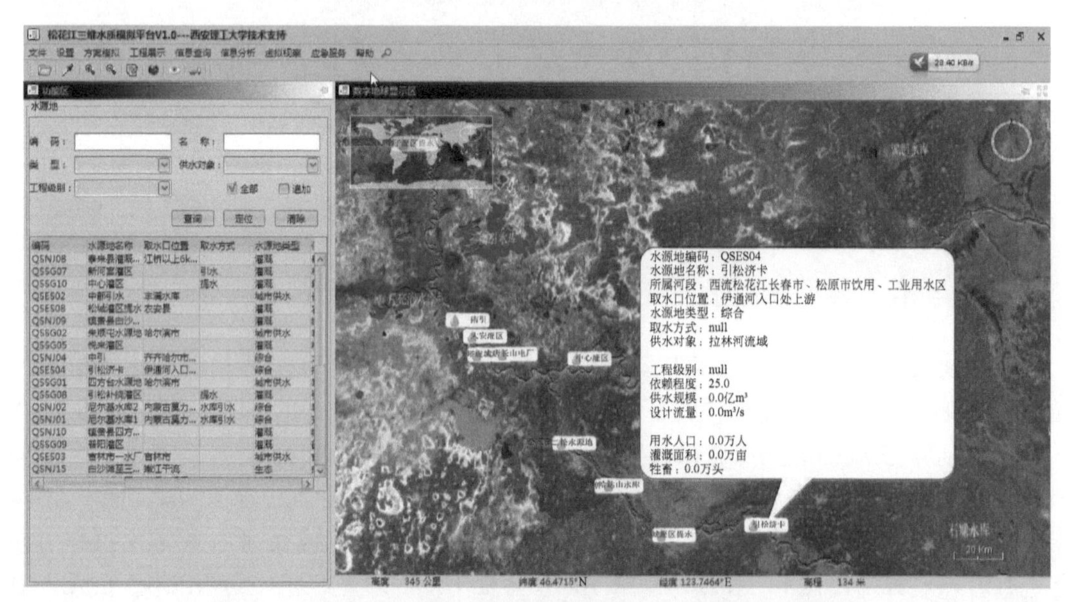

图 7-22　污染团对下游各个断面和重点保护目标的影响空间分析

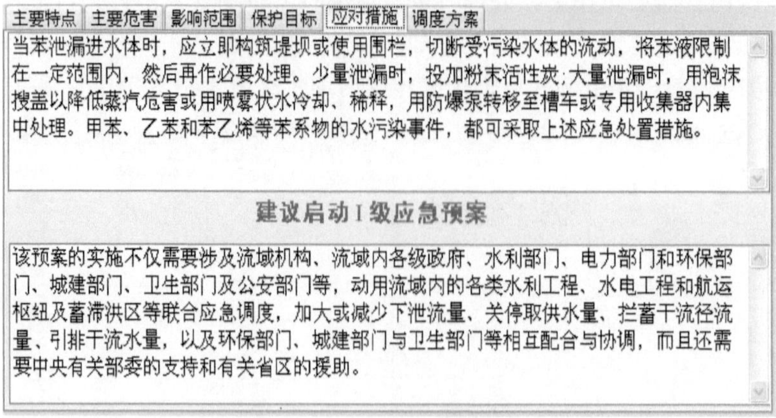

主要特点 | 主要危害 | 影响范围 | 保护目标 | 应对措施 | 调度方案

当苯泄漏进水体时，应立即构筑堤坝或使用围栏，切断受污染水体的流动，将苯液限制在一定范围内，然后再作必要处理。少量泄漏时，投加粉末活性炭；大量泄漏时，用泡沫覆盖以降低蒸汽危害或用喷雾状水冷却、稀释，用防爆泵转移至槽车或专用收集器内集中处理。甲苯、乙苯和苯乙烯等苯系物的水污染事件，都可采取上述应急处置措施。

建议启动Ⅰ级应急预案

该预案的实施不仅需要涉及流域机构、流域内各级政府、水利部门、电力部门和环保部门、城建部门、卫生部门及公安部门等，动用流域内的各类水利工程、水电工程和航运枢纽及蓄滞洪区等联合应急调度，加大或减少下泄流量、关停取供水量、拦蓄干流径流量、引排干流水量，以及环保部门、城建部门与卫生部门等相互配合与协调，而且还需要中央有关部委的支持和有关省区的援助。

图 7-23　应对措施及启动应急预案级别

(2) 生成应急调度预案。主要包含以下步骤。

步骤一，产生备选的调控方案集。

以“2005 年松花江水污染事件”为例，可调控的措施包括水库调度及设置拦截防线。水库调度包括减小下泄流量、加大下泄流量和正常调度，设置拦截防线包括在松江大桥、吉江高速公路桥、102 国道桥和哈达山等处设置拦截防线，投放吸附剂对污染物进行吸附。调度方案案例如图 7-24 所示。

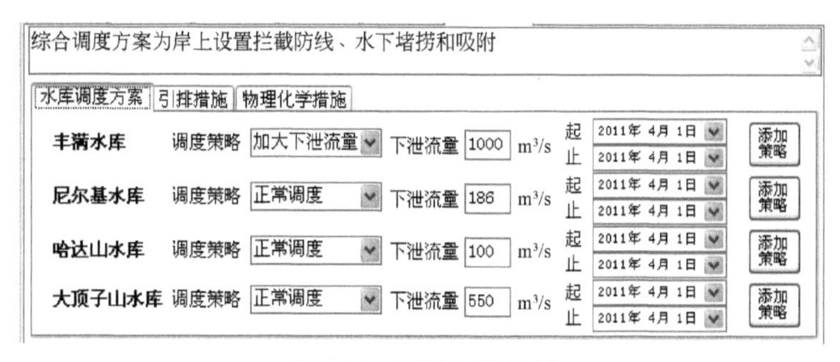

图 7-24　调度方案案例

步骤二，通过水动力学模型进行河道水质与水量模拟演算，给出对应某一调控方案下的调度结果，包括水利工程蓄泄过程、污染团到达下游各主要断面或保护目标的时间、峰值浓度及影响持续时间等。

步骤三，调用调度模型进行计算。首先，选择情景方案，设定调度起止时间，调入输入和初始条件，设定调度目标和调度规则；其次，开始调度计算。应急调度模型计算系统界面如图 7-25 所示。

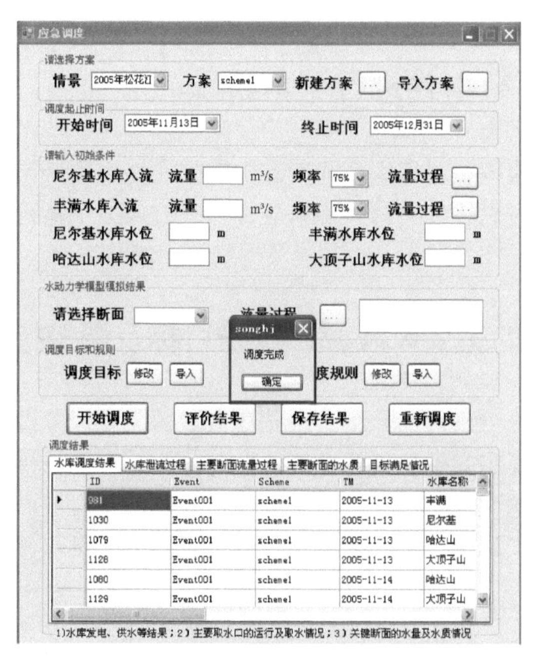

图 7-25　应急调度模型计算系统界面

步骤四，通过对调度结果进行分析和评价，修正调控方案，直至满足决策者要求。

图 7-26 是不采取调度措施和采取调度措施，污染团运移到哈尔滨断面的模拟结果在三维场景中的显示情况。图 7-26 中显示出，通过调度，污染事件对哈尔滨断面的影响大大减小。

(a)调度前

(b)调度后

图 7-26　应急调度效果图（哈尔滨断面）

注：红色代表污染团，颜色越浅表示污染浓度越低

步骤五，生成推荐调度预案。

第八节　小　　结

一、对突发性水污染事件进行了剖析

通过对文献资料的查阅和对近年来我国发生的突发性水污染事件的总结，介绍了突发性水污染事件的分类、特点、性质及其主要危害，并对典型案例进行了分析，制定了一般的应对措施。

二、对松花江流域的主要风险源、保护目标及调控措施进行了全面分析

通过资料的收集、分析整理，介绍了松花江流域的主要风险源、风险源的类别、危险程度及风险分区；确定了主要保护目标及其分类和分级；对调控措施进行了分类，确定了拦、冲、引及综合措施的调控特点及其适用条件，并对松花江流域的主要控制性工程、蓄滞洪区及其他工程进行了调查分析，并对这些措施进行了分类和分级。

三、对应急调度的应急机制与补偿机制进行了初步探讨

介绍了突发水污染事件的应急筹备组织的构成、应急机制与应急保证等，初步确立了水资源调度的经济补偿依据、原则、途径与补偿方式和补偿费用，给出了流域水污染补偿机制的初步设计方案与内容，并进行了典型案例分析，初步探讨了松花江流域应急补偿问题。

四、确定了应急调度目标与原则

分析了应急调度的主要目标，并对这些目标进行了分类和分级，给出了松花江流域面向突发性水污染事件的应急调度目标集；给出了应急调度的基本原则与调度规则。

五、研究并建立了水库群对河流水质的调控机制

以水动力学模型的研究成果为基础，给出了不同调度方式对下游水量的传播规律及对水质的调控规律。

六、建立了干流水库群联合调度模型

首先，绘制了松花江干流水库群调度的系统网络图，分析了主要水库的特征参数和运行调度规则，建立了基于规则的水库群联合调度模型，并通过该模型对“2005 年松花江水污染事件”进行了 19 种方案的调算和分析；其次，通过对 5 种不同的典型情景调算，制定了应急调度方案集与总体策略，包括应急调度规律、应急调度的策略集及应急调度预案。

七、开发了面向突发性水污染事件的联合调度系统

开发了集应急调度决策子系统与三维数字仿真模拟子系统的联合调度系统，包括系统的总体结构设计、主要功能及操作说明等。

第八章　流域水质水量联合管理机制

流域水质水量联合调控不仅是一项全新的技术体系，而且体现了一套全新的流域管理的理念，需要有关政策、法规、制度、规范方面的支持，才能真正发挥出其应有的作用。本章从各项技术的需求出发，研究探讨了基于二元水循环的流域水质监测共享机制、基于水功能区的水质水量总量管理机制、农田面源污染水质水量联合管理机制及污染突发事件应急调度机制。

第一节　基于二元水循环的流域水质监测共享机制

一、水循环监测体系共享机制建设

近年来，互联网以其便捷、迅速、信息丰富、更新简便的优势迅速走进人们的日常工作和生活中，各级政府和各行业部门也充分利用互联网平台建立了先进的电子政务系统和服务于公众的各种不同信息共享平台，公众对政府管理能力和服务水平的知情权得到了极大的尊重，政府部门的工作效率得到极大提升，服务意识得以增强。国家在“十二五”期间完成了覆盖中央、流域、省（自治区、直辖市）三级水资源管理机构的国家水资源管理系统建设，服务于流域水资源调配管理、供水管理、用水管理、水资源管理保护和水资源统计管理等日常业务处理。松花流域水循环监测体系可依托于松辽流域水资源管理系统，增加环保部门及相关水循环监测信息，形成全流域共享的一个监测信息平台，实现水循环监测体系信息的真正共享，充分发挥监测信息作用，更好地为保障流域水质安全服务。

（一）共享机制建立原则

（1）满足需求原则。调查和分析流域水循环监测机构应用的监测业务流程，梳理部门间监测信息交换与共享的需求，构建部门之间监测信息交换框架，以满足监测业务需求作为出发点和归宿点。

（2）分工合作原则。建立基础信息资源、专业信息资源的分工合作原则，相互配合，共建共享，避免不必要的重复和浪费，从而发挥出整体效益。

（3）信息交换原则。将为其他部门提供有关监测信息列入部门的职责范围，以推动部门之间的信息交换，使部门之间的信息交换制度化。

（4）信息共享原则。建立监测信息资源的采集、加工、存储、交换、发布技术标准，满足监测信息共享的技术要求。

（二）共享平台建设目标

充分利用流域水利、环保部门基础设施，以整合水循环监测资源为手段，设计松花江流域二元耦合水环境监测体系。按照统一的监测标准、监测项目、监测方法，以松花江流域水资源管理信息系统为依托，建设覆盖全流域水循环监测机构的水循环监测断面共享平台，及时掌握流域水循环的水质安全状况，实现松花江流域水循环监测断面、监测数据、评价结果共享，从而为相关管理部门更好地履行管理职责提供基础支撑。

（三）共享平台建设内容

按照二元耦合水环境监测体系设计方案，建立起覆盖全流域地表水功能区监测断面、省界水体监测断面、国控省控监测断面、重要饮用水水源地监测断面、重要湖泊（水库）监测断面的自然水循环体系，以及城市入河排污口监测断面、农田灌区退水监测断面的社会水循环体系，包括信息采集与传输、数据资源、应用支撑平台和水质安全管理等内容。

二、水循环监测信息共享机制建设

影响水循环监测信息共享的因素很多，应从组织体制、政策法规及管理制度与技术方法等方面，加强流域水循环监测信息共享的长效机制建设。

（一）信息共享组织体制

流域水循环监测信息资源由流域、省区两个层面的相关部门负责管理，两个层面的责任主体为信息共享提供组织体制保障。

按照事权划分及松花江流域管理实际现状，松辽流域水资源保护局可作为水循环监测信息共享的流域层面管理部门，国家赋予流域机构保护水资源的工作职责，承担流域跨省界水质日常监测任务。多年来，松辽流域水资源保护局积累大量流域自然水循环和社会水循环监测数据，而且拥有良好的信息化基础，现已建成了松花江干流水质模型及水环境管理信息系统、松辽流域入河排污口快速调查与信息管理系统。目前，按照国家水资源管理信息系统建设要求，承担松辽流域水资源管理信息系统中水资源保护部分的建设工作，同时作为松辽水系保护领导小组办公室，承担松辽水系保护日常工作。

松辽水系保护领导小组是现阶段我国七大流域水资源保护和水污染防治工作中有效运行的管理模式，是在松花江流域和辽河流域跨省区水资源保护和水污染防治工作中履行指导、协调、监督、管理、服务职责的领导机构。四省区人民政府是领导小组上级主管部门。领导小组正副组长由吉林省、黑龙江省、辽宁省、内蒙古自治区人民政府的副省长（副主席）及水利部松辽水利委员会主任担任，其他成员由四省区环保、水利行政主管部门及松辽流域水资源保护局负责人组成。因此，松辽流域水资源保护局既是领导小组日常办事机构，又是流域水资源保护机构，履行双重管理职责，能够很好地协调流域内水利、环保部门，非常适合作为流域层面信息共享管理的责任主体。其主要任务是制定全流域信息采集、处理、存储、发布、交换和服务等管理法规与制度，与有关部门共同确定信息公开和保密的范畴，负责流域水循环监测体系共享平台的运行及维护管理。

各省区水利、环保水循环监测部门是该地区对跨部门应用信息共享工作负责的责任主体，主要职责是负责制定本部门信息提供、交换、共享的规则，并确定其范围，负责向共享平台提供及上传相关水循环监测数据。

（二）信息共享管理制度

水循环监测信息共享管理制度，是从战略高度对监测信息进行有效配置和共享使用的办法。要实现信息共享就需要改变目前条条块块、各自为政、纵强横弱的现状，建立科学有效的管理体制。

（1）省界缓冲区水质控制断面考核会商制度。2009 年 4 月，国务院办公厅下发《关于转发环境保护部等部门重点流域水污染防治专项规划实施情况考核暂行办法的通知》（国办发［2009］38 号），明确提出了将专项规划实施情况考核结果作为对各省（自治区、直辖市）人民政府领导班子和领导干部综合考核评价的重要依据。2009 年 5 月，《环境保护部办公司关于印发重点流域水污染防治专项规划实施情况考核指标解释（试行）的函》（环办函［2009］445 号），进一步明确了将流域水资源保护机构的跨省界断面水质监测数据作为考核评估的重要依据之一。国家对流域水污染防治规划落实情况及污染减排成效的考核逐渐深入和严格，省界缓冲区水质控制断面水质考核工作引起高度重视。该项工作涉及水利和环保两个行业、流域与区域不同部门及省（自治区）之间的相关利益，从系统关联性及过程控制的观点出发，松辽流域水资源保护局基于松辽水系保护领导小组办公室这一有效协调平台，建立了省界缓冲区水质控制断面考核会商制度，遵循“依法规范、民主协商、协同互动、主动预防、提前警示、过程管理”原则，通过经常性地沟通会商，及时发现问题、分析问题和解决问题，能够更好地配合开展考核工作，逐步实现省界缓冲区水质持续稳定达标。

省界缓冲区水质控制断面考核会商分为常规会商和应急会商。

常规会商：实行季度会商制，由松辽水系保护领导小组办公室（松辽流域水资源保护局）召集流域内省（自治区）环保、水利行政主管部门和省界缓冲区水质控制断面所在地市环保、水利行政管理及水环境监测部门进行会商。特邀环境保护部东北环境保护督察中心派工作人员参加。

应急会商：遇到流域省界缓冲区水质控制断面水体发生特殊变化或紧急情况时，由松辽水系保护领导小组办公室（松辽流域水资源保护局）或流域内省（自治区）环保、水利行政主管部门提出会商建议，经请示松辽水系保护领导小组办公室同意，由松辽水系保护领导小组办公室（松辽流域水资源保护局）通知流域内相关省（自治区）及事发地省级人民政府办公厅有关部门，环保、水利等行政主管部门和水环境监测等部门随时会商。特邀环境保护部东北环境保护督察中心派工作人员参加。

（2）制定新的管理制度。流域水循环监测信息的政策法规和管理制度是建立信息共享宏观环境的关键，也是实现信息共享的制度保障，建议制定《松花江流域水循环监测信息共享管理办法》，主要内容应包括信息共享管理责任主体，信息共享内容、范围和规则，信息采集、加工、存储与交换制度，信息交换与监督制度，信息公开责任制与信息组织机构设置制度。

三、水循环监测技术标准平台建设

（一）监测项目平台建设

1. 监测项目确定原则

选择《地表水环境质量标准》（GB 3838—2002）中要求控制的监测项目；

选择国家《地下水质量标准》（GB 14848—1993）中要求控制的监测项目；

选择国家水污染物排放标准要求控制的监测项目；

选择水功能区和入河排污口要求控制的监测项目；

选择国家重要饮用水水源地中要求控制的监测项目；

选择对人危害大、对水环境影响范围广的污染物。

2. 监测项目选择要求

按照监测目的与要求，各类监测项目的选择规定如下：

国控省控监测断面、省界水体监测断面监测项目应符合《地表水环境质量标准》（GB 3838—2002）中必测项目要求，并符合《地表水资源质量评价技术规程》（SL/T 395—2007）《地表水和污水监测技术规范》（HJ/T 91—2002）和《地下水环境监测技术规范》（HJ/T 164—2004）所规定的选测项目要求。

地表水功能区监测项目应符合《地表水环境质量标准》（GB 3838—2002）中必测项目要求，并根据水功能区界内水污染特征增加其他监测项目。

重要饮用水水源地监测项目应包括《地表水环境质量标准》（GB 3838—2002）中的基本项目和集中式生活饮用水地表水源地补充项目，有条件的地区宜增加有毒有机物评价项目。

城市入河排污口和农田灌区退水监测断面监测项目应符合《地表水和污水监测技术规范》（HJ/T 91—2002）中必测项目要求，并应根据污水排放主要污染物种类增加其他监测项目。

专用监测断面（包括自动监测站）可根据设站目的与要求，参照《地表水环境质量标准》（GB 3838—2002）中的必测项目和选测项目确定专用监测断面监测项目。

（二）监测方法平台建设

1. 分析方法选择原则

选用国家标准分析方法或行业标准方法，并与相关质量标准的规定一致，没有国家和行业标准方法，可采用知名国际组织（如 ISO 和 USEPA）相应的标准方法，但在实际使用前，实验室应进行方法验证和新分析方法确认，使用新分析方法时，应在不同实验室之间进行方法比对试验，以验证或检验方法的适用性。

2. 选用监测分析方法

河流、湖泊、水库地表水监测和饮用水水源地水质监测，应按《地表水环境质量标准》（GB 3838—2002）规定的标准分析方法执行。

四、水循环监测体系共享机制作用

（一）有利于宏观控制入河污染物总量

建立水循环监测体系信息共享平台可使监测数据信息最大限度地发挥作用。流域机构和省（自治区）水利、环保行政主管部门通过信息共享平台可以掌握相对动态的全流域不同类型的水质监测信息，实时对整个流域的水环境状况予以控制。

水利部门可以有针对性地根据经济社会发展及水资源开发利用的需要，适时调整水功能区，不断完善不同河流、不同河段的功能定位，科学确定水功能区水质目标，进一步细化和规范水功能区的监督管理工作；按照水功能区对水质的要求和水体的自然净化能力核定水域的纳污能力，科学计算不同水域水体各种污染负荷的允许入河总量及削减量，科学分配入河污染物排放限额，提出入河污染物总量控制的动态指标体系和分阶段入河污染物总量控制计划，依法向有关部门提出入河污染物限制排放意见。

环保部门可以通过水循环监测体系信息共享平台，及时掌握信息动态变化状况，为满足水质预警、落实省界责任、流域规划考核、监控重点城市水源地水质提供客观证据；可以准确反映流域地表水和地下水水质状况，为流域水污染防治提供客观的决策依据。

（二）有利于完善水污染联合防控机制

共享机制的建立促使全流域监测网络各组成机构加强相互联系、相互合作，充分发挥流域机构水资源保护部门的职能作用；组织跨省（自治区）联合监测，进一步完善流域与区域结合、水利与环保联合的水资源保护和水污染防控机制，特别是重大问题的协商与决策机制，合理整合水利、环保系统监测资源。

（三）有利于及时应对重大水污染事故

重大水污染事故大多都会对全流域的水环境造成影响，应对这种重大水污染事故需要流域机构、上下游地区政府水利、环保及相关部门强有力的配合，也需要各水质监测机构的通力合作才能确保所提供的监测数据及时准确，为采取有效的应对措施提供有力保障。日常工作中的相互配合协作为应急监测创造了良好的协作基础。

（四）有利于推进监测信息标准化进程

信息共享首先需要信息的统一，只有在信息采集、分析、归纳和整理的程序上执行相同的标准，在执行的监测方法、监测标准和监测指标上统一，在信息涵盖内容的选择上一致，才能使相关部门充分利用共享信息进行水质状况评价分析，同时为管理部门提供决策依据。因此，信息共享机制可以极大地推进水循环监测信息的标准化进程。

（五）有利于发挥各部门监测优势

共享机制的建立有利于各部门监测优势得到互补，公益作用得到充分发挥，使各部门能够从多方位、多角度共同监控流域水环境质量变化，使水循环监测数据真正形成可以共享的公共资源，避免监测数据“多头采集、重复存放、分散管理”的局面，提高监测信息的利用率，满足流域水循环监测信息动态化、定量化分析与评价要求，满足流域层面和地方政府水质安全管理的需要。

（六）有利于节省投资和避免重复建设

共享机制的建立有利于避免行业部门、流域机构和地方政府在同一河段或水域重复布设监测站点，重复建设水质自动监测站，既为决策部门和公众解决了提供水质监测信息口径不统一的问题，又节省了人力资源、物力资源和财力资源的投入，使水环境监测的社会效益和经济效益最大化。

第二节　基于水功能区的水质水量总量管理机制

一、健全政策法规保障机制

（一）基于流域的水质水量总量控制制度

进一步加强政策法规体系建设，为实行最严格的水资源管理提供制度保障，突破现有的以达标排放为中心的污染防治管理制度，建立以取用水量和污染入河量双重总量控制为核心的水污染防治体系。全面贯彻落实水资源管理“三条红线”制度，根据流域水质水量总量控制目标，建立以用水总量控制、排污总量控制为目标的管理制度，实现水资源和水环境的统一管理。

以总量调控成果和其他相关规划为基础，确定流域内各省（自治区）水资源可利用量和取水许可总量控制指标，水利行政主管部门将分配的取水许可总量控制指标分解到下属各级行政区域，建立覆盖流域和省（自治区）、市、县三级行政区域的取水总量控制指标体系。通过严格实行建设项目水资源论证、取水许可和水资源有偿使用制度实现总量控制和定额管理的要求，严格实行计划用水审批，保障合理用水需求，完善监督管理的各项法规和规章。流域内各省（自治区）应随着经济和技术的发展，及时修订和完善行业用水定额标准，为完善总量控制和定额管理相结合的用水管理制度奠定基础。

以流域纳污能力为限制，通过制度将各功能区纳污能力指标和入河排污量削减指标分解到各区域、行业，实现污染负荷总量控制目标下的达标排放。制定水质水量控制的各项法规和规章，将用水权、排污权逐步落实到水资源综合管理和污染控制的管理体系中。

（二）建立“一河一策”的水污染防治制度

以各河流水功能区划分的水质目标为基础，建立以适应河流纳污能力为总量控制目标的河流污染防治综合管理办法；以不同河流的功能和本地特征为基础，建立污染源排放控制、排污口设置、分行业污废水排放标准、污水处理和工程调度等从污染源到河道径流调控全过程的管理制度，建立和完善“一河一策”水污染防治制度。

（三）完善流域水环境治理与保护制度

为控制松花江流域水污染加剧和水生态环境退化，应建立健全以水功能区管理制度为基础的水资源保护制度，根据水功能区水质目标和核定的纳污总量，制定详细的分阶段控制方案，并依法向环境保护部门提出污染物入河总量控制意见。建立入河排污口登记和审批制度，加强对排污口的监督管理；建立入河排污总量许可制度，强化对江河湖库的水资源保护，健全饮用水水源环境评估和水质监测信息定期发布等制度；建立水功能区、入河排污口监测和信息发布制度，强化公众和社会的监督。

二、加强标准规范建设和应用推广

（一）落实流域用水总量与用水定额控制标准

制定以下三个指标保障用水总量控制：行政区用水总量控制指标、地下水开采总量控制指标和行业及最终用水户的用水总量控制指标。对流域内各省（自治区）用水总量和跨省河流省界断面水质水量等控制性指标，以标准方式确定，由流域机构颁布实施。流域内各行政区域将所分配的水量，通过取水许可制度逐步明晰到各行业和各用水户。

在用水总量控制的基础上，进一步提出完善用水定额控制标准。开展定额控制标准制定工作，对重点行业用水定额控制标准进行修订；制定和发布耗水量大的产品淘汰名录；同时开展典型灌区、用水企业和服务性用水单位的用水监测和考核。在用水定额管理方面，通过规划形成与节水阶段目标相匹配的用水定额地方标准和行业标准，并完善监测机制和手段，由地方水利行政主管部门负责监督和实施。

（二）建立“一河一策”的污染排放控制标准

根据河流水功能区纳污能力，提出分区污染负荷入河排放总量控制标准，倒逼建立适应产业布局和水功能区目标要求的排污口设置标准；落实不同河流的分类污染性企业准入制度，倒逼建立污染物排放分级达标标准，实现对不同河段的动态污染负荷控制；严格入河排污口标准管理，对现状排污量超过水功能区限制排污总量的地区，限制审批新增取水和入河排污口；根据入河排污口监督管理权限，开展在入河排污口的设置审查、登记、整治、档案和监测等方面的监督管理工作。

（三）落实多过程水质控制标准

松花江流域水污染的发生与发展始终伴随着流域水循环的运动过程，具有动态性、开放性、复杂性特征，需要转变思路，以陆地为重点、以水体为目标，以源头减排为根本，结合过程控制和末端治理，依据流域水功能区的要求，从流域尺度角度落实“源头减排—过程控制—末端治理”多过程的污染控制体系，并对高污染敏感区域、重点污染行业的污染进行有效削减和管制。

松花江流域应按照水功能区污染物入河控制量要求，严格把关建设项目环评审批，以及新建、改建、扩大入河排污口审批，新建项目必须符合国家产业政策，执行环境影响评价和“三同时”制度，做到增产不增污；推行排污许可证制度，按照流域总量控制要求发放排污许可证，把总量控制指标分解落实到各控制单元的各污染源，实行持证排污；对超过污染物总量控制指标的地区，禁止审批新增污染物的建设项目并实行有效削减，确保水功能区水质达标。

（四）产业布局与污染控制措施导向与措施

按照“一河一策”的对应要求，根据不同流域区的水质水量状况和现有产业状况，优化调整产业结构，加快传统工业改造。对水污染严重的落后生产工艺、技术和设备列入名单并予以淘汰，强化工业废水的达标排放与处理；对生产规模小、工艺落后、排污量大的企业实行关停；对造纸、化工和食品加工等重点行业及重点企业开展清洁生产及废水深度治理建设。

加快城市污水处理设施及其配套管网的建设，充分考虑东北地区冰封期特点，采用先进适宜的处理工艺，确保处理效果，特别是氨氮的处理效果；新建的污水处理厂应达一级A排放标准；排入湖库等封闭水体的现有污水处理厂，要增加除磷、脱氮工艺；污水处理设施建设要与污水再生利用统筹考虑；加强污水处理费征收及污水处理设施的运营监管，确保其以成本有效方式运行。

推进水污染监测的现代化进程，加强水环境质量在线监测、工业企业在线监测、污水处理厂在线监测及省市监控中心建设；在传统COD和NH_3-N基础上，增加对TN、TP及重金属等污染物的监测，为水污染控制提供支撑。

在面源污染治理方面，松花江流域要积极控制化肥施用量，采取有利于环境保护的土地利用方式和农业耕作方式，科学施用化肥和农药，推广施用无公害、污染少、利用效率高的化肥和农药，减少流失和进入水体；加强对畜禽养殖及乡镇企业分散排污的管理；通过小流域治理，减少水土流失，控制面源污染物入河量。

三、完善市场与经济杠杆调节机制

完善水价形成和征收管理机制。水资源费和供水水价是水资源配置中的价格因素，为充分发挥市场机制和价格杠杆在水资源配置、水需求调节和水污染防治中的作用，充分利用外调水源，需要对水资源费和水价结构、标准、计价方式及征收与补偿等方面进行改革，合理利用各种水源，提高用水效率，促进水资源优化配置。合理调整供水水价，理顺水价结构，按照不同用户的承受能力，建立多层次供水价格体系，通过经济杠杆促进水资源向高效用水户流动。

提高水资源费征收标准，建立差别水价、阶梯水价、超定额累进加价制度。加强对重点用水企业的考核管理，对“零排放”企业实行优惠水价和免征污水处理费等鼓励政策，促进节水减排、节水减污，将万元工业增加值用水量、渠系水利用系数及水功能区达标率等重要指标列入政府的考核指标体系中。

在污染控制方面加强奖惩机制建设。“政府主导、市场运作、公众参与”，坚持“污染者付费、损害者赔偿”，制定优惠政策，建立多渠道、多层次的资金筹措方式，确保水污染防治措施的落实；规范政府公共管理职能，建立政府问责制度，减少对污染企业的不合理地方保护；制定污染控制的奖惩措施，落实排污标准下达标排放的经济激励机制，强化对污染排放的经济惩罚和落实，避免违法排污成本低于治理成本的不合理现象；完善排污费征收管理制度，将用水户达标排放和流域整体水环境状况达标率相关联，提出基于“一河一策”的污染排放奖惩制度。

四、营造有效的公众参与机制

公众参与机制不健全是国内当前水资源管理体制的薄弱环节。水资源管理与水环境保护牵扯的源多面广，有效的公众参与机制将使环境管理更容易被群众接受。但是，目前对公众参与的程序还缺乏规范，需要不断创新水资源社会管理和公共服务机制，积极动员和鼓励社会公众参与水资源管理与水环境保护。

加强公众教育，唤醒公众的环境意识，通过规范的渠道向公众定期公布所辖区的水环境实际状况，使公众对水环境享有知情权，并通过可行的方式参与水环境管理，最终享有法律赋予的环境权。应该使公众参与制度化，通过公众信息发布会、专家听证会、居民评判委员会及类似的方法来实现。

制定不同策略的公众参与机制，有效提高社会参与水资源管理与水环境保护的积极性。建立公开透明、公众参与的民主管理机制，鼓励公民参与水资源和水污染控制的管理和监督，以及水价的制定和实施。

建立听证制度，使公众能够参与到水资源规划、水量分配、水权转让、排污权交易、水价制定和排污费制定等水资源保护和水环境管理中，充分行使知情权和监督权；建立各类形式的用水户组织，尤其要重点建立农民用水户协会，提高农民在水权转让中的自主性，提高公众参与水资源管理的组织程度；建立以水资源统一管理为前提的政府宏观调控、流域民主协商、准市场运作和用水户参与的流域水资源管理模式。

提高政策制定过程的开放度和信息透明度，在政策制定和实施过程中建立涉水利益团体的制度化表达机制和参与机制，建立多部门协作制度、咨询制度、有奖举报制度，充分体现公众知情权、参与决策权、监督权和舆论权。

五、健全监督监管机制

监督管理机制的完善是实施水资源统一管理的保障。监督管理机制的总体思路是建立一个独立公开并且可信的监管体系，对决策机构、执行机构的工作效率与成果进行监督，反映自己的意见、意愿。通过以下手段保障监督管理机制的实施：

（1）加强水资源管理信息系统建设。落实行政边界断面、重要控制断面和地下水的水质监控手段，建立行政区域用水总量监控体系及考核奖惩办法，突出加强水功能区、饮用水源地、供水调水线、湖泊、水库和地下水等重点水文水资源监测监控工作，提高自动化、智能化水平。

（2）完善水功能区监测评价体系。进一步核定重要湖泊和水功能区限制排污总量意见，并督促有关职能部门分解落实到各河湖排污口；开展河湖排污口规范化整治，制定相应的监督管理办法，提高饮用水水源地监测、监控和预警能力；加强对重点用水大户的监督管理，实行在线监控考核；加强对新建、改建、扩建项目的监督管理，严格节水“三同时”制度；加强对各类工业园区的监督管理，鼓励创建节水减排示范园区。

第三节　农田面源污染水质水量联合管理机制

任何对农田面源污染机理、危害的认识，最终都需要在控制和治理的实践中加以应用。目前比较有代表性，而且比较成功的调控与管理研究成果是美国的最佳农田水管理模式（best management practices，BMPs）系统，通过利用政府手段，通过政策、税收鼓励和引导农民科学种田，发展生态农业。还有一些国家通过制定法律来控制或约束面源污染的发生，如芬兰的《水法》和美国的《联邦水污染控制法》等。另外，奥地利利用经济手段削减面源污染的做法也起到了很好的效果。欧盟在控制面源污染方面的主要做法是在农场尺度上进行控制，其措施主要包括设立施肥禁止期（每年 10 月到翌年的 2 月禁止施用流质肥料，以减少淋溶的发生）和坡度管理；实施有机农业或综合管理农业施肥管理，保持合理的氮磷比例和平衡施肥等；限定对水资源保护区、水源涵养地的轮作；控制牲畜密度，建立缓冲区；以及控制有机肥施用量等。

在充分借鉴国内外先进经验的基础上，结合松花江流域面源污染控制成果，针对流域实际发展和农田面源污染的实际情况，采用合理的农田面源污染综合调控机制，农田面源污染控制与治理必才会有较快的发展。

灌区农田面源污染控制需要树立多种措施联合调控的观念，影响面源污染的因素很多，并且这些因素相互影响和相互作用。面源污染控制需要以技术措施为根本，依靠行政、法律、经济和社会等多种措施（表 8-1），实现综合治理。

表 8-1 松花江流域灌区农田面源污染控制

措施分类	源头减排	过程控制	末端治理
技术	采用节水灌溉制度和控制面源污染施肥方式	生态沟渠系统削减污染物浓度	末端湿地处理
经济	实行水量计量控制，由按面积收费改为按使用量收费	国家投资进行灌区主干工程节水改造与续建配套	建立环境补贴机制
行政	建立灌溉排水工程保障机制	建立灌溉制度执行保障机制	建立地方性行政管理机制
法律	严格执法程序，加大执法力度，做到有法可依、违法必究。修改和完善地方性农田面源污染控制法律、法规		
社会	加强监测、立法、宣传教育、社会参与		

一、完善政策和法律体系建设

严格贯彻执行《中华人民共和国环境保护法》和《中华人民共和国农业法》等法律法规，严格执法程序，加大执法力度，做到有法可依、违法必究。完善面源污染控制的政策和法律体系建设，依法控制和减少农田面源污染。

在农田面源污染技术体系的研究基础上，向立法机构建议制定“水稻灌区灌溉施肥标准”与“灌区面源污染物排放标准和管理办法”等地方性标准体系，作为地表性法规制定的基础，推进标准化建设和环境管理体系建设，加强对灌区的环境管理。完善无公害农产品、绿色食品、有机食品的奖励扶持政策，要依法控制和减少农田面源污染，强化面源污染控制法律的针对性、层次性和可操作性，积极推进高效生态农业建设，促进农业可持续发展。

应该注意到，地方性法律法规的制定和完善，对面源污染控制已经起到一定的作用。例如，在前郭灌区，由于新庙泡划归查干湖自然保护区管理局管辖，早在 1997 年 5 月，查干湖所在的前郭尔罗斯蒙古族自治县就制定了地方法规《前郭尔罗斯蒙古族自治县查干湖自然保护区管理条例》，并于 1997 年 5 月 13 日颁布实施。该条例规定，查干湖、新庙泡、辛甸泡、马营泡水位控制在 130 m。在制定了上述法规后，新庙泡湿地的水位、水量得到了基本保障，较好地发挥了湿地净化水质的作用。松花江流域部分灌区与前郭灌区的退水方式相同，地方性法律法规的制定将对面源污染控制和环境保护起到积极的作用。

根据《中华人民共和国渔业法》和《吉林省渔业管理条例》等相关法律法规，保护灌区排水干渠湿地的渔业资源，维护排水干渠的生物多样性，促进农田排放营养盐的转化利用，进一步保障和促进了灌区排放的营养盐—浮游生物—鱼类摄食的转化利用过程，提高水体面源污染净化能力。

二、夯实污染调控的工程基础

（一）逐步推进灌区节水改造与续建配套

前郭灌区灌溉排水工程在松花江流域具有典型性。灌区修建于20世纪70年代以前，灌区工程配套不完善，工程设计标准偏低，不少工程及机电设备均需要更新改造。灌区续建配套和节水改造对提高灌区水分利用效率，控制面源污染有重要的作用。

灌区现状灌溉水利用系数普遍为0.5，以2010年前郭灌区实际灌溉引水过程为基准，灌区灌溉水利用系数提高至0.6，在灌溉面积保持不变的情况下，灌溉引水量可由现状的5.8亿m^3减小至4.8亿m^3；在灌溉引水量不变的情况下，灌溉面积可由46万亩扩大至55万亩。根据灌区的调查资料，灌区退水主要来源于灌溉引水量，减少灌溉引水量对减少退水，进而削减面源污染无疑具有重要的作用。

（二）落实灌区工程保障机制

进行渠道防渗护砌，提高灌区灌溉水利用系数，保证灌溉水量能最大限度地被输送到田间，发挥灌溉效果，减少渗漏损失，提高灌溉效率。支渠以下工程实行群管，在现有的用水户协会试点的基础上，逐步推行用水户协会模式；对支渠以上工程实行管养分离，以提高管理水平和工程养护质量。

三、农田面源污染环境标准体系建设

制定有针对性的环境标准，如硝酸盐和农药残留等标准；建立农田环境容量标准，全面监测农田环境容量和耕地质量；建设高效的技术推广体系；积极推广成熟的高效施肥技术；开展灌区综合规划和农田面源污染治理等。

尽管在认识、控制和治理农田面源污染方面起步较晚，但在充分借鉴先进经验的基础上，针对松花江流域灌区农田面源污染的实际情况，农田面源污染控制与治理将有较快的发展。

四、发挥经济调节作用

灌区现在主要按照面积收费。例如，前郭灌区农户按照面积缴纳水电费，每公顷每年1038元，这样灌区农户缺乏节水的动力。通过改变水费收取方法，按照水量计费，农户用水量与水费直接挂钩，将直接有利于灌区节水方法的推行。从按面积收费的行政体制改为计量收费的水费体制，在现有的干支渠量测水自动化的基础上，逐步向下级渠道延伸，为分渠系按方收费奠定基础。设立和完善量配水装置，实行计划用水，定额管理，按方收费，促进用水户节水意识的提高，加大依法计收水费的力度，提高实收率，并加强水费管理，把有限的资金用到灌区可持续发展上。

前郭灌区氮肥施用量为340～600 kg/hm^2（尿素），普遍在480 kg/hm^2 左右，磷肥施用量为120～260 kg/hm^2（磷酸二铵），按照灌区规划，2020年灌溉面积可达75万亩，尿素按2000元/t计算，节约20%化肥施用量（96 kg/hm^2），灌区仅氮肥一项即可减少农民投入960万元，具有明显的经济效益。农户一旦能够看到直接的效益，对氮肥的施用方式和施用量有明确的概念，施肥制度的推广将是水到渠成的事情。

农田面源污染所产生的环境问题光靠政府提倡惩处是不够的，关键是要通过环保补贴和能源价格等一系列经济政策引导灌区农民形成自觉的环保意识，认识到控制面源污染有更大的经济效益。例如，类似于家电节能标志，对灌区农业产品（水稻）推出绿色环境标志制度，政府鼓励消费者购买环保产品，而对没有绿色环境标志的产品，政府不认同，消费者不认可。

五、教育与宣传

广泛宣传教育，营造防治农田面源污染的社会氛围，让农民知道农田面源污染的危害和原因。重视舆论宣传，充分发挥电台、电视、报刊和网络等大众媒体的作用，因地制宜地设计群众喜闻乐见的载体，多层次、多形式地普及农业生态环境知识，提高公众的认知度、环保意识和参与意识；对重点人群、重点地区进行重点宣传、教育和引导，让群众充分认识到农田面源污染对社会危害性和治理工作的重要性。加强对农民的环境教育与培训，逐步让农民树立起农业资源的忧患意识、环境保护的参与意识。

第四节　污染突发事件应急机制

一、应急机制

针对突发性水污染事件，在流域范围内，确定其应急原则为：①坚持以人为本，预防为主；②以整个流域为控制对象，集中指挥，全流域各部门、团体积极参与；③快速响应和流域协同控制，及时的信息反馈与信息公开。松花江流域面向突发性水污染事件的应急机制包括应急组织机构、制定应急预案与应急分级、风险多级防控机制、应急能力评估、应急监测、应急流程与应急演练、应急处理方法、应急调度与综合调控和应急调度决策会商机制九个方面的内容。

（一）应急组织机构

应急组织机构包括流域管理机构、政府部门、工业企业、公共救援服务、水利机构、社区、科研机构与大众媒体等，流域突发性水污染事件应急组织机构构成如图8-1所示。针对松花江流域而言，应急组织结构包括松辽水利委员会、吉林与黑龙江政府、与污染事件相关的工业企业（包括引起污染事件的企业及受影响的企业）、红十字会与警察等公共救援团体、各省水利厅（局）或水利工程管理局等水利机构、普通民众、科研机构与大众媒体等。

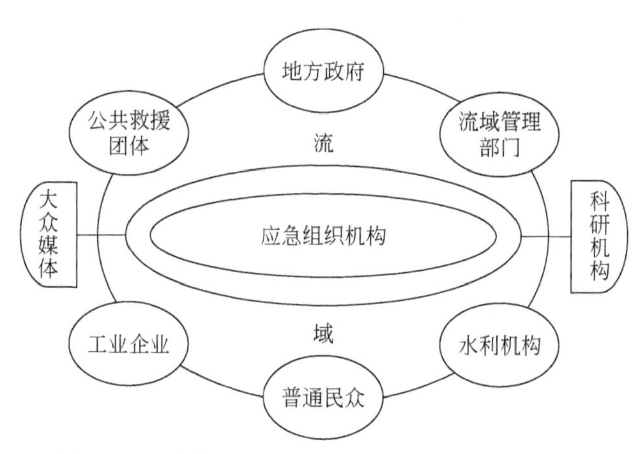

图 8-1 流域突发性水污染事件应急组织机构构成图

（二）制定应急预案与应急分级

松花江流域已经出台了《松辽水利委员会应对重大突发性水污染事件应急预案》，该预案共分为两级，规定了应急机构组成与分工、预警、应对、应对保障、预案管理及演习等内容，为突发性水污染事件的应急处置提供了依据。可在松花江干流水库群应对突发性水污染事件联合调度模型针对不同水期、不同地点、不同污染物类别、不同量级、不同处理措施的突发性水污染事件大量模拟演算得到的方案集基础上进行分析，以制定科学、有效、稳妥、经济的应急预案。

（三）风险多级防控机制

突发性水污染事件的应对重在防范，流域管理机构和省、市、县各级管理部门应充分调查评价可能造成突发性水污染事件的风险源，建立并定期更新风险源数据库和数据更新机制，对重点和高级别风险源进行监督管理和风险评估，并在此基础上实施风险预警和多级防控措施，做到“一源一预案”，防患于未然。在此基础上，监理风险识别和预警体系尤为重要，根据不同的气象、水文、地质及其他诱发因素进行预判，提高应对突发性水污染事件的能力。

（四）应急能力评估

应急能力评估是应急的基础，正确评估自身的应急能力，为及时有效实施应急提供保证。应急能力评估主要从专业技术力量、应急资源和响应速度方面进行：①专业技术力量评估除了评估本级机构内部的专业技术力量外，还要评估本地区可获得的专业技术力量。②应急资源主要指应急人员和应急设备，应急资源的可获得性和数量是评估的重点。③响应速度。突发性水污染事件应急救援最重要的目标是控制污染的蔓延，把污染区域控制在尽可能小的区域内，这要求尽快控制污染源，避免错过最佳的应急时机。例如，江轮发生燃油泄漏事故，应立即堵漏或者将船使往岸边，而不是马上处理水面的油膜；与此同时，还要尽快通知下游取用水单位关闭沿岸取水口。

（五）应急监测

应急监测的目标是采用快捷、有效的应急监测布控技术，迅速、准确地查明污染的来源、种类、程度、范围，为控制污染蔓延，采取应急处理措施提供正确的信息和依据。应急监测主要包括应急监测技术、应急监测断面的布设及应急监测队伍建设等。可采用松花江水动力学水质模型对当时河流的水动力学、水质过程进行模拟，并以此为指导开展应急监测点的布设和应急监测工作，以达到迅捷、准确进行监测的目的。

（六）应急流程与应急演练

突发性水污染事件发生后按照应急预案需要协调各级单位和各个相关部门，应急工作流程化和规范化是有效的应急机制，应对突发性水污染事件的应急流程包括事故发生—接到报警—事故评估—宣布应急状态—应急行动—应急恢复等。根据应急预案和应急流程定期进行应急演练可以增强应急处置的能力和效果，避免应对突发性水染污事件时人为失误造成更大损失。

（七）应急处理方法

突发性水污染事件的应急处理方法有物理处理法和化学处理法等。物理处理法是将污染物（如燃油、未破损包装的有毒物质）清理及打捞出水或进行拦污隔离等，必要时可采用修筑丁坝、导流堤、拦河坝和围堰等工程措施，改变原来的主流方向和流场，防止污染向外扩散，其中，最重要的是水库调度，用以改变水流特性；化学处理法是在污染区域抛洒化学药剂，减轻和净化污染水域，可采用松花江干流水库群应对突发性水污染事件联合调度模型对各种应急处理方法的效果进行预评估，支撑应急措施的选取。对各种调控工程和调控手段的采用，应有相应的政策和补偿机制加以保障。

（八）应急调度与综合调控

突发性水污染事件发生后，应通过综合调控水库、闸坝和蓄滞洪区等水利工程，尽可能地管控污染团的发展，为采取物理和化学应急处理措施提供支撑。目前，我国水利工程的调度实行分期、分级和分部门管理的制度。分期主要是汛期，大多数工程的调度以防汛为主要目标，主要是流域或省级防汛部门进行调度，非汛期主要归水库管理部门调度；分级主要是大型水库归流域或省级水利部门管理，中小型水库归地级市或县级水利部门管理；分部门主要是以防洪和供水为目的的水利工程归水利部门管理，以发电为目的的水库归电力部门或公司管理。因此，为应对突发性水污染事件，需要构建协调不同时期、不同部门和不同级别的工程管理单位的应急机制，一旦突发性水污染事件发生可以迅速形成统一的指挥体系，协调好不同部门、不同级别及部门内不同单位的权限和职能，提高应急效率。

（九）应急调度决策会商机制

以综合信息服务为基础，以应急预案和应急流程为主线，以综合分析、模拟、预测和调度为核心，以决策会商为形式的突发性水污染事件应急调度决策会商机制是应对突发性水污染事件的有效手段和抓手，决策会商机制可以使应对和决策做到科学化、规范化、精准化和及时有效。

二、应急补偿机制

突发性水污染事件的发生，肯定会对经济、社会和生态环境等造成不同程度的影响，政府和社会各界努力使这种影响降到最低，但是各方面的投入和付出应该在应急补偿机制上开展，做到公平公正。

（一）补偿依据

依照《中华人民共和国水法》，只要获得取水许可，就享有水权。各水权之间的权力是平等的。水利部关于《占用农业灌溉水源、灌排工程设施补偿办法》对解决农业水资源被无偿挤占问题提供了依据。根据《取水许可制度实施办法》第 13 条规定，当取水许可申请与第三者有利害关系时，申请取水许可人应当提交第三者的承诺书或者其他文件。当取水人的正常取水行为损害了第三者的利益时，一方面，取水人的行为是按照取水许可进行的，是合理的，不存在违法性；另一方面，第三者的权益受到损害，需要补偿。通过现有水利工程对干旱期和突发性水污染事件进行调水调度，第三者（水利工程）的权益受到损害，理应进行补偿。

（二）补偿机制建立的原则

建立水资源调度经济补偿机制应当遵循的原则包括：①水资源优化配置和综合开发的原则；②分类经济补偿的原则；③协商参与原则；④有利于共同发展的原则。

（三）补偿途径

1. 政府补偿支付

对特别干旱期利用已有水利工程补偿下游水量，使下游生态环境得到改善，应当由政府财政给予补偿。

2. 建立“谁损害，谁付费”的补偿机制

对突发性水污染事件的责任人处以罚款，对调水水库和受损者给予补偿。

3. 水资源补偿保证金

为了应对干旱期水资源紧缺情况，对用水单位实施分阶段（分时）水价和阶梯水价，征收一定的补偿保证金。在干旱期调水时，启动补偿机制，从保证金中支付。

4. 生态环境补偿税

干旱期河道最小需水流量绝大部分由生态环境流量决定，开征生态环境补偿税，建立生态环境财政补偿制度。

（四）补偿方式

损失补偿方法分为实物功能补偿法和货币补偿法。在突发性水污染事件发生后，为受益区提供优质和高保证率水源，需要水库周边地区保护水质，水库周边地区的经济发展受到制约，发展速度落后于邻近地区，尤其落后于受益区的河流中下游地区。本着“保护水源、受益补偿、公平负担”的原则，受益地区理应对此给予经济补偿。

1. 实物功能补偿法

对以发电为主的已建水库，干旱期或突发性水污染事件水资源调度，实质上是降低了库水位，减少了水头，减少了部分发电量（加大下泄流量电力系统可能不接受该电量或不是调峰电价）和生产能力。因此，有条件并取得共识时，可以考虑按损失的年平均发电量重置或新建一个具有基本同等规模的水电站，以弥补已建水电站该部分生产能力降低带来的损失。

对以灌溉等农业生产为主的水利工程，现阶段，根据水利部关于《占用农业灌溉水源、灌排工程设施补偿办法》有关规定，首先应着重研究占用农业水源的补偿性替代措施方案，包括替代方案的可能性、成本费用和筹资途径等，并以此为依据，确定补偿费用标准与补偿方案。在一些资源型缺水地区，缺乏“等效、等量”替代方案时，以农业损失或农民对损失的支付意愿作为测算基础，或者按照恢复水功能的成本定价，在经过多方协商的基础上，补偿标准应取得水管理单位及农民的同意，确保农民的损失得到合理的补偿。

2. 货币价值补偿法

对以发电为主的水库企业，建议按本水电站同时段的上网电价和损失电量给予补偿。

对以灌溉为主的水利工程，按影响的灌溉水量和农民所受的损失，在双方协商后合理补偿。

在水资源调度的以上两种补偿方式中，考虑到主要是在干旱期和突发性水污染事件才调水，不是经常运用的调度方式，因此，建议以货币价值补偿法为主进行补偿。

目前，政府财政性补贴依然是对占用农业水源补偿的重要渠道，同时，本着“谁受益，谁负担”的原则，直接受益的城市工业企业、居民生活用水也应负担相当的补偿费用。

干旱期水资源稀少，为节水减污应提高水价标准。由于水价提高而增加的水费收入，对属于供水企业的正常影响部分应归企业所有。若是通过提高水价筹集的补偿资金，则这部分资金应专款专用，用于受损水利企业的补偿。

（五）补偿费用

在干旱期或突发性水污染事件发生后，为受益区提供优质和高保证率水源，需要水库周边地区保护水质，水库周边地区的经济发展受到制约，发展速度落后于邻近地区，尤其落后于受益区的河流中下游地区。本着“保护水源，受益补偿，公平负担”的原则，受益地区理应对此给予经济补偿。

第九章　总结与展望

第一节　主要成果

一、技术突破

（一）寒区大尺度流域水质水量耦合模拟技术

开展流域水污染防治，首先需要弄清楚水的运动规律及污染物随着水分迁移的规律。本研究针对松花江流域地处寒冷地区、流域面积大、人类活动强和污染来源复杂等特点，创新性地构建了适合寒冷地区的大尺度流域分布式二元水质水量耦合模拟模型，对水循环及污染物迁移、转化的全过程进行了详细描述，有力地支持了流域水污染水质水量总量控制研究与方案分析。具体创新如下：

（1）松花江流域地处寒冷地区，该地区的气候特点是冬季时间长、气温低，形成的季节性冻土层和永久冻土层直接影响流域产汇流过程及其径流特征，本研究将冻土水热耦合模块内嵌到水循环模型中，实现了冻土冻结、融化过程及冻土存在条件下水循环过程的模拟。

（2）针对松花江流域面积大、人类活动强及径流量年内丰枯不均等特点，改进了分布式模拟流域划分技术、人工用水模拟技术及动态参数分区技术，实现了对大流域“自然-社会”二元水循环过程及其枯水期径流的有效模拟，对支撑水功能区设计流量的核定和水量调控方案的评价起到重要作用。

（3）在流域二元水循环模型的基础上，突破以往的大多数流域水质模型仅适用于小流域的局限，以农田、小流域污染物迁移、转化试验为基础，改进了多源复合污染物时空展布技术、基于流域二元水循环模型的污染迁移、转化模拟技术，实现了与“自然-社会”二元水循环伴生的点面源污染产生、入河及在河道、水库中的移流、扩散、降解、沉积、释放、取出过程，对不同调控措施下省界、市界关键控制断面水质水量状况及污染物削减方案的评价起到重要支撑作用。

（二）寒区河流水质水量动力学模拟技术

本研究针对松花江地处寒冷地区、干流河段长且具有树形河网拓扑结构和发生突发性水污染事件的污染物种类复杂等特点，创新性地构建了寒区河流水质水量动力学模拟模型，对突发性水污染事件发生后污染团到达及离开关键控制断面的时间、峰值浓度、污染团沉积和释放规律进行模拟，有力地支持了突发性水污染事件发生后干流水利工程联合调度研究及方案分析。具体创新如下：

（1）松花江流域地处寒冷地区，受冬季时间长、气温低的气候特点影响，河流存在长时间的冰封期，冰封期内河流水体中污染物迁移、转化的动力学机制及水体自净机制与明水期具有不同的特点，本研究构建了冰封期河流水质水量动力学模型，实现了冰封期污染物的迁移、转化过程模拟，有力地支持了冰封期突发性水污染事件调控方案的分析。

（2）本研究涉及的松花江干流河段总长为1870 km，模拟的河段具有树形河网拓扑结构，且支流较多，动力学模型计算复杂，计算量大。针对松花江干流突发性水污染事件应急管理的需求，首次从河流水系特征的角度，分别对明水期和冰封期构建了河网水动力与水质动力学模型，并运用三级联解法求解模型中的水动力参数和多个水质变量参数，克服了超长河流、树形分叉河流模拟计算的复杂性问题，能适应突发性水污染事件应急调度实时、快捷、准确的要求。

（3）松花江是具有极高污染风险的河流，常规污染物和非常规污染物都有可能形成重大污染事故。通过分析具有重大污染风险的各种污染物的物理化学性质，以COD、NH_3-N、TP和硝基苯等7类污染物作为代表分别构建河流水质水量动力学模拟模型，涵盖了不同性质的污染物，能模拟预测各种不同突发性水污染事件发生后污染团的运动规律，支持突发性水污染事件应急调度方案的提出。

（三）基于水功能区的流域水质水量总量控制技术

针对松花江流域污染排放量大，同时水资源开发利用程度高，水环境容量不足的特点，本研究从流域整体着眼，从水循环及污染物迁移、转化两个过程着手，创新性地提出了基于水功能区的流域水质水量总量控制技术。针对水功能区的需求，将陆域减排和水功能区达标结合起来，将节水与治污结合起来，将控制取用水和控制污染入河结合起来，可有效促进河流水环境质量的全面改善。该项技术创新主要体现在三个方面：

（1）树立了基于水功能区控制污染排放总量的污染治理新理念。现有的水污染防治规划主要以达标排放为主，由于不同流域自然地理、社会经济特征均有很大差异，统一的污废水排放标准不能充分考虑河流的自然本底水文水质状况、水功能目标和流域内产业布局对水质的影响，应用到特定流域容易出现污染排放达标但河流水质仍然恶化的后果。本研究提出以流域水资源量作为纳污能力制定的控制性约束条件，以水功能区水质目标作为污染控制的技术依据，通过对未来用水和调度目标变化条件下的动态水量过程分析，确定合理的入河污染负荷控制总量，进一步制定与该流域水功能区相适应的污染排放标准。

（2）树立了水质水量联合调控的理念。即以水循环为基础，结合用水和水量调配影响分析河道水量过程，考虑不同行业的点面源污染负荷的产生、排放、迁移、转化机理，以合理的水功能区达标率为目标，通过经济优化方式实现对不同污染治理方式和水量分配方案的效用比较，通过多层次的水量和污染负荷控制组合情景分析提出合理可行的总量控制方案及控制策略。本项技术根据水功能区的要求，将污染减排和增加水环境容量结合起来，不仅要控制污染排放，减少污染物入河量，还要控制取用水量，调节河道径流过程，保证河流具有足够的环境流量，从水量和水质两个方面保证水功能区逐步达标。

（3）模型方法创新。本研究将宏观层面的水资源配置模型、污染控制模型与微观层面的流域水质水量耦合模拟模型结合起来，耦合分析各种水量分配及污染排放总量控制方案的有效性和可行性。水资源配置模型可分析水资源在各个区域、各个行业、各个用户之间的分配和河道控制断面生态流量，污染控制模型可分析合理经济承受能力下各个区域、用户和行业的污染排放控制与处理措施优化组合，流域水质水量耦合模拟模型可计算动态水量条件下的水功能区纳污能力和水量水质调控情景效果。通过组合多种情景并采用模型组合，分析各个水功能区的流量是否满足基本环境流量的要求，水质状况是否达到水功能区水质要求。

（四）农田面源污染水质水量联合调控技术

在开展控制和治理农田面源污染研究方面可供借鉴的经验并不是很多。国外控制农田面源污染的经验主要是源头控制，国内由于对面源污染的认识程度、政府及行业管理部门的支持力度和科技方面的投入限制等因素，在面源污染控制、治理领域，基本处于零打碎敲的局面。

本研究针对松花江水稻灌溉用水和施肥量大、利用效率低的问题，通过大量的试验及面源污染分析与评价，提出了农田面源污染“田间—排水沟渠—末端湿地”一体化治理技术。通过采用田间水质水量调控技术，控制面源污染“源”；通过采用“工程-生物-生态”相结合的方式，调控各级排水沟渠和末端湿地的水质水量过程，将排水沟道的土壤物理作用和生物降解功能有机结合起来，以控制面源污染“汇”。该方法将国内外农田面源治理技术与松花江流域农业灌区的特点相结合，是适合于松花江流域的灌区农田面源污染治理一体化的成套技术体系。关键技术突破和创新点如下：

（1）田间水质水量联合调控技术。通过大量的对比试验，研究提出了保证水稻产量不减少的前提下最优的施肥和灌溉制度，最大限度地减少农田面源污染物的产生和流出。在水稻生育期内，稻田田间氮肥、磷肥施用量分别控制在 200 kg/hm^2、120 kg/hm^2，在水稻泡田期、返青期、分蘖前期及分蘖后期分四次施肥；田间灌水采用浅水间歇灌模式，通过控制稻田水层深度削减田间面源污染，通过降低田间面源污染物的浓度和排水量削减面源污染产生量。

（2）沟渠式湿地生态系统面源污染沿程削减技术。以钢筋混凝土挂钩桩仿拟垂直树桩，以土工格栅网仿拟木须根系，起到仿拟自然水岸树木根系保护退水渠道水岸稳定的作用。在土工格栅网内进行碎石填充，并以无砂生态混凝土封顶和覆土，种植挺水植物，充分发挥沟道土壤黏土矿物对污染物的吸附作用，水生动植物对污染物的吸收、移出作用，以及污染物自身的沉降、分解作用，沿程削减面源污染物浓度。

（3）末端湿地及退水干渠“水位-水量-水质”联合调控技术。采用“工程-生物-生态”相结合的方式，联合调控末端湿地乃至排水干渠的水质水量过程。通过提高末端湿地控制水位，扩大挺水植物区面积，增加芦苇湿地面积，末端湿地水位壅高的同时也抬高了排水干渠的水位，增加了干渠两侧的有效湿地面积，增强了水生植物吸收、转化灌区退水面源污染物的能力。

（五）面向突发性水污染事件的水库群联合调度技术

松花江干流具有尺度大、水污染风险点多、污染类型复杂和水文条件复杂多变等特点，通过对松花江干流水污染风险源、保护目标与调控措施的调查分析及分类、分级，基于松花江干流水质水动力学模型，创新性地构建了面向突发性水污染事件的基于规则的多目标、多工程、多时空尺度的“模拟–调度”耦合模型，并且开发了三维水质水量模拟与调度系统平台，为应急调度和决策会商提供了支撑，填补了我国流域级面向突发性水污染事件的水质水量耦合模拟与调度模型和系统的空白。主要技术突破和创新点体现在以下两个方面：

（1）通过水库群调度模型与河流水动力学模型的有机耦合，实现了全时段（冰封期、枯季、汛期）、任意地点、典型污染物（溶于水、浮于水和沉于水）的模拟和调度，包括模拟突发性水污染事件发生后各个控制断面污染物的浓度、水位和流量等关键参数，准确预报污染团的运动速度、到达和离开关键控制断面的时间、峰值浓度，实现了多种水利工程联合调度方案下的干流超长河段水质水量全过程仿真，有力地支持了面向突发性水污染事件的水利工程联合调度方案的提出。

（2）面向突发性水污染事件的水利工程联合调度技术。以突发性水污染事件为对象，综合考虑防洪、供水、发电和航运等目标，按照“预报—调度—后评估—滚动修正”的思路构建了应急调度模型。该模型针对不同时期、不同水文条件、不同发生地点、不同污染物类型，基于水库、航电枢纽、引水工程和泡沼等水利工程的调度规则，以水动力学模型为基础进行多目标、多工程、多时空尺度的应急调度并给出推荐方案，形成松花江干流面向突发性水污染事件的应急调度方案和措施库，支持突发性水污染事件应急调度和管理。

二、标志性成果

（一）基于二元水循环的松花江流域水质监测体系

针对现行水质监测注重自然河流水系监测存在的不足，基于二元水循环理论，制定了松花江流域基于“自然–社会”二元水循环的水质监测方案和干流面向突发性水污染事件的应急监测方案，从污染物随自然、社会水循环迁移、转化的角度完善了水质监测体系，有力地支持了水利、环保部门开展水污染常规管理和应急管理。具体如下：

1. 构建了二元水循环监测体系方案

基于松花江流域自然水循环与社会水循环有机结合，对松花江流域水循环监测现状进行了系统研究，并从水功能区管理、饮用水安全管理、入河排污监督管理、灌区退水管理、国控断面监控、省界水体监控角度，构建了面向水质安全的二元水循环水质监测体系方案，优化布设各类水质监测断面 739 个，覆盖了松花江流域一级、二级主要河流和 80%

以上的水功能区，覆盖了松花江流域水污染防治规划 23 个一般控制单元和 9 个优先控制单元。

所构建的二元水循环监测体系优化方案，具有较强的前瞻性和可操作性，对松花江流域水资源保护和水环境管理具有重要指导作用，为全面实施最严格水资源管理制度，落实水功能区限制纳污红线管理奠定了重要基础，为流域机构和地方政府改善松花江水环境质量、应对突发性水污染事件和保障水质安全提供了科学依据。监测站网优化方案得到水利部和环保部高度重视和确认，其中，水功能区监测站点、入河排污口监测站点、自动监测站已纳入《松花江流域综合规划》（2012—2030 年），流域规划控制断面已纳入《松花江流域水污染防治规划》（2011-2015 年）。

2. 构建了省界缓冲区断面布设方案

提出了松花江流域省界缓冲区水质监测断面布设方案，优化布设了 52 个省界水体监测断面。此方案经松花江流域四省（区）环保、水利部门会商后上报水利部，水利部办公厅以办资源函〔2011〕80 号文，将省界水体监测断面信息函送环境保护部办公厅，并作为跨省界水体水质管理的重要依据在流域水环境监测机构付诸实施，2012 年水质监测覆盖率达到 80%，2015 年达到 100%，方案的实施发挥了显著的社会效益和环境效益。

3. 设计了突发性水污染事件应急监测断面

针对松花江流域重污染产业比例高，石油、化工和冶金等工业企业沿江分布广，以及潜在环境风险大等特点，根据松花江流域突发性水污染事件应急监测断面设计原则，并结合松花江流域干流水库群面向突发性水污染事件的联合调度需求，在松花江流域设计了突发性水污染事件应急监测断面 56 个，其中，重要控制断面占 69%，一般控制断面占 31%。这些应急监测断面的布设可以及时提供松花江干流主要水库入库断面、松花江干流控制断面、松花江流域一级支流控制断面的水质信息，并为流域水质水量耦合模拟和水库群面向突发性水污染事件应急调度提供了基础信息，同时对重视沿江企业环境风险、提高风险管理能力、防范重大水污染事件、保障水环境安全具有重大实践意义。

（二）松花江流域基于水功能区的水质水量总量控制方案

考虑未来用水合理增长需求，结合《松花江流域水资源综合规划》提出的“2020 年水功能区达标率达到 80%”的目标，采用基于水功能区的水质水量总量控制技术，分析提出了松花江流域水质水量总量控制方案。

1. 用水总量控制

全流域 2015 年城市和农村用水控制总量分别为 93 亿 m^3 和 273 亿 m^3，2020 年分别为 107 亿 m^3 和 297 亿 m^3，全流域水资源开发利用程度控制在 37% ~41%。全流域耗水控制目标 2015 年和 2020 年分别为 225 亿 m^3 和 247 亿 m^3，污废水排放总量控制目标分别为 50 亿 m^3 和 56 亿 m^3。空间布局上，2015 年重点控制嫩江中下游区域农业用水，保证嫩江出口断面最低多年平均流量达到 140 m^3/s 以上，枯水期（11 ~2 月）75% 保证率月过流量达到 100 m^3/s 以上；2020 年重点控制松花江干流沿线及支流用水，同时增强丰满水库与尼尔基水库针对河道枯季过流的水量调控，加快落实“引呼济嫩”跨流域调水工程，保证哈尔滨断面最小多年平均流量达到 275 m³/s 以上，75% 保证率月过流量达到 260 m³/s 以上。

2. 污染负荷调控

在通过水功能区达标分析后提出经济能力可承受的污染负荷控制方案，得出 2015 年和 2020 年全流域 COD 污染负荷入河控制总量分别为 22.1 万 t 和 15.6 万 t，氨氮污染负荷入河控制总量分别为 1.9 万 t 和 1.3 万 t。在采用水量优化调控尽量减少用水和增大河道纳污能力后，仍需采用最严格并经济可行的污染控制措施优化组合，2015 年和 2020 年松花江流域经济可行的 COD 污染负荷削减量分别为 120.0 万 t 和 148.1 万 t，氨氮污染负荷削减量分别为 7.2 万 t 和 10.1 万 t。为了实现全流域既定的达标目标，2015 年和 2020 年污水处理率最低应达到 58% 和 87%，COD 和氨氮污染负荷削减量 2015 年分别为 55.2 万 t 和 4.1 万 t，2020 年分别为 73.1 万 t 和 7.9 万 t；产业结构调整和排放浓度控制等措施削减 COD 和氨氮污染负荷量 2015 年分别为 26.5 万 t 和 3.0 万 t，2020 年分别为 10.7 万 t 和 2.2 万 t。

3. 空间布局

2015 年以提高现状水质较差的主要支流水质状况为目标，安肇新河、伊通河、洮儿河、辉发河和牡丹江是控制重点，其中，前三个流域 COD 污染负荷削减量分别为 159 263 t、30 652 t和 11 728 t，占全流域污染负荷总削减量的 51.6%、10.0% 和 3.8%，氨氮污染负荷削减量分别为 3798 t、2804 t 和 1094 t，占全流域污染负荷总削减量的 19.1% 和 14.1% 和 5.5%；按照行政区分析，大庆市、长春市、哈尔滨市、吉林市和绥化市是全流域污染削减的重点地区，COD 污染负荷削减量占全流域污染负荷总削减量的 77.2%，氨氮污染负荷削减量占全流域污染负荷总削减量的 62.7%。2020 年安肇新河、伊通河、牡丹江、辉发河和拉林河污染削减量较大，前三位 COD 污染负荷削减量分别为 64 150 t、169 048 t 和 7696 t，占全流域污染负荷总削减量的 64.1%、16.9% 和 7.7%，氨氮污染负荷削减量分别为 2228 t、2707 t 和 757 t，占全流域污染负荷总削减量的比例为 16.7%、20.3%、5.7%；按照行政区分析，大庆市、长春市、牡丹江市、白城市和双鸭山市是全流域污染削减的重点地区，COD 污染负荷削减量分别为 64 081 t、22 043 t、7993 t、3849 t 和 3616 t，占全流域污染负荷总削减量的 90% 以上，氨氮污染负荷削减量分别为 2312 t、3630 t、516 t、808 t 和 97 t，占全流域污染负荷总削减量的 50% 以上。

研究通过水质水量联合调控，基于区域水循环特征、供用水特点和污染负荷产生排放机制，提出的多目标情景协调条件下的用耗水总量、排污总量和污水处理总量等总量控制指标，可以协调用水、水环境保护和生态健康维持、发电与航运等经济生产和生态建设的多重目标，可为松花江流域的水环境改善和水资源综合管理提供决策参考。

（三）前郭灌区农田面源污染水质水量联合调控示范工程

为了检验研究提出的"田间—排水沟渠—末端湿地"从源头到末端一体化的农田面源污染综合调控技术，在吉林省松原市前郭灌区开展了大型综合示范建设，包括 3000 亩"农田面源污染田间水质水量调控技术示范工程"3000 亩和 300 米"沟渠式生态系统面源污染沿程削减示范工程""退水干渠两岸湿地的恢复与抚育示范工程"及"下游末端湿地水位—水量—水质调控示范工程”4 项示范内容。田间示范工程化肥施用量减少 10%，节水示范工程节水 16.7%，沟渠式生态系统示范中主要污染物浓度削减 10%。

4 项示范内容中，后 2 个工程于 2009 年 4 月完成，前 2 个工程于 2010 年 5 月完成。工程建成以后，田间示范委托吉林建筑工程学院水污染控制与资源化利用吉林省重点实验室监测，生态沟渠工程和末端湿地示范工程委托吉林省迅达水文水资源勘测设计有限责任公司监测。监测结果为田间工程削减氨氮 45.3%、总氮 33.7%、总磷 34.9%、COD 29.5%；节水灌溉工程节水 23.9%，灌区地表、地下水携带的 COD 总量削减 9.3%；生态沟渠工程平均削减氨氮 80.6%、总氮 44.9%、总磷 21.9%、COD 26.3%；退水干渠示范工程增加两岸芦苇湿地面积为 12.8 hm^2；末端湿地示范工程增加入口两侧芦苇湿地面积为 300 hm^2。环境、生态效果良好，远高于预期目标。

吉林省水利厅认为，“研究和示范提出的水田灌溉制度和施肥方法，对吉林省‘百亿斤粮食骨干工程’削减面源污染具有重要的指导意义和推广价值”，末端湿地及退水干渠“水位—水量—水质”联合调控技术为新建大型水田灌区退水堤的生态化处理提供了科学依据，已经被应用于大安灌区、松原灌区的规划和设计中。

2011 年 7 月 19 日，吉林省环境保护厅、水专项办及松原市环境保护局对前郭灌区农田面源污染水质水量联合调控示范工程进行了检查，认为，“该研究与吉林省水污染防治实践需求结合紧密，取得的成果为解决吉林省在增产百亿斤粮食背景下有效地控制农田面源污染、修复和改善吉林省水生态环境提供了极大的技术支撑，起到了良好的示范效果”。

（四）松花江干流水库群面向突发性水污染事件的应急调度决策支持系统

本研究在自主开发的三维 GIS 平台上，集成了松花江干流水质水动力学模型、面向突发性水污染事件的水库群调度模型，结合大型数据库管理技术，开发了“松花江干流面向突发性水污染事件的应急调度决策支持系统与三维展示平台”。该系统平台可以实现信息管理、水质水量耦合模拟及应急调度的辅助决策等功能。具体包括：①信息查询与展示，包括污染源信息、水文信息、水质信息、水利工程基本信息和工情信息、风险源基本信息及受影响范围和重点保护目标的基本信息等，查询方式包括数据库查询和三维 GIS 场景中的查询；②水质水量模拟预测。突发性水污染事件发生后，可以通过系统调用干流水质水动力学模型，实现污染物运移规律的模拟与仿真，包括模拟采取和不采取污染控制措施情景下，污染团到达各个保护目标和断面的时间、离开时间、水质浓度及水流变化过程，为应急管理提供依据；③辅助决策，包括突发性水污染事件初评估，即根据突发性水污染事件发生的基本信息，基于情景库，介绍该污染事件的污染物主要特点及主要危害、可能受影响范围、重点保护目标与应对措施等信息，为制定应急调度方案提供依据；采用“模拟—调度”耦合模型，生成推荐调度预案；通过三维展示平台对调度结果进行三维展示。

研究所建立的应急调度系统和三维展示平台填补了我国缺少流域级应对突发性水污染事件的调度决策系统的空白。该项成果不仅提高了松花江流域应对突发性水污染事件的管理水平，也对我国其他流域和地区起到示范和带动作用，具有很高的社会和经济效益。

第二节 结论与建议

一、开展水质水量联合监测是流域水污染科学防治的前提条件

（一）水质水量联合监测是控制流域水污染的前提条件

目前，对河流或水域分别进行水质监测和水量监测的方法已经成熟，然而如何对其进行水质水量联合监测已引起社会广泛关注。众所周知，人类经济活动和土地利用等流域下垫面条件的变化，不仅导致自然水循环及水资源数量的变化，而且导致河流湖库水污染和水环境质量退化，过去的单一监测方法不能反映受到不同程度污染的水量分布情况。这些问题迫切需要建立水资源水质水量联合监测体系，需要搞清楚一条河流在一定生产、生活用水条件下，为了满足水功能区水质目标和生态需水要求，究竟有多少可用和能够调配的水资源量，以及满足水功能区水质目标所需要削减的污染负荷。由此可见，水资源合理配置不仅要考虑生产、生活用水，还要考虑生态与环境用水。这里既有水量要求，又有水质要求，必须处理水资源水质水量的联合监测问题。因此，开展水质水量联合监测是流域水污染科学防治的前提条件，是控制水污染、恢复良好水环境的基础。

（二）二元水循环监测是实现健康社会水循环的基础

当前水危机的原因是水的社会循环量和质的过度增加，社会水循环不仅极大地影响和破坏了原有的自然水循环规律，也反过来制约了社会水循环的持续性。通过考虑水的自然循环与水在人类活动影响下的社会循环，包括水资源开发利用与污水排放影响，研究二元水循环下水资源水质水量综合评价，以区别以往仅从自然水循环出发评价水资源水质水量的缺陷，才能真正解决水资源短缺矛盾和水危机问题。由此可见，只开展自然水循环蒸发、降水、径流监测是不够的，还要开展社会水循环取水、输水、用水、排水监测，才能有效控制水污染和改善水环境。因此，开展二元水循环监测和综合评价是解决水危机的重要环节，是实现健康社会水循环的基础，是水资源可持续利用的根本性问题。

二、基于水功能区开展水质水量总量控制是流域水污染治理的根本举措

（一）落实“一河一策”污染防治思路，根据水资源与用水变化条件制定污染控制总量与标准是保障河流水功能目标的基本条件

如果按照现有达标排放和污水处理标准，并考虑各项规划水利工程的实施，在 2015 年经济规模和用水水平条件下，COD 入河量达到 91.0 万 t，NH_3-N 入河量达到 5.7 万 t，水功能区达标率为 69.9%；2020 年 COD 入河量将达到 103.9 万 t，NH_3-N 入河量将达到

6.7 万 t，水功能区达标率为 70.2%，无法达到松花江水质改善的目的。

研究通过大量分析计算认为，经济可行的污染控制目标如下：2015 年 COD 入河控制总量为 22.1 万 t，NH_3-N 入河控制总量为 1.9 万 t；2020 年 COD 入河控制总量为 15.6 万 t，NH_3-N 入河控制总量为 1.3 万 t。这样可使得 2015 年和 2020 年水功能区达标率为 77.1% 和 78%，能基本满足《松花江流域水资源综合规划》制定的“2020 年水功能区达标率为 80%”的目标，实现水质逐步改善的目的。

因此，为了实现松花江水质逐步改善的目的，需根据松花江分区水文条件和功能区要求，分步骤提高现有污染排放标准。考虑到区域之间的不均衡性，部分区域可能需要制定更加严格的排放标准。

（二）必须实现水质水量总量控制，才能有利于松花江水质的好转

在不采用强化节水，需水正常增长，同时污染物排放也采用现状标准的条件下，2020 年即使进一步提高污水处理水平达到 80% 以上，松花江流域 COD 和氨氮入河总量也分别为 25.6 万 t 和 2.6 万 t；如果在前述条件下，采用强化节水方案压缩需水，到 2020 年 COD 和氨氮入河量可进一步削减 8.86 万 t 和 0.26 万 t；若在强化节水方案基础上采用考虑经济约束条件下的污染负荷排放优化控制，对水功能区不达标区域进行污染物入河严格控制，COD 和氨氮入河量可进一步削减 0.41 万 t 和 1.03 万 t；如果在前述条件基础上考虑对个别水功能区不达标单元的用水进行进一步调整，同时调整部分水利工程调度方式增加枯季流量，则 2020 年松花江流域水功能区达标率可提高至 78%。

以上结果充分说明仅通过压缩用水减少排污、提高污水处理率及提高污水排放标准等单一方式均不能实现水功能区达标目标。只有通过水质水量联合调控，对不同河流和区域制定对应的用水总量控制和污染负荷排排放标准控制，同时有针对性地加强水利工程调度，才能在经济可承受的范围内，有效地促进松花江水质改善。

（三）“田间—排水系统—末端湿地”一体化的农田面源污染综合调控模式是具有松花江特色的污染治理思路

松花江流域农业灌区发展为我国粮食安全作出了重要的贡献，同时也付出了巨大的水资源、水环境和水生态代价，农田面源污染已成为松花江水环境的主要污染来源之一。

国务院通过的《全国新增 1000 亿斤粮食生产能力规划（2009-2020 年）》中，吉林省和黑龙江省承担着 150 多亿千克的粮食增产任务，占全国新增粮食的 1/3。其中，通过的《吉林省增产百亿斤商品粮能力建设总体规划》，计划用五年左右时间，投资 260 亿元，建设十大工程和 29 个项目，使吉林省粮食生产能力提高 50 亿 kg 以上；《黑龙江省千亿斤粮食生产能力战略工程规划》其目标是到 2012 年增产粮食 116.5 亿 kg，粮食生产能力达到 500 亿 kg，商品粮达 350 亿 kg 以上。吉林省和黑龙江省规划新增水田面积近 1000 万亩，使水田总面积达到 5600 万亩。水田规模的大发展，将给松花江水污染治理带来更大的压力。

如果仍然按照目前的农田管理和农村用水模式，预计 2020 年农田面源污染中 TN、TP

和 COD 入河量将分别达到 46.4 万 t、11.4 万 t 和 133.6 万 t，比现状分别增加 8.72 万 t、2.06 万 t、24.18 万 t。农业规模尤其是水田灌溉面积的大幅扩张和粗放的管理方式，将给松花江水环境带来较大的影响。将本研究提出的“田间—排水沟渠—末端湿地”从源头到末端一体化的农田面源污染综合调控技术在全流域全面推广，按照 2020 年 50% 的水田灌溉退水采用农田面源污染综合调控技术计算，TN、TP 和 COD 污染物可削减 8.48 万 t、1.54 万 t 和 17.68 万 t，实现农田灌溉污染负荷入河量综合削减率达到 15%，可大部分抵消灌溉面积增长带来的污染增加量。

在前郭灌区的实践也充分证明了“田间—排水系统—末端湿地”从源头到末端一体化的农田面源污染综合调控技术非常有效，是适合于松花江流域农田面源污染治理的新思路。

第三节 展 望

一、基于二元水循环的松花江流域水质水量联合监测

众所周知，水资源数量与质量联合评价是当前迫切需要研究和解决的难点问题。由于经济社会的快速发展，人工取水、用水、耗水和排水等人类活动规模和强度的提高，改变了自然系统水的数量与质量，并由此引发了一系列生态与环境问题。水循环已经由过去一元自然驱动演变为由“自然-社会”二元驱动，伴随着流域水循环的演变和生态系统的改变，流域水资源数量、水资源结构和水资源服务功能也发生了较大变化。因此，评价流域水资源时不仅要考虑水量同时还要考虑其水质，在功能区划目标确定的情况下把水量与水质联合起来考虑水资源可利用量，这样计算出来的水资源量才是合理科学的，符合生态系统健康发展的目的。

而以往流域水资源评价中，水量与水质往往单独分析，过多考虑自然水循环的水量平衡，很少考虑社会水循环的水质平衡，评价结果往往与现实状况不相符合，不能反映某一区域不同水质类别的水到底有多少数量，分布在什么地方。如果以此作为水资源配置的依据，很可能会出现生态系统水量达标而水质不达标的情况。

本研究基于二元水循环理论提出的水质水量联合监测技术，概念清晰，方便适用，丰富了水质监测和水资源评价理论体系。通过二元水循环水质水量联合监测，不仅能够定量化反映出松花江流域或某一区域水资源总量中不同类别水体质量的分布特点与变化规律，为水资源的规划、开发、管理与保护提供更加丰富的水资源数量与质量联合评价信息，同时也为流域水资源配置及其生态系统管理提供了决策依据，对松花江流域水资源保护和水环境管理具有重要指导作用，具有广阔的应用前景。

二、寒区流域水质水量耦合模拟技术

寒区冻土层的存在对水文循环及污染物迁移、转化有很大的影响。冻结后土壤中水分

会以固态、液态、气态三种形态存在，增加了土壤水的相变过程，同时导致土壤导水、导热性能的大幅度改变，从而影响土壤水的蒸发和下渗、产流等过程。冻土的生成和融化过程影响土壤中污染物的固结和释放，流域产汇流的变化进一步影响污染物的迁移、转化过程。因此，在寒区开展分布式水质水量耦合模拟时，需要深入考虑冻土层的水文效应，同时需要考虑土壤冻融过程中污染的降解及运动机制。由于资料和时间限制，目前主要在冻土水热耦合模拟研究中取得了一定的进展，但研究深度还不够深入。为了更加准确地反映寒区水循环和污染迁移、转化特征，一方面，在后续研究中需要加强试验观测，弄清土壤温度、土壤中各种相态水分含量、土壤冻结深度、土壤渗透性能和污染物降解速率等参数随气温变化而变化的规律；另一方面，加强水热耦合模拟模型及冻土中污染运动模拟模型的构建及验证，更好地为提出具有松花江特色的污染控制措施和方略提供支撑。

寒区河流水质水量动力学模拟的难点是冰封期污染迁移、转化的动力学模拟，研究首次从河流水系特征的角度，分别对明水期和冰封期构建了河网水动力与水质动力学模型，初步明确了松花江干流冰封期水-冰介质中污染物归趋的环境行为，在后续研究中应进一步加强对破冰期污染物集中释放及冰坝对河流污染物迁移、转化影响的研究，更好地支持国家及地方应对破冰期突发性水污染事件的管理。

三、基于水功能区的水质水量总量控制

有关水质水量的联合调控尚处于初步研究阶段，关键性技术和相关法律制度均还处于逐渐深入的研究之中。未来的突破方向主要包括以下三点：

（1）加强立法，以法律的形式确立“一河一策”的水污染防治新思路，将达标排放和总量控制结合起来，将污染减排和水量调控结合起来，进一步加强陆域污染负荷产生排放与河道水质目标的整体调控管理，加强水量和水质的整体调控，形成现代河流治理新理念。

（2）将达标排放和总量控制结合起来，根据水质水量总量控制要求，核实制定更为严格的污染排放标准和节水标准。一方面，需要根据各个流域污染总量控制目标和流域经济发展结构特征，反推制定更为严格的行业排放标准及污水处理标准；另一方面，按照水量调控的要求，制定更为严格的行业和用户节水标准，同时按照水功能区的要求，适当调整水利工程调度运行规则，合理增加水环境容量。

（3）动态监测和管理。提高水质水量监控管理水平，并将管理需求与监测点、断面的监控紧密结合，实现对污染负荷排放和迁移、转化的点线面立体监测。通过对水质水量总体调控的目标、可行手段和水环境量化评价关键因子进行模型标准化分析，提出分行业、涵盖点面源污染负荷的源头示踪分析技术，在机理过程分析和全面监测的基础上实现水环境不达标的溯源追踪，进而为污染动态监管提供支持。

从目前的趋势看，各类工作和研究将逐步加强相互之间的联系，最终为实现水质水量的联合调控提供更强的基础。

四、农田面源污染水质水量联合调控

“田间—排水系统—末端湿地”从源头到末端一体化的农田面源污染综合调控技术在前郭灌区已经初步得到应用，示范区对比监测资料显示，该技术对农田面源污染削减效果良好，在松花江流域灌区的应用具有广阔的前景。同时也需要指出，农田面源污染水质水量调控技术也仍然有提升污染削减能力的潜力。

(1) 研究东北松花江流域冻融季节内农田中氮素和磷素的污染潜力与污染形成、迁移、转化和汇集规律，以及在规律认识基础上的水质水量调控技术措施，对进一步认识农田面源污染规律，提高农田面源污染控制效率将十分重要；

(2) 受到低温影响，水稻泡田后的相当一段时间内（5 月中旬 ~6 月中旬），当地植物（主要是芦苇）基本处于休眠期，污染削减效果相对较弱，而在此期间，化肥的施用量大，施用时间密集（包括 2 ~ 3 次施肥），如何提高生态化沟渠技术的效果，值得进一步研究；

(3) 排水沟道中的主要水生植物芦苇是挺水植物，对面源污染的削减效果毕竟不全面。通过丰富和完善排水系统及末端湿地中植物种类（挺水植物和沉水植物等），构建层次化的生物屏障，对提高面源污染沿程削减和末端处理的效率，将起到重要的作用。

在技术研究的同时，应加强法律、法规、标准和规范等的研究和建设，制定农田环境保护方面的法律、规章和制度，面向农田面源污染防治建立节水管理条例和化肥施用管理条例，推广田间节水和节肥标准，完善新灌区生态建设和老旧灌区生态改造规范，加强宣传，在全社会形成重视农田面源污染治理的氛围，为农田面源污染水质水量联合调控模式的研究和推广创造良好的外部环境。

五、干流水库群面向突发性水污染事件的应急调度

本研究构建了松花江干流水质水动力学模型和干流水库群面向突发性水污染事件的应急调度模型，并在自主开发的三维 GIS 平台上，集成开发了“松花江干流面向突发性水污染事件的应急调度决策支持系统与三维展示平台”，为松花江干流突发性水污染事件应急调度和决策会商提供了支撑。由于模型和系统平台开发时间短，尚需在以下三个方面进一步完善：

(1) 决策支持系统与三维展示平台在松辽水利委员会信息中心安装以来，运行稳定正常，各个功能模块都较好地发挥了作用。但系统的开发是一个循序渐进的过程，需要在实践和应用中不断总结和完善，因此，调度系统还需要测试、运行和不断完善；

(2) 借鉴水质水量模拟技术的新进展，进一步加强水质预报的效果，为开展突发性水污染事件应急调度提供更好的支撑。河道水质水动力学模拟是进行污染应急调度的基础，今后需要进一步完善该模型的功能，同时在加强基础监测的基础上进一步验证，提高预报的效果；

（3）本次以松花江流域为研究对象，包括丰满水库以下的西流松花江、尼尔基水库以下的嫩江及松花江干流，对支流进行了概化处理。将干流和支流统筹调度，水域和陆域统一管理，从源头到末端全面管理，环保和水利手段并举，是突发性水污染事件应急调度和管理需要研究的方向。

参 考 文 献

白玉川，万春艳，黄本胜，等 . 2000. 河网非恒定流数值模拟的研究进展 . 水利学报，(12)：43-47.

蔡明科，魏晓妹，粟晓玲 . 2007. 灌区耗水量变化对地下水均衡影响研究 . 灌溉排水学报，26（4）：16-20.

陈蓓青，谭德宝，程学军，等 . 2006. 三峡水库突发性水污染事件应急系统的开发 . 人民长江，37（5）：89-91.

陈雷 . 2009. 水利建设与经济平稳较快发展 . 求是，(6)：32-34.

褚君达，徐惠慈 . 1992. 河网水质模型及其数值模拟 . 河海大学学报（自然科学版），(1)：16-22.

代俊峰，崔远来 . 2009. 基于 SWAT 的灌区分布式水文模型——Ⅱ模型应用 . 水利学报，40（3）：311-318.

戴甦，王船海，金科 . 2008. 引江济太水量水质联合调度研究 . 中国水利，(1)：15-17.

丁训静，姚琪，毛永根 . 1998. 太湖流域水质模拟研究 . 水资源保护，(4)：10-14+62.

丁训静，姚琪，阮晓红 . 2003. 太湖流域污染负荷模型研究 . 水科学进展，14（2）：189-192.

董增川，卞戈亚，王船海，等 . 2009. 基于数值模拟的区域水量水质联合调度研究 . 水科学进展，20（2）：184-189.

杜群，李丹 . 2011.《欧盟水框架指令》十年回顾及其实施成效述评 . 江西社会科学，(8)：19-27.

杜彦良，刘晓波，吴文强，等 . 2012. 闸库调度下太子河流域水量水质模拟及响应研究 . 东北水利水电，30（8）：38-40+72.

樊尔兰，李怀恩，沈冰 . 1996. 分层型水库水量水质综合优化调度的研究 . 水利学报，(11)：33-38.

方子云 . 2004. 中国水利百科全书：环境水利分册 . 北京：中国水利水电出版社 .

高祥照，杜森，吴勇，等 . 2011. 水肥耦合是提高水肥利用效率的战略方向 . 农业技术与装备，(5)：14-15.

高学睿，董斌，秦大庸，等 . 2011. 用 DrainMOD 模型模拟稻田排水与氮素流失 . 农业工程学报，27（6）：52-58.

郭新蕾 . 2005. 中山市岐江河水量水质量模型研究 . 广东水利水电，3：5-7.

郭新蕾，陈大宏，蓝霄峰，等 . 2005. 中山市岐江河水量水质量模型研究 . 广东水利水电，(3)：5-7.

郭新蕾，杨开林，付辉，等 . 2011. 南水北调中线工程冬季输水冰情的数值模拟 . 水利学报，42（11）：1268-1276.

郭新蕾，杨开林，杨淑慧，等 . 2015. 长距离明渠系统反向输水冰情模拟 . 水利学报，46（7）：877-882.

郭正鑫 . 2009. 基于 GIS 流域水质水量联合调控系统的实现与应用 . 济南：山东师范大学硕士学位论文 .

韩龙喜，陆冬 . 2004. 平原河网水流水质数值模拟研究展望 . 河海大学学报（自然科学版），32（2）：127-130.

韩龙喜，张书农，金忠青 . 1994. 复杂河网非恒定流计算模型——单元划分法 . 水利学报，(2)：53-56.

郝芳华，程红光，杨胜天 . 2006a. 非点源污染模型：理论方法与应用 . 北京：中国环境科学出版社 .

郝芳华，杨胜天，程红光，等 . 2006b. 大尺度区域非点源污染负荷计算方法 . 环境科学学报，26（3）：

375-383.
何进朝，李嘉 . 2005. 突发性水污染事故预警应急系统构思 . 水利水电技术，36（10）：90-92.
贺华翔 . 2012. 基于水质模型的嫩江流域水质预测与污染物总量控制方案研究 . 北京：中国水利水电科学研究院硕士学位论文 .
贺华翔，牛存稳，周祖昊，等 . 2011. 松辽流域人口信息空间展布规律研究 . 中国人口・资源与环境，21（S2）：486-489.
侯玉，卓建民，郑国权 . 1999. 河网非恒定流汊点分组解法 . 水科学进展，(3)：49-52.
胡和平，汤秋鸿，雷志栋，等 . 2004. 干旱区平原绿洲散耗型水文模型——I 模型结构 . 水科学进展，15（2）：140-145.
胡甲均，孙录勤，张勇林，等 . 2010. 长江流域水利突发公共事件应急预案体系建设 . 人民长江，41（4）：41-45.
贾仰文 . 2005. 分布式流域水文模型原理与实践 . 北京：中国水利水电出版社 .
贾仰文，王浩，王建华，等 . 2005. 黄河流域分布式水文模型开发和验证 . 自然资源学报，20（2）：300-308.
金忠青，韩龙喜 . 1998. 一种新的平原河网水质模型——组合单元水质模型 . 水科学进展，9（1）：36-41.
雷慧闽，杨大文，刘钰 . 2011. 灌区不同空间尺度显热通量测定方法的对比分析 . 水利学报，42（2）：136-142.
雷志栋，杨诗秀，谢森传 . 1988. 土壤水动力学 . 北京：清华大学出版社 .
李丹，薛联青，郝振纯 . 2008. 基于 SWAT 模型的流域面源污染模拟影响分析 . 环境污染与防治，30（3）：4-7.
李锦秀，廖文根，黄真理 . 2002. 三峡水库整体一维水质数学模拟研究 . 水利学报，33（12）：7-10.
李强坤，胡亚伟，孙娟，等 . 2010. 控制排水条件下农业非点源污染物流失特征 . 农业工程学报，26（S2）：182-187.
李义天 . 1997. 河网非恒定流隐式方程组的汊点分组解法 . 水利学报，(3)：49-57.
李志军，张富仓，康绍忠 . 2005. 控制性根系分区交替灌溉对冬小麦水分与养分利用影响 . 农业工程学报，21（8）：17-21.
廖振良，徐祖信，刘东胜 . 2002. 苏州河干流水质模型的开发研究上海环境科学，(3)：136-138.
刘广民，任南琪，沈吉敏，等 . 2008. 自然冰冻对松花江冰与水中硝基苯分配的影响 . 哈尔滨工业大学学报，40（6）：982-984.
刘孟凯，邢领航，黄明海，等 . 2013. 长距离渠系融冰期自动化控制模式研究 . 水利学报，44（9）：1080-1086.
刘瑞民，王学军，张巍，等 . 2002. 应用 GIS 分析太湖水质的污染现状 . 环境污染与防治，24（4）：224-225+242.
刘廷玺，朱仲元，马龙，等 . 2002. 通辽地区次降雨入渗补给系数的分析确定 . 内蒙古农业大学学报（自然科学版），23（2）：34-39.
刘砚华，魏复盛 . 1995. 关于突发性环境污染事故应急监测 . 中国环境监测，11（5）：59-62.
卢士强，徐祖信 . 2003. 平原河网水动力模型及求解方法探讨 . 水资源保护，(3)：5-9.
芦晏生 . 1985. 松花江哈尔滨-通河江段冰封期污染程度与浮游生物的生长状况 . 环境科学，6（3）：58-62.
陆垂裕，杨金忠，Jayawardane N，等 . 2004. 污水灌溉系统氮素转化运移数值模拟 . 水利学报，35（5）：

83-88.
毛战坡，尹澄清，单宝庆，等 . 2003. 水塘系统对农业流域水资源调控的定量化研究 . 水利学报，1（12）：76-83.
茅泽育，马吉明，佘云童，等 . 2002. 封冻河道的阻力研究 . 水利学报，33（5）：59-64.
茅泽育，吴剑疆，张磊，等 . 2003. 天然河道冰塞演变发展的数值模拟 . 水科学进展，14（6）：700-705.
穆祥鹏，陈文学，郭晓晨，等 . 2013. 高纬度地区渠道无冰盖输水的冰情控制研 . 水利学报，44（9）：1071-1079.
牛存稳 . 2008. 流域水资源水环境综合模拟及其应用 . 北京：中国水利水电科学研究院博士学位论文 .
牛存稳，贾仰文，王浩，等 . 2007. 黄河流域水量水质综合模拟与评价 . 人民黄河，29（11）：58-60.
潘泊，汪洁 . 2007. 长江流域重大水污染事件应急机制探讨 . 水资源保护，23（1）：87-90.
彭虹，张万顺，夏军，等 . 2002. 河流综合水质生态数值模型 . 武汉大学学报（工学版），35（4）：56-59.
彭世彰，张正良，罗玉峰，等 . 2009. 灌排调控的稻田排水中氮素浓度变化规律 . 农业工程学报，25（9）：21-26.
彭卓越，张丽丽，殷峻暹，等 . 2015. 水质水量联合调度研究进展及展望 . 水利水电技术，46（4）：6-10.
钱玲，刘媛，晁建颖 . 2013. 我国水质水量联合调度研究现状和发展趋势 . 环境科学与技术，36（S1）：484-487.
钱正英 . 2007. 东北地区有关水土资源配置 . 生态与环境保护和可持续发展的若干战略问题研究 . 北京：科学出版社 .
秦大庸，于福亮，裴源生 . 2003. 宁夏引黄灌区耗水量及水均衡模拟 . 资源科学，25（6）：19-24.
饶清华，许丽忠，张江山 . 2009. 闽江流域突发性水污染事故预警应急系统构架初探 . 环境科学导刊，28（3）：69-72.
邵东国，郭宗楼 . 2000. 综合利用水库水量水质统一调度模型 . 水利学报，31（8）：10-15.
水文工作通讯 . 1958. 冰期水位观测及流量测量 . 水文，（1）：34-41.
苏惠波 . 1990. 嫩江冰封期水质自净规律的研究 . 重庆环境科学，12（1）：12-15.
苏惠波 . 1997. 嫩江冰封期污染物输入响应模型的建立 . 齐齐哈尔大学学报（自然科学版），13（3）：32-35.
孙敏章，刘作新，吴炳方，等 . 2005. 卫星遥感监测 ET 方法及其在水管理方面的应用 . 水科学进展，16（3）：468-474.
孙少晨 . 2012. 基于数学模型的寒区河流水量水质联合调控研究 . 上海：东华大学博士学位论文 .
孙少晨，魏怀斌，肖伟华，等 . 2011. 冰封期水动力水质模型在松花江水污染事件中的应用 . 吉林大学学报（地球科学版），41（5）：1548-1553.
谭见安 . 2004. 地球环境与健康 . 北京：化学工业出版社 .
童菊秀，杨金忠，暴入超 . 2009. 非饱和土中溶质地表径流迁移模型及解析模拟 . 水科学进展，20（1）：10-17.
王成丽，蒋任飞，阮本清，等 . 2009. 基于四水转化的灌区耗水量计算模型 . 水利学报，40（10）：1196-1203.
王好芳，董增川 . 2004. 基于量与质的多目标水资源配置模型 . 人民黄河，26（6）：14-15.
王浩，王建华，秦大庸 . 2004. 流域水资源合理配置的研究进展与发展方向 . 水科学进展，15（1）：123-128.

王军，付辉，伊明昆，等 . 2007. 冰塞水位分析 . 水科学进展，18（1）：102-107.
王绍华，曹卫星，丁艳锋，等 . 2004. 水氮互作对水稻氮吸收与利用的影响 . 中国农业科学，37（4）：497-501.
王宪恩，董德明，赵文晋，等 . 2003. 冰封期河流中有机污染物削减模式 . 吉林大学学报（理学版），41（3）：392-395.
王旭升，岳卫峰，杨金忠 . 2004. 内蒙古河套灌区 GSPAC 水分通量分析 . 灌溉排水学报，23（2）：30-33.
王昭亮，高仕春，艾泽 . 2010. 闸坝对河流水质的调控作用初步分析 . 水利科技与经济，16（12）：1339-1440.
魏良琰 . 2002. 封冻河流阻力研究现况 . 武汉大学学报（工学版），35（1）：1-9.
吴浩云 . 2006. 大型平原河网地区水量水质耦合模拟及联合调度研究 . 南京：河海大学博士学位论文 .
吴寿红 . 1985. 河网非恒定流四级解算法 . 水利学报，（8）：42-50.
吴挺峰，周锷，崔广柏，等 . 2006. 河网概化密度对河网水量水质模型的影响研究 . 人民黄河，28（3）：46-48.
郗敏，吕宪国，姜明 . 2005. 人工沟渠对流域水文格局的影响研究 . 湿地科学，3（4）：310-314.
夏军，王渺林，王中根，等 . 2005. 针对水功能区划水质目标的可用水资源量联合评估方法 . 自然资源学报，20（5）：752-760.
辛小康，叶闽，尹炜 . 2011. 长江宜昌江段水污染事故的水库调度措施研究 . 水电能源科学，29（6）：46-48.
徐贵泉，宋德蕃，黄士力，等 . 1996. 感潮河网水量水质模型及其数值模拟 . 应用基础与工程科学学报，（1）：94-105.
徐小明，张静怡，丁健，等 . 2001. 求解大型河网非恒定流的非线性方法 . 水动力学研究与进展，（3）：1-3.
许迪，丁昆仑，蔡林根，等 . 2004. 黄河下游灌区农田排水再利用效应模拟评价 . 灌溉排水学报，23（5）：1-5.
杨金忠，蔡树英，黄冠华，等 . 2000. 多孔介质中水分及溶质运移的随机理论 . 北京：科学出版社 .
杨开林，刘之平，李桂芬，等 . 2002. 河道冰塞的模拟 . 水利水电技术，（10）：40-47.
杨龙，王晓燕，孟庆义 . 2008. 美国 TMDL 计划的研究现状及其发展趋势 . 环境科学与技术，31（9）：72-76.
殷国玺，张展羽，郭相平，等 . 2006. 减少氮流失的田间地表控制排水措施研究 . 水利学报，37（8）：926-931.
殷启军 . 2013. 冰期突发性有机污染物在污染冰体里残留量的数值模拟研究 . 合肥工业大学硕士学位论文 .
尹明万，谢新民，王浩，等 . 2004. 基于生活、生产和生态环境用水的水资源配置模型 . 水利水电科技进展，24（2）：5-8.
游进军，薛小妮，牛存稳 . 2010. 水量水质联合调控思路与研究进展 . 水利水电技术，41（11）：7-9.
于达，刘萍，史峻平，等 . 2009. 松花江水污染模型研究 . 数学的实践与认识，39（11）：104-108.
曾凡棠，黄水祥 . 2000. 珠江三角洲潮汐河网水环境数学模型评述 . 海洋环境科学，19（4）：46-50.
翟丽妮，梅亚东，李娜，等 . 2007. 水库生态与环境调度研究综述 . 人民长江，38（8）：56-57+60.
站培荣，卢晏生 . 1989. 松花江哈尔滨段冰封期制糖废水污染区微生物调查及水质评价初报 . 环境科学，10（4）：27-30.
张波，王桥，李顺，等 . 2007. 基于系统动力学模型的松花江水污染事故水质模拟 . 中国环境科学，27（06）：811-815.

张军献，张学锋，李昊 . 2009. 突发水污染事件处置中水利工程运用分析 . 人民黄河，31（6）：22-23+123.
张俐 . 2005. 基于 GIS 的水量水质耦合模型应用研究 . 武汉：武汉大学硕士学位论文 .
张仁铎 . 2005. 空间变异理论及应用 . 北京：科学出版社 .
张蔚榛，张瑜芳，沈荣开 . 1997. 排水条件下化肥流失的研究——现状与展望 . 水科学进展，8（2）：101-108.
张兴昌 . 2002. 耕作及轮作对土壤氮素径流流失的影响 . 农业工程学报，18（1）：70-73+9.
张艳军，雒文生，雷阿林，等 . 2008. 基于 DEM 的水量水质模型算法 . 武汉大学学报（工学版），41（5）：45-49.
张永勇，夏军，陈军锋，等 . 2010. 基于 SWAT 模型的闸坝水量水质优化调度模式研究 . 水力发电学报，29（5）：159-164+177.
赵山峰，张学峰，李昊 . 2009. 黄河突发水污染事件应急预案体系分析 . 人民黄河，31（2）：13-14.
赵新宇，费良军，方树星 . 2006. 基于神经网络的灌区退水量动态模型 . 水利学报，37（6）：717-721.
赵勇，张金萍，裴源生 . 2007. 宁夏平原区分布式水循环模拟研究 . 水利学报，38（4）：498-505.
郑捷，李光永，韩振中，等 . 2011. 改进的 SWAT 模型在平原灌区的应用 . 水利学报，42（1）：88-97.
郑秋红，伍永秋，张永光 . 2006. 冰封期河流中污染物损耗估算模型 . 北京师范大学学报（自然科学版），42（6）：615-617.
朱芮芮，刘昌明，李兰，等 . 2008. 无定河流域下游段河冰形成演变的数学模型研究 . 冰川冻土，30（3）：520-526.
左其亭，刘子辉，窦明，等 . 2011. 闸坝对河流水质水量影响评估及调控能力识别研究框架 . 南水北调与水利科技，9（2）：18-21.
Ahmed S A，Tewfik S R，Talaat H A. 2003. Development and verification of a decision support system for the selection of optimum water reuse schemes. Desalination，152（1-3）：339-352.
Angelakis A N，Durham B. 2008. Water recycling and reuse in EUREAU countries：Trends and challenges. Desalination，218（1-3）：3-12.
Appels W M，Bogaart P W，van der Zee S E A T M. 2011. Influence of spatial variations ofmicrotopography and infiltration on surface runoff and field scale hydrological connectivity. Advances in Water Resources，34（2）：303-313.
Archer J R，Marks M J. 1997. Control of Nutrient Losses to Water from Agriculture in Europe. United Kingdom，Strensall：International Fertiliser Society Press.
Arnold J G，Srinivasan R，Muttiah R S，et al. 1998. Large- area hydrologic modeling and assessment：Part I. Model development. Journal of the American Water Resources Association，34（1）：73-89.
Arnold J，Williams J R，Srinivasan R，et al. 1995. SWAT- soil and water assessment tool. Talk Hydrologic Unit Modeling for the United States.
Aurousseau P，Gascuel-odoux C，Squividant H，et al. 2009. A plot drainage network as a conceptual tool for the spatial representation of surface flow pathways in agricultural catchments. Computers and Geosciences，35（2）：276-288.
Avogadro E，Minciardi R，Paolucci M. 1997. A decisional procedure for water resources planning taking into account water quality constraints. European Journal of Operational Research，102（2）：320- 334.
Ayars J E，Christen E W，Hornbuckle J W. 2006. Controlled drainage for improved water management in arid regions irrigated agriculture. Agricultural Water Management，86（1-2）：128-139.
Azevedo L G T D，Fontane D G，Labadie J W. 2000. Integration of water resource quantity and quality in strategic

river basin planning. Journal of Water Resources Planning and Management，126（2）：85- 97.

Barber M E，Asce M，King S G，et al. 2003. Ecology ditch：A best management practice for storm water runoff mitigation. Journal of Hydrologic Engineering，8（3）：111-122.

Bdtaos S，Prowse T，Bonsai B，et al. 2008. Climate Impacts on Ice- jam Floods in a Regulated Northern River. Cold Regions Science and Technology，35（8）：115-122.

Belder P，Spiertz J H J，Bouman B A M，et al. 2005. Nitrogen economy and water productivity of lowland rice under water-saving irrigation. Field Crops Research，93（2-3）：169-185.

Beltaos S，Burrell B C. 2006. Water temperature decay under breakup ice jams. Cold Regions Science and Technology，45（3）：123-136.

Birkinshaw S J，Ewen J. 2000. Nitrogen transformation component for SHETRAN catchment nitrate transport modelling. Journal of Hydrology，230（1-2）：1-17.

Bonaiti G，Borin M. 2010. Efficiency of controlled drainage and subirrigation in reducing nitrogen losses from agricultural fields. Agricultural Water Management，98（2）：343-352.

Borah D K，Bera M. 2004. Watershed-scale hydrologic and nonpoint-source pollution models：Review of applications. Transactions of the American Society of Agricultural Engineers，47（3）：789-803.

Botter G，Settin T，Marani M，et al. 2006. A stochastic model for nitrate transport and cycling at basin scale. Water Resources Research，42（4）：1-14.

Cai X M，Mckinney D C，Lasdon L S. 2003. An integrated hydrologic-agronomic-economic model for river basin management. Journal of Water Resources Planning and Management，129（1）：4-17.

Campbell J，Briggs D A，Deton R A，et al. 2002. Water quality operation with a blending reservoir and variable sources. Journal of Water Resources Planning and Management，128（4）：288-302.

Campbell S G，Hanna R B，Flug M，et al. 2001. Modeling klamath river system operations for quantity and quality. Journal of Water Resources Planning and Management，127（5）：284-294.

Carluer N，De Marsily G. 2004. Assessment and modelling of the influence of man-made networks on the hydrology of a small watershed：Implications for fast flow components，water quality and landscape management. Journal of Hydrology，285（1-4）：76-95.

Chahinian N，Tournoud M G，Perrin J L，et al. 2011. Flow and nutrient transport in intermittent rivers：A modelling case-study on the Vene River using SWAT 2005. Hydrological Sciences，56（2）：268-287.

Chen R S，Yang K H. 2011. Terraced paddy field rainfall-runoff mechanism and simulation using a revised tank model. Paddy and Water Environment，9（2）：237-247.

Cherry K A，Shepherd M，Withers P J，et al. 2008. Assessing the effectiveness of actions to mitigate nutrient loss from agriculture：A review of methods. The Science of the Total Environment，406（1-2）：1-23.

Chowdary V M，Rao N H，Sarma P B S. 2004. A coupled soil water and nitrogen balance model for flooded rice fields in India. Agriculture，Ecosystems and Environment，103（3）：425-441.

Cisneros J M，Grau J B，Antón J M，et al. 2011. Assessing multi- criteria approaches with environmental，economic and social attributes，weights and procedures：A case study in the Pampas，Argentina. Agricultural Water Management，98（10）：1545-1556.

Cotton J A，Wharton G，Bass J A B，et al. 2006. The effects of seasonal changes to in-stream vegetation cover on patterns of flow and accumulation of sediment. Geomorphology，77（3-4）：320-334.

Dai T W，Labadie J. 2001. River basin network model for integrated water quantity/quality management. Journal of Water Resources Planning and Management，127（5）：295-305.

Davies B R, Biggs J, Williams P J, et al. 2008. A comparison of the catchment sizes of rivers, streams, ponds, ditches and lakes: Implications for protecting aquatic biodiversity in an agricultural landscape. Hydrobiologia, 597 (1): 7-17.

Dewandel B, Gandolfi J M, de Condappa D, et al. 2008. An efficient methodology for estimating irrigation return flow coefficients of irrigated crops at watershed and seasonal scale. Hydrological Processes, 22 (11): 1700-1712.

Droogers P, Immerzeel W W, Lorite I J. 2010. Estimating actual irrigation application by remotely sensed evapotranspiration observations. Agricultural Water Management, 97 (9): 1351-1359.

Dunne E J, McKee K A. , Clark M W, et al. 2007. Phosphorus in agricultural ditch soil and potential implications for water quality. Journal of Soil and Water Conservation, 62 (4): 244-252.

D'Odorico P, Porporato A, Laio F, et al. 2004. Probabilistic modeling of nitrogen and carbon dynamics in water-limited ecosystems. Ecological Modelling, 179 (2): 205-219.

Easton Z M, Walter M T, Schneiderman E M, et al. 2009. Including source-specific phosphorus mobility in a nonpoint source pollution model for agricultural watersheds. Journal of Environmental Engineering, 135 (1): 25-35.

EU (European Union). 2000. EU Water Framework Directive. Directive 2000/60/EC of the European Parliament and of the Council of 23 October 2000 establishing a framework for Community action in the field of water policy. Official Journal 327.

European Environent Agency. 2015. The European environment-state and outlook 2015: Synthesis report. Classical Review, 62 (3-4): 129-130.

Evans C D, Caporn S J M, Carroll J A, et al. 2006. Modelling nitrogen saturation and carbon accumulation in heathland soils under elevated nitrogen deposition. Environmental Pollution, 143 (3): 468-478.

Feng Y W, Yoshinaga I, Shiratani E, et al. 2004, Characteristics and behavior of nutrients in a paddy field area equipped with a recycling irrigation system. Agricultural Water Management, 68 (1): 47-60.

Fernandez C. 2003. Estimating water erosion and sediment yield with GIS, RUSLE, and SEDD. Journal of soil and water conservation, 58 (3): 128-136.

Fierer N G, Gabet E J. 2002. Carbon and nitrogen losses by surface runoff following changes in vegetation. Journal of Environmental Quality, 31 (4): 1207-1213.

Fleming R A, Adams R M, Kim C S. 1995. Regulating groundwater pollution: Effects of geophysical response assumptions on economic efficieney. Water Resources Research, 31 (4): 1069-1076.

Folhes M T, Rennó C D, Soares J V. 2009. Remote sensing for irrigation water management in the semi-arid Northeast of Brazil. Agricultural Water Management, 96 (10): 1398-1408.

Fortes P S, Platonov A E, Pereira L S. 2005. GISAREG-A GIS based irrigation scheduling simulation model to support improved water use. Agricultural Water Management, 77 (1-3): 159-179.

Freier K P, Schneider U A, Finckh M. 2011. Dynamic interactions between vegetation and land use in semi-arid Morocco: Using a Markov process for modeling rangelands under climate change. Agriculture, Ecosystems and Environment, 140 (3-4): 462-472.

García-Garizábal I, Causapé J. 2010. Influence of irrigation water management on the quantity and quality of irrigation return flows. Journal of Hydrology, 385 (1-4): 36-43.

Garnier P, Neel C, Mary B, et al. 2001. Evaluation of a nitrogen transport and transformation model in a bare soil. European Journal of Soil Science, 52 (2): 253-268.

Gburek W J, Sharpley A N. 1998. Hydrologic controls on phosphorus loss from upland agricultural watersheds. Journal of Environmental Quality, 27 (2): 267-277.

Gerlak A K. 2008. Today′s pragmatic water policy: Restoration, collaboration, and adaptive management along U. S. rivers. Society and Natural Resources, 21 (6): 538-545.

Groot J J R, de Willigen P. 1991. Simulation of the nitrogen balance in the soil and a winter wheat crop. Fertilizer Research, 27 (2-3): 261-271.

Gu C H, Hornberger G M, Mills A L, et al. 2007. Nitrate reduction in streambed sediments: Effects of flow and biogeochemical kinetics. Water Resources Research, 43 (12): 553-556.

Hafeez M M, Bouman B A M, Van De Giesen N, et al. 2008. Water reuse and cost- benefit of pumping at different spatial levels in a rice irrigation system in UPRIIS, Philippines. Physics and Chemistry of the Earth, Parts A/B/C, 33 (1-2): 115-126.

Hama T, Nakamura K, Kawashima S, et al. 2011. Effects of cyclic irrigation on water and nitrogen mass balances in a paddy field. Ecological Engineering, 37 (10): 1563-1566.

Hammerschmidt U. 2002. Thermal transport properties of water and ice from one single experiment. International Journal of Thermophysics, 23 (4): 975-996.

Hart M R, Quin B F, Nguyen M L. 2004. Phosphorus runoff from agricultural land and direct fertilizer effects: A review. Journal of Environmental Quality, 33 (6): 1954.

Hayes D F, Labadie J W, Sanders T G, et al. 1998. Enhancing water quality in hydropower system operations. Water Resources Research, 34 (3): 471-483.

He H X, Niu C W, Zhou Z H, et al. 2010. Study on simulating spatial distribution of population in Songliao basin. Proceedings of the 9th international conference on hydroinformatics 2010.

Heathwaite A L, Burke S P, Bolton L. 2006. Field drains as a route of rapid nutrient export from agricultural land receiving biosolids. Science of the Total Environment, 365 (1-3): 33-46.

Helwig T G, Madramootoo C A, Dodds G T. 2002. Modelling nitrate losses in drainage water using DRAINMOD 5. 0. Agricultural Water Management, 56 (2): 153-168.

Hung T S, Liu L W. 2003. Shokotsu river ice jam formation. Cold Regions Science and Technology, 37 (1): 35-49.

Irinal H, Juha H. 2008. Agricultural drainage ditches, their biological importance and functioning. Biological Conservation, 141 (5): 1171-1183.

Jalali M, Kolahchi Z. 2009. Effect of irrigation water quality on the leaching and desorption of phosphorous from soil. Soil and Sediment Contamination, 18 (5): 576-589.

Janssen M, Lennartz B, Wöhling T. 2010. Percolation losses in paddy fields with a dynamic soil structure: Model development and applications. Hydrological Processes, 24 (7): 813-824.

Jasek M. 2003. Ice jam release and break-up front propagation. CGU HS Committee on River Ice Processes and the Environment. Edmonton.

Jia Y W, Nobuyuki T. 1998. Modeling infiltration into a multi- layered soil during an unsteady rain. Journal of Hydroscience and Hydraulic Engineering, 16 (2): 1-10.

Jr D J, Yañéz A A, Mitsch W J, et al. 2003. Using Ecotechnology to address water quality and wetland habitat loss problems in the Mississippi basin: A hierarchical approach. Biotechnology Advances, 22 (1- 2): 135-159.

Kerachian R, Karamouz M, Zahraie B. 2004. Monthly water resources and irrigation planning: Case study of conjunctive use of surface and groundwater resources. Journal of Irrigation and Drainage Engineering, 130 (5): 391-402.

Kersebaum K C, Richter J. 1991. Modeling nitrogen dynamics in a plant- soil system with a simple model for advisory purposes. Fertilizer Research, 27 (2-3): 273-281.

Kim H K, Jang T I, Im S J, et al. 2009. Estimation of irrigation return flow from paddy fields considering the soil moisture. Agricultural Water Management, 96 (5): 875-882.

Lee S B, Yoon C G, Jung K W, et al. 2010. Comparative evaluation of runoff and water quality using HSPF and SWMM. Water Science and Technology, 62 (6): 1401-1409.

Levavasseur F, Bailly J S, Lagacherie P, et al. 2010. Uncertainties of cultivated landscape drainage network mapping and its consequences on hydrological fluxes estimations. Accuracy, Leicester: United Kingdom.

Liang T, Nnaji S. 1983. Managing water quality by mixing water from different sources. Journal of Water Resources Planning and Management, 109 (109): 48-57.

Liu L, Luo Y, He C S, et al. 2010. Roles of the combined irrigation, drainage, and storage of the canal network in improving water reuse in the irrigation districts along the lower Yellow River, China. Journal of Hydrology, 391 (1): 157-174.

Loftis B, Labadie J W, Fontane D G. 2015. Optimal operation of a system of lakes for quality and quantity//Torno H C. Computer Applications in Water Resources. New York: American Society of Civil Engineers.

Loucks D P, van Beek E, Stedinger J R, et al. 2005. Water Resources Systems Planning and Management: An Introduction to Methods, Models, and Applications. Paris, France: UNESCO Press.

Luiten J P A, Groot S. 1992. Modeling quantity and quality of surface waters in the Netherlands: Policy analysis of water management for the Netherlands. Environmental Monitoring and Assessment, (2): 22-33.

Manhoudt A G E, De Snoo G R. 2003. A quantitative survey of semi- natural habitats on Dutch arable farms. Agriculture, Ecosystems and Environment, 97 (1-3): 235-240.

Massie D D, White K D, Daly S F. 2002. Predicting ice jams with neural networks. Asme International Conference on Offshore Mechanics and Arctic Engineering.

Matsushita B, Fukushima T, Yamashiki Y, et al. 2009. Methods for retrieving hydrologically significant surface parameters from remote sensing: A review for applications to east Asia region. Hydrological Processes, 23 (4): 524-533.

Mehrez A, Percia C, Oron G. 1992. Optimal operation of a multisource and multiquality regional water system. Water Resource Research, 28 (5): 1199-1206.

Milsom T P, Sherwood A J, Rose S C, et al. 2004. Dynamics and management of plant communities in ditches bordering arable fenland in eastern England. Agriculture, Ecosystems and Environment, 103 (1): 85-99.

Mohan S, Vijayalakshmi D P. 2009. Prediction of irrigation return flows through a hierarchical modeling approach. Agricultural Water Management, 96 (2): 233-246.

Monteith J L. 1973. Principles of Environmental Physics. New York: Elsevier.

Nasr A, Bruen M, Jordan P, et al. 2007. A comparison of SWAT, HSPF and SHETRAN/GOPC for modeling phosphorus export from three catchments in Ireland. water research, 41 (5): 1065-1073.

Needelman B A, Kleinman P J A, Strock J S, et al. 2007. Improved management of agricultural drainage ditches for water quality protection: An overview. Journal of Soil and Water Conservation, 62 (4): 171-178.

Newham L T H, Letcher R A, Jakeman A J, et al. 2004. A framework for integrated hydrologic, sediment and nutrient export modelling for catchment- scale management. Environmental Modelling and Software, 19 (11):

1029-1038.

Niu C, Jia Y W, Wang H, et al. 2011. Assessment of water quality under changing climate conditions in the Haihe River Basin, China. Proceedings of symposium H04 held during IUGG2011. Melbourne, Australia.

Noilhan J, Planton S. 1989. A simple parameterization of land surface processes for meteorological models. Monthly Weather Review, 117 (3): 536-549.

Noory H, van der Zee S E A T M, Liaghat A M, et al. 2011. Distributed agro-hydrological modeling with SWAP to improve water and salt management of the Voshmgir Irrigation and Drainage Network in Northern Iran. Agricultural Water Management, 98 (6): 1062-1070.

Odhiambo L O, Murty V V N. 1996. Modeling water balance components in relation to field layout in lowland paddy fields. I. Model development. Agricultural Water Management, 30 (2): 185-199.

Osland M J, González E, Richardson C J. 2011. Coastal freshwater wetland plant community response to seasonal drought and flooding in northwestern costa rica. Wetlands, 31 (4): 641-652.

Panigrahi B, Panda S N, Mal B C. 2007. Rainwater conservation and recycling by optimal size on- farm reservoir. Resources, Conservation and Recycling, 50 (4): 459-474.

Penman H L. 1948. Natural evaporation from open water, bare soil and grass. Proceedings of the Royal Society of London. Series A. Mathematical and Physical Sciences, 193 (1032): 120-145.

Percia C, Oron G, Mehrez A. 1998. Optimal operation of regional system with diverse water quality sources. Journal of Water Resources Planning and Management, 123 (2): 105-115.

Peña- Haro S, Pulido- Velazquez M, Llopis- Albert C. 2011. Stochastic hydro- economic modeling for optimal management of agricultural groundwater nitrate pollution under hydraulic conductivity uncertainty. Environmental Modelling and Software, 26 (8): 999-1008.

Pingry D E, Shaftel T L, Boles K E. 1991. Role for decision- support systems in water- delivery design. Journal of Water Resources Planning and Management, 117 (6): 629-644.

Prowse T D. 2001. River- Ice ecology. I: Hydrologic, geomorphic, and water- quality aspects. Journal of Cold Regions Engineering, 15 (1): 1-16.

Randhir T O, Tsvetkova O. 2011. Spatiotemporal dynamics of landscape pattern and hydrologic process in watershed systems. Journal of Hydrology, 404 (1-2): 1-12.

Reshmidevi T V, Jana R, Eldho T I. 2008. Geospatial estimation of soil moisture in rain- fed paddy fields using SCS- CN- based model. Agricultural Water Management, 95 (4): 447-457.

Salla M R, Paredes arquiola, Solera A, et al. 2014. Integrated modeling of water quantity and quality in the Araguari River basin, Brazil. Latin American Journal of Aquatic Research, 42 (1): 224-244.

She Y T, Tanekou F N, Hicks F. 2007. Ice jam formation and release events on the athabasca river. CGU HS Committee on River Ice Processes and the Environment. Quebec.

Shen H T, Su J S, Liu L W. 2000. SPH simulation of river ice dynamics. Journal of Computational Physics, 165 (2): 752-770.

Shen H T, Liu L W. 2003. Shokotsu River ice jam formation. Cold Regions Science and Technology, 37 (1): 35-49.

Shiratani E, Yoshinaga I, Feng Y, et al. 2004. Scenario analysis for reduction of effluent load from an agricultural area by recycling the run- off water. Water Science and Technology, 49 (3): 55-62.

Singh R, Helmers M J, Crumpton W G, et al. 2007. Predicting effects of drainage water management in Iowa′s subsurface drained landscapes. Agricultural Water Management, 92 (3): 162-170.

Smith D R. 2009. Assessment of in-stream phosphorus dynamics in agricultural drainage ditches. Science of The Total Environment, 407 (12): 3883-3889.

Spalding R F, Watts D G, Schepers J S, et al. 2001. Controlling nitrate leaching in irrigated agriculture. Joumal of Environmental Quality, 30 (4): 1184-1194.

Strock J S, Kleinman P, King K W, et al. 2010. Drainage water management for water quality protection. Journal of Soil and Water Conservation, 65 (6): 131-136.

Sun P C, Zeng S Y, Chen J N. 2009. Modeling of nitrobenzene in the river with ice process in high-latitude regions. Science in China Series D: Earth Sciences, 52 (3): 341-347.

Takeda I, Fukushima A. 2006. Long-term changes in pollutant load outflows and purification function in a paddy field watershed using a circular irrigation system. Water Research, 40 (3): 569-578.

The World Bank. 2007. Water pollution emergencies in China prevention and response. http://www.worldbank.org/en/topic/environment/x/eap.

Tsubo M, Fukai S, Tuong T P, et al. 2007. A water balance model for rainfed lowland rice fields emphasising lateral water movement within a toposequence. Ecological Modelling, 204 (3-4): 503-515.

Ullrich A, Volk M. 2009. Application of the Soil and Water Assessment Tool (SWAT) to predict the impact of alternative management practices on water quality and quantity. Agricultural Water Management, 96 (8): 1207-1217.

Vink S, Moran C J, Golding S D, et al. 2009. Understanding mine site water and salt dynamics to support integrated water quality and quantity management. Mining Technology, 118 (3-4): 185-192.

Voevodin A F, Grankina T B. 2008. Numerical simulation of ice formation in a reservoir. Journal of Applied and Industrial Mathematics, 2 (3): 440-446.

Wesström I, Messing I, Linnér H, et al. 2001. Controlled drainage-effects on drain outflow and water quality. Agricultural Water Management, 47 (2): 85-100.

WHO. 2013. Progress on Drinking Water and Sanitation: 2013 Update. New York, WHO/UNICEF Joint Monitoring Programme for Water Supply and Sanitation.

Willardson L S, Boels D, Smedema L K. 1997. Reuse of drainage water from irrigated areas. Irrigation and Drainage Systems, 11 (3): 215-239.

Willey R G, Smith D J, Jr J H D. 1996. Modeling water-resource systems for water-quality management. Journal of Water Resources Planning and Management, 122 (3): 171-179.

Williams P, Whitfleld M, Biggs J, et al. 2004. Comparative biodiversity of rivers, streams, ditches and ponds in an agricultural landscape in Southern England. Biological Conservation, 115 (2): 329-341.

World Resources Institute. 2005. Millenium Ecosystem Assessment (2005) Ecosystem and Human Wellbeing: Wetlands and Water Synthesis. Washington DC.

WWAP (United Nations World Water Assessment Programme). 2015. The United Nations World Water Development Report 2015: Water for a Sustainable World. Paris, UNESCO.

Zdorovennova G E. 2009. Spatial and temporal variations of the water-sediment thermal structure in shallow ice-covered Lake Vendyurskoe (Northwestem Russia). Aquatic Ecology, 43 (3): 629-639.

Zulu G, Toyota M, Misawa S I. 1996. Characteristics of water reuse and its effects onpaddy irrigation system water balance and the riceland ecosystem. Agricultural Water Management, 31 (3): 269-283.